Theorie der Wissenschaft

Wolfgang Deppert

Theorie der Wissenschaft

Band 2: Das Werden der Wissenschaft

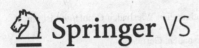 Springer VS

Wolfgang Deppert
Hamburg, Deutschland

ISBN 978-3-658-14042-7   ISBN 978-3-658-14043-4   (eBook)
https://doi.org/10.1007/978-3-658-14043-4

Die Deutsche Nationalbibliothek verzeichnet diese Publikation in der Deutschen Nationalbibliografie; detaillierte bibliografische Daten sind im Internet über http://dnb.d-nb.de abrufbar.

Springer VS

Springer VS ist ein Imprint der eingetragenen Gesellschaft Springer Fachmedien Wiesbaden GmbH und ist ein Teil von Springer Nature
Die Anschrift der Gesellschaft ist: Abraham-Lincoln-Str. 46, 65189 Wiesbaden, Germany

Inhaltsverzeichnis

Vorbemerkungen

0

0.0 Über das Anfangen

Seit unvordenklichen Zeiten[1] kennen die Menschen das Problem des Anfangs; denn jeder Anfang setzt etwas voraus, das dem Anfang zeitlich vorausgeht und ihn überhaupt erst ermöglicht. Demnach kann nichts von Null anfangen, es sei denn, man wählt auf einer Zeitskala willkürlich einen Punkt als Nullpunkt aus, wobei dann allerdings auch Punkte vor der Null als negative Werte existieren. Wir können *heute* die Null ganz schlicht als Anfangspunkt des Zahlenstrahls der natürlichen Zahlen wählen. Das war aber in Europa vor vierzehnhundert Jahren noch gar nicht denkbar; denn mit den ersten Nullen wurde erst seit dem 7. Jahrhundert im fernen Osten umgegangen, z.B. auf Sumatra, bis wohin wohl indische Mönche gelangt sein mögen.[2] Für die alten Griechen und für die Römer, die ihre Weisheiten von den griechischen Philosophen ererbt haben, war es ganz klar, daß auch *nichts aus nichts* werden kann: „ex nihilo nihil fit", sagten die Römer, und auf Platt sagen wir noch immer: „Ut nix ward nix". Also gab es anfänglich auch in der Mathematik

---

1 Den Ausdruck der „unvordenklichen Zeiten" übernehme ich gern von meinem verehrten Lehrer Kurt Hübner, ohne allerdings zu wissen, ob er diesen Ausdruck erfunden oder auch nur von einem seiner Lehrer wie etwa Walter Bröcker übernommen hat. Es ist aber durchaus möglich, daß es eine Ausdruckskreation von ihm ist, zumindest die Ausprägung für die Bezeichnung von einer sehr fernen Vergangenheitsvorstellung von etwas, von dem sich kein Anfang angeben läßt.

2 Im indogermanischen Sprachraum hat der indische Mathematiker und Astronom Brahmagupta (598–668) im Jahr 628 in seinem Werk *Brahmasphutasidahinta* das erste Mal das Rechnen mit der Null und negativen Zahlen eingeführt, was über islamische Gelehrte wie etwa von Al-Battani (~860–929) in Europa zusammen mit den indisch-arabischen Zahlzeichen eingeführt wurde, die wir bis heute in unserer Mathematik benutzen. Den Islam aus dem europäischen Kultursystem ausschließen zu wollen (siehe AfD-Parteiprogramm) würde mithin bedeuten, die Zeichen der Arithmetik nicht mehr verwenden zu wollen – welch ein Unsinn!

© Springer Fachmedien Wiesbaden GmbH, ein Teil von Springer Nature 2019
W. Deppert, *Theorie der Wissenschaft*,
https://doi.org/10.1007/978-3-658-14043-4_1

keine Null. Für Aristoteles begannen die Zahlen erst mit der „Zwei"; denn die Zahlen waren zur Beschreibung des Vielen da, und die „Eins" beschrieb sogar das Gegenteil des „Vielen"; so daß das „Viele" erst ganz langsam mit der „Zwei" anfing. Darum fehlte auch die Null in der christlichen Zeitrechnung „vor Christi Geburt", die erst im Jahre 525 von dem skythischen christlichen Mönch **Dionysios Exiguus** vorgeschlagen wurde, so daß bis heute peinliche Fehler in der Angabe von Zeiten gemacht werden, die sich auf Ereignisse vor dem Jahre „Null" beziehen, wie etwa der, daß im Jahre 2001 in Athen das 2400ste Todesjahr von Sokrates feierlich begangen wurde, weil ja Sokrates im Jahre 399 v. Chr. den Schierlingsbecher getrunken hatte. Weil aber bei dieser Zeitangabe in der „christlichen Zeitrechnung" das Jahr „Null" fehlt, war im Jahre 2001 Sokrates erst 2399 Jahre tot. Um so einen Datierungsunsinn künftig zu vermeiden, werde ich, wenn irgend möglich, nicht mehr Jahreszahlen von antiken Ereignissen mit der Angabe „v. Chr." verunstalten, sondern nur noch die Jahreszahlen vor dem Jahre „0" nach Abzug eines Jahres mit einem schlichten Minuszeichen versehen, die Jahreszahl „399 v. Chr." liest sich dann als „-398". Darum wurde das *Sokrates-Jahr 2002*, in dem Sokrates genau **2400 Jahre** lang nicht mehr physisch gelebt hat, erst vom Kieler *Sokrates-Studien-Organisationsverein e.V. (SOSOV)* von Kiel aus am 1. Januar 2002 ausgerufen. Natürlich kennen die heutigen griechischen Philosophen diese Zusammenhänge, aber sie haben ganz offensichtlich noch immer nicht das Fakten schaffende Sagen, das wird weiterhin von der griechischen orthodoxen Kirche ausgeübt, auf die auch die griechische Wirtschaftsmisere zurückzuführen ist, ganz ähnlich wie in den katholischen Ländern, in denen noch immer gemeint wird, in der frühkindlichen Erziehung ohne die allmähliche Heranbildung einer selbstverantwortlichen Lebenshaltung auskommen zu können. Aus diesem Geist heraus haben ganz eindeutig katholische Kreise alles ihnen Mögliche getan, um auch in Deutschland, dem *Sokrates-Jahr 2002* keine Publizität zu verschaffen, was besonders im Rahmen des 2002 in Bonn abgehaltenen Deutschen Philosophenkongresses der Allgemeinen Gesellschaft für Philosophie in Deutschland, durch deren Leitung verhindert wurde. Diese sorgte dafür, daß auch während des Philosophenkongresses keine einzige Veranstaltung zum Sokratesjahr 2002 stattfand, und ebenso jede Werbung für den an den Philosophenkongreß in Bonn anschließenden Sokrates-Kongreß 2002 unterblieb. Der damalige Präsident der Allgemeinen Gesellschaft für Philosophie in Deutschland hat sogar denen Hausverbot angedroht, die nur versucht haben, in den Räumlichkeiten, in denen der Philosophenkongreß stattfand, Plakate des direkt nachfolgenden Sokrates-Kongresses auszuhängen oder nur auszulegen.

Welche Schande für die Deutsche Philosophie! Den Vater der Philosophie **Sokrates** *in seinem 2400sten Todesjahr zu ignorieren!!!* Aber auch der deutsche Blätterwald und die papierlose Medienwelt hat sich an dieser Mißachtung des großen Sokrates beteiligt, indem sie sich zu dem **ersten deutschen Sokrates-Kongreß im Sokratesjahr 2002** ausgeschwiegen haben. Wessen langer Arm hat das wohl bewirkt?? Ist es denn überhaupt vorstellbar, daß das orthodoxe und das katholische Christentum in höchster Sorge waren, der *Mensch Sokrates* könnte dem *Menschen Jesus* in Griechenland oder in Deutschland oder gar weltweit *den Schneid abkaufen* und ihn *in den Schatten stellen*? Vermutlich gab es doch etwas verständliche Ängste, der ohnehin schon rapide abnehmende Einfluß des Christentums längst vergangener Zeiten könnte durch einen Orientierung stiftenden Sokrates noch verstärkt werden. Aus alledem folgt nun, daß wir endlich die Null als Zahl anerkennen sollten, die jedenfalls für die Mathematiker und Informatiker die Reihe der Natürlichen Zahlen als nicht-negative Zahl anführt und warum hier mit gutem Beispiel auch in der Kapitelzählung vorangegangen worden ist! Schließlich hat mit der Mathematik zumindest alle sogenannte exakte Wissenschaft begonnen. Und darum gehört das Werden der Null, die in Indien aus dem Hinduismus und Buddhsmus geworden ist, auch zum Werden der Wissenschaft.

Gewiß war der historische Sokrates[3] jemand, der immer wieder Mut dazu gemacht hat, damit zu beginnen, das zu verwirklichen, was Menschen durch gründliches Nachdenken als eine sinnvolle Zielsetzung herausgefunden haben. Sokrates hat wohl schon gespürt, daß den Anfängen eine schützender Zauber innewohnt, wie es erst sehr viel später Hermann Hesse in seinem sokratisch weisen Gedicht „Stufen" zum Ausdruck gebracht hat, wo es zum Schluß der ersten Strophe heißt:

„Und jedem Anfang wohnt ein Zauber inne, der uns beschützt und der uns hilft, zu leben."

Ganz sicher ist es ein historisches Faktum der Geistes- und Kulturgeschichte, daß Sokrates einen neuen Anfang der europäischen und inzwischen weltweiten Denktraditionen gesetzt hat, da Sokrates nachweislich der erste ist, der existentiell und begrifflich gedacht hat und darüber hinaus in der Lage war, das in der eigenen inneren Wirklichkeit Konstruierte in der äußeren Wirklichkeit bewußt zu verwirklichen[4], eine Fähigkeit des Gehirns des Sokrates, die von den Fähigkeiten der Gehirne der sogenannten Vorsokratiker in einer Weise vorbereitet wurde, die aufgrund ihrer fundamentalen Bedeutung für das Entstehen der europäischen Wissenschaften hier möglichst genau zu beschreiben ist. Die Bedingungen für die Möglichkeit dazu sind vor allem die Freiheit der Wissenschaft, der Forschung und der Lehre, wie sie im Art. 5, Abs. 3 GG nominell garantiert sind. In der Bundesrepublik Deutschland scheint in der derzeitigen Grundgesetzwirklichkeit eine entsprechende Garantie der Freiheit von Wissenschaft, Forschung und Lehre nicht einmal von den höchsten deutschen Gerichten gesichert zu sein. Darum ist diese transzendentale

---

3 Den historischen Sokrates lernt man in den Schriften des Geschichtsschreibers und Sokratesschülers *Xenophon* kennen, so in dessen *Erinnerungen an Sokrates*, übersetzt von Rudolf Preiswerk, Philipp Reclam Jun. Stuttgart 1992. Platon beschreibt einen Sokrates, der oft nicht dem historischen Sokrates entspricht, weil Platon seinen Lehrer dazu benutzt, den eigenen philosophischen Gedanken und Ideen mehr philosophisches Gewicht zu geben (besonders im *Phaidon*), vielleicht auch, um nicht wegen Gotteslästerung angeklagt zu werden, wie es Sokrates und später auch Aristoteles geschah.

4 Darum kommt Sokrates die Ehre zu, das Erfinden bewußt erfunden zu haben, wenngleich meistens diese Leistung erst seinem philosophischen Enkel Aristoteles zugesprochen wird, weil dieser als erster das Erfinden des Erfindens in seiner *Kategorienschrift* und in seiner *Metaphysik* schriftlich beschrieben hat.

Bedingung der Wissenschaft an dieser Stelle aufgrund eines konkreten Vorfalls genauer zu untersuchen.

0.1 Zur Lage der Wissenschaft in Deutschland aufgrund der Verletzung des Grundgesetzes durch das Bundesverfassungsgericht im Jahre 2008

Damit das urwüchsige Anliegen der Philosophen, zur möglichen Lösung der Probleme der eigenen Zeit etwas beizutragen, auch in einem Werk zur *Theorie der Wissenschaft* insbesondere über *das Werden der Wissenschaft* nicht aus den Augen kommt, ist in den Vorlesungen, denen das vorliegende Werk seine Entstehung verdankt, stets zu Semesterbeginn auf besondere gerade vorliegende Problemlagen eingegangen worden. Diese aktuellen Stellungnahmen zu ausgewählten akuten Problemsituationen im Wissenschaftsbetrieb haben die Lebendigkeit der bisweilen recht theoretisch anmutenden Vorlesungen erheblich gesteigert. Auf diesen Effekt soll auch in dem aus den Vorlesungen entstandenen Werk zur Wissenschaftstheorie nicht verzichtet werden. Darum sei hier an dieser Stelle der Vorlesungsbeginn des Sommersemesters 2009 nahezu im Originalton wiedergegeben:

„In diesem Jahr wird das Grundgesetz der Bundesrepublik Deutschland 60 Jahre alt. Und gewiß läßt sich behaupten, daß wir durch das Grundgesetz in freiheitlich demokratischen Verhältnissen leben, die zu keiner Zeit davor in Deutschland möglich gewesen sind. Dennoch ist das deutsche Grundgesetz selbst nicht als eine demokratische Verfassung zu betrachten; denn es wurde nicht durch eine Abstimmung vom Deutschen Volk selbst in Kraft gesetzt. Der Begriff einer demokratischen Verfassung verlangt dies jedoch. Wenn in der Präambel des Grundgesetzes bis heute zu lesen ist, daß „sich das Deutsche Volk kraft seiner verfassungsgebenden Gewalt dieses Grundgesetz gegeben" habe, dann ist diese Unwahrheit der Tatsache geschuldet, daß Deutschland 1949 noch ganz unter der Gewalt der Militärregierung stand. Unverständlich ist allerdings, warum bei der Gelegenheit der Umformulierung der Grundgesetz-Präambel im Jahre 1990 der Wahrheit nicht die Ehre gegeben wurde. Immerhin blieb mit den Grundgesetzänderungen aus Anlaß der Vereinigung Deutschlands auch der Wesensgehalt des letzten Artikels des Grundgesetzes des Art.146 GG unangetastet, welcher in der Verkündigung am 23. Mai 1949 lautete:

„Dieses Grundgesetz verliert seine Gültigkeit an dem Tage, an dem eine Verfassung in Kraft tritt, die von dem deutschen Volke in freier Entscheidung beschlossen worden ist."

und der nach der Vereinigung am 23. Sept. 1990 wie folgt umformuliert worden ist:

„Dieses Grundgesetz, das nach Vollendung der Einheit und Freiheit Deutschlands für das gesamte deutsche Volk gilt, verliert seine Gültigkeit an dem Tage, an dem eine Verfassung in Kraft tritt, die von dem deutschen Volke in freier Entscheidung beschlossen worden ist."

Daß hier – wie in der Ursprungsfassung – die freie Entscheidung betont wird, weist darauf hin, daß die Entscheidung 1949 eben nicht frei war, weil der Parlamentarische Rat, der das Grundgesetz am 23. Mai 1949 verkündet hat, unter der Aufsicht der Militärregierung stand.

Es ist nun aber an der Zeit, daß wir damit beginnen, darüber nachzudenken, in welcher Weise wir diesen Auftrag des Grundgesetzes erfüllen können, zumal längst erhebliche Mängel des Grundgesetzes deutlich geworden sind. Dazu habe ich einige Vorträge im Rahmen der Schleswig-Holsteinischen Universitätsgesellschaft gehalten und weiterhin angekündigt. An dieser Stelle ist es geboten, über rechtliche Vorfälle einer Thematik zu berichten, die mich aufs äußerste als Staatsbürger, Hochschullehrer und staatlich alimentierter Rechtsphilosoph erregt haben und darum zum Thema jener Vorträge wurden.

Es handelt sich um die sogenannten Lüdemann-Urteile, deren Unrechtmäßigkeit ich schon mehrfach erörtert habe. Am 18.2.2009 hat die Pressestelle des Bundesverfassungsgerichts die Pressemitteilung 14/2009 mit dem Titel „Verfassungsbeschwerde eines nicht mehr bekennenden Theologieprofessors gegen seinen Ausschluss aus der Theologenausbildung erfolglos" herausgegeben. Der „nicht mehr bekennende Theologieprofessor" ist Prof. Dr. Gerd Lüdemann aus Göttingen. In der Pressemitteilung wird folgendes behauptet:

> „Die Wissenschaftsfreiheit von Hochschullehrern der Theologie findet ihre Grenzen am Selbstbestimmungsrecht der Religionsgemeinschaften. Das Grundgesetz erlaubt die Lehre der Theologie als Wissenschaft an staatlichen Hochschulen."

Die Behauptung, das Grundgesetz erlaube die Lehre der Theologie als Wissenschaft an staatlichen Hochschulen ist durch keinen Artikel des Grundgesetzes abgesichert. Im Gegenteil widerstreitet diese Behauptung auf elementare Weise den Gleichheitssätzen des Art. 3, Abs. 3 GG! Dort heißt es:

> „Niemand darf wegen seines Geschlechtes, wegen seiner Abstammung, seiner Rasse, seiner Sprache, seiner Heimat und Herkunft, seines Glaubens, seiner religiösen oder politischen Anschauungen benachteiligt oder bevorzugt werden."

Soweit in den Konkordaten oder Staats-Kirchen-Verträgen die Einrichtung und staatliche Finanzierung von konfessionell gebundenen theologischen Fakultäten festgelegt wurden, sind diese Verträge grundgesetzwidrig, weil mit ihnen Menschen mit einem bestimmten Glauben und entsprechend bestimmten religiösen Anschauungen bevorzugt und andere, die einen anderen Glauben und andere religiöse Anschauungen vertreten, benachteiligt werden. Dies aber ist ausdrücklich durch das Grundgesetz in Art. 3, Abs. 3 GG verboten. Die Richter des Bundesverfassungsgerichtes haben nach dem Gesetz über das Bundesverfassungsgericht gemäß §11 folgenden Eid geschworen:

„Ich schwöre, daß ich als gerechter Richter alle Zeit das Grundgesetz der Bundesrepublik Deutschland getreulich waren und meine richterlichen Pflichten gegenüber jedermann gewissenhaft erfüllen werde."

Wenn die Bundesrichter in ihrem Urteil gegen Herrn Prof. Dr. Gerd Lüdemann aber behaupten, daß das Grundgesetz die Lehre der Theologie als Wissenschaft an staatlichen Hochschulen erlaube, dann haben sie damit Art.3, Abs.3 GG. verletzt und sich nicht ihrem Eid gemäß verhalten, sie haben ihren Eid gebrochen und dürften deshalb auch keine Bundesrichter mehr sein. Die Behauptung, das Grundgesetz erlaube die Lehre der Theologie als Wissenschaft an staatlichen Hochschulen ist nicht nur unwahr[5], sondern darüber hinaus ist es eine Verunglimpfung des Wissenschaftsverständnisses, das an den deutschen staatlichen Hochschulen und insbesondere an den Universitäten gepflegt wird. Denn in ihnen wird der Begriff der Wissenschaft in keiner Weise so verstanden, daß die Ergebnisse wissenschaftlichen Forschens schon im Voraus von irgend einer Instanz festgelegt werden können. Derartige Wissenschaftsvorstellungen gehören wohl in das Arsenal diktatorischer Staaten, wie wir sie leider in Deutschland schon mehrfach erleiden mußten. Dies bedeutet, daß es sich bei der angeblichen theologischen Wissenschaft dann nicht um eine Wissenschaft handelt, wenn in den theologischen Fakultäten die grundgesetzlich nach Art.5, Abs.3 GG garantierte Freiheit von Wissenschaft, Forschung und Lehre nicht gilt. Und wenn das so ist, dann können solche theologischen Fakultäten nicht Bestandteile deutscher Universitäten sein. Insbesondere aber kann die Freiheit von Wissenschaft, Forschung und Lehre nur durch die Treue zur Verfassung beschränkt werden, wie es in Art.5, Abs. 3 GG festgelegt ist. Das Grundgesetz sieht keine Beschränkung der Freiheit von Wissenschaft, Forschung und Lehre durch ein „Selbstbestimmungsrecht der Religionsgemeinschaften" vor. Das Selbstbestimmungsrecht der Religionsgemeinschaften wird im Gegensatz dazu nach Artikel 140 GG mit Art. 137, Abs. 3 der *Weimarer Verfassung* durch die „Schranken des für alle geltenden Gesetzes" beschränkt. Damit aber ist es den Religionsgemeinschaften sogar untersagt, derartige Verträge mit dem Staat abzuschließen, durch die die für alle geltenden Gesetze insbesondere das Grundgesetz verletzt werden.

Die politische Konsequenz daraus ist, daß vom Bundestag dringend ein allgemeines Religions- und Weltanschauungsgemeinschaftsgesetz zu beraten und zu beschließen ist, wonach der Staat sein Verhältnis zu allen Religions- und Weltanschauungsgemeinschaften grundsätzlich gemäß des Gleichheitsgrundsatzes Art.3, Abs.3 GG regelt und wodurch alle grundgesetzwidrigen Teile der Konkordate und der Staats-Kirchen-Verträge ungültig werden. Das, was für die politischen Parteien längst selbstverständlich ist, daß ihr Verhältnis zum Staat durch ein allgemeines Parteiengesetz bestimmt ist, muß ebenso auch für

---

5   Die rechtliche Lage der theologischen Fakultäten ist für sie sogar existenzvernichtend; denn nach Art.1, Abs.3 GG binden die Grundrechte, wie ganz besonders auch das Grundrecht Art.3, Abs. 3 GG, „Gesetzgebung, vollziehende Gewalt und Rechtsprechung als unmittelbar geltendes Recht". Damit aber sind alle Gesetze zur Einrichtung von theologischen Fakultäten mit kirchlichen Weisungsrechten null und nichtig; denn ihre rechtliche Gültigkeit ist wegen Art.1, Abs.3 GG aufgrund von Art.3, Abs.3 GG und wegen Art.5, Abs.3 GG nie zustande gekommen.

das Verhältnis zwischen dem Staat und den Religions- und Weltanschauungsgemeinschaften gelten. Schließlich werden im Art.3, Abs.3 GG die „religiösen oder politischen Anschauungen", aufgrund derer niemand „benachteiligt oder bevorzugt werden" darf, quasi in einem Atemzug gemeinsam genannt. Es wäre Aufgabe der Karlsruher Richter gewesen, diese Forderung an die Legislative zu stellen.

Es ist mir völlig unverständlich, warum die Bundesrichter des Bundesverfassungsgerichts in ihrem Beschluss vom 28.10.2008 mehrfach verletzten, so daß

1. die Freiheit von Wissenschaft, Forschung und Lehre an unseren Universitäten in äußerster Gefahr ist,
2. die Hochschullehrer an unseren Universitäten aufgrund ihres Glaubens und ihrer religiösen Überzeugung diskriminiert werden,
3. der Gleichheitsgrundsatz unseres Grundgesetzes Art. 3, Abs. 3 mißachtet und
4. das Vertrauen in unsere höchste bundesdeutsche Gerichtsbarkeit schwer beschädigt wurde.

Es kann nicht hingenommen werden, daß die Bundesrichter des 1. Senats des Bundesverfassungsgerichts in ihrem Beschluß vom 28. Oktober 2008 dermaßen eklatant unser Grundgesetz verletzen. Was soll denn gelten, wenn sich nicht einmal die Richter unseres höchsten deutschen Gerichts an das Grundgesetz halten? Bevor dieser rechtlose Zustand etwa durch die Inanspruchnahme von Art. 20, Abs. 4 GG weiter um sich greift, sollten die entsprechenden Bundesrichter in Verantwortung für unser deutsches Rechtswesen ihren Beschluß zurücknehmen. Sonst ist die Weiterung des Schadens für unser Gemeinwesen unabsehbar. Ich möchte in jedem Falle die Angehörigen der deutschen Universitäten dazu aufrufen, diesen höchstrichterlichen Versuch, die Freiheit von Wissenschaft, Forschung und Lehre an unseren deutschen Universitäten grundgesetzwidrig einzuschränken und unseren Wissenschaftsbegriff zu verballhornen, keinen Raum zu geben. Dies könnte dadurch geschehen, daß wir unseren Kollegen an den theologischen Fakultäten zu Hilfe kommen, damit sie das unerträgliche Joch der kirchlich diktierten Bevormundung des wissenschaftlichen Arbeitens abwerfen können. Wie ich es in meiner Kant-Vorlesung mehrfach dargestellt habe, ist es dringend erforderlich, die derzeitige religiöse Krisensituation möglichst objektiv zu erforschen, um der Sinnstiftungsfunktion der menschlichen Religiosität wieder undogmatischen Raum geben zu können. Eine dogmatisch gelenkte Pseudowissenschaft, wie es die Theologie derzeit ist, kann diese für unseren Staat lebenswichtige Funktion freilich nicht erfüllen. Es sollte doch möglich sein, den Kirchenvertretern klar zu machen, daß es auch ihnen nicht Recht sein kann, wenn sogar unsere höchsten Richter bereit sind, unser Grundgesetz zu verletzen und damit unseren Staat ins Wanken zu bringen, nur weil sie vermutlich die Konsequenz scheuen, die Konkordate und Staats-Kirchen-Verträge für grundgesetzwidrig erklären zu müssen. Gerade die Verantwortungsträger der Kirchen sollten sich überzeugen lassen, daß sie Mitverantwortung für unseren Staat tragen und daß sie dieser Verantwortung erst gerecht werden, wenn sie dazu bereit sind, nicht mehr zu rechtfertigende Privilegien aufzugeben, und sich dafür ein-

setzen, daß wir ein allgemeines Religions- und Welt-anschauungsgemeinschaftsgesetz bekommen, nach dem es keine kirchenhörigen Theologischen Fakultäten mehr geben kann,
sondern in denen zum Nutzen aller eine freie Forschung über die Religionsdinge – wie
Kant sagen würde – möglich wird. Wenn ich hier als Wissenschaftstheoretiker versuche,
den alten universitären Gedanken der Einheit der Wissenschaft wiederzubeleben und zu
erhalten, dann geschieht dies aus Gründen der Sicherung des langfristigen Überlebens der
Menschen auf unserer schönen Erde. Dies wird jedoch nicht möglich werden, wenn es uns
nicht gelingt, die ideologischen Gräben, die aus dem Mittelalter stammen, zu überbrü-
cken oder gar zuzuschütten, wie sie etwa aus der Lehre von den zwei Wahrheiten entstanden sind: Die ewige theologische Wahrheit und die vergängliche menschliche Wahrheit.
Leider stammen die Privilegien der theologischen Fakultäten und ebenso auch die der
Juristischen Fakultäten, die den absoluten Wahrheitsanspruch der Theologen durchzuset-
zen hatten, aus diesen unseligen Zeiten, in denen freie Wissenschaft unterdrückt wurde.
Verhelfen wir darum dem Gleichheits- und dem Freiheits-Grundsatz des Grundgesetzes
endlich auch an unseren Universitäten zu uneingeschränkter Gültigkeit!"

Soweit mein Vorlesungstext aus dem Jahre 2009: Obwohl ich die örtliche Presse und
die Presseagenturen über meine Stellungnahmen zu Problemlagen unserer Zeit stets zu
Semesterbeginn informiert habe, ist in den Medien nichts aber auch gar nichts über diese
brisanten staatsrechtlichen Ausarbeitungen berichtet worden, und darum hat sich auch
nichts geändert. Diese fatale Rechtslage ist auf einen weiteren tiefgreifenden staatsrechtlichen Fehler im Grundgesetz zurückzuführen: Das Grundgesetz sieht keinen Selbstschutz
vor Grundgesetzverletzungen durch die drei Gewalten vor, obwohl Art. 1, Abs. 3 GG von
Anfang an festlegt: *„Die nachfolgenden Grundrechte binden Gesetzgebung, vollziehende Gewalt und Rechtsprechung als unmittelbar geltendes Recht."* Demnach sind
die Urteile des Bundesverfassungsgerichts im Lüdemann-Prozeß ebenso wie die Konkordate und Staats-Kirchen-Verträge sogar null und nichtig, weil sie gegen unmittelbar geltendes Recht verstoßen. Aber wenn sich die Rechtsprechung und die vollziehende Gewalt
nicht danach richten, dann hat der Art. 1, Abs. 3 GG offenbar keine wirksame Bedeutung.
Derartige staatsrechtliche Fehler des Grundgesetzes haben uns einen rechtlich desaströ-
sen Zustand beschert, durch den ungezählte „gültige Gesetze" grundgesetzwidrig sind,
was insbesondere im Universitäts- und Hochschulrecht zuhauf der Fall ist.[6]

---

6   Wie bereits im Band I „Die Systematik der Wissenschaft" in der allerletzten Fußnote vermerkt
    wurde, hat der Sokrates Universitäts Verein (SUV) e.V. (<sokrates.org>) eine breitangelegte
    Initiative ergriffen, nach der zum 300sten Geburtstag von Immanuel Kant am 22. April 2024
    eine erste volksabstimmungsfähige Vorlage einer deutschen und demokratischen Verfassung
    fertiggestellt sein soll.

0.2 Vorbemerkungen zum Zustandekommen und zum Zweck dieser Vorlesung

Diese Vorlesung ist der zweite Teil einer Vorlesungsreihe, die durch die Antrittsrede des ersten Präsidenten der Christian-Albrechts-Universität zu Kiel, Herrn Prof. Dr. Gerhard Fouquet, angeregt worden ist. Darin hat er seine Befürchtung über das „endgültige Auseinanderfallen unserer Wissenschaften" deutlich gemacht, da er es schon seit längerer Zeit beobachtet habe, daß die Wissenschaftler sich immer mehr spezialisieren und kaum noch Verständnis für andere Wissenschaften entwickeln, so daß sie nicht einmal mehr eine gemeinsame Sprache besitzen, mit der sie mit anderen Wissenschaftlern kommunizieren könnten.

Nun bin ich vor meiner Pensionierung der letzte Wissenschaftstheoretiker an dieser Universität gewesen, der regelmäßig wissenschaftstheoretische Vorlesungen gehalten hat, so daß seit meiner Pensionierung (WS 2003/2004) bis zum vergangenen Semester (WS 2008/2009) keine Vorlesung über Wissenschaftstheorie mehr gehalten wurde. Dennoch hat die Leitung des Philosophischen Seminars mehrere Angebote von mir, derartige Vorlesungen wieder anzukündigen, aus unerfindlichen Gründen abgelehnt. Herr Prof. Dr. Fouquet hat sich dagegen sehr über mein Angebot gefreut, im Sinne seiner Antrittsvorlesung wieder wissenschaftstheoretische Vorlesungen anzubieten. Dadurch kam es im letzten Semester zum ersten Teil dieser Vorlesungsreihe mit dem Thema *„Die Systematik der Wissenschaft"*.[7]

In meiner ersten Planung, wollte ich im ersten Teil auch die verschiedenen normativen Wissenschaftstheorien abhandeln. Es hat sich aber herausgestellt, daß die Materialfülle zu groß war, so daß ich mich entschlossen habe, nach diesem Semester, in dem es ja um *„Das Werden der Wissenschaft"* geht, noch einen dritten Teil im Wintersemester 2009/2010 anzufügen, der dann heißen wird: *„Die normativen Wissenschaftstheorien und ihre Kritik"*. Danach könnte der dreisemestrige Zyklus *„Die Theorie der Wissenschaft"* von Neuem beginnen, wenn es nicht an der Zeit wäre eine wirkliche Exzellenzinitiative zu starten und eine Universität der Zukunft zu konzipieren, die sich wieder auf das Ganze der Wissenschaft konzentriert, das wir heute als die Erforschung und Sammlung der Erkenntnisse zu begreifen haben, deren Nutzung erforderlich ist, um die Existenz der Natur und des Menschen auf möglichst lange Zeit zu sichern. Darum kam nach der 3. Vorlesung noch die 4. Vorlesung „Kritik der Wissenschaften hinsichtlich ihrer Verantwortung für das menschliche Gemeinwesen" dazu. Diese Kritik ergab sich aus dem beschriebenen Ganzen der Wissenschaften und dem Vergleich mit den heute existierenden Wissenschaften und deren Tätigkeiten, woraus sich **die Verantwortung der Wissenschaftler** ableiten ließ, die aber am Beispiel der Kieler Universität und der deutschen Universitäten nicht genügend deut-

---

7 Der Text dieser Vorlesung kann aus meinem Blog <wolfgang.deppert.de> unter Benutzung des Passwords <treppedew> heruntergeladen werden. Für die jetzige Vorlesung „Das Werden der Wissenschaft" wird dies kumulativ ebenso gelten.

lich machte, daß vieles besonders in der Theologie und in der juristischen Fakultät nichts mit Wissenschaft zu tun hat und nicht an die Universitäten gehört.

Es versteht sich beinahe von selbst, daß diese Kritik von den Fakultäten und selbst auch nicht vom Präsidium begeistert aufgenommen wurde. Diese Kritik blieb trotz mehrfachen Anfragens unbeantwortet, so daß ich mich aufmachte, um mit den Dekaninnen und Dekanen selbst zu sprechen. Für die ersten drei Fakultäten ist dies bereits geschehen. Zu den anderen und sogar zu einzelnen Disziplinen werde ich noch gehen. Die bisherigen Gespräche verliefen freundlicher als erwartet, die zugesagten Vertiefungen sind allerdings bisher ausgeblieben mit einer Ausnahme. Das Gespräch mit der Dekanin der Wirtschafts- und Sozialwissenschaftlichen Fakultät hat dazu geführt, daß ich einen Lehrauftrag für Wirtschafts- und Unternehmensethik[8] erhalten habe. Aus dieser Vorlesung ist 2014 das Spinger-Lehrbuch *Individualistische Wirtschaftsethik (IWE)* geworden.

Im Folgenden soll das Bewußtsein dafür geweckt werden, daß ein gründliches Verständnis unserer Wissenschaften nicht möglich ist, wenn wir nicht die Geschichte ihrer Entstehung kennen. Diese Einsicht hatte sich bereits im vergangenen Semester angedeutet, als wir das Auftreten von wissenschaftlichen Revolutionen besprachen und die Gründe für ihr Zustandekommen. Insbesondere aber konnten wir die erstaunliche Feststellung treffen, daß die Grundbegriffe der Wissenschaften und deren Forschungsrichtungen selbst bei den sogenannten exakten Naturwissenschaften religiösen Ursprungs sind, so daß wissenschaftliche Revolutionen immer mit Änderungen der sinnstiftenden, und das bedeutet, der religiösen Überzeugungen der Wissenschaftler verbunden sind. Weil diese Einsicht vielleicht doch noch sehr ungewohnt erscheinen mag, sind daher noch ein paar kurze Bemerkungen dazu angebracht.

Im Römischen Reich fand der allmähliche Zerfall des Mythos bereits statt, als Cicero ins letzte vorchristliche Jahrhundert hinein aufwuchs. Darum war es für ihn ein lebenslang wichtiges Thema, die Natur der mythischen Götter zu untersuchen und sein Spätwerk *De natura deorum* (Vom Wesen der Götter, entstanden -44/-43), ist darum auch eines seiner ausgereiftesten Werke. Er führt darin erstmalig den Religionsbegriff ein, indem er ihn von relegere (etwas gründlich nachlesen, überdenken) ableitet und seine Bedeutung durch die Einsicht gewinnt, daß die Wirksamkeit der Götter und ihre Existenz zu bezweifeln ist, warum der Mensch sich selbst um eine sinnvolle Lebensführung zu kümmern habe. Schon für Cicero besteht das Religiöse aus der Sinnstiftungsfähigkeit des Menschen, eine Bestimmung des Religionsbegriffs, der ich mich ausdrücklich anschließe, obwohl er von den Offenbarungsreligionen gänzlich entstellt worden ist. Über die europäische Aufklärung ist aber Religiosität allmählich wieder als die kreative Sinnstiftungsfähigkeit der Menschen verstanden worden, so daß Kant den Menschen zuruft: „Sapere Aude! Habe Mut Dich Deines eigenen Verstandes zu bedienen!", warum Kant sogar das Credo für eine Vernunftreligion vertritt, womit nicht nur die sittlichen, sondern ebenso die Grundlagen der Wissenschaften zu bestimmen sind. Hermann Weyl, der große Weiterdenker von

---

8   Aus dieser Vorlesung ist das 2014 bei Springer Gabler in Wiesbaden erschienene Lehrbuch der Wirtschaftsethik *Individualistische Wirtschaftsethik (IWE)* geworden.

Einsteins Relativitätstheorien beschreibt schließlich in seinem Lebensrückblick „Erkenntnis und Besinnung" eine große Gefahr für die schöpferische Tätigkeit insbesondere der Wissenschaftler:

> „Die Gefahr des schöpferischen Tuns, wenn es nicht durch Besinnung überwacht wird, ist, daß es dem Sinne entläuft, abwegig wird, in Routine erstarrt; – die Gefahr der Besinnung, daß sie zu einem die schöpferische Kraft lähmenden unverbindlichen, „Reden darüber" wird."[9]

Hermann Weyl geht es um das im Menschen vorhandene Sinn stiftende Vermögen, welches durch Besinnung tätig wird und welches zur Ermöglichung wissenschaftlicher Tätigkeit überhaupt gehört, wodurch die Wissenschaft eine grundlegende religiöse Dimension erfährt, deren „schöpferische Kraft" nicht durch ein „unverbindliches Reden darüber" gelähmt werden darf. Daß durch die religiösen Überzeugungen auch die Sinnhaftigkeit von Wissenschaft und ihrer grundlegenden Konzepte geschichtlich geworden ist, hat Kurt Hübner in seinem wissenschaftstheoretischen Hauptwerk *Kritik der wissenschaftlichen Vernunft* im Einzelnen minutiös nachgewiesen.[10]

---

9   Vgl. W. Deppert, K. Hübner, A. Oberschelp, V. Weidemann (Hrsg.), *Exact Sciences an their Philosophical Foundations – Exakte Wissenschaften und ihre philosophische Grundlegung, Vorträge des Internationalen Hermann-Weyl-Kongresses, Kiel 1985*, Peter Lang, Frankfurt/Main, Bern, New York, Paris 1988, S. 7.

10   Vgl. K. Hübner, Kritik der wissenschaftlichen Vernunft, Alber Verlag, Freiburg 1978.

1.0   Vom Schöpferischen, das einen Anfang ermöglicht

Die Verabredung soll gelten, daß die Null einen Anfang kennzeichnet. Noch nichts von dem, was der Anfang ermöglichen wird, ist schon da, deshalb heißt auch hier der anfangende Absatz 1.0. Aber dennoch muß schon etwas da sein, welches den Anfang hervorbringt. Es sollte wohl etwas ganz anderes da sein, als das, was durch den Anfang beginnt, da zu sein. Und diese Fragestellung hat die Menschen schon immer irritiert, wenn sie die Frage nach dem Anfang von allem, was ist, stellten. Sicher aber müßte es etwas Gutes sein; denn sonst könnte davon nichts Sinnvolles ausgehen, und ein Sein ohne Sinn könnte ja gar nichts sein und auch nicht mit der Null beschreibbar; denn die Null findet nur im Rahmen der anderen Zahlen statt und hat darin ihren Sinn durch den Anfangssinn des Zahlenstrahls. Woher aber kommt der Strahl? Für Plotin ist es eine Emanation aus dem Ureinen. Und der Name Gott, in dem sprachgeschichtlich ganz offensichtlich das Gute drinsteckt, ist für ihn nur eine andere Bezeichnung für das Ureine, für die Unitas.

Diese Ausführungen mögen noch einen ziemlich unbeholfenen Eindruck machen, der auch gar nicht geleugnet werden soll und kann; denn die Frage nach dem Ermöglichenden und dem weiterhin Wirksamen hat die kaum übersehbaren vielen verschiedenen Religionen hervorgebracht, die aber leider inzwischen in ihrem sehr selbtbewußten Auftreten unglaublich viel Unheil angerichtet haben und die sich womöglich nur versöhnen können, wenn sie wieder in den hier erkennbar gemachten urspünglichen Zustand der Unbeholfenheit zurückfänden.

„Im Anfang war das Wort, und das Wort war bei Gott, und Gott war das Wort." So unbeholfen und dennoch scheinbar weise fängt das Johannes-Evangelium an. Wenn ich es mit in eine weise Deutung dieses Anfangs nehme, so könnte ich es auch mit einem Wort versuchen, das freilich schon eine Bedeutung hat, das Wort: *Schöpferisches*.

Die wichtigste Funktion, die in allen Vorstellungen von Gottheiten mitgedacht wurde, war das Schöpfertum dieser Gottheiten, sie waren das Hervorbringende der Lebensberei-

© Springer Fachmedien Wiesbaden GmbH, ein Teil von Springer Nature 2019
W. Deppert, *Theorie der Wissenschaft*,
https://doi.org/10.1007/978-3-658-14043-4_2

che, für die sie zuständig waren. Schon früh aber verlor sich in der Kulturgeschichte der Menschheit die Vorstellungskraft der Menschen, diese Gottheiten auch als Personen zu begreifen, so daß schon in der Antike für sie alternative Bezeichnungen wie **das Göttliche** aufkamen, womit sich stets die Funktion des Hervorbringenden verband. Und die Bewußtseinsformen, in denen sich die Menschen vorfinden, die in Gegenden aufgewachsen sind und weiterhin leben, in denen die europäische Aufklärung nachhaltig wirksam geworden ist, lassen keine Unterwürfigkeitsbewußtseinsformen mehr zu, die mit einem Glauben an einen persönlichen Gott notwendig verbunden sind. Aber an etwas in der Welt wirksames *Schöpferisches* zu glauben, das sich auch als *das Göttliche* bezeichnen läßt, ist dagegen ganz unproblematisch.

Schon bei Kant findet sich diese Überzeugung, wenn er in seinem relativ frühen Hauptwerk die *Kritik der reinen Vernunft (KrV)* die wichtigsten und grundlegendsten Begründungen durch Begriffe a priori vornimmt. Das sind Begriffe, die er in sich *vor aller Erfahrung* vorfindet. Es ist also mit seiner reinen Vernunft ein schöpferisches Vermögen verbunden, welches diese apriorischen Begriffe, wie etwa Raum und Zeit, hervorbringt. Deshalb konnte die Wissenschaft nicht mit der sinnlichen Erfahrung beginnen, ohne daß man dabei apriorische Begriffe verwendet, so wie es die Empiristen gern gehabt hätten, welche die Welt insgesamt als Gottes Schöpfung betrachteten, so daß sich von ihr nur durch Sinneswahrnehmungen etwas erfahren läßt, warum Kants apriorischen Begriffen in den angloamerikanischen Ländern bis heute ein gotteslästerlicher Makel anhängt.

Ein in der Welt überall und in allem wirksames schöpferisches Prinzip anzunehmen, das ich selbst auch durchaus als ein *Göttliches* begreife, scheint mir eine ganz vernünftige Antwort auf die Frage zu sein, was schon da sein muß, damit irgendetwas und auch die Wissenschaft anfangen kann. In den Beschreibungen der ersten Anfänge der Wissenschaften kann es darum nicht ausbleiben, daß sich bei genauerem Hinsehen die notwendig zu definierenden Begriffe als apriorische Begriffe erweisen, welche ja für die von Kant geforderten theoretischen Wissenschaften unumgänglich sind. Dies wird sich nun besonders für den Grundbegriff des *Lebewesens* erweisen aber auch für eine Fülle von daraus abgeleiteten Begrifflichkeiten, insbesondere auch für den Begriff des *Bewußtseins*.

1.1   Von den Existenzerhaltungsfunktionen der Lebewesen

Das Wort ‚Wissenschaft' hat einen sehr kühlen und sachlichen Klang, es erscheint vielen als gefühlsleer oder gar gefühlskalt und fernab von jeder Art von natürlicher Lebendigkeit. Wird aber nach dem Ursprung dessen, was dieses Wort bedeutet, gefragt, dann kommen wir ganz schnell an den Ursprung des Lebens überhaupt, ja, an die Quelle des Wunders der ganzen Natur. Das zu zeigen ist der tiefere Sinn dieses ersten Kapitels. Dazu haben wir uns auf den Weg der Wissenschaftlichkeit zu begeben, indem wir Behauptungen aufstellen, die wir danach beweisen oder wenigstens plausibel machen. Fangen wir demgemäß mit folgender Behauptung an:

Die Wissenschaft ist eine Frucht der durch die biologische Evolution im Menschen entstandenen Gehirnfunktionen[11]; denn der Mensch entstammt der biologischen Evolution und auch sein Überlebenssicherheit schaffendes Steuerungsorgan: sein Gehirn.

Davon ist jedenfalls die wissenschaftliche Welt seit dem Erscheinen von Charles Darwins (geb. am 12. Febr. 1809, gest. am 19. April 1882) Hauptwerk „Die Entstehung der Arten" vor 150 Jahren mehr und mehr überzeugt. Dennoch haben die ersten Menschen gewiß noch keine Wissenschaft betrieben. Dazu mußte sich erst das Individualitäts-Bewußtsein und ein besonderes Erkenntnisvermögen ausbilden, was durch eine *kulturgeschichtliche Evolution* möglich geworden ist, welche der *biologischen Evolution* folgte.[12] Wenn wir erneut behaupten, daß Philosophieren nichts als *gründliches Nachdenken* bedeutet, dann haben wir darauf einzugehen, wie wir uns die biologische Evolution der menschlichen Gehirne mit ihren Fähigkeiten, Bewußtsein und Erkenntnisvermögen auszubilden, so vorstellen können, daß sie über die biologische Evolution des Tierreichs verlaufen konnte.

Um gründlich vorzugehen, haben wir dort zu beginnen, wo wir in etwa die Entstehung der Lebewesen festmachen können. Dazu aber ist vorerst ein möglichst allgemeiner Begriff von Lebewesen zu bestimmen, damit sich daraus später weitere Ausdifferenzierungen vornehmen lassen. Demgemäß sollen hier unter *Lebewesen offene Systeme mit einem Überlebensproblem* verstanden werden, *die in der Lage sind, ihr Überlebensproblem eine Zeit lang zu bewältigen.*[13]

Dadurch wird mit diesem Begriff von Lebewesen eine finalistische Betrachtungsweise eingeführt, die grundsätzlich der kausalen Betrachtungsweise der physikalistisch-reduktionistisch verstandenen Naturwissenschaft entgegensteht; denn Lebewesen sind damit per definitionem in all ihrem Tun und Lassen auf das Ziel der Überlebenssicherung ausgerichtet. Und das gilt prinzipiell auch für die Menschen, bei denen allerdings noch das Problem der äußeren Existenzerhaltung von dem der Sicherung der inneren Existenz zu unterscheiden ist. Ob das auch für Tiere gilt, können wir einstweilen nicht wissen, da wir uns immernoch nicht mit ihnen unterhalten können. Ich vermute aber, daß auch dieser alte Menschheitstraum sich noch schrittchenweise wird verwirklichen lassen.

Weil es für Lebewesen vor allem um die Bewältigung des Überlebensproblems geht – sei es für die einzelnen Lebewesen, einen Verband von Lebewesen oder auch eine ganze Art von Lebewesen – ist für sie der Begriff der Gefahr von höchster Bedeutung. Denn Gefahren weisen auf zukünftige Ereignisse hin, die das Überleben des Systems bedrohen.

---

11   Vgl. dazu W. Deppert, Die Evolution des Bewusstseins, in: Volker Mueller (Hg.), *Charles Darwin. Zur Bedeutung des Entwicklungsdenkens für Wissenschaft und Weltanschauung*, Angelika Lenz Verlag, Neu-Isenburg 2009, S. 85–101.

12   Vgl. dazu W. Deppert, Vom biogenetischen zum kulturgenetischen Grundgesetz, in: *Natur & Kultur, Unitarische Blätter* 2010/2, S. 61–68.

13   Diese Lebewesen-Definition findet sich aus systematischen Gründen schon im ersten Band der *Theorie der Wissenschaft*.

Auch *der Begriff der Gefahr ist darum ein finalistischer Begriff.* Gefahren können innerhalb des Systems auftreten oder im Äußeren des Systems ihren Ursprung haben, indem sie von Bereichen ausgehen, die nicht zum System selbst gehören. Dementsprechend sollen *innere Gefahren* von *äußeren Gefahren* unterschieden werden.

Durch die sehr allgemeine Definition des Begriffs 'Lebewesen', wie sie hier benutzt wird, sollten sich alle Folgerungen, die sich aus dieser Definition ziehen lassen, auf alle Systeme mit einem Überlebensproblem anwenden lassen. Dazu gehören alle Lebewesen der Natur: Von den Einzellern angefangen bis hin zu den höchstentwickelten Lebensformen, aber auch die vielfältigen Formen menschlicher Gemeinschaftsbildungen, wie etwa Familien, Vereine, Religionsgemeinschaften, Gesellschaften, Bildungsanstalten, Wirtschaftsbetriebe, politische Kommunen, Staaten und Staatenverbände. Dies bedeutet, daß die folgenden Überlegungen und Ergebnisse ein großes Anwendungsspektrum besitzen, welches für die historische Entwicklung der Wissenschaften von tiefgreifender Bedeutung ist.

Die Lebewesen, die durch die Evolution in der Natur entstanden sind, mögen *natürliche Lebewesen* heißen, während die Lebewesen, die aus den kulturellen Aktivitäten von Menschen hervorgehen, *kulturelle Lebewesen* genannt werden.

Es ist nun zu fragen, welche Funktionen in einem offenen System angelegt sein müssen, damit es sein Überlebensproblem temporär bewältigen kann. Diese durchaus mannigfaltigen Funktionen werden hier in einer Art Klassenbildung von *Überlebensfunktionen* wie folgt zusammengefaßt:

1. Eine *Wahrnehmungsfunktion*, durch die wahrgenommen wird, was außerhalb und innerhalb des Systems geschieht.
2. Eine *Erkenntnisfunktion*, durch die feststellbar ist, ob das Wahrgenommene gefährlich für das System ist oder nicht. Diese Funktion muß mit einer Gedächtnis-, Wiedererkennungs- und Bewertungsfunktion verbunden sein.
3. Eine *Maßnahmebereitstellungsfunktion*, durch die Maßnahmen zur Überlebenssicherung verfügbar sind, um erkannten Gefahren zu entgehen oder zu begegnen. Auch in dieser Maßnahmebereitstellungsfunktion wird auf Gedächtnis-, Wiedererkennungs- und Bewertungsfunktionen zurückgegriffen.
4. Eine *Maßnahmedurchführungsfunktion*, durch die die passende Maßnahme zur Gefahrenbekämpfung ausgewählt und durchgeführt wird. Oft wird diese Funktion auch mit dem Vitalimpuls verbunden, durch den eine bestimmte Aktivität des Systems sichtbar wird.
5. Eine *Energiebereitstellungsfunktion*, durch die die erforderliche Teilhabe am Energieträgerstrom organisiert und sichergestellt wird.

An dieser Aufzählung ist zu erkennen, daß Immanuel Kant die von ihm bestimmten Erkenntnisvermögen intuitiv auch schon als Überlebensfunktionen konzipiert hat; denn das Erkenntnisvermögen der Sinnlichkeit stimmt zusammen mit der Wahrnehmungsfunktion, und das Erkenntnisvermögen des Verstandes entspricht der hier bezeichneten Erkenntnisfunktion der Lebewesen. Selbst die Vernunft korrespondiert als praktische Vernunft mit der Maßnahmebereitstellungsfunktion und der Maßnahmedurchführungsfunktion.

Die ersten vier Überlebensfunktionen beziehen sich auf das Erkennen und Bekämpfen von Überlebensgefahren jedweder Art. Um diese Ziele erreichen zu können, müssen sie sehr direkt miteinander verkoppelt sein. Bisweilen ist das Erkennen und Abwehren von Gefahren sehr schnell zu vollziehen. Darum muß die Verkopplung der ersten vier Überlebensfunktionen sehr direkt und einwandfrei vonstatten gehen. Mit der fünften Überlebensfunktion ist eine ganz bestimmte Gefahr fokussiert, die für jedes offene System periodisch auftritt, da es zu seiner Existenzerhaltung der quasi kontinuierlichen Bereitstellung von Freier Energie bedarf. Es ist die Gefahr, nicht mehr über die aktiven Energieformen zu verfügen, die aufgrund des ersten Hauptsatzes der Wärmelehre für alle Tätigkeiten eines Systems benötigt werden. Darum müssen alle Systeme, in denen irgendeine Form von Arbeit geleistet wird, offene, sogenannte dissipative Systeme sein, durch die ein Energieträgerstrom hindurchfließen kann, um die für die Ausübung der Funktionen eines Systems und insbesondere für die Ausübung der Überlebensfunktionen nötige physikalisch definierte Freie Energie[14] bereitzustellen. Die fünfte Funktion ist darum eine besonders wichtige Überlebensfunktion, weil ohne sie keine der vier zuerst genannten Funktionen ausgeübt werden kann. Andererseits aber setzt das Funktionieren der Energiebereitstellungsfunktion schon die Tätigkeit der ersten vier Funktionen voraus; denn nur durch sie können mögliche Energieträger erkannt und gefahrlos einverleibt werden. Durch diese gegenseitige existentielle Abhängigkeit erfüllen die fünf Überlebensfunktionen bereits das *Ganzheitskriterium der gegenseitigen Abhängigkeit*. Daraus ergibt sich, daß besonders die fünfte Funktion mit den ersten vier sehr genau und innig verkoppelt sein muß.

Der Verkopplung der genannten fünf Funktionen kommt somit die zentrale systemerhaltende Funktion zu, weshalb es sich anbietet, die nötige *Verkopplungsorganisation* der Überlebensfunktionen das **Bewußtsein eines Lebewesens** zu nennen[15]. Dies ist einstweilen eine rein formale Definition, mit der sich noch keine Behauptung verbindet; denn ihre Anwendbarkeit auf unsere intuitiven Vorstellungen von Bewußtsein muß sich erst noch erweisen. Damit besitzt jedes Lebewesen per definitionem grundsätzlich ein Bewußtsein, wenn es so weit entwickelt ist, daß die Überlebensfunktionen an verschiedenen Orten ausgeübt werden, so daß es zum Überleben einer Verkopplung der Überlebensfunktionen

---

14 Der Begriff der freien Energie darf bitte nicht verwechselt werden mit dem gänzlich unwissenschaftlichen Gerede von freier Energie, die angeblich als Raumenergie beliebig und darum frei zur Verfügung steht. Mit dieser Spinnerei soll bitte der rein physikalisch definierte Begriff von freier Energie nicht verwechselt werden.

15 Die ersten Ideen zu diesem Bewußtseinsbegriff sind in meinem Aufsatz „Zum Verständnis von Begriffen und vom Bewußtsein" aus dem Jahre 2002 ausführlich entwickelt, die während eines gemeinsamen Seminars mit Björn Kralemann im SS 2001 und WS 2001/2002 zum Bewußtseinsbegriff entstanden sind. Die genauere Bewußtseinsdefinition und die dazu nötigen Definitionen von Lebewesen und der fünf Überlebensfunktionen finden sich das erste Mal in: Wolfgang Deppert, Die Evolution des Bewußtseins, in: Volker Mueller (Hg.), *Charles Darwin. Zur Bedeutung des Entwicklungsdenkens für Wissenschaft und Weltanschauung*, Angelika Lenz Verlag, Neu-Isenburg 2009, S. 85–101. Dieser Aufsatz ist eine schriftliche Wiedergabe meines Vortrages „Die Evolution des Bewußtseins" während des Unitariertages in Hameln zu Pfingsten 2009.

bedarf. Wem diese Definition etwas zu waghalsig erscheint, der mag sich selbst daran erinnern, daß er der Tätigkeit seiner eigenen Überlebensfunktionen in seinem Bewußtsein gewahr wird: das Wahrnehmen durch unsere Sinnesorgane, das Spüren des Schreckens über eine erkannte Gefahr oder auch die Freude über eine Überlebenssicherung durch ein Zusammenhangserlebnis, die Gedanken zur Gefahrenbekämpfung oder zum Schaffen von Sicherungsmaßnahmen und schließlich auch den Willen zur Durchführung geeigneter Maßnahmen zur Überlebenssicherung. All dies findet in unserem Bewußtsein statt. Unser intuitiv benutzter Bewußtseinsbegriff ist offenbar bereits so etwas, wie eine Art Behältnis, in dem eine Menge von dem auftritt, was für unsere Überlebenssicherung von Bedeutung ist oder sein kann.

Außer diesen fünf Überlebensfunktionen, denen allen eine ganz spezifische Aufgabe zukommt, gibt es weitere ganzheitliche Funktionen, die sich nur durch das Systemganze bestimmen lassen. Dazu gehört so etwas wie ein Vitalimpuls, den wir gern auch als den *Überlebenswillen des Systems* bezeichnen, ferner eine *Wachheitsfunktion*, die direkt mit dem *Überlebenswillen* des Systems über das Bewußtsein gekoppelt sein muß. Die Wachheitsfunktion läßt sich als eine besondere Verkopplungsfunktion etwa wie folgt verstehen. Die bewußtseinskonstituierenden Verkopplungen scheinen mit Leistungen des Systems verbunden zu sein, durch die irgend etwas verbraucht wird, was sich regenerieren muß und wozu eine gewisse Zeit der Entkopplung oder einer geringeren Verkopplung vonnöten ist. Wir können von periodisch auftretenden Entspannungs- oder Ruhephasen sprechen, die wir in Form von Schlafzuständen kennen, in denen die Überlebensfunktionen mehr oder weniger entkoppelt sind, so daß das Bewußtsein nahezu abgeschaltet ist. Die Wachheitsfunktion ist mit derjenigen Funktion zu identifizieren, die wieder die vollständige Verkopplung aller Überlebensfunktionen herstellt. Die Wachheitsfunktion ist demnach auch als eine Bewußtseinsfunktion zu verstehen, wodurch verschiedene Grade der gesamten Funktionsverkopplungen möglich sind. So wird die Wachheitsfunktion bei plötzlich auftretenden Gefahren besonders hohe Grade der Wachheit bewirken. Ähnliches wird in Zuständen auftreten, in denen die Aktivität der Maßnahmedurchführungsfunktion gemindert ist.

Bei den Lebewesen, bei denen die Kopplungsfunktionen durch die Synapsen von Nervenzellen, übernommen werden, sind es vermutlich die Neurotransmittermoleküle oder auch die Kalzium bindenden Proteine, die für die Freisetzung von Neurotransmittern verantwortlich sind, die mit der Zeit knapp werden, so daß die Kopplungsfunktionen abnehmen. Der Schlaf scheint wesentlich deshalb nötig zu sein, um die Stoffe wieder bereitzustellen, durch welche die für das Bewußtsein notwendigen Nervenkopplungen erfolgen. Die Aspekte der Neurotransmitterleistungen zur Aufrechterhaltung des Bewußtseins scheinen in der Müdigkeitsforschung noch kaum im Blickfeld zu sein, gerade auch, was die Erforschung des im Straßenverkehr extrem gefährlichen Sekundenschlafes angeht. Demnach kann der Versuch, den Bewußtseinsbegriff genauer zu fassen, auch für die Anregung von ganz konkreten Forschungsprojekten nützlich zu sein.

Die verschiedenen Wachheitsgrade sind zugleich verschiedene Bewußtseinsintensitäten, will sagen: verschiedene Kopplungsintensitäten der Überlebensfunktionen. Die Überlebensfunktionen haben aber sicher auch ein gewisses Eigenleben, was daran zu erkennen ist, daß sie einerseits verschieden stark miteinander verkoppelt sein können und andererseits auch über jeweils eigene Speicherfunktionen verfügen. Nur ein kleiner Teil von dem, was in die Speicher aufgenommen wird oder in ihnen enthalten ist, wird an die Kopplung aller Überlebensfunktionen an das Bewußtsein weitergereicht. Dabei handelt es sich um die Teile, die zu einer Stimmigkeit gebracht worden sind, so daß wir das in unserem Bewußtsein Wahrgenommene auch benennen können, d.h., die Wahrnehmungsfunktion und die Erkenntnisfunktion haben bereits eine Stimmigkeit erreicht und im Falle einer erkannten Gefahr, wie etwa der Anflug einer Wespe auf unser Marmeladenbrot, spulen wir schnell die ratsamen Abwehrmaßnahmen durch, und entschließen uns gegebenenfalls zur Gelassenheit und stellen einstweilen die Tätigkeit der Energiebereitstellungsfunktion etwas zurück. Wie üblich können wir die Abstimmungsmaßnahmen zwischen den Überlebensfunktionen, die nicht ins Bewußtsein vordringen, d.h., die nicht die ganze Kopplungsorganisation beherrschen, in den Bereich des Unbewußten verlegen.

Wenn die Zuordnung zwischen Wahrnehmungs- und Erkenntnisfunktion nicht klappt und auch keine Maßnahmefunktionen angesprochen werden, dann erreichen die mit den Funktionen verbundenen Vorgänge unser Bewußtsein nicht. Damit die Mitteilungen der Überlebensfunktionen das Bewußtsein erreichen können, bedarf es eines gegenseitigen Abstimmungsprozesses mit vielen Rückkopplungen, so daß daraus schließlich ein Ganzes wird. Solange dies nicht zustandekommt, können die Funktionen ohne eine Bewußtseinsankopplung weiterarbeiten, was wir bisher als eine unbewußte Informationsverarbeitung bezeichnet haben. Sobald allerdings bei diesen unbewußten Verarbeitungsprozessen eine Stimmigkeit erzeugt wird, dann koppelt sich dieses Ergebnis plötzlich in unser Bewußtsein ein und erzeugt möglicherweise einen Schreck, z.B., wenn uns plötzlich bewußt wird, daß es sich nicht um eine Wespe, sondern um eine Hornisse handelt oder auch um einen problemlösenden Einfall.

Es kann aber auch sein, daß in der sich fortlaufend rückkoppelnden Tätigkeit unserer Überlebensfunktionen eine Ganzheit entsteht, für die wir keinen Begriff haben, so daß wir diese Ganzheit gar nicht benennen können. Dann würden wir heute von einer Intuition sprechen, die wir zwar nicht näher bestimmen können, die uns aber dennoch in Form von deutlichen Handlungsanweisungen bewußt wird. So spricht Kant im Schluß seiner *Naturgeschichte des Himmels* von „unausgewickelten Begriffen"[16], die uns „das verborgene Erkenntnißvermögen des unsterblichen Geistes" beim „Anblick eines bestirnten Himmels, bei einer heitern Nacht" in unmittelbarer Sprache vermittelt.

Nun ist offenbar mit jedem Lebewesen und seinem Bewußtsein ein Wille zum Überleben gegeben. Die Evolution des Bewußtseins wird darum mit einer Evolution der Willensformen verbunden sein. Der Begriff des Willens ist von Zielen her bestimmt, die in der Zukunft liegen und die die Bewältigung von zukünftigen Gefahren betreffen. Ein Wille will etwas verwirklichen, das in der Zukunft liegt. Er ist final und nicht kausal bestimmt.

---

16   Vgl. Immanuel Kant, *Allgemeine Naturgeschichte und Theorie des Himmels*, Kindler Verlag, München 1971, S. 178.

Aber nur das kausal in Form von Ursache-Wirkungsketten Beschreibbare gilt in der heutigen Naturwissenschaft als wissenschaftlich. Ein Wille kommt in den Naturwissenschaften gar nicht vor, er kann darum auch nicht von ihnen beschrieben werden. Es läßt sich aber zeigen, daß die Evolution als ein Prozeß der Optimalisierung von Überlebenschancen nur begreiflich ist, wenn wir den Lebewesen einen final bestimmten Systemerhaltungswillen unterstellen.[17]

Wenn wir in den Naturwissenschaften einerseits finale Beschreibungs- und Erklärungsmethoden als unwissenschaftlich verwerfen, andererseits aber die Evolutionstheorie sich nur unter der Annahme von finalen Erklärungsmustern darstellen läßt, dann wäre auch die Evolutionstheorie als unwissenschaftlich abzulehnen. Wenn wir dieser Konsequenz entgehen wollen, müßten wir versuchen zu zeigen, wie sich finale Begrifflichkeiten, wie *Überlebensproblem*, *Gefahr*, *Lebewesen*, *Überlebenswille*, etc. auf naturwissenschaftliche Weise darstellen lassen. Dies aber liefe auf eine Versöhnung zwischen kausalen und finalen Beschreibungsweisen hinaus. Es hat viele Versuche gegeben, finale Erklärungen auf kausale zurückzuführen. Einer der bedeutendsten Wissenschaftstheoretiker Deutschlands Wolfgang Stegmüller hat diese Versuche zusammengetragen und systematisiert.[18] Dazu werden stets Systemfunktionen beschrieben, deren Funktionieren kausal darstellbar ist, nicht aber die Bedingungen für das Auftreten dieser Systemfunktionen. Demnach handelt es sich bei diesen Versuchen, finale Erklärungen zu eliminieren, bereits um Versöhnungen kausaler und finaler Beschreibungsweisen, nur daß sie als solche noch nicht identifiziert wurden. Der Versuch, finale und kausale Weltbetrachtungen explizit miteinander zu versöhnen, soll erst gestartet werden, wenn auch gezeigt worden ist, daß sich die Evolutionstheorie nur unter der Annahme der Wirksamkeit finaler Bestimmungen darstellen läßt.

1.2   Warum eine Evolution *nur* durch Lebewesen mit einem Überlebenswillen stattfinden kann

Wenn in der Evolutionstheorie von einigen Theoretikern, wie etwa von Konrad Lorenz, behauptet wird, daß sich die Organismen im Laufe der Evolution immer besser an die objektiven Lebensverhältnisse angepaßt hätten, so läßt sich schnell zeigen, daß sich die

---

17 Vgl. W. Deppert, Concepts of optimality and efficiency in biology and medicine from the viewpoint of philosophy of science, in: D. Burkhoff, J. Schaefer, K. Schaffner, D.T. Yue (Hg.), *Myocardial Optimization and Efficiency, Evolutionary Aspects and Philosophy of Science Considerations*, Steinkopf Verlag, Darmstadt 1993, S. 135–146 oder ders., Teleology and Goal Functions – Which are the Concepts of Optimality and Efficiency in Evolutionary Biology, in: Felix Müller und Maren Leupelt (Hrsg.), *Eco Targets, Goal Functions, and Orientors*, Springer Verlag, Berlin 1998, S. 342–354.

18 Vgl. Wolfgang Stegmüller, *Probleme und Resultate der Wissenschaftstheorie und Analytischen Philosophie*, Band I, *Wissenschaftliche Erklärung und Begründung*, Kap. VIII Teleologie, Funktionalanalyse und Selbstregulation S. 518–623, Springer Verlag, Berlin Heidelberg New York 1969.

Evolutionstheorie mit Hilfe dieser Behauptung nicht begründen läßt. Denn alle Lebewesen befinden sich gemäß unseres naturwissenschaftlichen Verständnisses schon immer ausschließlich in 100-pozentiger Übereinstimmung mit den Naturgesetzen, welche ja auch für Konrad Lorenz die objektive Realität darstellen. Die Lebewesen sind darum schon immer in 100-prozentiger Weise an die Naturgesetze angepaßt. In dieser Hinsicht gibt es keine evolutionäre Verbesserungsmöglichkeit. Wenn es denn im Laufe der Evolution zu einer Anpassung oder gar zu einer optimalisierten Anpassung kommen soll – und das haben wir freilich im Laufe der Evolution anzunehmen –, dann kann sich diese Anpassung nicht auf die Anpassung an Naturgesetze beziehen, sondern auf besondere Lebensumstände, in denen die Lebewesen existieren, und es muß mit den Lebewesen selbst ein neuer Möglichkeitsraum aufgebaut werden, der einen Rahmen für Verbesserungen der Überlebens- und Fortpflanzungsbedingungen oder gar für Optimalisierungen überhaupt erst aufspannt, so daß daran erkennbar wird, in welchen Hinsichten man von Verbesserungen der Überlebensfunktionen im besonderen sprechen kann.[19]

Dieser Rahmen läßt sich in der Vorstellung des kausalen naturgesetzlichen Geschehens *sicher nicht finden*, aber in den finalistisch konzipierten Begriffen von Gefahr und Gefahrenwahrnehmung, von Gefahrenerkennung und -klassifizierung sowie von Gefahrenabwehr mit mehr oder weniger geeigneten Maßnahmen sehr wohl. Denn finalistische Begriffe, die zur Erreichung eines Zieles aufgebaut werden, sind stets mit einem Möglichkeitsraum verbunden, weil es niemals eine 100-prozentige Sicherheit im Wahrnehmen und Erkennen und im Einschätzen von Gefahren und erst recht nicht in der Wahl der geeigneten Mittel zur Gefahrenabwehr gibt. Demnach lassen sich jedenfalls theoretisch alle Überlebensfunktionen hinsichtlich ihrer Zielerreichung verbessern. Darum wird in einem finalistischen Denkmodell der Lebewesen ein großer Möglichkeitsraum im Hinblick auf mögliche Verbesserungen oder gar Optimalisierungen aufgebaut, die sich auf Verbesserungen der Überlebenssicherheit der Lebewesen und ihrer Verbände beziehen.

Der hier von vornherein finalistisch angelegte Begriff eines Lebewesens enthält somit konzeptionell bereits die Möglichkeit der Evolution bzw. macht diese überhaupt erst möglich. Und so, wie die Naturgesetze durch sehr strikt geltende Erhaltungsprinzipien (z.B. Impuls- und Energieerhaltung, Ladungserhaltung oder Erhaltung von Quantenzahlen wie z.B. Leptonen- oder Baryonenzahlerhaltung) bestimmt sind, so sollten Evolutionsgesetze durch die Beachtung von Erhaltungsprinzipien, die für einzelne lebende Systeme gelten, aufgefunden werden können. Wie aber lassen sich diese Systeme nun genauer fassen, so daß aus Systemerhaltungsprinzipien der Lebewesen so etwas wie Evolutionsgesetze ableitbar werden?

Die *Objekte der Physik*, für die strikte Erhaltungsgesetze gelten, wie z.B. Elektronen oder Protonen oder Atomkerne, haben – jedenfalls gemäß der bisherigen Theorie – keine

---

19 Die Einzelheiten zu diesen Überlegungen finden sich in: W. Deppert, Teleology and Goal Functions – Which are the Concepts of Optimality and Efficiency in Evolutionary Biology, in: Felix Müller und Maren Leupelt (Hrsg.), *Eco Targets, Goal Functions, and Orientors*, Springer Verlag, Berlin 1998, S. 342–354.

eigene Identität, keine Einzigartigkeit, d.h. man kann sie nicht unterscheiden: *sie sind ununterscheidbar*. Dies ändert sich bei makroskopischen Systemen und Gegenständen.[20] Sie sind gewissen Veränderungen in der Zeit unterworfen, die es dennoch gestatten, von einem und demselben Gegenstand zu sprechen. Man denke z.B. an eine Schallplatte, die während ihrer Existenz nach und nach Spuren ihres Gebrauchs etwa in Form von Kratzern aufweist. Trotz dieser Kratzer sind wir davon überzeugt, daß dies immernoch die selbe Platte ist, die wir z.B. vor Jahren einmal von einem Freund geschenkt bekommen haben. Zur Kennzeichnung von Gegenständen oder Systemen, die eine Geschichte haben, die während ihrer Existenz gewissen irreversiblen Veränderungen unterworfen sind, möchte ich den von Kurt Lewin eingeführten Begriff der *Genidentität* benutzen, der den Begriff der *Genidentität eines Systems* durch die Geschichtsfähigkeit dieses Systems bestimmt. *Genidentität* bezeichnet die *Selbigkeit* (sameness) eines Systems, die es trotz der Veränderungen, die es im Laufe seiner Geschichte erleidet, beibehält.[21] Die Eigenschaften genidentischer Systeme sind darum nach wesensbestimmenden und zufälligen (akzidentellen) Eigenschaften zu unterscheiden. Ein System, das keine akzidentellen Eigenschaften besitzt oder überhaupt besitzen kann, hat keine Geschichtsfähigkeit, es kann keine „Patina" ansetzen und ist darum nach der hier gegebenen Begriffsbestimmung nicht als genidentisch zu bezeichnen.

Der Begriff der Genidentität darf nicht mit dem biologischen Begriff des Gens oder gar der Genese von Genen verwechselt werden Der Begriff des Gens ist seit 1909 in der Vererbungslehre zur Kennzeichnung von bestimmten Klassen erblicher Eigenschaften eingeführt worden. Dabei mag es dahingestellt sein, ob auch ein Gen als ein spezielles genidentisches System aufgefaßt werden kann. Ganz sicher aber lassen sich umgekehrt nicht alle genidentischen Systeme als Gene bezeichnen.

Worin das unveränderliche Wesen eines genidentischen Systems besteht, hängt stark von dem Betrachter dieses Systems ab. Dies zeigt sich daran, daß die Meinungen darüber, wann ein genidentisches System seine Genidentität verloren hat, sehr weit auseinander-

---

20 Für die Erfahrungstatsache, daß es sich bei makroskopischen Körpern immer um unterscheidbare Gegenstände handelt, obwohl diese ausschließlich aus ununterscheidbaren Teilchen zusammengesetzt sein sollen, gibt es meines Wissens im reduktionistischen Sinne nur eine Erklärungsmöglichkeit. Sie lautet: Teilchen (dabei handelt es sich um Fermionen, die dem Pauli-Prinzip genügen) können durch elektromagnetische Wechselwirkungen eine große Fülle von stabilen Konfigurationen ausbilden, die aufgrund der ungeheuer großen Teilchenzahlen bei makroskopischen Körpern (Loschmidtzahl [Teilchen pro Mol eines Stoffes] = 6,022 141 x 10^{23}) einen unüberschaubar großen Raum möglicher Konfigurationen aufbauen, so daß es äußerst unwahrscheinlich ist, jemals zwei identisch aufgebaute makroskopische Körper anzutreffen.

21 Vgl. Lewin, K. (1922), *Der Begriff der Genese in Physik, Biologie und Entwicklungsgeschichte, eine Untersuchung zur vergleichenden Wissenschaftslehre*, Berlin oder Lewin. K. (1923), „Die zeitliche Geneseordnung", *Zeitschr. f. Phys.*, 8, S. 62–81. In Lewin (1922, S. 10ff.) sagt er: "Wir wollen, um Verwechslungen zu vermeiden, die Beziehung, in der Gebilde stehen, die existentiell auseinander hervorgegangen sind, Genidentität nennen. Dieser Terminus soll nichts anderes bezeichnen, als die genetische Existentialbeziehung als solche."

gehen können. Bei dem Beispiel der Schallplatte, wird man ihre Geschichtsfähigkeit an ihrer Eigenschaft, Kratzer bekommen zu können, festmachen. Ihr unveränderliches Wesen, ihren Kern, könnte man in vielen verschiedenen Fällen für erhalten ansehen: wenn die auf ihr gespeicherten akustischen Ereignisse während des Abspielens noch zu erkennen sind oder wenn sie sich überhaupt noch abspielen läßt usf.

Bei einem lebenden System könnte man seine Alterungsfähigkeit oder noch allgemeiner seine Änderungsfähigkeit als seine akzidentelle Eigenschaft auffassen, während man als seinen wesentlichen Kern seine genetische Bestimmung oder nur seine historisch kontinuierliche Existenz betrachten mag. Unbelebte Gegenstände besitzen keinen erkennbaren Drang zur Selbsterhaltung anders als Lebewesen, die über Maßnahmen zur Selbsterhaltung verfügen. Darum läßt der Begriff der Genidentität hinsichtlich der Erhaltung von Systemen eine besondere Unterscheidung von belebter und unbelebter Materie zu, indem wir den belebten genidentischen Systemen ein *Prinzip der Erhaltung ihrer eigenen Genidentität* unterschieben, bzw. indem wir Lebewesen gleich so definieren, daß sie dieses Prinzip in sich tragen. Die hier verwendete **Definition von Lebewesen** läßt sich demnach so auffassen, daß es **genidentische Systeme** sind, denen wir unterstellen, ein **Erhaltungsprinzip der eigenen Genidentität** zu besitzen.

Wenn man mit der Annahme, einem genidentischen System das Vorhandensein eines Erhaltungprinzips der eigenen Genidentität unterstellen zu können, die Schnittstelle zwischen lebenden und unbelebten Systemen kennzeichnet, so wird verständlich, daß sich lebende Systeme darin unterscheiden können, auf welche Weise und wie sicher sie das Ziel der Selbsterhaltung erreichen. In dieser Hinsicht läßt sich nun eine Optimierung der Selbsterhaltungsfähigkeiten genidentischer Systeme denken, wie sie hier anhand der Überlebensfunktionen angegeben wurden. So werden die Lebewesen ihre Genidentität besser erhalten können, die mit besseren Wahrnehmungs-, Erkenntnis- und Maßnahmefunktionen ausgestattet sind. Wenn etwa die einzige Möglichkeit, die eigene Genidentität zu erhalten, in einer Fluchtbewegung besteht, so werden die belebten Systeme erfolgreicher sein, die die höhere Fluchtgeschwindigkeit erreichen können.

Das Erhaltungsprinzip der eigenen Genidentität ist ein neuer Typ von Erhaltungssätzen; denn es geht dabei nicht (zumindest einstweilen nicht) um die Erhaltung einer quantitativ bestimmbaren Größe, wie es bei den physikalischen Erhaltungsgrößen der Energie, des Impulses oder der Baryonenzahl der Fall ist. Was dabei erhalten werden soll, ist die raumzeitliche Existenz eines Gesamtsystems, das aus einem gleichbleibenden Wesensanteil und einem veränderungsfähigen akzidentellen Anteil besteht. Aber es ist gar nicht sicher, ob das Verhalten eines genidentischen Systems, von dem angenommen wird, daß sein Verhalten durch das Erhaltungsprinzip der eigenen Genidentität beschreibbar ist, tatsächlich die Erhaltung bewirkt; denn ein genidentisches System kann aufgrund seiner Zusammengesetztheit zerfallen und seine Genidentität einbüßen. Das Erhaltungsprinzip der Erhaltung der Genidentität kann darum nur in Form von vermuteten *Strategien zur Selbsterhaltung* festgemacht werden. Es ist somit nicht verwunderlich, daß es in der physikalistischen Beschreibung der Natur kein Naturgesetz von der Erhaltung der Genidentität gibt. Dies ist im kausalistischen Verständnis deshalb nicht denkbar, weil die physikalistische Zielsetzung gerade darin besteht, lebende Systeme auf unbelebte Systeme zurückzuführen, denen ein finalistisches Prinzip nicht unterschoben werden kann.

Wir verstehen uns als Menschen schon immer als Wesen, die Pläne machen und Ziele verfolgen. Alle Wünsche und Ziele und die damit verbundenen Wertvorstellungen sind in irgendeiner Weise bezogen auf das Erhaltungsprinzip der eigenen Genidentität. Dadurch entpuppt es sich als *das Prinzip der Selbsterhaltung*, und d.h. als ein Prinzip des Wollens, des Überleben-Wollens, das wir in uns selbst in seiner Wirksamkeit feststellen können. Mit diesem Prinzip ist demnach die Möglichkeit angelegt, ein Sollen oder ein Wollen zu begründen. Wenn wir uns auf den Standpunkt der Evolutionstheoretiker stellen, dann fassen wir uns als Menschen als ein Produkt der Evolution auf. D.h., wir müssen das Vorhandensein unseres eigenen Wollens und Sollens aus der Evolution heraus erklären.

Alle Ansätze einer evolutionären Naturbeschreibung sind ohne das Prinzip der Erhaltung der jeweils eigenen Genidentität nicht begründbar. Denn man wüßte nicht, in welcher Beziehung sich die lebenden Systeme durch Anpassung verändern und damit die Evolution hervorbringen könnten. Nun ist seit David Hume klar geworden, daß man aus der Beschreibung des Seins keine Kriterien für ein Sollen gewinnen kann.[22] Ein Prinzip des Sollens ist somit von anderer Art, als die Prinzipien, mit denen das Sein beschrieben wird. Somit wäre das Prinzip der Erhaltung der eigenen Genidentität als ein Prinzip des Sollens oder Wollens nicht physikalistisch begründbar. Hier zeigt sich mithin eine einstweilen prinzipielle Schwierigkeit, evolutionäre Theorien der Natur vollständig in einen physikalistischen Reduktionismus einzubetten.[23]

Das Prinzip der Erhaltung der Genidentität wurde daher eingeführt, um für den Evolutionsbegriff eine Denkmöglichkeit von Optimalisierungen zu eröffnen. Diese lassen sich theoretisch innerhalb eines allgemeinen Rahmens von denkbaren Gefahren und den dazu möglichen Überlebensstrategien einordnen, wenn es um das Überleben eines Individuums geht. Dieser Möglichkeitsraum ist prinzipiell nicht abschließbar und nicht überschaubar. Man ist hier auf Theorienbildungen angewiesen, so daß von vornherein alle Vorstellungen über Optimalisierungen schon immer von Theorien darüber abhängig sind, was überhaupt an Gefahren und entsprechenden Überlebensstrategien für möglich gehalten wird. Wenn aber der Erhalt der eigenen Genidentität das einzige Ziel wäre, so wären alle Lebewesen, solange sie nicht tot sind, optimal erfolgreich, da der Möglichkeitsraum nur die beiden Zustände des Überlebens und des Nicht-Überlebens enthält. Wir haben dadurch für die Optimalisierung naturgesetzlicher Vorgänge durch die Einführung des Prinzips der Erhaltung der Genidentität nur einen nicht optimalisierten Zustand hinzugewonnen, der darin be-

---

22   David Hume hat die Sein-Sollen-Dichotomie das erste Mal 1740 beschrieben, die später als das Humesche Gesetz bezeichnet worden ist. Vgl. Hume, D. *A Treatise of Human Nature: Being an Attempt to introduce the experimental Method of Reasoning into Moral Subjects,* Buch III, *Of Morals,* London 1740.

23   Die besonderen Schwierigkeiten eines reduktionistischen Programms habe ich in dem Aufsatz dargestellt "Das Reduktionismusproblem und seine Überwindung", abgedruckt in: Deppert, W., H. Kliemt, B. Lohff, J. Schaefer (Hrsg.), *Wissenschaftstheorie in der Medizin. Kardiologie und Philosophie,* Berlin 1992.

steht, das Ziel der Erhaltung der Genidentität verfehlt zu haben. Von Optimalisierung läßt sich aber nur sprechen, wenn es verschiedene Zustände gibt, die nach Einführung eines Beurteilungskriteriums in eine Präferenzordnung gebracht werden können.

Man könnte nun meinen, daß die Lebensdauer eine mögliche Optimierungsgröße sei, da schließlich größere Lebensdauern durch bessere Überlebensstrategien ermöglicht werden. In diesem Fall ist es jedoch unmöglich, von einem Optimum zu reden, denn eine unendliche Lebensdauer entzöge sich jeder Feststellbarkeit. Außerdem ist das Maß der Lebensdauer relativ; denn wie sollte man die Lebensdauer einer Mücke mit der eines Elefanten vergleichen. Sicher wäre ein mögliches Maß für eine evolutionäre Verbesserung eine längere Lebensdauer, die es ermöglicht, mehr Nachkommen hervorzubringen. Die optimalere Lebensdauer eines individuellen Lebewesens wird damit abhängig von der Art, der es angehört. Tatsächlich hat es nur einen Sinn, von einer optimaleren Lebensdauer zu sprechen, wenn diese sich auf die Erhaltung der Art bezieht. Offenbar ist Leben im evolutionären Sinne nicht nur durch ein Erhaltungsprinzip der Individuen bestimmt, sondern auch durch ihre Reproduktionsfähigkeit.

Darum läßt sich eine zweite überindividuelle Stufe genidentischer Systeme einführen, die auch einem teleologischen Erhaltungsprinzip folgen, das man normalerweise als die *Arterhaltung* bezeichnet. Bei der Optimierung von Lebensvorgängen zur Erhaltung der Art bzw. zur Erhaltung genidentischer Systeme zweiter Stufe geht es vordringlich um die Erzielung eines Reproduktionsvorteils gegenüber anderen im gleichen Lebensraum konkurrierenden Arten. Zur Bestimmung möglicher Optimierungen ist über dem Raum der Reproduktionsbedingungen ein Rahmen möglicher Reproduktionsvorteile zu konstruieren. So läßt sich etwa von einer evolutionären Verbesserung sprechen, wenn die Lebensdauer der Individuen einer Art so beschränkt wird, daß dadurch für die Art Reproduktionsvorteile entstehen.

Bedenkt man, daß keine Art isoliert leben kann, d.h., daß sie zum Leben eine Fülle von Lebewesen anderer Arten braucht, so können durch ein hypertrophes Wachstum einer Art die Lebensgrundlagen dieser Art zerstört werden. Darum ist eine weitere Optimierung in Bezug auf die Erhaltung eines genidentischen Systems dritter Stufe denkbar, das ich als *Lebensgemeinschaft* bezeichnen möchte. Und so wie das *Erhaltungsprinzip zweiter Stufe* das *Erhaltungsprinzip erster Stufe* in Bezug auf die individuelle Lebensdauer beschränkte, so wird es nun denkbar, daß durch ein *Erhaltungsprinzip dritter Stufe* das Mengenwachstum der Art begrenzt wird. Dieses theoretisch gewonnene Ergebnis stimmt tatsächlich mit biologischen Beobachtungen und deren evolutionstheoretischen Interpretationen überein, wie es das Beispiel der Wolfsrudel zeigt. Es ist herausgefunden worden, daß die älteste Wölfin, die sogenannte Alpha-Wölfin, sich in einem Wolfsrudel so verhält, als ob sie auf die Beschränkung der Nachkommenschaft strengstens achtet. Vom Standpunkt der klassischen Evolutionstheorie wird dieses Verhalten so gedeutet, daß die Wölfe so für die Erhaltung ihres Lebensraumes sorgen. Der Begriff des Lebensraumes entspricht dem Begriff des genidentischen Systems einer Lebensgemeinschaft, wie er in der hier entwickelten Theorie beschrieben wurde.

Es ist anzunehmen, daß wir um so weniger Erhaltungsprinzipien genidentischer Systeme im genetischen Material der Arten wiederfinden, je höher die Stufe des Erhaltungsprinzips in der angegebenen Systematik ist. Ich bin davon überzeugt, daß der genetische Code der Menschen keine Informationen für ein symbiotisches Verhalten gegenüber der Natur enthält, so wie es offenbar für Wölfe der Fall ist. Darum können wir nur darauf hoffen, daß das menschliche Erkenntnisvermögen den Mangel an genetischen Informationen wettmachen kann; denn das parasitäre Verhalten der Menschen gegenüber der Natur, gefährdet die Existenz der Menschen auf Dauer in höchstem Maße. Die Überlebensfähigkeit der Menschheit wird darum nur durch eine wachsende Einsicht über die gegenseitigen Zusammenhänge und Abhängigkeiten in der Natur gesichert werden können, durch die die Menschen versuchen, die größten natürlichen Lebensgemeinschaften oder das größte denkbare symbiotische System zu erkennen und bewußt zu erhalten. Durch den gegenwärtigen Ausbau der sogenannten erneuerbaren Energien zuungunsten der Kernenergie wird allerdings wieder ein erbarmungsloser Raubbau am Energiehaushalt der gesamten Natur aufgrund einer unbeschreiblich Antikernkrafthysterie betrieben, der nicht erkennen läßt, daß die Menschen jemals begreifen werden, daß ihr eigenes Lebens ausschließlich durch eine gesunde Natur ermöglicht wird und daß eine Bekämpfung der Natur unausweichlich zu einer Schädigung der Menschheit führt oder gar zu ihrem Untergang, wenn den Menschen nicht klar wird, daß sie ihren enormen energetischen Anspruch nicht durch den Diebstahl aus dem Energiehaushalt der Natur erfüllen können, sondern nur durch Energien, die sie durch größte geistige Anstrengungen selbst bereitstellen, wie die friedliche Nutzung der Kernenergie durch Fission oder Fusion und durch die Nutzung der Erdwärme.[24]

Gewiß ließe sich die Stufenbildung genidentischer Systeme auf immer höhere Stufen fortsetzen, so daß von den Erhaltungsprinzipien der höheren Stufe stets Restriktionen auf die Erhaltungsprinzipien der unteren Stufen ausgehen. Diese Stufung fände dann ein Ende, wenn man bedenkt, daß die Gesamtheit allen Lebens bestimmter anorganischer Stoffe und bestimmter physikalischer Energieformen bedarf, die nur in begrenztem Umfang zur Verfügung stehen, da diese den Erhaltungsgesetzen der Physik unterliegen. Durch diese Beschränkung aller Stufen teleologischer Erhaltungsprinzipien ergibt sich die Möglichkeit, Optimierungen dadurch zu bestimmen, daß der Rohstoff- und Energieverbrauch minimiert wird. Tatsächlich sind in bezug auf die Energiebereitstellungsfunktion und in bezug auf die anderen vier Überlebensfunktionen Optimalisierungen hinsichtlich der Energieaufnahme, Verwertung und Nutzung denkbar; denn die Lebewesen, die bei knappen Energierecourcen weniger Energie zum Überleben benötigen als andere, haben ganz sicher einen Überlebensvorteil.

Die Fülle der Möglichkeiten, das Ziel der Selbsterhaltung genidentischer Systeme in wechselnden Situationen erreichen oder nicht erreichen zu können, eröffnet den gesuch-

---

24 Vgl. dazu die Ausführungen in dem Springer-Gabler Wirtschaftsethik-Lehrbuch von W. Deppert, *Individualistische Wirtschaftstehik (IWE)*, Springer Gabler Verlag, Wiesbaden 2014, S. 96f. und S.. 122ff.

ten Möglichkeitsraum, in dem die in der Evolutionstheorie gedachten Optimierungen (the survival of the fittest) denkbar sind. Damit ist nun nachgewiesen, daß die Evolution als ein Prozeß der Optimalisierung von Überlebenschancen nur begreiflich ist, wenn wir den Lebewesen einen final bestimmten Systemerhaltungswillen unterstellen, der Überlebensgefahren bewältigen oder ihre Entstehung durch Schutzmaßnahmen vermeiden kann und der über den Evolutionsmechanismus in diesem Wollen der Lebewesen – etwa durch Mutationen – immer erfolgreicher wird.

Der Wille scheint ursprünglich nichts als der Überlebenswille eines Lebewesens gewesen zu sein, der die Evolution überhaupt erst ermöglicht hat. Da aber der Wille als finalistischer Begriff einer kausalen Beschreibung nicht zugänglich zu sein scheint, haben wir uns nun zu zeigen, wie die Entstehung des Überlebenswillens naturwissenschaftlich erklärt werden kann.

1.3 Wie der Wille in die Welt kam[25]

Nicht nur die quantenphysikalische Naturbeschreibung zeigt, daß alles, was wir in der Natur untersuchen, Systeme sind, die durch bestimmte Strukturmerkmale gekennzeichnet sind. Da gibt es z.B. Strukturmerkmale von Systemen, die in ihrem Verhalten Zustände ansteuern, die sie nicht wieder verlassen, es sei denn, durch äußere Einwirkungen. In der Theorie offener Systeme werden diese Systemzustände als *Attraktoren* bezeichnet, so, als ob diese Zustände das System anzögen.

Diese Attraktoren bestimmen das Verhalten eines offenen Systems nicht kausal, sondern final!

Nun sind alle Atome offene Systeme, die sich durch äußere Einflüsse ändern können, und sie haben bestimmte Eigenschaften, die sich als Attraktoren begreifen und sogar bestimmen lassen. Alle Atome, die sich in Molekülen zusammenfinden, tun dies aufgrund ihrer Attraktoren, und die Moleküle selbst bilden sich durch die Attraktorzustände von Atomen, welche ja Systeme bestehend aus Elektronen, Protonen und Neutronen sind. Die Attraktorzustände der Atome sind durch den Begriff der sogenannten *Edelgaselektronenkonfiguration* definiert. Sie wird von den Atomen quasi angestrebt, und dadurch erhöht sich die Stabilität ihrer Systemzustände. Die Edelgase selbst verbinden sich nicht oder fast nicht, weil ihre Atomhülle schon die Edelgaselektronenkonfiguration besitzt. Diese Konfiguration läßt sich quantenphysikalisch berechnen, wobei man auf die sehr einfache Formel $2n^2$ für die größte Anzahl von Elektronen stößt, die sich maximal auf der n-ten Elektronenschale eines Atoms befinden können, 2 auf der ersten, der innersten Schale, 8 auf der zweiten Schale, 18 auf der dritten Schale, usw. Durch diese Zahlen sind die

---

25 Wiederum aus systematischen Gründen finden sich in diesem Abschnitt Ausführungen, die bereits aus dem Band I bekannt sind.

Attraktoren der Atome, ihre angestrebten Edelgaselektronenkonfigurationen, angebbar. Die vielfältigen Möglichkeiten der Molekülbildung sind auf diese Attraktoren der Atome zurückzuführen, wobei die Atomverbindungen, die Moleküle, selbst wieder neue Attraktoren ausbilden, wodurch es zu Molekülverbänden oder auch zu Kristallbildungen kommt.

Nehmen wir als Beispiel etwa das Kochsalzmolekül NaCl. Das Natriumatom Na hat ein Elektron auf seiner äußersten Schale und darunter 8 Elektronen. Darum wird es ein Elektron abgeben, sobald sich dazu eine Möglichkeit bietet, um seine Edelgaselektronenkonfigurationen zu erreichen. Ein Chloratom nimmt aus dem entsprechenden Grund ein Elektron auf, weil es 7 Elektronen auf der äußersten Schale hat. Wenn sich ein Natrium-Atom und ein Chloratom begegnen, dann entstehen durch den Austausch eines Elektrons zwei Ionen, das positiv geladene Natrium-Ion und das negativ geladene Chlor-Ion. Weil sich entgegengesetzte Ladungen anziehen, bilden das Natrium-Ion und das Chlor-Ion ein NaCl-Molekül. Wenn dieses Molekül etwa durch die Dipole von Wassermolekülen getrennt wird, dann bleiben die Ionen bestehen, d.h. das Natrium-Atom und das Chlor-Atom verlassen ihre Attraktoren ihrer erreichten Edelgaselektronenkonfiguration in Form des Natrium-Ions und des Chlor-Ions nicht wieder. Darin äußert sich ein erstes der Erhaltungsprinzipien der natürlichen Lebewesen.

Stellen wir uns nun die sogenannte Ursuppe vor etwa 5 Milliarden Jahren vor, in der aufgrund der enormen Hitze sich alle möglichen Atome begegnen und sich Riesenmoleküle mit einer Fülle von Systemattraktoren bilden konnten. Man stelle sich ferner vor, daß dabei Moleküle entstanden, durch deren Attraktoren die Existenz dieser Moleküle vor ganz bestimmten Zerstörungsgefahren gesichert wurde, etwa indem diese Moleküle auf eine Erhöhung des Säuregrades ihrer Umgebung so reagieren, daß sie sich in die Richtung des geringeren Säuregrades bewegen. Derartige Vorgänge ließen sich im Rahmen von elektrostatischen Eigenschaften der Attraktorbildungen verstehen. Und wir können diese Attraktoren als eine erste Form eines Überlebenswillens interpretieren und das entsprechende System als eine erste Form eines Lebewesens, so, wie es hier definiert wurde:

„Der Wille kommt zugleich mit einem Lebewesen als Systemattraktor in die Welt!"

Dieser nun naturwissenschaftlich erklärte erste Überlebenswille ist der Ursprung aller später unterscheidbaren Willensformen. Man stelle sich weiter vor, daß solche lebenden Moleküle sich durch weitere Atom- oder Ionenanlagerungen so weit vergrößern, daß sie zerbrechen und die Molekülreste sich mit den zu den Attraktoren passenden Ionen rekombinieren so daß sich die ursprünglichen Großmoleküle durch Spaltung reproduzieren und damit vermehren. Dies sind alles Vorgänge, die sich mit Hilfe der atomaren und molekularen Attraktoren und den elektrostatischen Gesetzen der Anziehung und Abstoßung erklären lassen.

In dem Moment aber, in dem unser erstes molekulares Lebewesen sich reproduziert, beginnt der von Charles Darwin vor knapp 160 Jahren erdachte Evolutionsmechanismus: Durch zufällige Veränderungen der Wesensmerkmale eines sich vermehrenden Lebewesens.

Denn die Moleküle werden sich durch Ausbildung neuer Attraktoren mit hinzukommenden Atomen verändern. Wenn diese Veränderungen das Überleben sicherer machen, werden sich immer stabilere molekulare Lebewesen ausbilden, die sich sogar mit anderen molekularen Lebewesen verbinden können, wodurch für die Übernahme der unterschiedlichen Überlebensfunktionen erste Arbeitsteilungen auftreten, wie wir sie in den Bestandteilen der Zellen heute vorfinden. Allerdings muß man sich klar machen, daß der Prozeß, der von der Bildung der ersten molekularen Lebewesen bis zur Entwicklung erster Zellen über viele Millionen Jahre ablief. Und dann erst dürfen wir davon ausgehen, daß die Bildung von Zellverbänden auch mit Überlebensvorteilen verbunden ist, so daß es zu einer Hierarchiebildung der Überlebenswillen in den Zellverbänden kommen konnte, weil sich die Überlebenswillen der einzelnen Zellen dem Überlebenswillen des ganzen Verbandes aufgrund der verbesserten Überlebenschancen also aus Eigennutz unterordnen. Diesen unterwürfigen Überlebenswillen können wir bei allen Herdentieren beobachten und ebenso bei allen Tieren, deren Nachkommen eine Kindheitsphase durchleben, in der sie dem Elternwillen gehorchen, bis sie schließlich einen relativ eigenständigen Überlebenswillen ausbilden. Die Zellen und Organe, aus denen ein Organismus besteht, sind selbst Lebewesen, die einerseits durch ihren unterwürfigen Überlebenswillen das Ganze des Organismus erhalten, die andererseits aber auch noch eigene Überlebensstrategien besitzen. Darum dürfen wir darauf vertrauen, daß unser eigener Organismus mit einer Fülle von Selbstheilungskräften und mit entsprechenden vielfältigen Erkenntnissen ausgestattet ist.

Auf dem Weg der Evolution werden durch die evolutionäre Verbesserung der Überlebensfunktionen Reflektionsschleifen bevorzugt entstehen, da die Überlebens- und Reproduktionschancen steigen, wenn sich bessere von schlechteren Wahrnehmungen, Erkenntnissen und Maßnahmen zur Überlebenssicherung unterscheiden lassen. Bei den höher entwickelten Tieren werden sich über besondere Gedächtnisfunktionen erste Repräsentationen oder auch Abbilder der Umwelt ausbilden. Aber erst wenn ein Lebewesen über Repräsentationsverfahren zur Einordnung der Wahrnehmungen in einen Gesamtzusammenhang, *einem Weltbild*, verfügt, läßt sich von einem menschlichen Bewußtsein sprechen, wobei es dahingestellt sein mag, ob dies nicht schon für höher entwickelte Säugetiere gilt. Es mag sein, daß zur Bildung eines ersten menschlichen Bewußtseins noch eine bestimmte Kommunikationsfähigkeit gegeben sein muß, durch die das Weltbild und die eigene Einordnung darin korrigiert werden kann.

Wird das Weltbild als das Produkt von tätigen übergeordneten fremden Willen verstanden, so sei von einem *mythischen Weltbild* gesprochen, das von verschiedensten Gottheiten regiert wird. Die ungeheure Übermacht der Naturkräfte wird von den ersten Menschen so erlebt worden sein, daß ihre *Sicherheitsorgane, ihre Gehirne*, innerhalb dieser Übermacht nach Verbündeten suchten, die der kindlichen Geborgenheit bei den Eltern entsprechend aus Göttern und Göttinnen bestanden und die zugleich das gesamte Weltgeschehen beherrschten. Von da an entwickelt sich das menschliche Bewußtsein in einer kulturge-schichtlichen Evolution weiter bis hin zu unserem heutigen Individualitätsbewußtsein, wobei diese Entwicklung sich auch weitgehend in den Stufungen der Kulturgeschichte bei unseren Kindern aus informationstheoretischen Gründen vollziehen muß. Denn unser mit einem Selbstverantwortungsbewußtsein verbundene Individualitätsbewußtsein, ist nicht genetisch bedingt. Es ist kulturgeschichtlich entstanden und muß von jedem neugebo-renen Gehirn neu gebildet werden. Darum hat unser Gehirn bei jedem bewußten Wahr-nehmungsakt eine enorme Verschaltungsleistung zu erbringen, die nach Messungen etwa von Benjamin Libet ungefähr 500msec lang dauert.[26] Weil Libet während seiner Unter-suchungen aber keinen Begriff vom Bewußtsein besaß, kam er durch seine Messungen zu gänzlich abstrusen Konsequenzen. Entsprechendes gilt für seinen angeblich meßtechnisch erbrachten Nachweis eines nicht vorhandenen freien Willens. Zwischen der ersten Ge-hirnaktivität und der ersten Willensäußerung braucht das Gehirn eine gewisse Zeit, um den abgeleiteten Willen, eine verabredete Handlung, auszuführen, auf den ursprünglichen Willen, den Hauptattraktor der Lebenssicherung, zurückzuführen. Und das dauert nach den Messungen von Libet offenbar 150msec.

Mir soll es hier genügen, andeutungsweise gezeigt zu haben, daß sich alle unsere be-wußten Willensäußerungen im Rahmen einer Evolutionstheorie unseres Bewußtseins und der Theorie offener Systeme durch die Bildung von Systemattraktoren naturwissenschaft-lich erklären lassen. Und dabei hat sich gezeigt, daß die eingeführte Bewußtseinsdefinition gut dazu eignet, die evolutionäre Entstehung des heutigen intuitiven Verständnisses von unserem Bewußtsein denkmöglich zu machen. *Die innige Verbindung von Überlebens-willen und Bewußtsein wird dabei durch eine Versöhnung von finaler und kausaler Naturbetrachtung sogar denknotwendig*, weil die naturwissenschaftlich bestimmbaren Attraktor-Eigenschaften den Überlebenswillen von Lebewesen hervorbringen, die durch ihre Überlebensleistung mit einem Bewußtsein begabt sind.

Es ist zu erwarten, daß wir die mit der Quantentheorie verbundenen akausalen Phä-nomene durch die Einsicht einer der atomaren Materie innewohnenden Finalität auf-grund atomarer Attraktoren auch auf finale Weise erklären können. Die sogenannten akausalen Erscheinungen sind nur vor dem Hintergrund des Kausalitätsdogmas ein theoretisches Ärgernis, wonach auch im atomaren Bereich eine kausale Nahwirkungs-theorie zu fordern ist. Die Quantentheorie hat einen etwa 80-jährigen Frieden mit der sogenannten Kopenhagener Deutung der Quantentheorie gefunden, wonach die Schrödingersche bzw. Diracsche Wellenfunktion als Wahrscheinlichkeitsamplitude zu deuten ist, deren Quadrat die Wahrscheinlichkeit des Energiezustandes oder einer ande-

---

26 Vgl. Benjamin Libet, *Mind Time. The Temporal Factor in Conciousness*, Harvard University Press, 2004 oder in deutscher Übersetzung von Jürgen Schröder, *Mind Time. Wie das Gehirn Bewußtsein produziert*, Suhrkamp, Frankfurt/Main 2005. Der Titel der deutschen Überset-zung verspricht etwas arg viel; denn wie sollte Libet wohl beschreiben, wie das Gehirn das Bewußtsein produziert, wenn er sich nicht einmal einen Begriff vom Bewußtsein hat machen können und außerdem auch keinen von der „Willensfreiheit".

ren Observablen des berechneten Systems bestimmt. Um die Quantenmechanik verstehbar zu machen, geht es um die Interpretation der sogenannten Wellenfunktion. Offenbar bestimmt sie die Eigenschaften des Systems, zu denen auch die Attraktoren gehören. Diese Eigenschaften legen die möglichen künftigen Zustände des Systems fest, d.h., sie geben die Vorzugsrichtungen der Zustände an, die von dem System in der Zukunft eingenommen werden können, wobei freilich auch nur quasistabile Zustände auftreten können, und natürlich sind diese zugleich auch mögliche Meßwerte. Die Schrödinger- bzw. Dirac-Funktion bestimmt also die möglichen Zustände eines atomaren oder molekularen Systems.

Um dies begreiflich zu machen, sei an den im Band I eingeführten *Begriff der inneren Wirklichkeit eines Systems* erinnert, der aus der Menge der möglichen Systemzustände besteht. Dabei wird der Begriff der Möglichkeit zu einem komparativen Begriff, welcher mit dem Wahrscheinlichkeitsbegriff korrespondiert, der in der Quantenmechanik benutzt wird, wenn an gleichen atomaren oder molekularen Systemen Messungen durchgeführt werden und diese zu verschiedenen Häufungen unterschiedlicher Meßergebnisse führen. Darum liefert das Quadrat der Wellenfunktion eines atomaren oder molekularen Systems gerade die Wahrscheinlichkeitsverteilung derartiger Messungen, weil diese Wellenfunktion die innere Wirklichkeit dieser Systeme beschreibt. Die Systemzustände, die durch die Wellenfunktion mit einer größeren Verwirklichungsmöglichkeit berechnet werden, liefern in der Messung dann auch die größere Wahrscheinlichkeit. Und dadurch steckt in den Wellenfunktionen bereits die finalistisch zu interpretierende Festlegung der in der Zukunft auftretenden wahrscheinlichen Systemzustände. Damit sei einstweilen nur angedeutet, daß es durchaus möglich ist, den Lösungen der Schrödingergleichung eine finalistische Deutung zu geben, was ja im Falle der eindeutigen Systemattraktoren nicht weiter erklärungsbedürftig ist.

Durch die hier aufgezeigte Versöhnung finaler und kausaler Weltbetrachtungen läßt sich nun nicht mehr für ein deterministisches Weltbild argumentieren, weil die systemerhaltenden Attraktoren unserer Bewußtseinsidentität final und nicht kausal bestimmt sind. Die Systeme selbst aber entstehen durch eine Fülle von Zufälligkeiten auf kausale Weise und nicht über ein finales Endziel der Welt, so daß weder eine kausale noch eine finale Determiniertheit der Welt vorliegen kann.

Als Konsequenz der Versöhnung von kausaler und finaler Weltsicht gibt es demnach

zwei verschiedene Arten von Naturgesetzen:
kausale und finale Naturgesetze!

Beide zusammen ergeben erst **die ganze Naturgesetzlichkeit**, so daß wir davon sprechen können, daß die eine das *Komplement* der anderen ist, weil sie beide erst zusammen die Gesetzlichkeitsganzheit ergeben. Vermutlich hängt dies mit der Komplementarität von Wellen- und Teilcheneigenschaft zusammen, so wie sie von Niels Bohr eingeführt wurde. Die Teilcheneigenschaften werden mit Kausalgesetzen beschrieben, die Welleneigenschaften bestimmen hingegen ein ganzes Gebiet gleichzeitig, was den Quantentheoretikern bis heute als akausale Phänomene der Quantenmechanik Kopfschmerzen bereitet hat. Demnach sieht es tatsächlich so aus, als ob wir mit dem Vorschlag der Versöhnung von Finalität und Kausalität durch zwei verschiedene Naturgesetzlichkeiten auch die Quantenphysik mit sich selbst versöhnen können.

Da die Lebewesen ihre eigene Zeitlichkeit ausbilden[27], wie wir sie so eindringlich durch die zirkadianen Zeitrhythmen erleben können, hatte ich schon vor nun immerhin gut 30 Jahren darauf hingewiesen, daß wir neben den physikalischen Naturgesetzen weitere *Systemgesetze* einzuführen haben, die keine kosmischen Gesetze mehr sind, weil sie nur ein einziges Lebewesen in seinem Verhalten bestimmen.[28] Da tatsächlich inzwischen bei allen Lebewesen die zirkadianen Rhythmen nachgewiesen wurden, müssen wir davon ausgehen, daß *die biologischen Systemzeiten* durch die *zweite Naturgesetzlichkeit der finalen Naturgesetze* bedingt ist. Und natürlich durchbrechen sie die Kausalität der ersten Art der Naturgesetze, die Kausalgesetze. Ich möchte darum nun vorschlagen die *zweite Art der Naturgesetze* als *Finalgesetze* zu bezeichnen.

Wir stehen als mit einem Überlebenswillen begabte Lebewesen nicht einer Wirklichkeit *gegenüber*, sondern *wir sind selbst die Wirklichkeit der Naturgesetzlichkeit*, die nicht so kümmerlich ist, daß sie sich selbst vorherbestimmt hätte. Wir gehören zu dieser Wirklichkeit, die sich durch uns gestaltet und zwar durch die in uns enthaltenen Erhaltungsziele unserer äußeren und unserer inneren Existenz und darüber hinaus durch die Erhaltungsziele der natürlichen und der kulturellen Lebewesen, denen wir angehören. Mit dem durch die natürliche und kulturelle Evolution in uns entstandenen selbstverantwortlichen Individualitätsbewußtsein wird uns bewußt, daß wir für die Erhaltung und Weiterentwicklung der natürlichen und kulturellen Lebensformen mitverantwortlich sind und sein wollen.

---

27   Vgl. W. Deppert, *Zeit. Die Begründung des Zeitbegriffs, seine notwendige Spaltung und der ganzheitliche Charakter seiner Teile*. Steiner Verlag, Stuttgart 1989 oder ders. Die Alleinherrschaft der physikalischen Zeit ist abzuschaffen, um Freiraum für neue naturwissenschaftliche Forschungen zu gewinnen, in: H. M. Baumgartner (Hg.), *Das Rätsel der Zeit*, Alber Verlag, Freiburg 1993, S. 111–148.

28   Vgl. W. Deppert, „Remarks on a Set Theory Extension of the Concept of Time", *Epistemologia, 1*, 425–434 (1978) oder besonders pointiert in: W. Deppert, „Kritik des Kosmisierungsprogramms", in: *Zur Kritik der wissenschaftlichen Rationalität*. Zum 65. Geburtstag von Kurt Hübner. Herausgg. von Hans Lenk unter Mitwirkung von Wolfgang Deppert, Hans Fiebig, Helene und Gunter Gebauer, Friedrich Rapp. Verlag Karl Alber, Freiburg/München 1986, S. 505–512.

1.4   Die Ausbildung von hierarchisch geordneten Willensformen und Erkenntnisfunktionen

Die hier mit einem Bewußtsein gekennzeichneten Systeme sind in der natürlichen Evolution schon im Evolutionsstadium des Einzellers der Überlebenskonkurrenz ausgesetzt gewesen, so daß *die* Systeme die besseren Überlebenschancen haben, deren Wahrnehmungen, Erkenntnisse und Maßnahmen besser sind als die in dem selben Lebensraum mit ihnen hinsichtlich der Teilhabe am Energieträgerstrom konkurrierenden Lebewesen. Damit der evolutionäre Prozeß von den Einzellern her weiter laufen kann, müssen sie notwendig bereits über Wahrnehmungs-, Erkenntnis-, Maßnahmen-, Durchführungs- und Energiebereitstellungsfunktionen verfügen. Wodurch diese Funktionen ausgeübt werden, ist Gegenstand wissenschaftlicher Forschungen. Was immer die Ergebnisse dieser Forschungen im einzelnen ergeben, wir haben dazu auf jeden Fall anzunehmen, daß es ganz bestimmte zusammenhangstiftende Fähigkeiten sein müssen, die den Überlebensfunktionen zugrundeliegen; denn Wahrnehmungen stellen einen irgendwie gearteten Zusammenhang zwischen dem Wahrnehmenden und dem Wahrgenommenen her. Wenn wir von einer Erkenntnis sprechen, dann läßt sich dieser Zusammenhang als stabil ausweisen, so daß er als verläßlich angenommen werden kann. Eine gefahrenabwehrende Maßnahme sichert die Zusammenhänge, von denen und in denen das Lebewesen zu existieren in der Lage ist. Zu diesen lebenserhaltenden Zusammenhängen gehören vor allem die Zusammenhänge zu anderen Lebewesen, die für das eigene Überleben nützlich sind. Wir dürfen vermuten, daß dies auch ein Grund für die Bildung von Zellverbänden ist, da durch sie das Überleben der einzelnen Zellen gesicherter ist als für Einzeller, die von anderen Lebewesen isoliert sind. Diese Überlegungen erklären, warum die im Band I dargestellten Zusammenhangserlebnisse auf die Gefühlslage stets positiv wirken. Darum versuchen die Menschen, Zusammenhangserlebnisse möglichst zuverlässig zu reproduzieren. Und sicher reproduzierbare Zusammenhangserlebnisse ließen sich bereits als Erkenntnisse identifizieren. Damit schält sich hier der Grund für das Entstehen aller kulturellen Gemeinschaftsleistungen der Menschheit heraus, von denen die Wissenschaft nur eine ist. Denn sie alle fördern das innere Wohlbefinden der Menschen, weil durch sie – zwar durch unterschiedliche Methoden – Zusammenhangserlebnisse sicher reproduziert werden können. Durch die zusammenhangstiftenden Fähigkeiten, die den Überlebensfunktionen zugrunde liegen müssen, sind wir auf die Ursache der Rationalitäten gestoßen; die in den Menschen wirksam sind. Denn *Rationalität* haben wir bereits als *die Fähigkeit zur Reproduktion von Zusammenhangserlebnissen* erklärt, so daß es so viele Rationalitäten gibt, wie es verschiedene Methodiken zur Reproduktion von Zusammenhangserlebnissen gibt. Aufgrund der sehr grundsätzlich in allen Lebewesen vorhandenen zusammenhangstiftenden Funktionen, ist die Konsequenz unausweichlich, daß auch in den Tieren grundsätzlich Rationalitäten angelegt sein müssen. Das mag ein Hinweis darauf sein, daß wir noch ein erhebliches Stück weiterkommen werden in der Kommunikation zwischen Tieren und Menschen und darum auch im

Verständnis von Mensch und Tier.

Schon in der frühen Bildung von Zellverbänden kommt es in ihnen zu einer Hierarchisierung der Überlebenswillen, weil sich die Überlebenswillen der einzelnen Zellen dem Überlebenswillen des ganzen Zellverbandes aufgrund der verbesserten Überlebenschancen also aus Eigennutz unterordnen.[29] Dadurch bilden sich in den Lebewesen hierarchische Formen des Unterordnens aus, so daß auch die Erkenntnisform hierarchischer Abhängigkeit schon früh auf evolutionäre Weise in den höher entwickelten Lebewesen angelegt ist. Das in jedem Lebewesen anzunehmende *Zusammenhangstiftende* bringt durch die individuelle Geschichte eines jeden Lebewesens des Verbandes von Lebewesen unverwechselbare Individuen hervor, die sich in ihren Eigenschaften unterscheiden und auch in den Eigenschaften, die für den Erhalt des Verbandes nützlich sein können. Dadurch haben *die* Verbände in der Evolution Überlebensvorteile, in denen sich eine *Arbeitsteilung* in der Ausübung der Überlebensfunktionen herausbildet, indem Unterverbände entstehen, die wir heute in einem Organismus als Organe bezeichnen und die für die Überlebenssicherung ganz bestimmte Funktionen wahrnehmen. Jede dieser Funktionen ist für das Überleben des Systems notwendig, d.h., wenn ein Organ ausfällt, dann bricht der gesamte Organismus zusammen. Dies bedeutet, daß sich die Organe in gegenseitigen existentiellen Abhängigkeiten befinden, die eine besondere Form der Symbiose darstellen und durch die die Ganzheit eines Organismus konstituiert wird. Eine adäquate Beschreibung von solchen Ganzheiten, die durch die gegenseitigen existentiellen Abhängigkeiten ihrer Teile einen ganzheitlichen Charakter erhalten, läßt sich nur durch *ganzheitliche Begriffssysteme* vornehmen, wie wir sie bereits im ersten Teil dieser Vorlesung kennengelernt haben. Damit zeigt sich, daß es evolutionär bedingt ist, wenn wir zur adäquaten Beschreibung von Lebewesen hierarchische Begriffssysteme ebenso wie ganzheitliche Begriffssysteme zu benutzen haben.

Alle höher entwickelten natürlichen Lebewesen sind Zellverbände, in denen es zu einer Hierarchiebildung der Überlebenswillen untergeordneter Lebewesen kommen muß, die dennoch ihre grundsätzlichen Fähigkeiten zur Selbsterhaltung bewahren. Das bedeutet zugleich nach der hier gegebenen Bedeutung von Bewußtsein, daß auch die einzelnen

---

29 Selbst der extreme Individualist Max Stirner, erkennt die Notwendigkeit der Unterordnung etwa im Rahmen einer Vereinsbildung an, wenn er als einzelner nicht das erreichen kann, was sich nur gemeinschaftlich verwirklichen läßt. Max Stirner schreibt in seinem bedeutenden Werk *Der Einzige und sein Eigentum* (Leipzig 1845, S. 346) "(Weitling) behauptet daher, bei dem Wohle von Tausenden könne das Wohl von Millionen nicht bestehen, und jene müßten *ihr* besonderes Wohl aufgeben »um des allgemeinen Wohles willen«. Nein; man fordere die Leute nicht auf, für das allgemeine Wohl ihr besonderes zu opfern, denn man kommt mit diesem Anspruch nicht durch; die entgegengesetzte Mahnung, ihr *eigenes* Wohl sich durch Niemand entreißen zu lassen, sondern es dauernd zu gründen, werden sie besser verstehen. Sie werden dann von selbst darauf geführt, daß sie am besten für ihr Wohl sorgen, wenn sie sich mit Andern zu diesem Zwecke *verbinden*, d.h. »einen Teil ihrer Freiheit opfern«, aber nicht dem Wohle Aller, sondern ihrem eigenen." Weiter unten sagt Stirner (1971, S. 350f.): "... den Verein benutzest Du und gibst ihn, »pflicht- und treulos« auf, wenn Du keinen Nutzen weiter aus ihm zu ziehen weißt. ... der Verein ist nur dein Werkzeug oder das Schwert, wodurch Du deine natürliche Kraft verschärfst und vergrößerst; der Verein ist für Dich und durch Dich da."

Zellen eines Zellverbandes ein Bewußtsein besitzen, und daß aber auch der Zellverband, ein eigenständiges Lebewesen geworden ist. Zur Unterscheidung dieser verschiedenen Bewußtseinsformen soll von *untergeordnetem* und von *übergeordnetem Bewußtsein* gesprochen werden. Dabei tritt nun die grammatikalische Schwierigkeit auf, daß wir auch die Mehrzahl von Bewußtsein zu bilden hätten, was sprachlich schlecht machbar ist. Deshalb möchte ich in der *Mehrzahl* von „*Bewußtheiten*" sprechen, wobei jedoch stets nur die Mehrzahl von Bewußtsein gemeint ist.

Durch das Ineinandergreifen der *Bewußtheiten* gleichen Ranges und der übergeordneten in die untergeordneten *Bewußtheiten* entstehen einerseits vielfältige Reflexionsschleifen innerhalb der durch das übergeordnete Bewußtsein miteinander verkoppelten Überlebensfunktionen der untergeordneten *Bewußtheiten* und andererseits Hierarchien von Willensformen, weil sich der Wille zu verläßlicheren Wahrnehmungen, Erkenntnissen und Maßnahmen durchsetzen muß, wenn das Überleben des ganzen Systems sicherer werden soll. Und weil in dem Überlebenskampf der natürlichen Evolution nur die Systeme überleben, in denen sich optimierte Willens- und damit auch Wertehierarchien ausgebildet haben, konnte es dazu kommen, daß wir in unserem Bewußtsein sogar den Willen zur Unterordnung vorfinden, wenn wir das Vertrauen haben können, daß von einem übergeordneten Willen größere Lebenssicherheit ausgeht. Dieser Wille findet sich, wie bereits erwähnt, in allen Herdentieren[30] aber auch in allen heranwachsenden Tieren, die des Schutzes ihrer Eltern bedürfen, und wir kennen ihn, wenn wir uns einer fachlichen Autorität unterwerfen, sei es einem Arzt, einem Rechtsanwalt, einem tüchtigen Unternehmensberater oder schlicht nur einem gut ausgebildeten und innerlich motivierten Lehrer.

Alle lebenden Systeme brauchen zur Bewältigung ihrer Überlebensproblematik eine ausgeprägte Erkenntnisfunktion. Dabei ist der Erkenntnisbegriff gültig, nach dem eine Erkenntnis aus einer stabilen Zuordnung von etwas Einzelnem zu etwas Allgemeinem besteht. Die Erkenntnisfunktion eines Lebewesens beinhaltet demnach, einzelne wahrgenommene Situationen in Klassen eingeschätzter Gefährlichkeit oder Ungefährlichkeit einzuordnen. Diese Klassifikationen aber sind das Allgemeine, in das die einzelnen Situationen einzuordnen sind, was freilich bei den weitaus meisten lebenden Systemen ganz intuitiv geschieht. Erkenntnisse stellen ganz bestimmte Zusammenhänge dar. Irrtümer aber lassen sich als Isolationen bezeichnen, in denen ein Zusammenhang, der eine Erkenntnis konstituiert, fehlt oder verloren gegangen ist. Darum verändern *Isolationserlebnisse unsere Gefühlslage* stets ins *Negative*, worauf bereits im ersten Band hingewiesen wurde. Erkenntnisse fördern die Überlebenssicherheit, einerlei, ob es sich dabei um die Erkenntnisse von Gefahren, um Erkenntnisse von besseren Schutzmaßnahmen oder auch um die Erkenntnisse über genießbare oder ungenießbare Nahrungsmittel handelt.

---

30   Der Papst bezeichnet sich bis heute noch als Oberhirte, der sogar in Glaubensdingen mit dem Prädikat der Unfehlbarkeit ausgestattet ist, was zweifellos größtmögliche Sicherheit verspricht. Leider kann dieses Versprechen von einem Menschen niemals eingehalten werden.

Die Erkenntniskonstitution muß schon in den einfachsten Lebewesen gegeben sein, weil sie sonst nicht hätten überleben können; denn erst Erkenntnisse verschaffen Überlebenssicherheit. Wenn wir Menschen durch einen unvorstellbar langen Zeitraum aus dem einfachsten ersten Leben geworden sind, dann ist zu erwarten, daß auch unsere Erkenntnisfunktion aus den einfachsten Erkenntnisfunktionen über eine lange Kette ihrer Veränderungen und Optimalisierungen hervorgegangen ist. Dies bedeutet, daß auch unsere heutige Erkenntniskonstitution intuitive Anteile besitzt, die sich möglicherweise sogar von ihrer Quelle her jeder Erkennbarkeit entziehen. Tatsächlich können wir an uns beobachten, daß sich Phasen von dunklem und hellerem Bewußtsein unterscheiden lassen und daß es wenige Augenblicke gibt, in denen sich unser Bewußtsein schlagartig aufhellt, so als ob ein Strahl göttlichen Glücks unsere Gegenwart durchdringt, so daß wir uns ganz mit der Gegenwart und dem Geschehen in ihr vereinigt fühlen. Diese plötzlichen Erlebnisse ganz bewußter Gegenwart können von sehr verschiedener Intensität sein, so daß wir sie kaum bemerken oder daß wir von ihnen beseligt und in besonderer Weise aktiviert werden.[31] Diese Erlebnisse hellen eine irgendwie geartete dunkle Situation auf und zwar dadurch, daß in ihnen schlagartig Zusammenhänge bewußt werden, die vorher so nicht im Bewußtsein waren, darum heißen sie *Zusammenhangserlebnisse*.

Man mag mir die mehrfache und nun schon ins Dichterische gehende Erwähnung der Zusammenhangserlebnisse verzeihen. Aber sie haben für mich eine so fundamentale Bedeutung, nicht nur für den Erkenntnisgewinn, sondern ebenso für die immer wieder erlebbare Stabilisierung einer überwiegend positiven Einstellung dem eigenen und dem vielfältigen Leben anderer gegenüber. Die verläßliche Eigenschaft der Zusammenhangserlebnisse, unsere Gefühlslage positiv zu beeinflussen, läßt sich nun auch noch evolutionstheoretisch absichern, weil eben das Erkennen von Zusammenhängen schon immer im gesamten Verlauf der Evolution eine der wichtigsten Bedingungen für die Existenzerhaltung war und ist. Und über den Begriff des Zusammenhangserlebnisses läßt sich nun sogar ein sehr allgemeiner Begriff von Wissenschaft bestimmen, der bereits in den Lebewesen der biologischen Evolution intuitiv oder auch rein formal angelegt ist:

Wissenschaft ist die methodisch abgesicherte Reproduktion von Zusammenhangserlebnissen sowie deren Nutzung zur Überlebenssicherung.

Wir sollten diesen allgemeinen Wissenschaftsbegriff als *Wissenschaftsbegriff der Lebewesen* bezeichnen, weil in ihnen seine intuitive Anwendung angelegt ist und sich aus ihm ein *Wissenschaftsbegriff des Menschen* ableiten läßt, in welchem die reproduzierbaren Zusammenhangserlebnisse sprachlich gefaßt und von einem Selbstbewußtsein erfaßt werden. Von den dazu nötigen Entwicklungen der menschlichen Gehirne, durch welche das

---

31 Diese Erfahrung beschreibt Henri Bergson mit seinem Begriff der ‚reinen Dauer', woraus er seine ganze Zeittheorie entwickelt. Vgl. Henri Bergson, *Essai sur les données immédiates de la conscience*, Paris 1889, deutsch: *Zeit und Freiheit*, Westkulturverlag Anton Hain, Meisenheim am Glan 1949.

Werden der Wissenschaft des Menschen allmählich seinen Anfang nehmen kann, handelt der folgende Abschnitt.

1.5   Die Evolution des Bewußtseins zur Bildung eines ersten Weltbildes bis hin zur Ausdifferenzierung des mythischen Bewußtseins

Durch das Vorhandensein eines übergeordneten Überlebenswillens tritt eine mögliche Spaltung zwischen dem ursprünglichen Lebenswillen und dem übergeordneten Überlebenswillen ein. Aus diesem Grund finden sich etwa bei den Herdentieren, den Tieren, die in Rudeln leben oder bei allen höher entwickelten Jungtieren Hierarchiebildungen des Überlebenswillens, die im Normalzustand strikt eingehalten werden. Herden- oder Rudeltiere oder auch besonders junge Tiere eignen sich darum zur Domestikation oder auch zur Dressur, in der der Mensch seinen Willen den Tieren aufzwingt. Der menschliche Wille fungiert dabei als Willenshierarchiespitze. Wir können diese angelegten Verhaltensdispositionen, sich einem übergeordneten Willen aus Existenzsicherungsgründen zu unterwerfen, auch als ein Streben nach Geborgenheit oder formal ausgedrückt als ein Streben nach größtmöglicher Stimmigkeit interpretieren. Kant deutet diese Neigung in uns in seinem berühmten Aufsatz: „Beantwortung der Frage: Was ist Aufklärung" allerdings als „Faulheit und Feigheit"; denn dies seien

> „Die Ursachen, warum ein so großer Theil der Menschen, nachdem sie die Natur längst von fremder Leitung frei gesprochen, dennoch gerne Zeitlebens unmündig bleiben; und warum es Andern so leicht gemacht wird, sich zu deren Vormündern aufzuwerfen. Es ist so bequem, unmündig zu sein. Habe ich ein Buch, das für mich Verstand hat, einen Seelsorger, der für mich Gewissen hat, einen Arzt der für mich die Diät beurtheilt, u. s. w. so brauche ich mich ja nicht selbst zu bemühen. Ich habe nicht nöthig zu denken, wenn ich nur bezahlen kann; andere werden das verdrießliche Geschäft schon für mich übernehmen."[32]

Demnach gibt es im Zuge der Aufklärung gute Gründe dafür, warum wir uns mit unserem Willen nicht mehr generell in eine Willenshierarchie von angemaßten Vormündern einordnen sollten, wenngleich die Tendenz dazu in uns durchaus evolutionär angelegt ist, was Kant freilich so noch nicht sehen konnte.

Wenn der Entscheidungsprozeß als ganzer in der Kopplungsstelle des Bewußtseins als *ein* Vorgang repräsentiert wird, so kann man von einer Wahrnehmung des übergeordneten Willens sprechen. Ist dies der Fall, so möge die Kopplung zwischen Gefahrenrepräsentation und dem Reservoir an Maßnahmen ein *intuitiv unterordnendes Bewußtsein* heißen, wie es schon bei den genannten höheren Säugern, insbesondere aber bei den Primaten

---

32   Vgl. Immanuel Kant, Beantwortung der Frage: Was ist Aufklärung, in: *Berlinische Monatsschrift* (1784), S. 481–494 oder in: Immanuel Kant, *Ausgewählte kleine Schriften*, Meiner Verlag, Hamburg 1969.

als vorhanden anzunehmen ist. Diese Wahrnehmung des Entscheidungsprozesses setzt sich zusammen aus einer Wahrnehmung der Gefahrensituationen, einer Wahrnehmung der möglichen Geborgenheitszustände und der Möglichkeiten sie zu erreichen sowie aus der Wahrnehmung eines übergeordneten Willens, der aus diesen Möglichkeiten eine auswählt. Dieser übergeordnete Wille muß nicht der eigene Wille sein, und darum können Tiere oder Menschen anderen Tieren ihren Willen aufprägen. Ganz analog findet sich diese Hierarchiebildung auch bei menschlichen Gemeinschaften.

Daß diese Möglichkeiten zur Willens-Hierarchiebildung genetisch bedingt sind, zeigt die Überlegung zu den evolutionären Bedingungen, die gegeben sein müssen, damit es überhaupt zu Optimalisierungen durch Evolution kommen kann.[33] Denn dazu müssen sich in den Lebewesen genetisch bestimmte Möglichkeitsräume (Innenräume) etwa in Form von Gedächtnis- und Bewertungsfunktionen ausbilden, durch die sie in der Lage sind, ihr Überlebensproblem besser als andere zu lösen. Da es für das Überleben des Einzelwesens nur die zwei Zustände des Überlebens oder Nicht-Überlebens gibt, zeigte sich bereits eine bestimmte Möglichkeit des Optimalisierens erst auf einer nächsten Stufe genidentischer Systeme, sei es nun die Meute oder das Rudel, die Art oder sogar verschiedene Stufen von überartlichen Lebensgemeinschaften mit symbiotischem Charakter. Demnach scheint eine Stufung des Überlebenswillens etwa in Form von Selbst- und Arterhaltungswillen eine Bedingung der Möglichkeit der Evolution zu sein, da sonst gar kein Optimierungsprozeß stattfinden könnte. Und somit sind auch die aufgezeigten Bewußtseinsstufen sehr elementar in allen Lebewesen angelegt, die die biologische Evolution hervorgebracht hat. Wir haben dabei stets zu bedenken, daß alle diese Bewußtseinsformen, die sich evolutionär weiter ausdifferenziert haben, in uns weiterhin enthalten sind, ob nun in den einzelnen Zellen, aus denen wir bestehen, in unseren Organen oder in unserem Zentralnervensystem.

An dieser Stelle dürfen wir auch den Ursprung der Kommunikationsmöglichkeiten der Lebewesen festmachen, die sie dazu nutzen, um ihr Überleben zu sichern, wobei noch einmal deutlich wird, warum in allen Lebewesen zur Evolutionsfähigkeit ein **principium individuationis** mit einem *principium societatis* verbunden ist; denn Kommunikation wird stets zum Zwecke der individuellen Überlebenssicherung mit Hilfe von anderen Lebewesen betrieben. Zur Kommunikation nutzbar sind grundsätzlich alle möglichen Aktionen eines Lebewesens, die von anderen Lebewesen mit Hilfe ihrer Sinnesorgane wahrgenommen werden können. Und da die Lebewesen meist die Lebensäußerungen von Artgenossen wahrnehmen, liegt es nahe, die Erzeugung von allem anderen, was sie wahrnehmen können, ähnlichen Wesen zuzuschreiben. Da unsere Kommunikationsmöglichkeiten mit Tieren noch sehr kümmerlich ausgebaut sind, wissen wir von ihnen freilich nicht, ob sich

---

33 Vgl. dazu W. Deppert, Teleology and Goal Functions – Which are the Concepts of Optimality and Efficiency in Evolutionary Biology, in: Felix Müller und Maren Leupelt (Hrsg.), *Eco Targets, Goal Functions, and Orientors*, Springer Verlag, Berlin 1998 (b), S. 342–354 oder ders., Concepts of optimality and efficiency in biology and medicine from the viewpoint of philosophy of science, in: D. Burkhoff, J. Schaefer, K. Schaffner, D.T. Yue (Hg.), *Myocardial Optimization and Efficiency, Evolutionary Aspects and Philosophy of Science Considerations*, Steinkopf Verlag, Darmstadt 1993 (b), S. 135–146.

das bei ihnen tatsächlich so verhält, wir wissen durch naheliegende Interpretationen der allerersten Kulturleistungen in der Menschheitsgeschichte, daß die frühen Menschen ihre ganze Umwelt als belebt angesehen haben, so, wie das bei unseren menschlichen Kleinkindern immer noch geschieht, wenn sie damit beginnen, mit einfachsten Gegenständen wie mit Puppen zu spielen. Diese Weltsicht nennt man zusammenfassend den Hylozoismus, von dem sogar noch einige der frühen Vorsokratiker wie Thales von Milet oder auch Anaximandros ergriffen waren.

In der biologischen Evolution können wir von einem menschlichen Bewußtsein erst sprechen, wenn das System, das sich aus dem Prinzip zur Erhaltung der eigenen Genidentität entwickelt hat, ein Repräsentationsverfahren zur Einordnung aller Wahrnehmungen in einen Gesamtzusammenhang besitzt, wobei dieser Gesamtzusammenhang als *Weltbild* bezeichnet werden mag. Das Einordnen einer Wahrnehmung in das Weltbild ist die erste Form von *bewußter Reflexion* des Wahrgenommenen.

Wird alles Wahrnehmbare eines Weltbildes vollständig so interpretiert, daß es von einem oder mehreren übergeordneten fremden Willen bewirkt wird, so handelt es sich um das schon erwähnte *mythische Weltbild*. Dabei ist es naheliegend, daß der übergeordnete Wille von gleicher Qualität nur von sehr viel größerer Mächtigkeit als der eigene ursprüngliche Lebenswille angenommen wird, so daß der ursprüngliche, eigene Lebenswille kaum eine Rolle spielt. Die Repräsentanten dieser übergeordneten Willensformen sind darum Gottheiten mit menschlichen Eigenschaften, die *mythischen Götter*. Sie werden in ihrer übergroßen Macht etwa im Rollen des Donners, im Brausen des Sturmes, im Zucken der Blitze oder aber auch durch das alles erhellende Licht des Tages oder die alles verdunkelnde Finsternis der Nacht als lebendige Wesen wahrgenommen. Nur von diesen übermächtigen Gottheiten könnte eine Garantie zur Erreichbarkeit der ersehnten Geborgenheitsräume zur Überlebenssicherung ausgehen, so daß der eigene Lebenswille gut daran tut, sich vollständig den Willensäußerungen der mythischen Götter unterzuordnen, die den von Generation zu Generation tradierten Göttergeschichten entnommen werden konnten. Dabei wird freilich bereits die enorme Kulturleistung einer voll entwickelten menschlichen Sprache vorausgesetzt.

Die biologischen Evolutionsvorgänge, durch welche die Bedingungen für die kulturgeschichtliche Entwicklung der menschlichen Kommunikationsmittel überhaupt erst möglich wurden, sind ziemlich komplex und in ihrem Zustandekommen schwer zu durchschauen. Das beginnt mit dem sich allmählich aufrichtenden Gang und dem damit verbundenen Freibekommen der Hände, die möglicherweise die ersten zeichensprachlichen Kommunikationsmittel waren. Mit dem aufrechten Gang verband sich eine Weiterentwicklung des Kehlkopfes und des Rachenraumes sowie der sich nun weiter nach unten sich entwickelnden Kiefern, was Freiraum und Anlaß für eine Gehirnvergrößerung nach oben gab und für die besondere Ausbildung der Gehörgänge ins Gehirn. Diese biologisch evolutionären Entwicklungen haben Zeiträume von Millionen von Jahren eingenommen, aber den Menschen eine enorm über Formantenbildungen in den Kieferhöhlen ausdifferenziertes Stimmorgan beschert, welches den Menschen aus ersten Urlauten der Sicherheits- und der Unsicherheitsgefühle heraus ermöglichte, ihre Sprachsysteme zu entwickeln.

Auf der Kulturstufe der mythischen Bewußtseinsformen ist nun gar nicht verwunderlich, daß in dem sich allmählich ausbildenden Sprachvermögen, die Gottheiten mit eben denselben sprachlichen Ausdrücken bezeichnet wurden, die zur Kennzeichnung der Lebensbereiche verwendet wurden, deren Gebieter sie waren. So hieß in Griechenland die Göttin der Nacht ebenso wie die Nacht selbst nyx, und der Gott Erebos ist der Gott des Dunkels und heißt ebenso wie griechisch auch das Dunkel. Nach Hesiods Theogonie bringen die Göttin der Nacht Nyx und der Gott der Dunkelheit Erebos zusammen die Göttin des Tages 'Hemera' zur Welt, was auf griechisch zugleich auch 'Tag' bezeichnet. Dieses Prinzip setzt sich auch auf die nur gedanklich und gefühlsmäßig erfaßbaren Lebensbereiche fort. So heißt der Gott der Liebe Eros ebenso wie auf griechisch die Liebe Eros, usf. Diese Namensidentifikation von einer Gottheit und dem Lebensbereich, den sie bestimmt, ist nach Kurt Hübners so zu verstehen[34], daß im mythischen Bewußtsein, die Menschen davon überzeugt waren, daß sie den Namen eines Gottes nur dann aussprechen konnten, wenn er in ihnen selbst auch anwesend war, und das heißt, daß sie an dem Lebensbereich teil hatten, über den dieser Gott regierte. In dem nun auch über die Sprachformen bestimmte *mythische Bewußtsein* ist der Mensch in der Lage, das Geschehen in seiner Welt *bewußt* wahrzunehmen; denn er ordnet es in den Gesamtzusammenhang seines mythischen Weltbildes ein und reflektiert es dadurch. Da sich der mythische Mensch noch nicht als Individuum mit Selbstreflexion begreift, sei das mythische Bewußtsein auch als *intuitives Selbstbewußtsein* gekennzeichnet.

Der Ausdruck ‚Selbstbewußtsein‘ wird daher allgemeiner gebraucht als die Bezeichnung ‚Individualitätsbewußtsein‘; denn das Bewußtsein seiner selbst muß noch kein Bewußtsein der eigenen Individualität beinhalten. Wenn z.B. das eigene Selbst als ein Tropfen eines göttlichen Ozeans oder als ein Funken eines göttlichen Feuers begriffen wird, dann besitzt dieses Selbst noch keine Merkmale von Individualität. Dennoch ist aber im Selbstbewußtsein eine fundamentale Trennung vom Selbst und Nicht-Selbst, von innen und außen angelegt, auch wenn sie erst einmal nur intuitiv vorhanden ist. Das allmähliche Bemerken dieser fundamentalen Trennung von Selbst und Nicht-Selbst nimmt der Mediziner und Psychoanalytiker Willy Obrist zum Kriterium für die Bewußtseinsbildung im Menschen sogar als das wichtigste Unterscheidungsmerkmal zwischen Mensch und Tier. Obwohl diese Erklärung des Bewußtseinsbegriffs aus der hier gewählten Sichtweise etwas arg vereinfachend und ungenau erscheint, muß doch hervorgehoben werden, daß Obrist damit zu dem erstaunlichen Ergebnis vordringt, daß es eine nichtbiologische Mutation des Bewußtseins oder wie er sogar auch sagt eine Evolution des Bewußtsein, die schließlich zu einem *unistischen* Weltverständnis führe, welches dasselbe ist, wie das historisch aus dem antitrinitarischen Christentum entwickelte unitarische Selbstverständnis[35]. Für Obrist beginnt die Menschwerdung offenbar erst mit dem Austritt des Menschen aus dem

---

34 Vgl. Kurt Hübner, *Die Wahrheit des Mythos*, C. H. Beck Verlag,

35 Vgl. Willy Obrist, *Die Mutation des Bewußtseins, Vom archaischen zum heutigen Selbst- und Weltverständnis*, Peter Lang Verlag, 2. korr. Aufl. Bern 1988, Bewußtseinsdefinition S. 12ff. Vgl. außerdem ders. *Neues Bewußtsein und Religiosität, Evolution zum ganzheitlichen Men-*

mythischen Bewußtsein, was ja im Alten Testament als die Vertreibung des Menschen aus dem Garten Eden, aus dem Paradies beschrieben wird, was allerdings noch näher zu erläutern ist.

Schon in dem hier beschriebenen mythischen Bewußtsein werden bereits Gefahrensituationen von Geborgenheitszuständen unterschieden, so wie generell in allen Bewußtseinsformen. Dazu werden Identifikationsmuster aufgebaut, durch die eine Zuordnung von Gefahrenwahrnehmungen und Gefahrenabwehrmaßnahmen geschieht. Bei mehreren möglichen Maßnahmen zur Gefahrenabwehr wird die Hierarchiebildung der Gottheiten herangezogen, und die Forderung *der* Gottheit beachtet, der man sich traditionsgemäß am meisten verbunden fühlt.

Die Betrachtung von Lebewesen als Systeme, in denen ein Prinzip zur Erhaltung der eigenen Genidentität angelegt ist, führt auf die hier beschriebene Stufung möglicher Bewußtseinsformen, wobei Bewußtsein immer wieder generell als die Kopplung zu begreifen ist, durch die eine Gefahrenwahrnehmung mit einer lebenserhaltenden Reaktion verbunden wird, die im mythischen Bewußtsein von der Gottheit übernommen und damit von denen bestimmt wird, deren Willen sich der einzelne mythische Mensch unterworfen hat.

Es fragt sich nun, unter welchen Umständen von einem Individualitätsbewußtsein gesprochen werden kann, und ob sich auch für den Begriff des Individualitätsbewußtseins eine Stufung angeben läßt. Wenn der eigene Überlebenswille ausschließlich auf die Unterordnung unter einen übergeordneten Willen ausgerichtet ist, läßt sich nicht von einem Individualitätsbewußtsein sprechen, weil die eigene Individualität in dem Kopplungsglied zwischen der Gefahrenerkennung und der Maßnahme zur Gefahrenabwehr nicht wahrgenommen wird. Solange der eigene Wille in der Wahrnehmung nicht von anderen Überlebenswillen unterscheidbar ist, tritt auch beim Reflektieren, d.h., beim Einordnen von Wahrnehmungen in einen Gesamtzusammenhang noch kein Individualitätsbewußtsein auf. Das Leben der Menschen vollzieht sich dann in fest vorgegebenen Regeln und Bahnen, gleichsam wie Rädchen in einem großen Getriebe, in dem man ohne eine Möglichkeit des Ausscherens seine wohlbestimmte Funktion wie selbstverständlich erfüllt. Wir haben es dann allenfalls mit einem *intuitiven Selbstbewußtsein* zu tun. Selbst wenn die Denkmöglichkeit von etwas Individuellem vorhanden ist, so ist dies nur eine notwendige Voraussetzung dafür, auch das eigene Selbst als individuell wahrzunehmen; denn *in mythischer Zeit waren die Götter die einzigen Individuen*, die von den mythischen Menschen als Individuen wahrgenommen wurden.

Der Aufbau der Götterwelt war eine intuitive Leistung der Menschen, insbesondere ihrer Gehirne. Wenn wir nun diese Intuitionen der Menschen als Erkenntnisformen deuten, die aus den instinktiven Bewußtseinsformen unserer stammesgeschichtlichen Entwicklung erwachsen sind, dann scheint in den vormenschlichen Lebewesen bereits eine Klassifikation der Lebensumstände angelegt worden zu sein, die etwa C. G. Jung als Archetypen bezeichnet hat; denn die verschiedenen Gottheiten, die wir in den mythischen

---

schen, Walter Verlag, Olten 1988 oder ders. *Das Unbewußte und das Bewußtsein*, opus magnum, Stuttgart 2013.

Kulturen finden, kennzeichnen überall übereinstimmende Lebensbereiche wie Streit, Versöhnung, Liebe, Fruchtbarkeit, Feuer, Wasser, Erde, Luft usw. Alle zusammen bilden eine Ganzheit, die von der höchsten Gottheit regiert und zusammengehalten wird. In all diesen verschiedenen Lebensbereichen kann es Gefahren geben und Maßnahmen, ihnen zu begegnen, die in uns genetisch aus unserer stammes-geschichtlichen Gewordenheit vorhanden sind und die in uns auch Selbstheilungen bewirken, welche wir nicht bewußt ansteuern, die sich aber entfalten, wenn wir uns bewußt eine Ruhestellung verordnen, so wie ein verletztes Tier solange an einer geschützten Stelle verharrt, bis es wieder gesund ist.

1.6 Mythische Keime für die Grundbegriffe der Wissenschaft

Von der mythischen Welt wissen wir aus den sogenannten Göttergeschichten, die der Mythosforscher Kurt Hübner als Archai bezeichnet hat. Nach seiner Forschung verbirgt sich hinter den mythischen Geschichten eine ganz andere Weltsicht, die sich grundlegend von der begrifflich-wissenschaftlichen Welterfassung unterscheidet. Es ist ein Denken in Ganzheiten, d.h., Trennungen, die für uns heute selbstverständlich sind, wurden in mythischer Zeit noch nicht vorgenommen[36]. Wenn der Name eines Gottes ausgesprochen wurde, dann war er auch da, weil er selbst es war, dessen Anwesenheit durch das Aussprechen seines Namens bekundet wurde. Diese direkte Verbindung von Wort und Wirklichkeit ließ keinen Denkakt zu, der sich, wie wir es heute für selbstverständlich halten, zwischen Wort und Wirklichkeit hätte schieben können. Wir kennen diese Beziehung noch von Sprechweisen unserer Groß- oder Urgroßelterngeneration über den Teufel, indem gesagt wurde: "Wenn man vom Teufel spricht, ist er nicht weit" oder auch: "Male den Teufel nicht an die Wand"; denn das hieße, er wäre auch da. Aus diesen Gründen sprach man vom *Unaussprechlichen*, wenn man den Teufel meinte. Daß sich mythische Traditionen gerade im Teufelsglauben erhalten haben, ist deshalb zu verstehen, weil nach christlichem Verständnis, die mythischen Götter heidnische Götter waren. Wer an sie glaubte, war des Teufels, warum auch die mittelalterlichen Kräuterhexen, die ihre Kenntnisse von Heilkräutern aus mythischer Zeit herübergerettet hatten, in grausamen Hexenprozessen angeklagt wurden, mit dem Teufel im Bunde zu stehen und am lebendigen Leibe verbrannt wurden.

Die Ganzheitlichkeit mythischer Denkformen zeigt sich vor allem in dem Zusammenfallen unserer heutigen Vorstellungen von etwas Einzelnem und etwas Allgemeinem. Im

---

36 Es ist darum gänzlich unsinnig, den Mythos und den damit verbundenen sogenannten Polytheismus als Religion zu bezeichnen. Was wir heute als Religion, Philosophie, Kunst, Wissenschaft, Technik, Sport etc. unterscheiden, war im Mythos unzertrennlich miteinander vereinigt. Erst nach dem Beginn des Zerfalls hat es einen Sinn, von Religionen, von Philosophie, von Kunst und Wissenschaft zu sprechen. Vgl. dazu W. Deppert, „Atheistische Religion für das dritte Jahrtausend oder die zweite Aufklärung", erschienen in: Karola Baumann und Nina Ulrich (Hg.), *Streiter im weltanschaulichen Minenfeld – zwischen Atheismus und Theismus, Glaube und Vernunft, säkularem Humanismus und theonomer Moral, Kirche und Staat*, Festschrift für Professor Dr. Hubertus Mynarek, Verlag Die blaue Eule, Essen 2009.

mythischen Denken kann die Unterscheidung von Einzelnem und Allgemeinem noch nicht gemacht werden. Jede Göttergeschichte ist z.B. ein einzelnes zeitliches Geschehen und zugleich das Allgemeine dieser Zeitgestalt. So beginnt eine einzelne und zugleich jede Nacht, indem die Göttin Nyx den Tartaros verläßt, wenn Hemera ihn betritt. Die einzelne Nacht ist ununterscheidbar von allen Nächten, da sie alle das ewig gleiche göttliche Ereignis sind. Läßt sich dennoch in einer mythischen Erzählung Einzelnes von etwas Allgemeinem unterscheiden, so ist dies bereits ein Kennzeichen für den Zerfall mythischen Denkens oder aber ein Keim begrifflichen Vorgehens, wie dies für das wissenschaftliche Denken kennzeichnend ist. Aus der Einsicht, daß in der mythischen Weltsicht die Unterscheidung von Einzelnem und Allgemeinem noch nicht möglich war, folgt, daß die Menschen in mythischer Zeit die Erkenntnisformen der Zuordnung von etwas Einzelnem zu etwas Allgemeinem noch nicht besaßen. Für die Gehirnphysiologie bedeutet dies, daß rückgekoppelte und damit ganzheitliche neuronale Verbindungen von elementarer Art sind, die den späteren Erkenntnis- und Bewußtseinsformen der Unterscheidung von Einzelnem und Allgemeinem vorausgehen, und wissenschaftliche Erkenntnisformen beginnen erst mit dem Zerfall des Mythos.

Die mythische Welt besaß noch keine wissenschaftlichen Denk- oder Bewußtseinsformen, dennoch sind die wissenschaftlichen den mythischen Denkformen historisch gefolgt. Aufgrund der überaus plausiblen Vermutung, daß für alles Geschehen in der menschlichen Geschichte gewisse zeitlich vorausgehende Gründe auffindbar sind, die mit diesem Geschehen ursächlich verknüpft sind und es zumindest teilweise erklären, ist es vernünftig anzunehmen, daß im mythischen Denken bereits Keime des wissenschaftlichen Denkens anzutreffen sind und daß umgekehrt auch im wissenschaftlichen Denken noch mythische Formen nachweisbar sind. Wenn wir davon ausgehen können, daß die Menschen des griechischen Mythos vor 3000 Jahren weitgehend die gleiche biologische Struktur besaßen, wie die Menschen unserer Zeit, dann werden wir ebenfalls anzunehmen haben, daß die mythischen Menschen entsprechend den heutigen Menschen wesentlich durch eine kaum mehr vorhandene Instinktsteuerung von den Tieren zu unterscheiden waren. Darum mußten auch die mythischen Menschen ihre Handlungen und Handlungsziele über ihr Denkvermögen bestimmen. Sie brauchten also auch bestimmte Erkenntnisse über das regelhafte Verhalten der Natur und der Menschen. Wie läßt sich eine Vorstellung von Erkenntnis begreifen, die nicht aus der Zuordnung von Einzelnem zu Allgemeinem besteht? Wie war das mythische Denken strukturiert, um die tägliche Lebensproblematik bewältigen zu können? Natürlich lassen sich derartige Fragen nur spekulativ beantworten, da wir selbst nur noch wenig Anteil an mythischen Denkformen haben, so daß wir den Mythos nur als Zaungäste betrachten können. Wenn wir aber noch ganz dem mythischen Denken verhaftet wären, dann stellten wir diese Fragen nicht.

Also versuchen wir doch ersteinmal das nachzuzeichnen, was wir als Zaungäste des griechischen Mythos beobachten können, wenn wir etwas in der Ilias oder der Odyssee herumblättern. Dort werden die Handlungen der Menschen stets von Götterhandlungen begleitet, ja das eigentliche Geschehen wird von Göttern bestimmt, und die Menschen haben im wesentlichen nur eine ausführende Funktion. Die Entscheidungen fallen durch den Kampf der Götter, sie werden durch den Kampf der Menschen nur sichtbar gemacht. Darum brauchten die Menschen nicht die Eigenschaften zu besitzen, um bewußt Entscheidungen zu fällen. Nur eine Ausnahme findet sich in Homers Darstellungen und das ist *Odysseus*. Er setzt sich eigene Ziele und setzt sie zum Teil gegen den Willen der Götter durch. Mit Odysseus brechen also deutlich bestimmte mythische Strukturen auf.

In dieser Betrachtung der Verbindung von Göttern und Menschen taucht die schwierige Frage auf: "Wie können Götter in das geschichtliche Geschehen eingreifen?" Götter sind ewige Wesenheiten, d.h. sie haben keine Geschichte, durch die sie sich verändern könnten. Menschen aber sind historische Wesen, sie haben ihre Geschichte und ändern sich mit ihr. Um diese Frage einer Antwort näher zu bringen, empfiehlt es sich, den Begriff der Göttergeschichte, der Arché, wie Groenbech ihn prägte und wie ihn Hübner ausdifferenzierte, einzuführen. Hübner (1978, S.409) unterscheidet natürliche von historischen Archai und führt dazu aus:

> "Natürliche Archai finden wir z.B. in der Kosmologie Hesiods, wo das Entstehen der Welt aus dem Chaos, der Erde und dem Eros beschrieben wird, ferner im Abschied der Proserpina beim Wechsel der Jahreszeiten. Zu den historischen Archai gehört die Tötung der Python-Schlange durch Apollo, die Titanenschlacht, Hermes' Rinderdiebstahl, die Stiftung des Ölbaumes durch Athene, die Sage des Erechtheus usf."

Da die Annahme der realen Existenz von Göttern für uns heute unglaubwürdig ist, gab und gibt es noch immer Darstellungen des griechischen Mythos, in denen Götter und Göttergeschichten nur als symbolhafte Dichtung interpretiert werden. Nach der neueren Mythosforschung – etwa von Walter F. Otto, Vilhelm Groenbech oder Kurt Hübner[37] – aber haben wir davon auszugehen, daß für den mythischen Menschen die Götter mit ihren Geschichten (Archai) ebenso real waren, wie für uns heute die Naturgesetze mit ihren Naturerklärungen. Demnach muß das Selbstverständnis, ja sogar das, was wir Selbstbewußtsein nennen, sehr verschieden sein bei Menschen mythischer Kulturen und den Angehörigen wissenschaftlich-technischer Zivilisationen.

Diesem anderen Selbstverständnis läßt sich etwas auf die Spur kommen, wenn wir überlieferte Ausdrucksmittel mythischer Menschen studieren, etwa ihre geschriebene Sprache. Der bedeutende Altphilologe Bruno Snell hat die Entwicklung der Sprache von den homerischen Formen bis zu den wissenschaftlichen Sprachformen der Antike besonders verfolgt[38]. Da für alle Menschen mit einem mythischen Bewußtsein das Wahrnehmen des verläßlich Gleichbleibenden von größter Bedeutung ist, so ist zu erwarten, daß es die Verben des Wahrnehmens sind, die dann eine Bedeutungsveränderung erfahren,

---

37 Vgl. Vilhelm Groenbech, *Götter und Menschen*, Reinbek bei Hamburg 1967, Walter F. Otto, *Die Götter Griechenlands*, Frankfurt/Main 1970, Kurt Hübner, *Die Wahrheit des Mythos*, Beck Verlag, München 1985.

38 Snell, Bruno (1960), Entwicklung einer wissenschaftlichen Sprache in Griechenland, in: ders., *Die alten Griechen und wir*, Göttingen 1962, S. 41–56.

wenn sich das mythische Bewußtsein zu einem offenen Zeitbewußtsein und damit zu einem Bewußtsein der begrifflichen Welterfassung verändert. Dies gilt im antiken Griechenland vor allem für die Verben des visuellen Wahrnehmens, da die alten Griechen einen besonders ausgeprägten Gesichtssinn besaßen.

Das griechische Wort für Wissen 'eidenai' (εἰδέναι) heißt darum ursprünglich "gesehen haben", und das Wort für Erkennen 'gnonai' bedeutet "ein plötzliches wiedererkenndendes Sehen".

> "Bei Homer ist das Erkennen", so schreibt Snell, "aber noch nicht eine absichtsvolle Tätigkeit des Menschen oder gar, wie Platon es im Symposion darstellt, ein planmäßiges Fortschreiten aus dem unsicheren Vermuten zur Wahrheit"[39].

Auch das griechische Wort für Denken 'noein' hat für Homer noch nicht die Bedeutung eines geistigen Bemühens, etwa zu einer Problemlösung. Homer benutzt es in dem Sinne, daß einem im Anschauen etwas klar wird, was im Deutschen etwa "durchschauen" oder "einsehen" heißt. Auch spürt Homer die Tätigkeit 'noein' des Durchschauens also, nicht im Kopf, wo wir heute gemeinhin unser Denken lokalisieren, sondern im Zwerchfell, in der 'phrenis', dort, wo wir in der Magengegend etwa einen Schreck deutlich spüren können. Und das Wahrnehmen von Göttern hatte gewiß auch etwas mit Furcht und Schrecken zu tun, so daß die Leibesmitte – die Stelle, die in der Zen-buddhistischen Meditation der Hara-Punkt genannt wird oder dort, wo heute so gern von dem Bauchgefühl geredet wird – als das Wahrnehmungsorgan für die Götter verstanden werden kann. Wenn in Hesiods 'Werke und Tage' Ernst Günther Schmidt den Vers 295 "hos de ke met' autos noee met' allon akouon" übersetzt als "Wer aber weder selbständig denkt noch anderen zuhört", dann setzt er dabei voraus, daß Hesiod bereits eine Vorstellung von selbständigem Denken besitzt, wie sie aber erst 300 Jahre später bei Sokrates deutlich zu beobachten ist. Hesiods Verse 295 und 296 könnten also nach Snell folgendermaßen übersetzt werden: "Wer aber weder selbst anschauend begreift noch anderen zuhört, um es mit der Seele aufzunehmen, den nenne ich unnütz."

So wie es bei Homer noch kein Wort für "Denken" und "Erkennen" gab, so hat auch das spätere griechische Wort für "verstehen" 'synienai' bei Homer nur die rein sinnliche Bedeutung von "jemanden hören und ihm folgen, so daß es beinahe zu einem Gehorchen wird"[40]. Auch hier also der Hinweis auf eine Beziehung zwischen Mensch und Gott, die nicht auf das Selbstbewußtsein von Individuen unserer Zeit schließen läßt. Der mythische Mensch empfand sich offenbar nicht als ein Subjekt, das sich einer zu erforschenden Objektwelt gegenüber sieht, sondern eher als eingesponnen in ganzheitliche Zusammenhänge, die ihm eine selbstverständliche Geborgenheit vermittelten, ohne allerdings darüber reflektieren zu müssen. Darum wird oft davon gesprochen, daß die mythische Zeit als die Kindheit der Menschheit aufgefaßt werden könne. Lange Zeit war ich dieser Auffassung

---

39 Vgl. ebenda S. 45.
40 Vgl. ebenda S. 47.

gegenüber sehr distanziert. Inzwischen habe ich eingesehen, daß diese Denkweise doch viel für sich hat, wenn wir die ontogenetische Entwicklung heutiger Menschen betrachten, in der ganz offensichtlich mythische Phasen durchlebt werden, so daß wir dem biogenetischen Grundgesetz Ernst Haeckels ein *Bewußtseinsgenetisches Grundgesetz*[41] für die kulturgeschichtliche Entwicklung zur Seite stellen können.[42]

Aus diesen Überlegungen ergeben sich sehr ernste Konsequenzen für das Unverständnis gegenüber den Gräueltaten des sogenannten „IS" und insbesondere in bezug auf deren Anwerbungserfolge über die sogenannten salafistischen Gruppen in Europa. Tatsächlich wird im Islam seit Anbeginn das Unterwürfigkeitsbewußtsein von jedem sogenannten Gläubigen bis heute abverlangt und gepflegt, indem, sich die Muslime zu Beginn einer religiösen Handlung in einer Moschee platt auf den Boden werfen, um damit ihre Unterwürfigkeit auch sichtbar zu bekunden. Damit wird die Weiterentwicklung der Bewußtseinsformen vom Unterwürfigkeitsbewußtsein weg und hin zu einem selbstverantwortlichen Selbstbewußtsein, wie sie in Deutschland und in großen Teilen Europas seit mindestens 250 Jahren stattgefunden hat, systematisch unterbunden, und wir haben es darum bei radikalen Islam-Vertretern, wie sie sich im IS und bei den Salafisten zusammengefunden haben, mit Menschen mit einem mythischen oder frühmittelalterlichen Bewußtsein zu tun. In diesen Bewußtseinsformen ist das Individualitätsbewußtsein noch gar nicht vorhanden und damit auch keine besondere Wertvorstellung von einem menschlichen Individuum. Weil aber in allen jungen Menschen die Entwicklungsstufen des Bewußtseins gemäß den Entwicklungsstufen der menschlichen Kulturgeschichte aus informationslogischen Gründen in notwendig hintereinander abfolgenden Gehirnverschaltungen ablaufen müssen, durchlaufen auch unsere Jugendlichen die mythischen und mittelalterlichen Bewußtseinsstufen, so daß sie von den Salafisten überzeugend angesprochen werden können, wenn diese Jugendlichen gerade den Bewußtseinsstand erreicht haben, der bei den Salafisten künstlich noch bis ins Erwachsenenalter hinein erhalten worden ist. Hinzukommt, daß diese Jugendlichen die Unwahrhaftigkeit im Religionsunterricht besonders an unseren höheren Schulen erleben, wenn die Religionslehrer versuchen, einen christlichen Glauben darzustellen, von dem die Schüler deutlich merken, daß die Religionslehrer selbst

---

41 Vgl. W. Deppert, „Vom biogenetischen zum kulturgenetischen Grundgesetz", in: *Natur und Kultur, Unitarische Blätter 2010/2*, S. 61–68.

42 Früher habe ich diese These nicht vertreten, da ich der Hübnerschen These anhing, wonach der griechische Mythos eine Weltsicht darstelle, die man in vielen Hinsichten als gleichwertig zur wissenschaftlichen Weltsicht ansehen könne. Inzwischen ist mir aber deutlich geworden, daß es zwischen diesen beiden Weltsichten eine Folgebeziehung gibt, so daß sich sogar davon sprechen läßt, daß die mythische Weltsicht ein notwendiger Vorläufer der wissenschaftlichen Weltsicht ist, in der die Orientierung schaffenden Grundüberzeugungen sogar von mythischer Struktur sein müssen. Einen Grund zur Überheblichkeit haben die Vertreter der wissenschaftlichen Weltsicht gegenüber der mythischen gewiß nicht, eher einen Anlaß zur Verehrung, da wir der mythischen Weltsicht gegenüber der wissenschaftlichen viel mehr eine Elternrolle zuzusprechen haben. Allerdings können wir die Bewußtseinsveränderungen im Laufe der Kulturgeschichte der Menschheit erst dann genauer erfassen, wenn wir uns befleißigen, die **neue Wissenschaft der Bewußtseinsgenetik** ernsthaft zu betreiben.

nicht mehr daran glauben. Diese Unwahrhaftigkeit aber ist bei den Salafisten überhaupt nicht zu spüren; denn sie sind selbst zutiefst von der Wahrheit dessen überzeugt, was sie über ihren Glauben berichten. Besonderes im jugendlichen Alter sind wir Menschen ganz besonders empfindlich gegenüber Unwahrhaftigkeiten, warum dringend der bisherige konfessionell gebundene Religionsunterricht durch einen Unterricht der freien Religions- und Lebenskunde zu ersetzen ist. Dies ist notwendig, um unsere Jugendlichen nicht weiter in die salafistischen Fallen und damit in ihr Verderben laufen zu lassen! – Und nun zurück zur Beschreibung der Bedingungen für das Entstehen der Wissenschaften!

Auch die zweite Bedingung für wissenschaftliches Vorgehen, die Unterscheidungs-möglichkeit von Einzelnem und Allgemeinem, ist in den von Homer oder Hesiod be-schriebenen Mythen nicht ausgeprägt vorhanden. Und wenn man meint, daß doch die Götter die Rolle des Allgemeinen spielten, so sieht man sich getäuscht, wenn man die Überzeugung bemerkt, daß ein Gott stets als direkt anwesend gedacht wurde, wenn etwas in seinem Namen oder seiner Funktion gemäß geschah. In einem Gott war das Allgemeine und das Einzelne zugleich gegeben. Hübner drückt dieses Verhältnis im letzten Kapitel seines Buches "*Kritik der wissenschaftlichen Vernunft*" durch die Identität von Teil und Ganzem innerhalb der mythischen Qualität aus. Er sagt:

"So ist Nachtsubstanz im Schlaf und Traum, wie Himmel- und Erdsubstanz in Titanen und Göttern, aber auch in der Sonne, im Feuer, in den Ordnungen des Rechts, des Brauches, usf. ist. Diese Teile und Elemente von Nacht, Himmel und Erde, die sich in dem von ihnen Ge-zeugten befinden, unterscheiden sich von dem Ganzen der Nacht, des Himmels und der Erde so wenig, wie sich das Rot einer Fläche von dem Rot eines Flächenstückes unterscheidet. Zwischen einem Ganzen und seinen Teilen ist mythisch kein Unterschied. Das ist ein Merk-mal mythischer Quantität.
Diese Vorstellung mythischer Quantität, derzufolge das Ganze in jedem Teil ist, während zugleich Ganzes wie Teil personale Substanzen darstellen, läßt uns verstehen, daß ein Gott an vielen Orten zugleich sein kann. Denn überall da, wo fernblickende Weisheit, Maß und Ordnung walten, ist apollinische Substanz und ist folglich wegen der Identität von Ganzem und Teil Apollo selbst; überall da, wo Schönheit und Liebreiz Menschen verzaubern, ist Aphrodite selbst."[43]

Obwohl der Mythos eine grundsätzlich andere menschliche Daseinsform als die der wis-senschaftlich-technischen Weltsicht ist, gibt es nach Hübner keine objektiven Gründe, nach denen die eine der anderen vorgezogen werden könnte. Der einzige objektive Zu-sammenhang ist aber der, daß sich das wissenschaftliche Denken aus dem mythischen Denken heraus entwickelt hat, und besonders dies macht den Mythos für eine *Theorie der Wissenschaft* interessant. Diese Entwicklung vom Mythos zur Wissenschaft läßt sich be-sonders eindrucksvoll am Einfluß einer Veränderung im Zeitbewußtsein darstellen, wobei

---

43 Vgl. Kurt Hübner, *Kritik der wissenschaftlichen Vernunft*, Alber Verlag, Freiburg 1978 S. 405 ff.

die Frage danach, wie es zu dieser Veränderung kam, freilich unbeantwortet bleibt oder nur spekulativ beantwortet oder wenigstens plausibel gemacht werden kann.

Das mythische Zeitbewußtsein ist ein Terminus, den wir, ausgehend von unserem Zeitbewußtsein, unterstellen, der aber nicht wörtlich verstanden werden darf, denn weder war der Begriff der Zeit bestimmt, noch – wie wir gesehen haben – ein subjektives Selbstbewußtsein vorhanden, das Träger dieses Zeitbewußtseins sein könnte. Man sollte passender von einem Zeitunbewußtsein reden. In mythischer Zeit werden Zeitgestalten erlebt, und zwar als die immer gleiche Wiederkehr göttlicher Ereignisse, die in den Göttergeschichten, die Hübner natürliche Archai nennt[44], erzählt werden. So ist etwa die Geschichte vom Abschied und der Wiederkehr der Persephone die mythische Folge der Jahreszeiten, oder Hemeras Verlassen des Tartaros, wenn Nyx eintritt, ist der Wechsel von der Nacht zum Tag. Die Topologie, d.h. die Struktur der Folge dieses zeitlichen Erlebens ist zyklisch. Kennzeichnend dafür ist, daß es kein eindeutiges Vorher und Nachher gibt. Hübner nennt mit Eliade diese mythische Zeitgestalt zyklischer Topologie die *heilige Zeit* und unterscheidet dazu die profane Zeit, in der es ein eindeutiges Nachher und Vorher gibt[45]. Die profane Zeit spielte, soweit sie überhaupt erlebt wurde, eine geringe Rolle, und zwar für die "Kleinststruktur" der Zeit innerhalb eines Jahres- oder Tagesablaufs. Die Globalstruktur wurde von der zyklischen Zeit bestimmt.[46]

Das Zerfallen des Mythos geht Hand in Hand mit dem Bedeutungszuwachs der profanen Zeit, die durch ihre lineare Topologie der zyklischen strukturell entgegengesetzt ist. Der Bedeutungszuwachs der linearen Zeit ist an der Tätigkeit der Logographen, Mythographen oder Genealogen (Hekataios, Pherekydes, Hellanikos, Xenophanes, Ephoros, ...) zu bemerken, die damit begannen, die Mythen und deren Personen in ein System profaner Zeit einzuordnen. Da wurden Stammbäume mythischer Geschlechter aufgestellt, und be-

---

44 Vgl. Hübner (1978) S. 409–415 u. S. 418–422 und Hübner (1985) S. 135ff.

45 Vgl. Hübner (1985) S. 143ff. und Eliade (1949) S. 47f.

46 Wenn wir versuchen, das Auftreten des zyklischen Zeitbewußtseins historisch zu erklären, dann ist schon aus bregriffslogischen Gründen klar, daß dies dies kein Erfolg versprechendes Unterfangen sein kann. Aber wir können die Bewußtseinsentwicklung gar nicht anders als mit gehirnphysiologischen Einsichten beschreiben, die bei dem derzeitigen wissenschaftlichen Stand der Gehirnphysiologie nur durch gewisse Plausibilitätsüberlegungen gewonnen werden können. Immerhin wissen wir inzwischen so viel, daß über die Sinnesorgane eine schier unübersehbare Flut von informationsgeladenen elektromagnetischen Reizen in das Gehirn und insbesondere in die bewußtseinsgenerierende Verschaltungsorganisation der Sinnesorgane einfließen. Da die Gehirne sich aber als die Schaltzentren zur Überlebenssicherung der Lebewesen in ihnen evolutionär gebildet haben, waren sie erfolgreich in der Überlebenssicherung durch die Klassifizierung der Lebensbereiche durch bestimmte Eigenschaften von Gottheiten, was eine enorme zusammenfassende Leistung der Gehirne war, Das Entsprechend haben sie in bezug auf die wiederkehrenden Reizmengen organisiert, daß sie diese mit den Göttereigenschaften verbunden und identifiziert haben und so die ewige Wiederkehr des Gleichen in den Bewußtseinsformen eingeprägt haben, was wenigstens eine Zeit lang erfolgreich für die Überlebenssicherung war. Diese Erklärung für das Entstehen des zyklischen Zeitbewußtseins ist aber eben nur evolutionsbiologisch plausibel.

deutende Priester und Könige der damaligen Gegenwart wurden als Endpunkte dieser Stammbäume dargestellt. Diese Verfahrensweise ist ebenso aus dem Alten wie aus dem Neuen Testament bekannt. Selbst von Jesus behaupten die Autoren des Alten Testaments (AT), daß er sich noch auf den mythischen König David zurückgeführt habe. Die deutliche Sehnsucht zum Aufstellen von Stammbäumen, die am Anfang des Zerfalls des Mythos steht, ist ein überzeugender Hinweis darauf, daß die Gehirne inzwischen gelernt haben, Individuelles von Allgemeinem zu unterscheiden. Und da die ersten Vorstellungen von Individuen mit den Unterscheidungen der Götter verbunden waren, wurden die Stammbäume stets von einem Ursprungs-Gott oder Ursprungs-Halbgott aufgestellt. Dadurch hatten die Menschen, die in solche Stammbäume eingeordnet wurden, Anteil an der göttlichen Substanz dieser Ursprungsgötter und an deren Individualität. Diese Entwicklungen in den menschlichen Gehirnen werden nur dann nicht zu Schwierigkeiten im Verständigen und Verstehen und womöglich sogar zu agressivem Denken und Verhalten führen, wenn diese Bewußtseinsveränderungen durch zunehmende Verschaltungsvorgänge in den menschlichen Gehirnen in den Völkern möglichst homogen verlaufen und nicht durch politische Unruhen gestört werden.

Das Einordnen von Ereignissen in die nicht endende Zeitreihe generiert in aller Deutlichkeit womöglich zum ersten Mal die relationale Struktur zwischen Einzelnem und Allgemeinem. Die Ereignisse sind das Einzelne und die Ereignisfolgen das Allgemeine, oder gewisse Ereignisfolgen sind wiederum etwas Einzelnes, das in die Gesamtheit der Zeitreihe als das Allgemeine bis zur Gegenwart eingeordnet wird, und mit fortschreitender Zeit wird auch diese Ganzheit wieder zu einem Einzelnen[47], womit auch das zyklische Zeitbewußtsein zu zerfallen beginnt. Die beschriebene reflektierende Tätigkeit der Gehirne, die eine der wichtigsten Voraussetzungen des Verständnisses von Wissenschaft ist, hängt demnach direkt mit der Vorstellung eines linearen Zeitablaufs zusammen. Die reflexive Struktur dieser Zeitvorstellung bringt es mit sich, daß das Allgemeine keinen Bestand hat, denn der Abschluß der Zeitreihe findet im Gegensatz zur zyklischen Zeit nicht statt. Laufend kann etwas Unvorhersehbares eintreten und die Geborgenheit im Lebensablauf wird zum Problem. Während die ganzheitlichen Strukturen des Mythos automatisch das Gefühl der Eingebundenheit bewirken, vermittelt die lineare Zeitstruktur das Gefühl der Unsicherheit und Ungeborgenheit. Man beginnt darum, nach Sicherheit zu fragen, und das aktive Denken zum Gewinnen sicherer Erkenntnis:

das Erkenntnisstreben wird für den Menschen zur Überlebensnotwendigkeit!

Durch derartige Überlegungen kommt dem biblischen Mythos vom Sündenfall durch das Genießen der Früchte vom Baum der Erkenntnis eine tiefe Bedeutung zu, wenn man das Paradies als das Leben in mythischen Vorstellungen versteht, in dem es offenbar keine

---

47   Vgl. zu diesen Fragen des Zeitbegriffes auch W. Deppert, *Zeit. Die Begründung des Zeitbegriffs, seine notwendige Spaltung und der ganzheitliche Charakter seiner Teile*, Franz Steiner Verlag, Stuttgart 1989.

lineare Zeit gibt und darum kein Werden und Vergehen in der Zeit. Diese Deutung wird dadurch belegt, daß es in mythischer Zeit allgemein als sündig galt, den Vorstellungen der profanen, der nicht zyklischen Zeit Lebensraum zu geben und daß im alten Ägypten die sich in den Schwanz beißende Schlange die zyklische Zeit darstellte, während die Schlange mit dem freien Maul das Sündige der offenen Zeit charakterisierte. Da das Volk Israel in Ägypten gefangen war und zu Frondiensten gezwungen wurde, übernahmen ihre Geschichtsschreiber das ägyptische heilige Schlangensymbol. Durch Moses' Befreiungstat, führte er sein Volk Israel in eine ungewisse Zukunft, wodurch das zyklische Zeitbewußtsein aufbrach und die Schlange ihr Maul frei bekam, um Eva zu beschwatzen, vom Baum der Erkenntnis zu essen, um zwischen Lebensfreundlichem und Lebensfeindlichem, zwischen Gut und Böse unterscheiden zu können, was nun überlebenswichtig war, weil die zukünftigen Ereignisse nicht mehr mit denen gleich waren, die in der Vergangenheit das Leben sicherten. *Der Sündenfallmythos ist ein Mythos vom Zerfall des Mythos* und vom Beginn einer offenen Zeit mit einer ungewissen Zukunft, da von da an das Allgemeine und das Einzelne auseinanderfällt. Man kann auch sagen, *der Sündenfallmythos ist ein Mythos von der Entstehung des wissenschaftlichen Zeitalters*.

Die Darstellung des Sündenfalls benutzt selbst wieder mythische Mittel, wie eine personhafte Gottesvorstellung oder das Auftreten von Engeln, d.h. der Zerfall des Mythos geschieht nicht mit einem Schlage, sondern allmählich in vielen kleineren und größeren Schritten, weil dies gewiß mit dem Auflösen von ganz bestimmten neuronalen Verschaltungen im Gehirn der Menschen verbunden ist. Inzwischen ist sogar klar geworden, daß sich dieser Prozeß grundsätzlich nicht abschließen läßt, weil wir zum Begründen stets auf mythogene Ideen angewiesen sind, die grundsätzlich von mythischer Struktur sein müssen, weil sie sonst nicht den Charakter von Begründungsendpunkten haben können, und die freilich ebenso in den Gehirnen stattfinden müssen.

Obwohl der Mythos vom Sündenfall den Zerfall des geschlossenen mythischen Weltbildes beschreibt, treten im Verlaufe des Alten Testaments in vielfältiger Weise Menschen auf, die behaupten, daß Gott mit ihnen gesprochen habe. Diese Vorstellungen sind noch ganz von mythischer Struktur, denn im Mythos wurde ja geglaubt, daß alles, was geschieht, von Göttern bewirkt wird. Darum konnte das, was wir heute unser eigenes Denken nennen, nur als die Worte eines Gottes verstanden werden. Im Grunde wissen wir bis heute freilich nicht, woher wir einen Einfall haben, und das Wort Einfall weist in seiner ursprünglichen Bedeutung direkt auf den mythischen Kern hin, so, als ob uns dabei von außen etwas eingegeben würde. Wir haben also die Propheten des Alten Testaments als Menschen mit mythischem Bewußtsein zu betrachten, die das, was sie dachten, als die Worte ihres Gottes verstanden. Sie sind heute als Menschen zu begreifen, die sich intuitiv verantwortlich für das Wohlergehen des eigenen Volkes fühlten und dazu entsprechende Gedanken hatten.

Aus dem vergangenen Semester wissen wir, daß Hübner den Begriff von Wissenschaft über unverzichtbare Festsetzungen definiert, die das wissenschaftliche Arbeiten erst ermöglichen. Darum ist die Rechtfertigungsfrage der Wissenschaft gleichbedeutend mit der Rechtfertigung der zum wissenschaftlichen Arbeiten erforderlichen Festsetzungen. Es liegt nahe, bestimmte Festsetzungsbereiche bis in den Mythos hinein zu verfolgen. Hübner wählt dazu in seinem Buch *'Kritik der wissenschaftlichen Vernunft'* die "sehr allgemeinen Aussagen über die Kausalität, die Qualität, die Substanz, die Quantität und die Zeit" aus.[48] (Hübner 1978, S.399) In seinem späteren Werk *'Die Wahrheit des Mythos'* fügt er noch eine Untersuchung über den mythischen Raum hinzu.

Bei der Identifizierung von mythischen Quellen für die von ihm untersuchten Festsetzungsbereiche der Kausalität, der Qualität, der Substanz, der Quantität, der Zeit und des Raumes geht Hübner freilich interpretierend an den griechischen Mythos heran und bringt etwas auf dem Begriff, wofür es aus den schon erwähnten Gründen im Mythos gar keine Begriffe geben konnte.

> Die *mythische Kausalität* ist für Hübner die "göttliche Wirksamkeit, die gleichgültig, ob sie eine Ortsbewegung betrifft (kata topon) oder eine qualitative Umwandlung und Metamorphose. Der Wurf einer Lanze, das Aufkommen von Sturm und Wind, die Bewegung der Wolken, der Sterne, des Meeres, – in all dem äußern sich die Kräfte der Götter", sagt Hübner, und er fährt fort, "Diese sind aber auch im Wandel der Jahreszeiten tätig, in dem Ausbrechen einer Krankheit, in der Erleuchtung, im Einfall, in der Weisheit, in der Selbstbeherrschung, in der Verblendung und im Leiden." (Hübner 1978, S.401)

Mythische Kausalität hat aber nicht nur die allumfassende Qualität des Kausalprinzips, sondern auch eine mythische Äquivalenz zu den einzelnen Kausalgesetzen. Denn "kein Gott ist für Beliebiges verantwortlich, sondern entsprechend seinem Wesen." Dazu führt Hübner erläuternd aus:

> "Helios bewirkt die Ortsbewegung der Sonne; Athene lenkt die Lanze des Achilleus, um den geschichtlichen Auftrag der Achäer zu vollenden; aber es ist auch die Nähe der Athene, die praktische Intelligenz, klugen Rat bewirkt, wie es diejenige Apollos ist, der man Weitsicht und musikalische Entrücktheit verdankt; es ist Aphrodite, welche die Menschen in Liebe entbrennen läßt, es ist Hermes, der für Scherz und Schabernack sorgt usf." (Hübner 1978, S.401)

Hübner weist auch darauf hin, daß Platon in seinem Dialog Phaidros (247a) davon spreche, daß jedem Gott ein bestimmter Bereich zugewiesen sei. Man könnte hier bereits versucht sein, im Wesen der Götter mythische Kausalgesetze zu sehen und in den Bereichen, die ihnen zugewiesen sind, die Anwendungsbereiche dieser Gesetze, wobei diese Anwendungsbereiche sich auch als mythische Räume charakterisieren lassen, was Hübner an dieser Stelle jedoch nicht tut.

Hübner deutet einstweilen das durch ihre Tätigkeitsmerkmale bestimmte Wesen der Götter als mythische Qualitäten. "Es sind elementare Mächte, welche die menschliche Wirklichkeit konstituieren", sagt Hübner, "und ihre kausale Wirksamkeit wird als Ausdruck ihres Wesens begriffen." (Hübner 1978, S.402) "Die Götter sind – nach Hübner –

---

48   Vgl. Hübner (1978, S. 401).

das Apriori des mythischen Griechen, sie ermöglichen mythische Erfahrung. Und insofern sind sie für ihn so objektiv", fügt Hübner erläuterndahinzu, "wie es in den Wissenschaften allgemein Kausalgesetze und () durch diese Gesetze bestimmte Qualitäten sind." (Hübner 1978, S.405) Tatsächlich gibt es also auch eine Entsprechung zwischen naturwissenschaftlichen Qualitäten und Naturgesetzen, so wie es eine Entsprechung zwischen *mythischen Qualitäten* und *mythischen Kausalgesetzen* gibt, worauf Hübner hier abzielt. So ist die Qualität der Schwere durch das Gravitationsgesetz, die der Trägheit durch das Trägheitsgesetz und die der elektrischen Ladung durch das Coulombsche Gesetz bestimmt, und so fort. Nach Hübner haben die *mythischen Qualitäten*, da sie als Götter individuell in Raum und Zeit vorkommen, etwas Substanzhaftes. D.h. durch die Bereiche der Wirksamkeit mythischer Qualitäten zieht sich ein und dieselbe *mythische Substanz* hindurch.

Dies belegt Hübner mit folgenden Beispielen:

"Wenn die Nacht den Schlaf, den Tod, den Traum usf. hervorbringt, dann ist noch etwas von ihr, eben ein Dunkles und Nächtliches, in diesen hervorgebrachten Qualitäten. Das gleiche gilt, wenn sich Himmel und Erde vereinigen, um Titanen und Götter zu zeugen: Denn in diesen ist Himmlisches und Irdisches vereinigt. So ist Nachtsubstanz im Schlaf und Traum, wie Himmels- und Erdsubstanz in Titanen und Göttern, aber auch in der Sonne, im Feuer, in den Ordnungen des Rechtes, des Brauches usf. ist." (Hübner 1978, S.405.)

Aus dem Begriff der *mythischen Substanz* gewinnt Hübner den Begriff der **mythischen Quantität**, "derzufolge das Ganze in jedem Teil ist, während zugleich Ganzes wie Teil personale Substanzen darstellen." (Hübner 1978, S.406) Die Zahlen der mythischen Quantitäten waren demnach keine Ordinalzahlen, mit denen wir heute eine Menge von Elementen durchzählen, sie waren Zahlgestalten, mit denen man etwas Ganzes aufteilen konnte. Zahlen waren etwas, womit Ganzheiten eine Struktur erhielten. So teilte man mit der heiligen Zahl 12 das Jahr in 12 Monate auf, den Tag in 12 Stunden und die Nacht in 12 Stunden, etwa so wie man noch heute eine Torte in 12 Teile aufteilt. Karl Dietrich Hüllmann aus Königsberg spricht schon 1817 sogar von der "allgemeinen Uebereinstimmung des Gliederbaues der Urgesellschaft mit der Eintheilung des Jahres".[49] Mit mythischen Quantitäten konnte man nicht messen, sondern nur gliedern und untergliedern. Zu den heiligen Zahlen schreibt Cassirer:

"Die Zahl ist hier niemals bloße Ordnungszahl, bloße Bezeichnung der Stelle innerhalb eines umfassenden Gesamtsystems, sondern jede Zahl hat ihr eigenes Wesen, ihre eigene individuelle Natur und Kraft…Wenn im wissenschaftlichen Denken die Zahl als das große Instrument der Begründung erscheint, so erscheint sie im mythischen als ein Vehikel der spezifisch-religiösen Sinngebung. In dem einen Fall dient sie dazu, alles Existierende für die Aufnahme in eine Welt rein ideeller Zusammenhänge und rein ideeller Gesetze vorzubereiten und reif zu machen; in dem anderen ist sie es, die alles Daseiende, alles unmittelbar

---

49   Vgl. dazu Karl Dietrich Hüllmann, *Urgeschichte des Staates*, Königsberg 1817.

Gegebene, alles bloß "Profane" in den mythisch-religiösen Prozeß der "Heiligung" hinein-zieht."(1925, S.172f.)

Direkt verbunden mit dieser heiligenden Funktion der Zahl ist das mythische Bewußt-sein von der Zeit, die wir bereits der Form nach als zyklische Zeit kennengelernt haben. Hübner geht mit Hilfe von Archái, den Göttergeschichten, detailliert auf die Feinstruktur der mythischen Zeit ein. Dazu benutzt Hübner seine Unterscheidung von natürlichen und historischen Archái. Jede der natürlichen Archai ist

"eine individuelle Geschichte mit einem Anfang und Ende; und der Zeitverlauf der Welt ist zunächst wie das Aufschlagen einer immer wieder neuen Seite im Buche dieser kosmischen Geschichten, bis zu dem Punkte, wo sie sich zyklisch ständig wiederholen." (Ebenda, S.410)

Die natürlichen Archai konstituieren nach Hübner die mythische Zeit, er spricht darum mit Cassirer von Zeitgestalten. Die Zeitgestalten der natürlichen Archai, in denen "im-mer wieder ganz dieselbe göttliche und heilige Geschichte" (Ebenda, S.411) wiederkehrt, bilden den unvergänglichen Rahmen für alles vergängliche Geschehen, wie etwa das der sterblichen Menschen. Das vergängliche Geschehen selbst wird durch die historischen Archai geregelt. Auch sie sind Zeitgestalten, Ereignisfolgen die zur mythischen Qualität und Substanz einer Gottheit gehören:

"Wo Menschen Ölbäume pflanzen, den Webstuhl bedienen, wo sie musizieren, Geschäfte be-tätigen... wiederholt sich die alte Arche, läuft der gleiche Urvorgang ab, ist der entsprechen-de Gott anwesend und wird er auch angerufen oder beschworen. Ja, auch hier ist die ewige Wiederholung des Gleichen in der Arché selbst mitgegeben.... Es gehört zur historischen Arché, daß sie als eine Geschichte, die Teil der mythischen Substanz einer Gottheit ist, in die Herzen der Menschen buchstäblich einfließt, und daß sie dadurch in ihnen stets aufs Neue wirkt... Die historischen Archai verhalten sich zu den natürlichen wie sich etwa in unserer heutigen Sicht bestimmte Gesetze und Regeln, welche die Tätigkeiten von Menschen steuern, zu den Gesetzen der Natur und des Weltalls verhalten." (Ebenda, S.414f.)

Man könnte demzufolge sagen, daß die historischen Archai die natürlichen überlagern und zwar deshalb, um die Zeitlichkeit des Vergänglichen zu ordnen. Wie bereits erwähnt, führen Mircea Eliade und Kurt Hübner den Begriff der profanen Zeit im Gegensatz zur heiligen Zeit ein.[50] Die Begrifflichkeit der profanen Zeit ist jedoch im Rahmen der My-thos-Darstellung mit großer Vorsicht zu behandeln; denn die profane Zeit als die unheilige Zeit kann grundsätzlich nicht von Göttern gestiftet worden sein, sonst wäre sie nicht un-heilig. Sie ist demnach bereits ein selbstzerstörerisches Element, das im Mythos nach dem Zeugnis von Eliade schon immer zu finden und das mit der mythischen Vorstellung von Sünde zu identifizieren ist. Hübner schreibt dazu:

---

50   Vgl. Eliade, Mircea, *Der Mythos der ewigen Wiederkehr*, Düsseldorf, 1953 S. 412ff.

"Der mythische Grieche lebt in einer mehrdimensionalen Wirklichkeit, welche sowohl die Dimension des Heiligen wie die des Profanen umfaßt. In der Dimension des Heiligen leuchten ihm die Archái wie ewige Urbilder und Arche-Typen, und er verwendet diese Leitsterne, um sich an ihnen im Profanen zu orientieren, nämlich erstens dadurch, daß er ihre innere Metrik verwendet – diejenige ihres 'Rhythmus' – und zweitens dadurch, daß er seriell ihre Wiederholungen abzählt. Insofern ist für ihn die profane Zeit von der heiligen nur abgeleitet und damit sekundär." (Ebenda, S. 412f.)

Demnach läßt sich durchaus dafür argumentieren, daß das Auftreten profaner Zeitvorstellungen im Mythos, mit denen Sterbliches verbunden war, sogar eines der wichtigsten mythischen Keime für das wissenschaftliche Denken darstellt; denn *die Anschauung der Zeit in der Wissenschaft … ist aus der profanen Zeit entwickelt worden.*" (Ebenda, S.414)

Ebenso ist aber auch die Auffassung vertretbar, daß das Aufkommen profaner Zeitvorstellungen schon immer einen Zerfallsprozeß des mythischen Denkens darstellte, der sich in den sogenannten mythischen oder archaischen Zeiten nur sehr langsam vollzog und der sich bis heute noch immer vollzieht. Aus unserer historischen Perspektive haben wir lediglich den Eindruck, daß der Umbruch vom mythischen zum begrifflichen Denken sich relativ rasch ereignete. Bedenkt man aber, daß der Zerfall des Mythos schon durch Homers Odysseus deutlich angezeigt und daß Sokrates ca. 400 Jahre danach noch aus Gründen der Verletzung mythischen Glaubensgutes hingerichtet wird, so verlängt sich doch die Zeitskala des Umbruchs von mythischem zu wissenschaftlichem Denken erheblich. Aus systematischen Gründen der Eindeutigkeit des Mythos-Begriffs neige ich der Auffassung zu, daß profanes zeitlichen Denken, in dem eine offene Zeitreihe gedacht wird, mit dem mythischen Denken nicht vereinbar ist. Die profane Zeit läßt sich nur von außen dem Mythos als Zeitform unterschieben, von der man meint, daß sie in mythischen Denkformen angelegt sei, um auf diese Weise einen mythosimmanenten Grund für den Zerfall des Mythos angeben zu können.

Hübner entwickelt in seinem Buch 'Die Wahrheit des Mythos' den Begriff des mythischen Raumes aus dem Begriff vom Témenos als heiligem Ort. Ursprünglich bedeute 'Témenos' "einen ausgegrenzten, umfriedeten und geweihten Ort, an dem eine Gottheit gegenwärtig ist."(Hübner 1985, S.159) Allgemeiner aber sei ein Témenos eine Stelle,

"wo ein Gott wohnt oder wo sich seine Arché abgespielt hat und ständig wiederholt. Das kann eine Quelle sein, eine Grotte, ein Berg, ein Hain, eine Wiese usw… . Wenn 'alles voll von Göttern ist', so gibt es auch überall Témena selbst Haus und Besitz, wo ja mythische Substanz wirksam sein kann, können solche heiligen Orte sein. So werden in der Odyssee die Güter des Telemach 'Témena' genannt, und in der Ilias sagt Hippolochos' Sohn, sein Geschlecht habe einen schönen Témenos am Ufer des Xanthes gebaut, reich an Bäumen und Äckern. 'Heilig' werden auch ferner Städte genannt, so Ortygia, Athen, Theben und viele andere."(Ebenda)

Die Beziehung der Témena untereinander sind von besonderer Art. Sie stellen verschiedene numinose Bezirke dar und "der Übertritt von einem zum anderen" ist "nicht ohne weiteres möglich". (Ebenda, S.161) Die Stelle, wo man von einem numinosen Bezirk zu einem anderen überwechseln kann, heißt die Schwelle. Aber auch dazu bedarf es bestimmter kultischer Vorschriften. Dazu führt Hübner aus:

"So konnte man keinen Tempel betreten, ohne vorher bestimmte Reinigungsriten zu befolgen. Dies galt jedoch auch ganz allgemein für den Ein- und Austritt in einen heiligen Bezirk. Darum umgibt die räumliche Schwelle, wie E. Cassirer bemerkt, 'ein religiöses Urgefühl'. 'Geheimnisvolle Bräuche sind es, in denen sich, fast allenthalben in gleichartiger und ähnlicher Weise, die Verehrung der Schwelle und die Scheu vor ihrer Heiligkeit ausspricht.' Noch bei den Römern erscheint Terminus (Grenze) 'als ein eigener Gott, und am Fest der Terminalien war es der Grenzstein selbst, den man verehrte, indem man ihn bekränzte und mit dem Blut des Opfertieres besprengte.'"(Ebenda, S.162)

Ein deutliches Zeichen dafür, daß jedenfalls das katholische Christentum noch ganz als dem Mythos verhaftet angesehen muß, ist das Schlagen eines Kreuzes beim Betreten eines katholischen Heiligtums, sei es ein Dom, eine Kirche oder auch nur eine Kapelle. Zusätzlich zu bestimmten lokalisierten heiligen Bereichen gibt es im Mythos auch Orte des Überall oder des Nirgendwo. Darum konnte ein Gott sehrwohl an verschiedenen Stellen zugleich sein, oder Ereignisse, die mit dem Entstehen von Gaia und Eros aus dem Chaos verbunden sind, haben freilich keinen Ort. Die Verschiedenheit der heiligen Bereiche machte es dem archaischen Griechen unmöglich, so etwas, wie einen allumfassenden Raumbegriff zu denken. Dennoch versucht Hübner, wie schon beim Begriff der mythischen Zeit, den Begriff des mythischen Raumes aus heiligen und profanen Räumen zusammenzusetzen. Da der profane Raum viele der Prädikate unserer heutigen Raumvorstellung besitzen müßte, möchte ich diese Konsequenz vermeiden und eher von einer Hierarchisierung von heiligen Bereichen sprechen, entsprechend den Hierarchisierungen in der Götterwelt, wie sie etwa Hesiod in seiner Theogonie beschrieben hat. Zusammenfassend lassen sich nach den Hübnerschen Untersuchungen folgende Strukturelemente des Mythos zusammentragen, von denen gefragt werden kann, ob und wie sie sich in der wissenschaftlichen Welt fortgesetzt haben:

1. Die *mythische Kausalität* ist die Wirkmacht der Götter, die jede Veränderung bewirkt. In dieser Totalität steht sie der naturwissenschaftlichen Vorstellung von der einen Naturgesetzlichkeit als des einzig Wirkenden nicht nach. Der Anspruch der Götterwelt auf die vollständige Beherrschung der Wirklichkeit, besonders der Menschenwelt, setzt sich im deterministischen Kausalprinzip fort, wie es auch noch von Kant mit Bezug auf die Erscheinungswelt gefordert wurde und wie es heute noch in allen empiristischen erkenntnistheoretischen Richtungen fortlebt.

2. Die *mythische Qualität* klassifiziert das Wirkungsmächtige der mythischen Kausalität nach *verschiedenen Wesenheiten*, d.h., es gibt eine Mannigfaltigkeit verschiedener göttlicher Wirksamkeiten. Es liegt an dieser Stelle durchaus nahe, im Begriff der mythischen Qualität den Keim für den späteren Begriff des Kausalgesetzes zu sehen. Soll aber mit dem Begriff der mythischen Qualität nur das Augenmerk auf das Gleichbleibende gelegt werden – wie es bei Hübner intendiert ist – und nicht auf die Verlaufsform

des Geschehens, so ist der mythische Keim für Naturgesetze erst im Zusammenhang mit der mythischen Zeit aufzuspüren. Es bleibt hier weiter zu untersuchen, inwieweit sich die Qualitäten, nach denen wir heute, etwa in Form von Carnaps klassifikatorischen Begriffen, die Welt aufgliedern in den mythischen Qualitäten ihre mythische Wurzel haben.

3. Mit Hilfe der *mythischen Substanz* lassen sich mythische Qualitäten weiter zu *übergeordneten* mythischen Qualitäten zusammenfassen. In das mythische Geschehen wird mit Hilfe des Begriffs der mythischen Substanz eine Verallgemeinerungsfähigkeit hineingelegt, die durchaus als Keim für spätere Verallgemeinerungen aufgefaßt werden kann. Auch die Suche nach einem Zugrundeliegenden ist durch eine mythisch ererbte Denkgewohnheit erklärbar, welches trotz der Verschiedenheit in den vielfältigen Erscheinungen angenommen wird.

4. Während durch die mythischen Qualitäten und Substanzen die göttlichen Wirkmächte klassifiziert und in ihrem Zusammenhang geordnet werden, so strukturieren die *mythischen Quantitäten* die heiligen Geschehensverläufe. Die mythischen Quantitäten bestimmen die innere Struktur der mythischen Ganzheiten, sie liefern innere Ordnungen, indem sie das Verhältnis der Teile eines Ganzen untereinander und zum Ganzen festlegen.

5. Die *mythische Zeit* ist schließlich die umschließende Gestalt der durch die mythischen Quantitäten strukturierten Ganzheiten des heiligen Geschehens. So ist etwa die Form des mythischen Jahres die Ganzheit aller natürlichen Archái, die durch die heiligen Zahlen 12, 7, 5, 4, 3 und 2 in verschiedener Weise strukturiert werden. Die mythischen Zeiten, die durch natürliche Archái gegeben sind, lassen sich als die mythischen Keime der Vorstellung von Naturgesetzen auffassen, während die historischen Archái, die Göttergeschichten, diese Rolle für die Gesetze und Regeln des menschlichen Tun-und-Lassens übernehmen. Durch diese Geschichten werden also einzelne göttliche Ereignisse miteinander verbunden. Die Archái sind das schlechthin Verbindende der mythischen Welt, wobei dies allerdings stets auf finale Weise gedacht wird. So wie nach heutiger Vorstellung die Kausalgesetze die zeitlichen Schrittlängen des Geschehens bestimmen, so gilt dies auch für die natürlichen Archái und deren Verzahnungen. Der mit der mythischen Kausalität verbundene Totalitätsanspruch wird durch die Gesamtheit der natürlichen Archái ebenso erfüllt, wie der Totalitätheitsanspruch des wissenschaftlichen Kausalitätsprinzips der durch die Kausalgesetze eingelöst werden soll. Deshalb kann kein Zweifel darüber bestehen, daß die natürlichen Archái als die Keime für die Vorstellung von Naturgesetzen anzusehen sind.

6. Im Gegensatz zu der zusammenhangstiftenden Funktion, die mit dem Begriff der mythischen Zeit über die verbindenden Archái gegeben ist, beschreibt der *mythische Raum* eher etwas Grenzenziehendes und Abgrenzendes. Hier wird eine Funktion sichtbar, die später im grenzziehenden Definieren eine besondere Bedeutung für das wissenschaftliche Arbeiten bekommt. So, wie die Wirksamkeit eines Gottes auf den Bereich seiner Wesensmerkmale beschränkt war, so versuchen wir heute Begriffe durch Definitionen durch die Bestimmung ihrer Bedeutung festzulegen und damit von

anderen Bedeutungsgehalten abzugrenzen, so, wie es das Wort „definieren" aussagt ('definire' bedeutet im Lateinischen 'begrenzen'.)

7. Es ist gewiß ganz in Hübners Sinne, wenn wir hier noch eine Kategorie *mythische Ganzheit* hinzufügen; denn der Begriff der Ganzheit gewinnt vor allem in den biologischen Wissenschaften und allen ihren wissenschaftlichen Abkömmlingen und deren Theorienbildungen wie etwa für die theoretische Gehirnphysiologie eine zunehmend wichtige Rolle, weil die Ganzheitlichkeit aller biologischen Organe und deren ganzheitliche Verbindungsorganisationen bislang kaum wissenschaftlich erforscht worden sind, so daß die mythische Ganzheit zum spät erkannten Keim für sehr komplexe wissenschaftliche Arbeiten wird und gerade auch am menschlichen Gehirn.

Nach dieser Aufzählung von möglichen mythischen Quellen für das wissenschaftliche Selbstverständnis und für bestimmte wissenschaftliche Zielsetzungen, Methoden und weitere wissenschaftliche Arbeitsgebiete, wird es sehr einleuchtend sein, warum es unerläßlich ist, der Beschäftigung mit dem Mythos zur Darstellung des Werdens der Wissenschaft ein so großes Gewicht einzuräumen, wie es hier auch weiterhin geschehen wird.

1.7   Mythische Grundlagen wissenschaftlicher Konzepte

So wie sich mythische Vorformen der neuzeitlichen wissenschaftlichen Grundbegriffe von Kausalität, Qualität, Substanz, Quantität, Zeit und Raum und nun auch Ganzheit in den mythischen Denkformen finden lassen, so spielen sehr viel typischere mythische Denkformen wie Gesetzlichkeit, Ursprung, finale Vorbestimmtheit und eben auch Ganzheit beim Entstehen der ersten und zum Teil bis heute wirksamen wissenschaftlichen Denkstile, Konzepte und Methoden eine sehr viel größere Rolle als bisher angenommen.

Hübner spricht oft davon, daß die mythischen Vorstellungen *das Merkmal der Ganzheitlichkeit* tragen. Hierbei benutzt er verschiedene Kriterien für Ganzheitlichkeit. So betont er das Zusammenfallen von Ideellem und Materiellem aber auch von Allgemeinem und Individuellem bzw. Besonderem (Hübner 1985, S.109ff., 127, 140). So weise ein Gott mit seinen Geschichten stets den Zusammenfall von Ideellem und Materiellem aus. Andererseits werde durch die mythische Substanz auch die Identität von Teil und Ganzem vermittelt. Dadurch, "daß mythische Substanzen zugleich materielle wie ideelle Individuen darstellen", handelt es sich immer um die identisch gleichen Individuen, die auftreten, wenn die dazugehörige mythische Substanz wirksam ist. Hübner erläutert dies:

"Das bedeutet, daß es in dieser Hinsicht überhaupt keinen Unterschied zwischen Ganzem und Teil gibt, wie es etwa bei materiellen Stoffen der Fall ist, die in irgendeiner Weise im Raum verteilt sind, so daß wir immer nur ein Stück davon haben.
Aus diesem Grund ist in jedem reifen Korn Demeter, in jeder Scholle Gaia anwesend; der Kydos [[Ruhm, Ehre]] des Helden ist auch in seiner Rüstung, die Timé [[Würde]] des Königs auch in seinem Zepter," usw. (Hübner, 1985, S.174)

Diese Ganzheitsvorstellungen lassen sich nur im Nachhinein an den Mythos herantragen, da der mythische Mensch sie nicht erleben kann, weil das Auseinanderfallen noch nicht stattgefunden hat. Darum werden durch diese Ganzheitsvorstellungen grundsätzliche Unterschiede zwischen wissenschaftlicher und mythischer Weltbetrachtung deutlich, worauf Hübner in vielen Beispielen immer wieder hinweist. Außerdem haben wir bereits angemerkt, daß nach dem Beginn des Zerfalls des Mythos damit begonnen werden kann, Kunst von Wissenschaft und später auch von Religion zu unterscheiden. Tatsächlich entsteht der Religionsbegriff ursprünglich als ein nicht-theistischer Religionsbegriff bei den griechischen Vorsokratikern in Form von Rückbindungsschritten, die aufgrund von Verunsicherungen nötig werden, die als Folge von zu gewagten Vernunftentwürfen neuer Denkmöglichkeiten auftreten.[51] Diese Entwicklung des Religionsbegriffes läßt sich als eine Abfolge von Befreiungsschritten durch die sich entfaltende Vernunft und nachfolgende Rückbindungsschritte der Absicherung der gewagten Befreiungsschritte verstehen. Die Griechen haben für diese Entwicklung der Rückbindungsschritte noch keinen Begriffsnamen. Erst Cicero schafft in der Absicht, in griechischer Tradition als Römer etwas Neues hinzuzufügen eine Bezeichnung in Form der Worte 'relegere' (wieder zusammennehmen, zurücknehmen, wieder von neuem lesen, von neuem in Gedanken durchgehen) und 'religio' (gewissenhafte Beachtung des Gegebenen, Sorgfalt, Gewissenhaftigkeit)[52]. Davon wird bei der Besprechung der Vorsokratiker noch genauer zu berichten sein.

Es geht mir hier um die Charakterisierung von Ganzheiten durch gegenseitige Abhängigkeiten, die es im Mythos sehr wohl schon gegeben hat und die darum eine Fortsetzung im wissenschaftlichen Denken haben könnte, obwohl dies erst seit Immanuel Kant[53] ganz allmählich in das Bewußtsein von Wissenschaftlern unserer Zeit eindringt. Bei der Betrachtung von definitorischen Begriffssystemen hatte sich im ersten Teil dieser Vorlesung gezeigt, daß man aus den einseitigen Abhängigkeiten der definitorischen Zusammenhänge gegenseitige Abhängigkeiten gewinnen kann, wenn man die Struktur von Zirkeldefinitio-

---

51　Vgl. dazu Vgl. dazu W. Deppert, Atheistische Religion für das dritte Jahrtausend oder die zweite Aufklärung, erschienen in: Karola Baumann und Nina Ulrich (Hg.), *Streiter im weltanschaulichen Minenfeld – zwischen Atheismus und Theismus, Glaube und Vernunft, säkularem Humanismus und theonomer Moral, Kirche und Staat*, Festschrift für Professor Dr. Hubertus Mynarek, Verlag Die blaue Eule, Essen 2009.

52　Vgl. Cicero: De natura deorum, (Vom Wesen der Götter) II, 6, diverse Ausgaben, z.B. übers. von O. Gigon, Sammlung Tusculum, 2011.

53　In seiner Kritik der praktischen Vernunft führt Kant folgendes aus (A18f.):
„Wenn es um die Bestimmung eines besonderen Vermögens der menschlichen Seele, nach seinen Quellen, Inhalte und Grenzen zu tun ist, so kann man zwar, nach der Natur des menschlichen Erkenntnisses, nicht anders als von den *Teilen* derselben, ihrer genauen und (so viel als nach der jetzigen Lage unserer schon erworbenen Elemente derselben möglich ist) vollständigen Darstellung anfangen. Aber es ist noch eine zweite Aufmerksamkeit, die mehr philosophisch und *architektonisch* ist; nämlich, die *Idee des Ganzen* richtig zu fassen, und aus derselben alle jene Teile in ihrer wechselseitigen Beziehung auf einander, vermittelst der Ableitung derselben von dem Begriffe jenes Ganzen, in einem reinen Vernunftvermögen ins Auge zu fassen."

nen betrachtet und diese auch zuläßt. Sie sind freilich keine vollständigen Definitionen, da ihnen der erklärte Zusammenhang durch die Zirkularität verlorengeht. Er kürzt sich gleichsam heraus. Dennoch bilden ganzheitliche Begriffssysteme in Form von Begriffspaaren die wesentlichen semantischen Grundbestandteile unserer Sprache und in Form von Axiomensystemen die wichtigsten Grundlagen wissenschaftlicher Begriffssysteme.

Ein ganzheitliches Begriffssystem mit vielen Elementen, mit denen wir in unserer Sprache trotz der mit ihnen verbundenen definitorischen Zirkularität sehr sicher umgehen, ist das Begriffssystem das mit der Innenbetrachtung des Begriffes 'Familie' gedacht wird. Da die mythischen Qualitäten und Substanzen durch Götterfamilien bestimmt sind, müßten sich die gegenseitigen Abhängigkeiten, wie sie mit dem Begriff der Familie gegeben sind, in den Geschichten von der Entstehung der Götterwelt, den Theogonien, auffinden lassen. Gewiß bestimmen die Theogonien als Vorläufer der Genealogien vielmehr das Ende als den Anfang des mythischen Polytheismus. Denn die Götter, von denen in den Theogonien berichtet wird, sind in ihren Eigenschaften und mit ihren Geschichten längst bekannt. Sie werden in den Theogonien nur in einen quasilogischen Zusammenhang der Folgebeziehungen gebracht.

In der Theogonie Hesiods beginnt alles mit dem Chaos, der Erde, dem Tartaros und dem Eros:

"Wahrlich, als erstes ist Chaos entstanden, doch wenig später Gaia, mit breiten Brüsten, aller Unsterblichen ewig sicherer Sitz, der Bewohner des schneebedeckten Olympos, dunstig Tartaros dann im Schoß der Erde (chtonos=Erdreich), wie auch Eros, der schönste im Kreis der unsterblichen Götter: Gliederlösend bezwingt er allen Göttern und allen Menschen den Sinn in der Brust und besonnen planendes Denken." (Hesiod, Theogonie, 119–122)

Hier spricht Hesiod nur von einem ersten und einem nachfolgenden Entstehen. Dabei ist nicht davon auszugehen, daß etwa die Erde Gaia oder Tartaros und Eros aus dem Chaos entstanden wären. Sie entstehen in einer quasi logischen Reihenfolge, wobei nicht gesagt ist, woraus sie entstünden, da sie selbst den Anfang für weitere Abfolgen darstellen. Es scheint beinahe, als ob sie aus dem Nichts entstünden. Betont wird lediglich, daß Chaos das erste sei, was in einem Aufbau der Götterwelt zu denken ist. Interessant ist festzustellen, daß von den vier Urgottheiten, eine sächlich (Chaos), eine weiblich (Gaia) und zwei männlich (Tartaros und Eros) sind. Was bewirken diese vier Urgottheiten?

Der sächliche Gott Chaos ist nur entfernt mit unserer heutigen Vorstellung von Chaos verwandt, wenn wir mit Chaos etwas vollständig Ungeordnetes verstehen, obwohl schon Platon das Wort 'Chaos' in dieser Richtung benutzte. Chaos bedeutet ursprünglich Kluft und heißt hier etwas unermeßlich Leeres. Chaos hängt etymologisch mit unserem Wort 'Gaumen' zusammen, das ursprünglich etwas Klaffendes bedeutet. Chaos könnte also als etwas verstanden werden, wo etwas sein könnte, wo aber nichts ist, eine Art allgemeinster Raumidee als *Möglichkeitsraum*. Allerdings darf man nicht meinen, daß Gaia diesen Raum ausfüllte; denn neben ihr existiert das Chaos fort; denn nach Hesiod gebiert das Chaos als Nächstes in der Reihenfolge das Reich der Finsternis, das aus Erebos und der schwarzen Nacht (Nyx) besteht. Und im Vers 814 der Theogonie berichtet Hesiod, daß "das Titanengeschlecht noch jenseits des düsteren Chaos" hause. Das Chaos ist der Quell der dunklen Nachtsubstanz, des Ungeformten, indem es die einzigen direkten Nachkommen den männlichen Gott Erebos (Finsternis) und die Göttin Nyx hat. Sonderbarerweise wird die Göttin des Tages Hemera und der Gott des Himmelsblau Äther (Aither) durch Nyx geboren, nachdem sie sich mit ihrem Bruder Erebos "liebend vereinigt" hatte. (Hesiod, Theogonie, 125)

In der weiteren Nachfolge vermehrt sich von den Urgottheiten nur Gaia. Eros hat gar keine Nachkommen und Tartaros läßt sich einmal mit Gaia ein (822). Den Nachkömmling des Tartaros, Typheus, aber vernichtete Zeus ähnlich wie zuvor die Titanen und verdammte sie in den Tartaros. Demnach soll das verborgen Wirkliche auch verborgen bleiben. Es gibt nach Hesiod zwei Gundsubstanzen: die aus dem Chaos und die aus Gaia stammenden Götter. Während das Chaos für die Modalität der Möglichkeit zu stehen scheint, so läßt sich die Erdsubstanz mit der Modalität des Daseins, der Wirklichkeit in Verbindung bringen. Die durch das Chaos bestimmte mythische Substanz möge als *chaotische Substanz* bezeichnet werden, während die durch Gaia bestimmte mythische Substanz *Realsubstanz* genannt sei. Das Wirkende aber scheint durch Eros gegeben zu sein. Erst durch die Anwesenheit von Eros kann Chaos Erebos und Nyx gebären und Gaia den Himmel Uranos.

Eros vermehrt sich nicht, weil er das vermehrende, das verändernde Prinzip selber ist. Eros hat damit noch einen anderen Grad von Ewigkeit als die übrigen Götter; denn er ist das *schöpferische* oder wie ich auch gern sage, *das zusammenhangstiftende Prinzip*. Freilich kann auch ein solches Prinzip nicht im Unmöglichen und auch nicht ohne etwas bereits Vorhandenes tätig sein. Darum geht der Möglichkeitsraum, das Chaos, und Gaia, die wirkliche Erde, dem schöpferischen, dem erotischen Prinzip voraus. Dieses kann nur dann wirksam werden, wenn schon etwas da ist, auf das es einwirken kann.

Man kann Gaia und Tartaros zusammenfassen und sie das Vorhandene oder das Wirkliche nennen; denn nach Hesiod befindet sich Tartaros innerhalb von Gaia. Tut man das, dann bilden die *Urgottheiten Hesiods das Begriffstripel (Mögliches (Chaos), Wirkliches (Gaia + Tartaros), Verwirklichendes (Eros))* aus. Dies ist zweifellos ein ganzheitliches Begriffssystem; denn das Mögliche ist dadurch bestimmt, daß es wirklich werden kann, d.h., es muß etwas Wirkliches und etwas Verwirklichendes geben. Das Wirkliche muß möglich und verwirklicht sein, und das Verwirklichende bedarf des Möglichen und des Wirklichen, um etwas zu verwirklichen. Dieses Begriffstripel, das der Kürze wegen als *Hesiods Urtripel* bezeichnet werden möge, ist noch allgemeiner als das *Begriffstripel des Begründens* oder *der Kausalität*. Es faßt bereits die heutige Lebensproblematik des Menschen zusammen, die im Ausführen von sinnvollen Handlungen besteht. Wenn wir eine sinnvolle Handlung ausführen wollen, dann müssen wir – bewußt oder unbewußt – wie wir es bereits im vergangenen Semester ausführlich behandelt haben, folgende fünf Fragen beantworten:

1. Was ist das Gegebene und wie ist es gegeben?
2. Was von dem Gegebenen ist das Wirkende?

3. Was ist das Bewertende?
4. Wer oder was entscheidet?
5. Wer oder was führt die Entscheidung aus?

Die Antworten auf die 2. bis 5. Frage lassen sich zusammenfassend als das Verwirklichende verstehen, während die Antwort auf die erste Frage das Mögliche und das Wirkliche betrifft.

Damit können wir unsere heutigen Problemlösungsmethoden bis auf die erste mythische Götterordnungsstruktur auf Hesiods Urtripel zurückführen.

Da die mythischen Vorstellungen personifizierte Grundprobleme des Menschen darstellen – denken wir etwa an die Götter des Betrugs (Apate), des Alters (Geras), des Streits (Eris), der Plage (Ponos), des Hungers (Limos), des Vergessens (Lethe) oder der Schmerzen (Algea) – so ist es nicht verwunderlich, daß wir in den Urgottheiten die Grundproblematik des Menschseins bereits antreffen. Diese Gottheiten herrschen aber noch nicht so unerbittlich wie Naturgesetze. Darum kann Eros seine Pläne ohne Rücksicht auf göttliche oder gar menschliche Vorhaben verwirklichen. „Gliederlösend bezwingt er allen Göttern und allen Menschen den Sinn in der Brust und besonnen planendes Denken", sagt Hesiod[54], wobei die Übersetzung hier nicht berücksichtigt, daß den Menschen zu dieser Zeit ein selbständiges Denken noch fremd war. Eros wird damit zum Inbegriff einer allumfassenden Naturgesetzlichkeit, der sich weder Götter noch Menschen entziehen können. Auch dies ist eine Grundstruktur unseres Denkens geblieben, alles Geschehen auf ewig gleichbleibende Gesetzlichkeiten zurückzuführen.

Es versteht sich von selbst, daß sich die mythischen Menschen dabei als Vollzieher des göttlichen Willens verstanden haben. Um den Willen der Götter festzustellen, hatten sie in der phrenis, dem Zwerchfell, ein besonderes Wahrnehmungsorgan, ferner wurden dazu auch Orakel befragt, um konkrete Handlungsanweisungen zu bekommen. Die zuverlässigsten göttlichen Ordnungen aber ließen sich vom himmlischen Sitz der Götter, von den Sternen abnehmen. Dazu schreibt Mircea Eliade in seinem schon viel zitierten Werk *Der Mythos der ewigen Wiederkehr* (Eliade 1949/53, S.20f.):

"die uns umgebende Welt, in der man die Anwesenheit und das Werk des Menschen spürt –
die Berge, die er erklimmt, die bevölkerten und bebauten Landstriche, die schiffbaren Flüsse,
die Städte, die Heiligtümer – besitzen ein außerirdisches Urbild, das als "Plan", als "Urform"
oder ganz einfach als "Abbild" begriffen wird, das unbedingt auf einer höheren kosmischen
Ebene existiert. Aber nicht alles in der "uns umgebenden Welt" besitzt ein Urbild dieser
Art. Die Wüstengegenden z.B., die von Ungeheuern bewohnt werden, die unbebauten Landstriche, die unbekannten Meere, die noch kein Schiffer zu befahren gewagt hat, sie und andere Orte teilen nicht mit der Stadt Babylon oder dem ägyptischen Nome das Privileg eines

---

54 Vgl. Hesiod, *Theogonie. Werke und Tage*, hrsgg. u. übers. von Albert von Schirnding, gr.-
dtsch., Artemis & Winkler Verlag, München Und Zürich 1991, S. 15.

genauen Urbilds. Sie entsprechen einem mythischen Urbild anderer Art: alle diese wilden, unbebauten Landstriche usw. werden dem Chaos verglichen, sie nehmen noch teil an der undifferenzierten, ungeformten Seinsart aus der Zeit vor der Schöpfung. Wenn man ein solches Gebiet in Besitz nimmt, das heißt, wenn man mit seiner Ausbeutung beginnt, vollzieht man deshalb Riten, die in symbolischer Form den Schöpfungsakt wiederholen. Die unbebaute Gegend wird zuerst "kosmisiert" und erst dann bewohnt."

Nach Mircea Eliade, wurde in mythischer Zeit eine Gegend erst bewohnbar, wenn sie zuvor *kosmisiert* wurde, wie Eliade sagt. D.h., ein Gebiet, etwa das jährlich immer wieder vom Nil überschwemmt wurde, konnte erst dann in Nutzung genommen werden, wenn der dem Gott Chaos verhaftete Naturzustand vielfältigster Möglichkeiten durch die Ordnung des Kosmos etwa mit Hilfe von Projektionen von Sternpositionen unter göttliche Gesetze gebracht wurde. Diese mythische Idee, durch die kosmischen Ordnungen das menschliche Leben auf der Erde zu strukturieren (und zwar in allen Hinsichten, den religiösen, den wirtschaftlichen, den politischen sowie den sozialen), finden wir in nachmythischer Zeit in vielen Varianten wieder, die stets einen normativen Charakter haben, weil die Menschen meinen, all ihr Planen und Handeln nach kosmischen Ordnungen organisieren zu müssen.

Diese Zielorientierung, die vom Mythos beginnend bis in die heutige Zeit hinein die Forschungsziele der Menschen bestimmt, sei das *Kosmisierungsprogramm* genannt. Bei Heraklit sind es die ewigen göttlichen Gesetze, die das Sein in seinem Werden und Vergehen bestimmen, bei Platon sind es die ewigen Ideen, nach denen der Kosmos und alles in ihm Existierende gemacht ist. Die Ideen übernehmen hier die Funktion der mythischen Qualitäten und Substanzen. Bei Aristoteles sind es energeia und potentia, die in den ewigen Formen des unbewegten Bewegers gegeben sind und die den ganzen Kosmos und alles Geschehen in ihm hervorbringen und bewegen. Im Christentum sind es Gottes Schöpfergedanken, die alles Leben in gesetzmäßiger Weise festlegen. Und es ist das höchste Ziel der Menschen, den Willen des himmlischen Vaters zu erkennen und ihm zu folgen. Aus der historisch vermittelten griechisch christlichen Gedankenmenge wird schließlich in der Hitze der scholastischen Streitereien im Mittelalter der neuzeitliche Begriff des Naturgesetzes gegart.

Allerdings war man erst nachdem Giordano Bruno die grundsätzliche Trennung von sublunarer und translunarer Sphäre aufgehoben hatte davon überzeugt, daß die kosmischen Gesetze im irdischen Bereich selbst Geltung besitzen könnten, so daß sie sich aus irdischen Vorgängen erschließen ließen. Dabei kam die Überzeugung Giordano Brunos zu Hilfe, daß der Kosmos als ein göttliches Wesen zu verstehen sei, das durch seinen göttlichen Puls, durch die eine Zeit, zusammengehalten wird.[55] Das Maß der Zeit mußte nun nicht mehr von den Himmelserscheinungen abgenommen, sondern es konnte auch in irdischen Vorgängen gefunden werden, etwa in Pendelbewegungen, wie es durch Galilei

---

[55] Bruno, Giordano, Della causa, principio ed uno (1584), dtsch. Übersetzung v. Kuhlenbeck, L.: G. Bruno, *Ges. Werke,* Bd. 4, Jena 1906, S. 60.

in der Mitte des 17. Jahrhunderts möglich wurde.[56] Schließlich machte Giordanos vereinheitlichende Betrachtung des Universums es Newton möglich, die physikalische Welt in seinem unitarischen Sinne als das Sensorium Gottes zu begreifen, durch das Gott an jeder Stelle des Universums zugleich und zu jeder Zeit anwesend sein konnte. Damit war das ursprünglich mythische Vielerlei der mannigfaltigen Raum- und Zeitgestalten zu einer Einheit verschmolzen, die Kant sogar transzendental zu begründen wußte.

Die Naturgesetze, die unsere Naturwissenschaftler zu erforschen trachten, sind bis heute als kosmische Gesetze gedacht, d.h., Gesetze, die das Verhalten des Kosmos im großen wie im kleinen regieren. Die kosmischen Gesetze werden mit den physikalischen Kausalgesetzen identifiziert und damit der Anwendungsbereich der physikalischen Gesetze auf den ganzen Kosmos ausgedacht. In der Allgemeinen Relativitätstheorie Einsteins erfährt das Kosmisierungsprogramm mit dem Kovarianzprinzip seine bisher exakteste mathematische Form. Denn es besagt, daß eine Aussage, mit der der Anspruch erhoben wird, sie sei ein Kandidat für eine naturgesetzliche Aussage, das Kovarianzprinzip erfüllen müsse, welches verlangt, in allen möglichen Bezugssystemen die gleiche mathematische Form zu besitzen. Wäre dies nicht so, d.h., würde jene Aussage von einem speziellen Bezugssystem abhängen, dann könnte sie nicht dazu dienen, den Kosmos als Ganzes zu charakterisieren, da sie dann nur etwas Spezielles über das Bezugssystem zum Ausdruck bringen würde, von dem sie abhängig ist.

Als Konsequenz des Kosmisierungsprogramms gilt die Physik als Basiswissenschaft. Darum wird versucht, auch die Lebensvorgänge und sogar die Vorgänge des menschlichen Lebens und Denkens auf physikalische Gesetze zurückzuführen, zu reduzieren. Dieser physikalistische Reduktionismus beherrscht heute die Biologie und Medizin, so daß Abweichler von diesem Forschungsprogramm kaum eine Chance haben, bei der Vergabe von Forschungsmitteln berücksichtigt zu werden.

Erstaunlicherweise hat sich das aus dem Mythos übernommene Kosmisierungsprogramm über alle wissenschaftlichen Revolutionen hinweg erhalten, indem Philosophen, Theologen und Wissenschaftler immer wieder versuchten, alles Geschehen auf der Erde mit Hilfe solcher ewigen Ordnungen zu bestimmen, von denen man überzeugt ist, daß sie auch den ganzen Kosmos beherrschen. Diese Beständigkeit in der naturwissenschaftlichen Zielverfolgung läßt sich nun mythologisch erklären, indem offenkundig geworden ist, das mythische Kosmisierungsprogramm nicht nur als ein mythischer Keim wissenschaftlichen Arbeitens zu betrachten, sondern als mythische Konzeption der Welterfassung. Derartige mythische Konzeptionen, die der Wissenschaft zugrunde liegen, können erst erkannt und reflektiert werden, wenn man sich die Mühe macht, die mythischen Ursprünge unseres Erkenntnissystems aufzusuchen. Es gibt aber keinen Grund, sie nach ihrer Identifizierung zu heiligen, wenn es Gründe gibt, die mythisch überlieferten wissenschaftlichen Konzepte zu ändern.

---

56 Fleet, Simon, *Uhren*, übers. d. engl. Orig.: *Clocks*, London, von Anton Lübke, Parkland Verlag, Stuttgart 1974, S. 54f.

Es wird darum auch Ziel dieses zweiten Bandes der *Theorie der Wissenschaft* sein, das Kosmisierungsprogramm gründlich zu kritisieren, weil es inzwischen in der Natur viele Phänomene gibt, die sich *nicht* im Rahmen des physikalistischen Reduktionismus erklären lassen. Dazu gehören auch die bislang noch immer nicht überwundenen Akausalitäten in der Quantentheorie, die darauf hindeuten, daß auch das Konzept, physikalische Gesetze ausschließlich als Kausalgesetze zu begreifen, aufgegeben werden muß. Es ist also lohnend, nach mythischen Keimen und Ursprüngen unserer heutigen Wissenschaft zu forschen, weil erst dadurch die Grundlagen der Wissenschaft in ihrer historischen Gewordenheit deutlich und kritisierbar werden. Vielleicht wird die längst fällige Kritik des Kosmisierungsprogramms und damit auch die Kritik am physikalistischen Reduktionismus selbst für hartgesottene Reduktionisten akzeptierbarer, wenn sie erfahren, daß ihre eigene Zielsetzung ganz aus dem Mythos stammt, mit dem sie ja gar nichts zu tun haben wollen. Schau'n wir doch mal nach, wie es zu den orientierenden Zielsetzungen in den Wissenschaften gekommen ist.

1.8   Wie das allgemeine Orientierungsproblem durch den Zerfall des Mythos entstanden ist

Warum es dazu kam, daß der Mythos anfing zu zerfallen, läßt sich geschichtswissenschaftlich nicht klären, denn in den historischen Wissenschaften ist uns ein begrifflicher Zugang in das mythische Denken grundsätzlich verschlossen, weil es sich um Denkformen handelt, in denen die Voraussetzung für begriffliches Denken, die Unterscheidbarkeit von Einzelnem und Allgemeinem nicht gegeben ist. Hätten wir durch die Gehirnphysiologie Werkzeuge zur Hand, durch die sich die neuronalen Verschaltungen in den Gehirnen danach unterscheiden ließen, ob mit ihnen etwas Allgemeines oder etwas Einzelnes gedacht werden kann, wäre die Bearbeitung der Frage danach, wie sich diese Verschaltungen ändern können, einer wissenschaftlichen Betrachtung womöglich zugänglich, aber das wird wohl erst der Fall sein können, wenn die neu zu schaffende Wissenschaft der *Bewußtseinsgenetik* schon gut etabliert ist und in dieser Richtung verwertbare Ergebnisse geliefert hat. Einstweilen können wir den Mythos wissenschaftlich nur von außen und nicht von innen – vom Inneren der Gehirne aus – betrachten und haben es lediglich als ein Faktum hinzunehmen, daß etwa im achten vorchristlichen Jahrhundert der Mythos im Mittelmeerraum zu zerbrechen begann.[57] Eins der berühmtesten Zeugnisse für dieses Geschehen ist der biblische Mythos vom Sündenfall mit der Vertreibung aus dem Paradies,

---

57   Karl Jaspers bezeichnet die Zeit des zerfallenden Mythos als Achsenzeit. In seinem Werk „Vom Ursprung und Ziel der Geschichte", München/Zürich 1949 setzt er für die Achsenzeit einen Zeitraum von −800 bis −200 an und meint, daß sich in dieser Zeit die grundlegenden Änderungen in China, Indien, Iran, Palästina und Griechenland ereignet hätten, die bis heute die Weltgeschichte bestimmen. Er hofft auf eine zweite Achsenzeit als Voraussetzung für eine friedliche Vereinigung der ganzen Menschheit. Nun ist jedoch der Zerfall des Mythos ein nicht abschließbarer Prozeß, insbesondere ist mit den Offenbarungsreligionen eine neue Form des

auf den ich schon kurz zu sprechen gekommen bin und den etwas näher zu beleuchten ertragreich sein könnte.

Im Sündenfallmythos war es quasi die Pflicht der Schlange, nachdem sie die heilige Zeit durch das Öffnen ihres Mauls zerstört hatte, Eva zu beschwatzen oder besser: davon zu überzeugen, vom Baum der Erkenntnis des Guten und Bösen zu essen. Denn durch die nun offene Zeit mit ungewisser Zukunft mußte Eva und Adam in die Lage versetzt werden, Lebensfreundliches von Lebensfeindlichem und das heißt 'Gutes von Bösem' unterscheiden zu lernen. Aus dem *Baum der Erkenntnis* ist nun *der Baum der Orientierungsproblematik* geworden; denn durch die profane Erkenntnis, daß die einst heiligen und ewig gleichen Vorgänge nun nicht mehr gleich sind, wird diese unheilige Erkenntnis bewirkt, daß das zukünftige Geschehen nicht mehr gleich dem vergangenen ist und das Einzelne nicht mehr mit dem Allgemeinen zusammenfällt. Damit wird die Zukunft ungewiß, weil die Vergangenheit nicht mehr wiederkehrt. Die Zeit ist nicht mehr geschlossen, wie es die sich in den Schwanz beißend heilige Schlange in Ägypten darstellte, wo das Volk der Juden gefangen gehalten wurde, sondern sie ist nun offen, so daß aufgrund der ungewissen Zukunft Zukunftsängste aufkommen, Orientierungsnot ausbricht.

Mit dem Fortschreiten der offenen Zeit umfaßt die Zeitreihe immer mehr Ereignisse. Die Zeitreihe wird selbst zum Allgemeinen, das die gewesenen Zeitabschnitte umfaßt. Die ersten Erkenntnisformen dienen nun nur zur Einordnung einzelner Ereignisse in das Allgemeine der zeitlichen Abfolge: wann war was? d.h. wie ist das einzelne Geschehen in die allgemeine Zeitreihe einzuordnen?

Gut und böse werden in einem neuen Sinn bestimmt: Gut ist, was das Leben der Menschen trotz der Unsicherheit zukünftiger Ereignisse schützt. Dies kann durch die Sicherung eines nach dem Tode ewigen und glücklichen Lebens geschehen oder durch die sichere Voraussage künftiger Ereignisse und die Ergreifung von Sicherungsmaßnahmen gegenüber erkannten Gefahren. Böse ist dasjenige, was diese Zukunftssicherungen des Lebens behindert oder zunichte macht. Es fragt sich nur, wie sich erkennen läßt, welche Handlungen und Einstellungen sich als gut und welche sich als böse erweisen lassen. Dies ist die mit dem Zerfall des Mythos einhergehende Orientierungs- und Erkenntnisproblematik.[58]

Alle Bemühungen von Religion, Philosophie und Wissenschaft gehen seitdem darum, diese allgemeine Orientierungsproblematik zu lösen und die Ungewißheit der Zukunft durch Voraussagen zu überwinden. Im Rückblick auf die Zeit des Mythos, in der die heilige Vorstellung von der ewigen Wiederkehr des Gleichen für alle Menschen Gewißheit war, mußte die mythische Zeit als paradiesische Geborgenheit ohne die Sorge um eine un-

---

Mythos aufgetreten, so daß die Analyse von Karl Jaspers schon von seinen zeitlichen Annahmen her zu keiner verläßlichen Einsicht führen kann.

58 Diese mythologische Deutung des Sündenfallmythos hat so viel Überzeugungskraft, daß es nahe liegt, die alte Deutung, die den Sündenfall als die moralische Erbsünde ansieht, von der der Mensch zu befreien ist, endlich aufzugeben. Wer dies nicht möchte, müßte dafür einen Grund angeben, der ebenfalls mit der neueren Mythosforschung verträglich ist.

gewisse Zukunft aufgefaßt werden. Und dies drückt die Vertreibung aus dem Paradies im biblischen Sündenfallmythos aus. Diese Vertreibung wollen die Menschen mit allen ihnen zur Verfügung stehenden Mitteln rückgängig machen, sei es durch Religion, Philosophie oder Wissenschaft, die seitdem getrennt betrieben werden. Tatsächlich versuchen sie mit diesen Mitteln immer wieder aus der Kenntnis der Vergangenheit, die Zukunft möglichst sicher vorauszusagen, so daß schließlich die Zukunft doch wieder der Vergangenheit zu entnehmen ist, wie es einst im Paradiese der mythischen Geborgenheit gewesen war.[59]

Die Erkenntnisfähigkeit, die dem Menschen durch das Essen vom Baum der Erkenntnis märchenhaft zufällt, ist die begriffliche Erkenntnis, die uns das Entscheidungsproblem aufzwingt, aus dem Bereich des Denkmöglichen das für uns Gute herauszufinden. Und durch die Ungewißheit über das, was in der Zukunft geschehen wird, entsteht das Selbstbewußtsein und später das Individualitätsbewußtsein.[60] Umgekehrt gilt ebenso: In dem Augenblick, in dem im mythischen Denken das Bewußtsein seiner selbst oder gar das Bewußtsein der eigenen Individualität auftritt, fängt der Mythos an zu zerbrechen, auch wenn sich anfänglich diese Individualität nur auf sehr spezifische Lebensbereiche des Menschen beschränkt; denn mit dem Auftreten eines Individualitätsbewußtseins sieht sich das Individuum als ein Einzelnes, das dem Allgemeinen der Götterwelt oder dem Allgemeinen des menschlichen Gemeinwesens gegenübersteht und das für die Erhaltung der eigenen Existenz selbst verantwortlich ist. Die Gleichzeitigkeit zwischen aufkommendem Selbst- bzw. Individualitätsbewußtsein und der Zerstörung des mythischen Bewußtseins durch die Unterscheidungen von Einzelnem und Allgemeinem ist die gleiche Beziehung zwischen Objekt- und Bewußtseinskonstitution wie Kant sie sieht, nur mit dem Unterschied, daß Kant keine Stufungen des Übergangs von mythischen Bewußtseinsformen zu Bewußtseinsformen mit offenem Zeitbewußtsein vorsieht, da er so etwas wie ein mythisches Bewußtsein noch gar nicht gekannt hat.

Ein solcher Prozeß der Individualisierung, die aus dem mythischen Bewußtsein heraus geschieht, ist in den Berichten über den griechischen Mythos das erste Mal mit

---

59   Karl Löwith irrte vollständig, wenn er meinte: „Nur innerhalb dieses Horizontes der Zukunft, wie ihn der jüdische und christliche Glaube gegen die „hoffnungslose“, weil zyklische Weltanschauung des klassischen Heidentums schuf, konnte die Fortschrittsidee überhaupt zum Leitgedanken des modernen Geschichtsverständnisses werden. Das ganze moderne Mühen um immer neue Verbesserungen und Fortschritte wurzelt in dem einen christlichen Fortschritt zum Reiche Gottes, von dem das moderne Bewußtsein sich emanzipiert hat und von dem es doch abhängig blieb, wie ein entlaufener Sklave von seinem entfernten Herrn.“ Vgl. Karl Löwith, *Weltgeschichte und Heilsgeschehen. Die theologischen Voraussetzungen der Geschichtsphilosophie*, 8. Aufl., Kohlhammer Verlag, Stuttgart 1990, S. 82f. Der Irrtum besteht darin, daß es nicht das christliche, sondern das mythische also das heidnische Heilsgeschehen ist, dessen Wiedergewinnung die Menschen immer wieder zu neuen Anstrengungen angespornt hat, das christliche Unternehmen ist nur eine Folge davon, wie im Abschnitt 3.3 dargestellt.

60   Heidegger (1979[15], S. 326) scheint dieses Selbstbewußtsein des Menschen zu meinen, wenn er sagt: „Zeitlichkeit enthüllt sich als der Sinn der eigentlichen Sorge.“ Er überschätzt aber den „ontologischen Status“ seines Begriffes der Sorge; denn dieser tritt erst mit dem Zerfall des Mythos auf und hat darum vorher keine Bedeutung.

der von Homer beschriebenen Gestalt des Odysseus überliefert. Odysseus nimmt sogar den Kampf mit Göttern auf sich und überlistet sie mehrfach, obwohl er deshalb u.a. von Poseidon furchtbar bestraft und insbesondere von einigen Göttinnen hart bedrängt wird, so daß schließlich Athene sich auf dem Olymp bei Zeus für Odysseus einsetzt. Zeus hat ein Einsehen und sagt:

> "Aber wir wollen uns alle zum Rat vereinen, die Heimkehr
> Dieses Verfolgten zu fördern; und Poseidon entsage
> Seinem Zorn: denn nichts vermag er doch wider uns alle,
> Uns unsterblichen Göttern allein entgegenzukämpfen!"[61]

Homer scheint uns mit der Darstellung des Schicksals von Odysseus und der anderen am trojanischen Krieg beteiligten Griechen den beginnenden Zerfall der mythischen Welt anzeigen zu wollen. Denn Odysseus überlebt auf seiner beschwerlichen Heimfahrt und auch seine Ankunft in der Heimat. Alle anderen mit Ausnahme von Menelaos kommen um und sei es erst zu Hause nach ihrer Ankunft, wie es Agamemnon erging, der von seiner Frau Klytaimnestra im Bade erschlagen wurde, nachdem sie von ihrem Liebhaber Aigisthos dazu angestiftet worden war. Diese Bluttat aber wird nach dem Ratschluß der Götter von Orestes, dem Sohn Agamemnons, gerächt, da Aigisthos und Klytaimnestra in der homerischen Darstellung mehrfach von den Göttern davor gewarnt wurden, ihre frevelhaften Vorhaben auszuführen. Während Athene von einer selbstverschuldeten Strafe des Verräters Aigisthos spricht[62], beklagt sie, daß Odysseus von einer Göttin, der Nymphe Kalypso, auf der Insel Ogygia festgehalten werde, obwohl dieser sich vor Sehnsucht nach den Seinen verzehrte. Auffallend ist an Homers Darstellung der Götter, daß sie Odysseus schließlich heimkehren lassen, obwohl er in *eigenständiger* Entscheidung zu seiner Gattin Penelope hält. Dadurch, daß die Eigenständigkeit eines Menschen, die sich auch bei Menelaos in seinem Einsatz für seine Frau Helena zeigt, eher eine Abkehr von den Göttern bedeutet, von diesen belohnt wird, zeigt Homer die innere Widersprüchlichkeit der Götterwelt an, die später zu ihrem Untergang führen wird. Platon stellt in seinem *Symposion* einen entsprechenden Widerspruch der mythischen Götterwelt dar, um ihren unausweichlichen Zerfall zu signalisieren. Platon läßt dort Phaidros sagen:

> „... weit mehr jedoch bewundern und loben und vergelten sie (die Götter) es, wenn so der Geliebte dem Liebhaber anhängt, als wenn der Liebhaber dem Liebling. Denn göttlicher ist der Liebhaber als der Liebling, weil in ihm der Gott ist. Deshalb haben sie auch den Achilleus ((der seinem Liebhaber Patroklos freiwillig aus eigenem Entschluß in den Tod folgte)) höher als die Alkestis geehrt durch Absendung in die Inseln der Seligen."[63]

---

61   Homer, *Odyssee*, I,74/79, übers. von Johann Heinrich Voß (Odyssee, Hamburg 1781)

62   Ebenda I, 46.

63   Platon, Symposion, 180b, übers. von Friedrich Schleiermacher.

Auch Platon verweist auf den Widerspruch in der Götterwelt, indem er Phaidros zeigen läßt, wie die Götter Achill dafür belohnen, selbst entschieden zu haben, seinem Liebhaber Patroklos in den Tod zu folgen. Diese Inkonsistenz im Verhalten hat auch in der Götterwelt zerstörerische Folgen.

Zeitlich etwas nach Homer ist es auch Hesiod (um −700), der darauf hinzuweisen scheint, daß der Zerfall des Mythos schon in der Götterwelt selbst angelegt sein muß. In seinem Werk „Werke und Tage" sind es die Götter, die aus unerfindlichen Gründen nacheinander Menschengeschlecht auf Menschengeschlecht schaffen und wieder vernichten, dem goldenen folgt ein silbernes und diesem ein bronzenes. Während das 4. Menschengeschlecht glücklicher war, als die beiden vorangegangenen, so ist das 5., dem Hesiod angehört, ein eisernes, von quälender Mühe und drückenden Sorgen geplagt (Werke, 174f.) in dem wesentlich die Gewalt herrscht und kein Recht. Obwohl die Diskrepanz zwischen dem goldenen und dem eisernen Menschengeschlecht sehr ähnlich ist zu der biblischen Sündenfall-Mythologie, in der das Leben im Paradies dem mühe- und leidvollen Leben außerhalb des Paradieses gegenübersteht, findet sich bei Hesiod keine Parallele zu dem „Sündenfall" selbst, dem Zerstören des mythischen Bewußtseins durch die Öffnung der zyklischen Zeit. Hesiod beschreibt nur verschiedene Stadien der Entfernung der Menschen von einem Leben, das im Einklang mit dem Willen der Götter steht. Allem Anschein nach werden aber die verschiedenen Stadien der menschlichen Entfernung von den Ordnung schaffenden Göttern selbst durch die Schaffung von Menschengeschlechtern mit zunehmend schlechteren Eigenschaften hervorgebracht, so als ob der Untergang des mythischen Bewußtseins der Menschen von den Göttern selbst geplant sei. Darum wird das eiserne Geschlecht von Hesiod im folgenden so beschrieben, als ob es kaum noch orientierende Maßstäbe besäße (Werke, 181–200):

"Nicht ist der Vater den Kindern ähnlich, und sie nicht dem Vater.
Nicht wird Gast dem Gastwirt, Gefährte nicht dem Gefährten,
nicht der leibliche Bruder wird lieb sein, wie's früher gewesen.
Bald schon weigern sie sich, die greisen Eltern zu ehren,
fahren sie und decken sie ein mit häßlichem Wortschwall,
Frevler, sie ahnen ja nichts von der Vorsicht der Götter, versagen
greisen Eltern den schuldigen Lohn für die Aufzucht der Kinder!
Faustrecht gilt, da der eine die Stätte des anderen zertrümmert.
Nicht wird Eidestreue gewürdigt, nicht erntet die Güte,
nicht die Gerechtigkeit Dank, der maßlos frevelnde Täter
steht viel höher in Ehren; denn Fäuste sind Trumpf, und die Ehrfurcht
gibt es nicht mehr. Es schadet der Böse dem besseren Manne,
spricht auf ihn ein mit krummen Worten und schwört einen Eid drauf.
Neid verfolgt sie alle, die unglückseligen Menschen,
widerlich tönend und schadenfroh und finsteren Blickes.
… … … nur trauriges Elend
bleibt den sterblichen Menschen, und nirgends ist Abwehr des Unheils."

Hesiod stellt den heillosen Zustand, der zu unserer heutigen Lage erstaunliche Ähnlich-keiten aufweist, als gänzlichen Mangel an Orientierung schaffenden Werten dar, um selbst seine eigene Aufgabe zu bestimmen, den Menschen Grundsätze für sinnvolles Handeln an die Hand zu geben. Um die Lage des Menschen zu klären, erzählt uns Hesiod folgendes Gleichnis, "die älteste Fabel der europäischen Literatur" (Schmidt, 201) von der Nachtigall und dem Habicht (Werke, 201–210):

> "So zur Nachtigall sprach, dem bunten Kehlchen, der Habicht,
> wie er sie hoch in den Wolken dahintrug mit klammernden Krallen,
> sie aber, rings durchbohrt von gekrümmten Krallen, erbärmlich
> jammerte. Da nun sprach er zu ihr die herrische Rede:
> "Was denn, Verblendete schreist du? Ein Stärkerer hält dich gefangen.
> Dorthin mußt du, wohin ich dich bringe, und bist du auch Sänger.
> Fressen tu ich dich, ganz wie ich Lust hab, oder ich laß dich.
> Nur einen Narren verlockt es, mit stärkeren Gegnern zu kämpfen.
> Sieg ist ihm versagt, und zur Schande leidet er Qualen."
> So sprach der Habicht, der schnelle, flügelspreizende Vogel."[6]

Hesiod zielt mit diesem Gleichnis auf das von ihm beschriebene menschliche Unheil, um damit zu sagen, daß der Mensch sich nicht über seine Qualen zu beklagen hat, wenn er den sehr viel mächtigeren Göttern nicht mehr Folge leistet, von denen die Ordnungen aus-gehen, nach denen auch das menschliche Leben allein sinnvoll geordnet ablaufen kann. Mit höchst unheilvollen Zuständen in der Menschenwelt weist Hesiod darauf hin, daß der Mythos dadurch zu zerfallen droht, daß die Menschen den Göttern nicht mehr gehor-chen. Dies ist nur so zu verstehen, daß in den Menschen ein eigenes Denken erwacht ist, durch das sie die alten Orientierungen verloren haben. Auf dieses eigene Denken aber zielt Hesiod, wenn er den Menschen klar zu machen versucht, daß ungerechtes Handeln stets zu einer Selbstschädigung des Handelnden führt und daß man sich aber durch eigene Arbeit von der Willkür eines anderen befreien kann. Die Fabel von der Nachtigall können wir in der Zeit des ersten Zerbrechens des Mythos als einen versuchten Rückbindungsschritt ver-stehen, indem Hesiod mahnt, sich nicht gegen die Götter zu stellen, sondern ihren Anwei-sungen zu folgen. Dabei versucht Hesiod mit der Fabel bereits an das Einsichtsvermögen der Menschen zu appellieren.

Diese Versuche, das menschliche Einsichtsvermögen zu erreichen, betreibt Hesiod, ob-wohl er noch ganz in mythischem Bewußtsein gefangen ist. Denn in seinem Werk „*Werke und Tage*" verrät er uns, daß er alle seine Kenntnisse von den Musen erfahren habe, in-dem er sagt (Werke, 661): *"Musen lehrten mich ja, unsagbare Lieder zu singen."* Und in seiner *Theogonie* berichtet er, daß ihm die olympischen Musen den Auftrag gegeben hätten (22–34), *"zu sagen, was war und was sein wird"* und *"den Stamm der ewig seligen Götter"* zu preisen. Alles, was er zu berichten weiß, haben ihm die olympischen Musen, die Töchter des Zeus vorher gesagt. Bevor er mit der Götter-Genealogie beginnt, fordert Hesiod die Musen mit folgenden Versen dazu auf, ihn über das Zuberichtende kundig zu machen (104–115):

"Lebt nun wohl ihr Kinder des Zeus, schenkt liebliche Lieder
Rühmt der Unsterblichen heiligen Ursprung zu ewigem Dasein,
sie, die der Erde entsprangen und droben dem Himmel voll Sterne,
Kinder der düsteren Nacht und sie, die die Salzflut ernährte.
Sagt, wie am Anfang die Götter entstanden und Gaia geworden,
Flüsse auch und das Meer, das unendliche, wogengeschwellte,
leuchtende Sterne dann und weithin des Uranus Höhe,
welche Götter ihnen entsproßten, die Geber des Guten.
Wie sie den Reichtum unter sich teilten, die Ehren vergaben,
wenn sie am Anfang den schluchtenreichen Olympos bezogen.
Sagt mir, Musen, dies alles an, Olympos-Bewohner,
ganz von Anfang, und sagt mir: Was wurde davon als erstes?"

Nach diesen eigenen Zeugnissen lebt Hesiod noch ganz im mythischen Bewußtsein, indem das, was er denkt, von Gottheiten eingegeben wurde. Dennoch hat er auch mit seinem Werk „*Theogonie*" gewiß keinen unerheblichen Einfluß auf den weiteren Zerfall des Mythos ausgeübt. Seine Theogonie ist ein Vorläufer der Genealogien, die am Ende des mythischen Polytheismus stehen.[64] Denn die Götter, von denen er in seiner *Theogonie* berichtet, sind in ihren Eigenschaften und mit ihren Geschichten längst bekannt. Sie werden in einen quasilogischen Zusammenhang von Folgebeziehungen gebracht, die aber dem mythischen Erleben fremd sind.

Hesiod mit seinem Verfahren, die Fülle der Göttergeschichten auf wenige Grundgottheiten zurückzuführen, das wissenschaftliche Systematisierungsprogramm vorweggenommen, durch das versucht wird, eine Mannigfaltigkeit von Erscheinungen mit Hilfe weniger Prinzipien zu erklären. In der Mathematik führt dieses Vorgehen auf die *axiomatischen Theorienbildungen*. *Axiome* nennt man die wenigen Grundsätze, die die sogenannten undefinierten Grundbegriffe *auf semantisch zirkuläre Weise* miteinander verbinden, so wie dies auch für die Bedeutungen der Begriffe des *Urtripels* gilt. Die mathematischen Axiomensysteme bestehen aus Begriffen und Sätzen, die ausnahmslos aus den Axiomen mit Hilfe von Definitionen abgeleitet sind, so, wie Hesiod die gesamte Götterwelt aus seinem Urtripel entstehen läßt. Man könnte also sagen, daß Hesiod *eine Axiomatik der Götterwelt* angegeben hat. Dadurch aber gibt es für Hesiod bereits die Möglichkeit zwischen Einzelnem und Allgemeinem zu unterscheiden. So sind z.B. Erebos (die Finsternis), Nyx (die Nacht) und ihre Nachkommen Aither (der Äther) und Hemera (der Tag) von der chaotischen, der *Möglichkeitssubstanz* durchdrungen, das Allgemeine ist hier die chaoti-

---

64 Hübner (1978, S. 420ff.) stellt dar, daß wir „die Zerstörung des Mythos" besonders gut an der Tätigkeit der „als Logographen, Mythographen und Genealogen bekannten griechischen Gelehrten" wie etwa Hekataios, Pherekydes, Hellanikos, Xenophanes und Ephoros studieren können. Sie versuchten, „alle Ereignisse am Faden der profanen Zeit aufzureihen, darin einzuordnen, festzubinden und zu datieren. Nur noch die profane Zeit mit ihrer einheitlichen Ordnung, Richtung und Metrik wird nun zur Bedingung möglicher Erfahrung, und entsprechend gibt es auch schließlich nur noch *eine*, nämlich die profane Wirklichkeit."

sche mythische Substanz, während das Einzelne die von ihr durchdrungenen einzelnen Gottheiten sind.

Der Zerfallsbeginn des Mythos zeigt sich in den hier angeführten Beispielen im Alten Testament, bei Homer und bei Hesiod auf verschiedene Weise an. Im Alten Testament ist es vor allem die Veränderung der Zeitvorstellung: Aus der zyklisch geschlossenen, heiligen Zeit wurde die linear offene, unheilige Zeit. Bei Homer ist es das Entstehen des Individualitätsbewußtsein eines einzelnen Helden, und bei Hesiod ist es einerseits der deutliche Abfall der Menschen von den Göttern und andererseits die erste Unterscheidung von Einzelnem und Allgemeinem durch *die Einordnung der einzelnen Gottheiten in ein allgemeines Schema*.

Die Frage nach dem Grund für den Beginn der Änderung des mythischen Bewußtseins wird im Alten Testament mit dem mythischen Begriff der Sünde beantwortet, d.h. damit, daß die dabei entstandene Individualität als etwas Schlechtes anzusehen sei, für das der Mensch fortan zu leiden habe. Daß es sich hier um einen mythischen Schuldbegriff handelt, wird daran deutlich, daß der heutige Schuldbegriff ein entscheidungsfähiges und sich seiner Selbst bewußtes Individuum voraussetzt.[65] Die für die Bestimmung dieses nicht-mythischen Schuldbegriffes notwendige Individualität beginnt aber erst durch den Zerfall des Mythos zu entstehen, so daß nur in einer mythischen Sicht, in der die Schuld von Menschen immer von Göttern vorgeplant war, von einer Schuld der Menschen am Verlust der mythischen Geborgenheit gesprochen werden kann. Die Verwechslung von mythischem und nicht-mythischem Schuldbegriff hat später durch Augustinus im Christentum zu der *unheilvollen Lehre der moralischen Erbsünde* geführt.

Für Homer liegt der Grund für den Bewußtseinswandel der Menschen bei den Göttern, da sie das Entstehen des Individualitätsbewußtseins sogar noch unterstützen, indem die sich in ihrer Gattenliebe ihrer selbst bewußt gewordenen Odysseus und Menelaos die einzig Überlebenden sind, während alle anderen griechischen Teilnehmer am Kampf um Troja, die noch ganz im mythischen Bewußtsein verharren, eines gewaltsamen und unrühmlichen Todes sterben.

In den Hesiodschen Schöpfungsmythen der verschiedenen Menschengeschlechter liegt der Grund dafür, daß die Menschen mit einem anderen Bewußtsein ausgestattet sind, auch bei den Göttern. Das dadurch entstandene eigene Denken der Menschen verachtet Hesiod jedoch nicht, sondern im Gegenteil versucht er es zu nutzen, die Einsicht zu erwecken, daß der Mensch durch vernünftiges Verhalten Schaden von sich abwenden kann.

Die genannten Schilderungen vom beginnenden Zerfall des Mythos betonen verschiedene Schwerpunkte, die erst zusammengenommen das Phänomen beschreiben, das als der Anfang des Verlustes des mythischen Bewußtseins zu deuten ist. Es handelt sich um den Zerfall einer Ganzheit, so daß die Teile, die aus diesem Zerfall entstehen, gleichzeitig auftreten. Diese Teile finden sich im Bewußtsein der Menschen vor:

---

65 Die mythische Vorstellung von Schuld läßt sich an den mythischen Stoffen der griechischen Tragödien studieren, wie etwa „Oedipus" von Sophokles oder „Herakles" von Euripides.

a) Das offene Zeitbewußtsein,

b) die Unterscheidungsfähigkeit von Einzelnem und Allgemeinem,

c) das Selbst- oder gar Individualitätsbewußtsein,

d) das Orientierungsproblem,

e) das Bewußtwerden von eigenen Gedanken,

f) das Bewußtwerden der Gottesferne,

g) der Verlust an Geborgenheit und

h) das Auftreten von Zukunftsangst.

Für uns heute ist es schwierig, sich diesen Bewußtseinswandel klar zu machen, da wir mit größter Selbstverständlichkeit davon ausgehen, daß wir über die Fähigkeit des selbständigen Denkens verfügen und über die Fähigkeit, einzelne Dinge unter allgemeine Begriffe zu bringen. Das Denken als eine eigene Leistung des Menschen aufzufassen, ist eine Vorstellung, auf deren Entstehen noch Platon ausdrücklich hinweist. Platon läßt in seinem Dialog *Symposion* (Das Gastmahl) mehrfach berichten, daß Sokrates in verschiedenen Situationen plötzlich stehen geblieben wäre, ohne daß man den Grund dafür gekannt hätte. Platon hebt dieses eigentümliche Verhalten erst einmal dadurch hervor, daß er es als eine Marotte des Sokrates erscheinen läßt. Aus dem Gesamtzusammenhang wird jedoch ganz klar: Platon weist darauf hin, *daß Sokrates im Stehenbleiben etwas ganz Neues tut*, etwas, das als Handlung nicht sichtbar ist: *Die bewußte Tätigkeit des eigenen Denkens.* Zusammenfassend läßt sich über den Zerfall des Mythos folgendes sagen:

Der Zerfall der ursprünglich mythischen Einheit von Wort und Wirklichkeit schafft den Individualitätsbereich des eigenen Denkens und damit verbunden das Orientierungsproblem.

Für uns heute ist dieses Geschehen nur als eine notwendige Konsequenz zu begreifen, welche von den Sicherheitsorganen der Menschen, von ihren Gehirnen vollzogen wurde, in denen bewußt wurde, daß das zyklische Zeitbwußtsein die Überlebenssicherheit gefährdet, etwa beim Eintreten der biblischen Jahre der Dürre. Wie sind die Menschen in der Antike mit dem Beginn des Zerfalls des Mythos umgegangen? Grundsätzlich gibt es zwei Wege, auf den Beginn des Zerfalls des Mythos zu reagieren, um die damit verbundene Orientierungsnot zu bewältigen. Auf dem einen Weg wird das durch den Zerfall des Mythos neu entstandene Selbstverständnis des Menschen weiter entwickelt, so daß es zu einem fortschreitenden Verlust an mythischer Geborgenheit kommen muß. Dies ist der Weg des eigenen, individuellen Denkens, der in der griechischen Antike ausgearbeitet wurde und der tatsächlich zu einer weiteren Zerstörung des Mythos geführt hat und der als der *Orientierungsweg der griechischen Antike* bezeichnet werden soll.

Der andere Weg verläuft dazu in umgekehrter Richtung; denn auf ihm soll der weiteren Zerstörung des Mythos Einhalt geboten werden. Dies ist am Nachhaltigsten durch die Entwicklung eines übermächtigen Mythos denkbar, dem kein Mensch sich entgegenstellen kann, ohne nicht Gefahr zu laufen, selbst vernichtet zu werden. Es ist auf diesem Wege aber ebenso notwendig, alte Mythen zu zerstören, da sie mit dem übermächtigen Mythos in eine unerbittliche Konkurrenz geraten müssen. Das mythische Bewußtsein ist aber zu erhalten, auch um die Entwicklung zu einem Bewußtsein der eigenen Individualität ist zu vermeiden. Dieser Weg wurde vom Volk Israel begonnen und später im Christentum und im Islam fortgesetzt. Darum sei vom *israelitisch-christlich-islamischen Orientierungsweg* oder vom *offenbarungsgläubigen Orientierungsweg* gesprochen, auf dem ganz bewußt mythische Denk- und Bewußtseinsformen erhalten werden[66].

Wegen des ursprünglich mythischen zyklischen Zeitbewußtseins, das irreversibel aufgebrochen ist, wovon im sogenannten alttestamentarischen Sündenfallmythos berichtet wird, hatte die Ausarbeitung des offenbarungsgläubigen Orientierungsweges immer wieder mit heftigen inneren Widersprüchlichkeiten zu kämpfen, weil der Verlust des zyklischen mythischen Zeitbewußtseins notwendig mit den soeben genannten acht Bewußtseinsveränderungen verbunden ist.

Die Entwicklung beider Orientierungswege, *der* der griechischen Antike und *der* der offenbarungsgläubigen Denktradition vollzieht sich nicht zielorientiert, sondern auf intuitive Weise weniger aktiver Menschen. In Griechenland sind's Philosophen und in Palästina jüdische Propheten, die diese Wege des Orientierens weiter entwickeln. Darin sollte nicht das Wirken eines geheimen Geschichtszieles gesehen werden, obwohl beide Orientierungswege genau die beiden systematisch denkbaren Möglichkeiten sind, das eigene Handeln sinnstiftend zu organisieren.

Aus der hier dargestellten Systematik der verschiedenen Arten von Bewußtsein entsteht der altgriechische Orientierungsweg durch das im Lebewesen Mensch selbst agierende Bewußtsein in Form einer *Innensteuerung*, während der offenbarungsgläubige Orientierungsweg durch einen übergeordneten Willen, der sich in einem unterordnenden Bewußtsein äußert, eine *Außensteuerung* darstellt. Beide Bewußtseinsarten finden aus kultur-evolutionären Gründen in den Gehirnen der Menschen statt und auch wenn sie nur intuitiv aber dennoch deutlich wirksam werden. Diese beiden konträren Orientierungswege verfolgen also kein etwa in zeitlicher Ferne liegendes Geschichtsziel, wie es z.B. im Johannes-Evangelium beschrieben, oder später von Hegel ersponnen wird, sondern sind Konsequenzen aus der kulturellen *Evolution unseres Bewußtseins*.

---

66 Diese Zusammenhänge sind Kurt Hübner in seinem Alterswerk zum Verhängnis geworden, mit dem er sein Lebenswerk auf tragische Weise in Frage stellt, was hier aber in keiner Weise beabsichtigt wird.

Die hier andeutungsweise beschriebenen Bewußtseinsformen könnten im Rahmen einer zu erarbeitenden theoretischen Gehirnphysiologie zu einer Klassifizierung von Bewußtseinsstufen führen, die in Form von Klassen verschiedener neuronaler Verschaltungsmöglichkeiten zu denken wären, so daß die experimentelle Gehirnphysiologie gewisse Hinweise aus der theoretischen Gehirnphysiologie für ihre sinnvollen Forschungsrichtungen bekommen könnte.[67]

---

67 Für die Möglichkeiten derartiger theoretischer Klassifizierungen von Bewußtseinsstufen hat der Schweizer Psychoanalytiker Jungscher Prägung Willy Obrist sehr wertvolle Arbeiten geliefert, wie *Die Mutation des Bewußtseins, Vom archaischen zum Selbst- und Wertbewußtsein*, Peter Lang Verlag, Bern 1988, und *Neues Bewußtsein und Religiosität. Evolution zum ganzheitlichen Menschen*, Walter-Verlag, Olten 1988, und *Das Unbewußte und das Bewußtsein*, opus magnum, Stuttgart 2013. Das Forschungsprogramm eines Instituts des Sokrates Universitäts Vereins (SUV), das die Menge möglicher Bewußtseinsklassifikationen zum Aufbau einer theoretischen Gehirnphysiologie nutzt, wirbt noch um fördernde Stiftungen. Die bisherige Erfolglosigkeit könnte anzeigen, daß auch unsere Stiftungen unter dem Kompetenzproblem der Demokratie leiden.

Vom Werden des begrifflichen Denkens im antiken Griechenland

2

2.1 Der Orientierungsweg der griechischen Antike

Die Beispiele, an denen hier die historische Tatsache beschrieben wurde, daß im Mittelmeerraum etwa im neunten vorchristlichen Jahrhundert der Mythos begann zu zerbrechen, weisen auf die grundsätzlich verschiedene Art hin, mit dem neu entstandenen Selbst- oder Individualitätsbewußtsein umzugehen. Im Alten Testament wird der mythische Schuldbegriff benutzt, um damit aufzuzeigen, daß das Individualitätsbewußtsein und das damit verbundene selbständige Denken dem Menschen nichts Gutes bringt, sondern ihm nur Mühen, Plagen, Schmerzen und einen qualvollen Tod beschert.[68] Eine ganz andere Konsequenz findet sich in der *Odyssee* des griechischen Dichters Homer. Zwar muß sich der mit einem Individualitätsbewußtsein ausgestattete Odysseus auch sehr mühen und plagen, um sein Ziel, heimzukehren, zu erreichen. Aber er und Menelaos sind von den Heimkehrern aus Troja die einzigen, die ihre sogar sehr ehrenvoll selbst gesteckte Ziele verwirklichen. Alle anderen gehen schmachvoll unter. Der Mensch, der mit einem eigenständigen Denken und einem selbstverantwortlichen Willen ausgestattet ist, wird von Homer mit Erfolg belohnt. Der erste griechische Dichterphilosoph Hesiod knüpft an das eigenständige Den-

---

68 Vgl. 1. Mose 3, 16–19: „[16]Und zum Weibe sprach er: Ich will dir viel Mühsal schaffen, wenn du schwanger wirst; unter Mühen sollst du Kinder gebären. Und dein Verlangen soll nach deinem Manne sein, aber er soll dein Herr sein. [17]Und zum Manne sprach er: Weil du gehorcht hast der Stimme deines Weibes und gegessen von dem Baum, von dem ich dir gebot und sprach: Du sollst nicht davon essen –, verflucht sei der Acker um deinetwillen! Mit Mühsal sollst du dich von ihm nähren dein Leben lang.[1] [18]Dornen und Disteln soll er dir tragen, und du sollst das Kraut auf dem Felde essen. [19]Im Schweiße deines Angesichts sollst du dein Brot essen, bis du wieder zu Erde werdest, davon du genommen bist. Denn „du bist Erde und sollst zu Erde werden"."

© Springer Fachmedien Wiesbaden GmbH, ein Teil von Springer Nature 2019
W. Deppert, *Theorie der Wissenschaft*,
https://doi.org/10.1007/978-3-658-14043-4_3

ken des Menschen sogar seine Hoffnung an, mit Argumenten überzeugen zu können, vor allem mit dem Argument, daß ungerechtes Handeln auch immer ein selbstschädigendes Handeln ist. Diese Argumentation spielt später für Platon eine entscheidende Rolle im Aufbau seiner Theorie der Gerechtigkeit. Die Verbindung von Unrecht und Unheil wird für Hesiod aufgrund seines mythischen Bewußtseins noch durch Zeus sichergestellt, etwa wenn er sagt (Werke 264–268):

"Selbst bereitet sich Schlimmes, wer anderen Schlimmes bereitet,
und der schlimme Rat ist dem, der geraten, am schlimmsten.
Alles erblickt das Auge des Zeus, und alles bemerkt es,
jetzt auch dies, wenn es will, gewahrt es ohne Verhüllung:
Welche Art von Recht die Stadt im Innern beherbergt."

Hesiod schreibt dies beinahe wie ein Prophet des Alten Testaments, aber mit dem Unterschied, daß er damit das selbständige Einsichtsvermögen des Menschen befördern möchte und nicht seine bedingungslose Unterwürfigkeit. Auch Hesiod hebt hervor, daß die rechte Lebensart, die Tugendhaftigkeit, nur durch Mühe und Arbeit erworben werden kann. Aber für ihn sind Mühe und Arbeit keine Strafe, sondern der Preis, der für die Erreichung von selbst gesetzten Zielen zu zahlen ist. Erstaunlicherweise haben sich gerade diese Aussagen aus dem Hesiodschen Werk als Sprichwörter bis in unsere Gegenwart hinein erhalten. *"Vor den Erfolg haben die Götter den Schweiß gesetzt"*, sagen wir noch heute. Dies ist die wörtliche Übersetzung der Zeilen 288/289 von Hesiods Werk „Werke und Tage", wobei in einer korrekteren Übersetzung das Wort ‘*Erfolg*' durch ‘*tugendhafte Tüchtigkeit*' zu ersetzen ist. Schließlich wird nach Hesiod sogar noch die Einsicht, das Erkennen des notwendigen Zusammenhangs zwischen Mühen und Erfolg belohnt (Werke 288–292):

„Doch vor die tugendhafte Tüchtigkeit haben die unsterblichen Götter den Schweiß
dir gesetzt, und lang ist und steil der Pfad, der hinaufführt,
und rauh zu Beginn, doch wenn er die Höhe erreicht hat,
leicht ist die tüchtige Tätigkeit dann, so schwierig es immer auch sein mag.
Der vor allen ist gut, der selber alles erkannt hat,
wohlüberlegt, was später und bis zum Ende am besten."[69]

Hesiod ist der Auffassung, daß Arbeit nichts Unehrenhaftes also niemals eine Strafe sein kann, wie es im Alten Testament dargestellt w6ird. „*Arbeit schändet nicht*", schreibt er in der ersten Hälfte der Zeile 310 aus „Werke und Tage". Hesiods Auffassung wird aber in der ganzen Zeile 310 noch deutlicher, die nach der Übersetzung von Albert von Schirnding lautet:

---

69   Übersetzt von Albert von Schirnding, so wie auch die nachfolgenden Zitate aus Hesiods *Werke und Tage*.

„Arbeit ist nimmermehr Schande, doch Scheu vor der Arbeit ist Schande."

Mit seinem Loblied auf die Arbeit scheint Hesiod bereits den Hinweis auf die Möglichkeit einer selbstverantwortlichen Lebensgestaltung zu geben. Denn er versucht, es seinem Bruder klar zu machen, daß er sich durch eigene Arbeit unabhängig von der Willkür anderer machen kann. Insgesamt sind die vielen Verhaltensregeln, die sich in Hesiods Werk 'Werke und Tage' nach seinen Hymnen auf die Arbeit finden, stets dadurch begründet, daß die Nichtbeachtung dieser Regeln zu Nachteilen für den Handelnden selbst führen. Obwohl diese Moralregeln weitgehend mit denjenigen des Alten Testaments übereinstimmen, sind sie in den meisten Fällen darum nicht, wie etwa in den 10 Geboten, als Imperative formuliert, sondern in Form einer Beschreibung der negativen Folgen, so z.B.: "Nicht die geraubte Habe gedeiht, sondern die göttergegebene" (Werke, 319). In freier Übersetzung dieser Stelle hat sich bei uns das einsichtsreiche Sprichwort durchgesetzt: **„Unrecht Gut gedeihet nicht."**

Hesiod spricht keine Gebote aus, sondern Empfehlungen für ein gelungenes Leben (356–363):

„Gibt einer nämlich gern – und ein solcher gibt dann auch reichlich – ,
freut ihn die eigene Gabe und bringt seinem Herzen Erquickung.
Wer aber selber sich nimmt, von Unverschämtheit geleitet,
ist es ein Kleines auch nur, bereitet Kummer dem Herzen.
Wenn du ein Kleines auch nur zu einem Kleinen hinzufügst
und dies häufig tust, wird bald aus dem Kleinen ein Großes.
Wer das Vorhandene mehrt, verdrängt den brennenden Hunger,
und der Vorrat, den einer im Hause bewahrt, hat keinen gereut noch."

Hesiod kennt schon die Weisheit, daß eine gute Tat ihren Lohn in sich selbst trägt (Vers 356f.), so daß der Lohn sofort in sich selbst bemerkt werden kann und man nicht erst auf eine Belohnung zu warten braucht und daß umgekehrt die schlechte Tat ebenso direkt zum Schaden des Täters führt, was von diesem sofort gespürt werden kann (357, 358). Besonders erstaunlich aber ist, daß Hesiod mit seinen beiden Werken „Theogonie" und „Werke und Tage" schon die Aufteilung der beiden wichtigsten Erkenntnisvermögen vornimmt, die wir heute noch pflegen: Es sind dies *die Erkenntnisse über das Sein und über das Sollen bzw. das Wollen*. Das Sein beschreibt Hesiod in der *Theogonie* mit dem Sein der Götter und deren ordnender Macht, so wie wir heute das Sein mit Hilfe von Erkenntnissen über das naturgesetzliche Verhalten der Materie darstellen, und in seinem Werk *Werke und Tage* beschreibt Hesiod die Erkenntnisse über das Sollen und über das vernünftige Wollen, über die Fragen, wie es für die Menschen vernünftig ist, sich zu verhalten.

Die beiden grundsätzlich verschiedenen Orientierungswege, die sich im antiken Palästina und im antiken Griechenland finden, gehen also bereits auf die ersten Quellen zurück, die sich dort über den Beginn des Zerfalls des Mythos finden lassen. In Israel sind es die *Propheten*, die von dem Orientierung spendenden Weg zu dem einzigen und allmächtigen Gott künden. Sie sind von dieser Intuition beseelt, die sie erstaunlicherweise zielsicher diesen Orientierungsweg bis zu seiner vollständigen Ausarbeitung über mehrere Generationen hinweg finden läßt. In Griechenland ergreifen die *Philosophen*, die soge-nannten Vorsokratiker, eine formal entsprechende aber von der Wirkung her entgegenge-setzte Verkündigungsrolle. So wie die Propheten ein immer größer werdendes Vertrauen in die zunehmende Macht des einen mythischen Gottes erwecken, um den Glauben an eine absolute göttliche Wahrheit zu stärken, so geht es den griechischen Philosophen darum, die Ordnung und Übersicht schaffende Fähigkeit der menschlichen Vernunft immer weiter zu entwickeln. Einerseits betreiben die griechischen Philosophen ganz bewußt die weitere Zerstörung der tradierten mythischen Vorstellungswelt, und andererseits übernehmen sie ebenso bewußt die Aufgabe, in den Menschen das Vertrauen in die Orientierung stiftende eigene Vernunft zu wecken und zu stärken, die bereits in einem pantheistisch-unitarischen Sinne als Bestandteil einer alles umgreifenden Weltvernunft zu verstehen ist.

In Griechenland waren es darum nicht die Propheten oder die Seherinnen und Seher, die es auch im antiken Griechenland gab, sondern die Philosophen, die den größten Ein-fluß gewannen, auch wenn Sokrates dafür den Giftbecher trinken mußte. Aber warum trank er ihn, obwohl er hätte fliehen können? Warum war er davon überzeugt, daß es in seiner Lage für ihn das beste sei, sogar freiwillig den Tod auf sich zu nehmen? Die Ge-wißheit für die Richtigkeit dieser Entscheidung fand er in seiner selbst erdachten Vorstel-lung von Gerechtigkeit zur Sicherung seiner inneren Existenz.[70] Den göttlichen Eingriff brauchte er nur in Form seines Daimonions, das ihn warnte, wenn er mit seinem eigenen Denken und Handeln auf Abwege geriet.[71] Denn er war, wie schon Hesiod vor ihm, davon überzeugt, daß ungerechtes Handeln immer eine Selbstschädigung bedeutet, so daß es sogar besser ist, Unrecht zu erleiden als selbst Unrecht zu tun.[72]

Es ist von den Schülern des Sokrates vielfach bezeugt, daß er von einem Daimonion sprach, das ihn warnte, wenn er im Begriffe war, etwas Falsches zu tun. Wir können dies als das erste historische Zeugnis für die *Wahrnehmung des eigenen Gewissens* deuten, welches nach heutiger Auffassung als ein *Anzeiger für einen Widerspruch im eigenen Wertesystem* zu verstehen ist. Das Gewissen ist demnach ein Hüter und Bewahrer des eigenen Stimmigkeitsgefühls[73]. Das Gewissen zu mißachten führt zu einem schuldhaf-ten Verhalten, wobei die damit verbundene Selbstschädigung in Form der Verletzung des eigenen Stimmigkeitsgefühls nun deutlich als eine Verletzung oder gar eine *Gefährdung der eigenen inneren Existenz* zu erkennen ist. Für die noch stark mythisch geprägte Aus-drucksweise in den Zeiten des Sokrates, mußte die Entdeckung des Gewissens mit einem

---

70 Vgl. Platons Dialoge *Apologie*, *Kriton* und *Phaidon*.

71 Vgl. Platon, *Apologie* 31d, 40a-c.

72 Diese Position hat Platon zu seiner Gerechtigkeitstheorie angeregt, wie er sie in seinen Dialo-gen *Kriton*, *Gorgias* und *Staat* ausgearbeitet hat.

73 Das, was ich hier Stimmigkeitsgefühl nenne, wird von Aaron Antonovsky in seinem Konzept der Salutogenese als Kohärenzgefühl bezeichnet. Vgl. dazu A. Antonovsky, *Salutogenese. Zur Entmystifizierung der Gesundheit*. Erweiterte deutsche Ausgabe von A. Franke, Tübingen 1997.

Ausdruck belegt werden, der auf einen göttlichen Ursprung hinweist. Darum spricht Sokrates von *seinem Daimonion*, womit jedoch die individuelle Kopplung an ihn, Sokrates, hervorgehoben wird. Und so, wie wir die verschiedensten mythischen Gottheiten heute als den Ausdruck für Wirkmächte in unseren voneinander unterscheidbaren Lebensbereichen begreifen lernen, so handelt es sich bei dem Gewissen um eine Wirkmacht, die nur von jemand wahrgenommen werden kann, der sich bereits in einer selbstverantwortlichen Lebenshaltung befindet und in dem sich bereits ein selbst-verantwortliches Individualitätsbewußtsein ausgebildet hat. Da die Wirksamkeit des Gewissens das erste Mal durch den historischen Sokrates bezeugt ist, können wir davon ausgehen, daß in ihm auch das erste Mal ein *selbstverantwortliches Individualitätsbewußtsein* entstanden ist und daß mit ihm der Orientierungsweg der griechischen Antike sein Ziel erreichte.

Darum galt und gilt Sokrates als das Vorbild eines Weisen. Ungezählte Philosophen propagierten, ihm nachzustreben, so etwa Platons Philosophenschule, die Akademie, oder die Philosophenschule der Stoa. So hat der Stoiker Epiktet an den Schluß seines ‚Handbüchlein der Moral' folgendes wörtliche Zitat von Sokrates gesetzt, das dem Sinne nach mit einer Aussage aus Platons Apologie (30c-d) zusammenstimmt und darum historisch gut belegt ist, wonach Sokrates über seine Ankläger gesagt haben soll:

„Anytos und Meletos können mich zwar töten, schaden aber können sie mir nicht."[74]

Da der leibliche Tod sicher der größte Schaden für ein Lebewesen ist, das sich nur als ein leibliches Wesen versteht, so hat Sokrates offenbar bereits die Vorstellung einer inneren Existenz entwickelt, und es ging ihm bei dieser Aussage nur um den Schaden an der inneren Existenz, deren Gesundheit sich mit Antonovsky als ein unbeschädigtes Kohärenzgefühl beschreiben läßt. Sokrates war offenbar der Ansicht, daß nur er selbst die Macht hat, sich zu schaden, nämlich dann, wenn er seine innere Existenz, seine Würde verletzt, wovor ihn aber sein Gewissen, sein Daimonion warnt. Und in dieser höchsten Form der Selbstverantwortlichkeit, trinkt er den Giftbecher, obwohl er hätte fliehen können. Weil er aber für sich zu dem Ergebnis kommt, daß er durch eine Flucht, seine innere Konsistenz der eigenen Wertewelt verletzen würde, geht er in vollem Bewußtsein in den Tod. Dafür wurde und wird Sokrates bewundert, und wir können ihn in unserer eigenen Geistigkeit deshalb wieder erwecken, weil seine innere Wertewelt unverletzt ist, die wir, wenn wir uns nur intensiv genug mit dem historischen Sokrates beschäftigen, in uns selbst erleben und wieder lebendig werden lassen können.

Den Tod und sogar den eigenen Tod nicht als einen Schaden anzusehen, war für Epiktet und für die griechische Philosophie überhaupt das Ziel aller Weisheit, die nur auf dem Wege des eigenen Nachdenkens und des gewissenhaften selbständigen Prüfens zu erreichen ist. Das Vertrauen in die *Verläßlichkeit des eigenen Denkens* ist im antiken Griechenland das Kennzeichen des philosophischen Ansatzes zur Überwindung der Zukunftsangst vor und nach Sokrates.

---

74 Epiktet, *Handbüchlein der Moral*, 53.

Obwohl die griechischen Philosophen dem historisch überlieferten Mythos sehr skeptisch oder sogar ablehnend gegenüber standen, enthält die Begründung für die Verläßlichkeit des eigenen Denkens, die durchaus von Philosoph zu Philosoph verschieden ist, durchweg formale mythische Elemente. Dies beginnt bereits mit den nach Hübnerscher Darstellung folgenreichsten Mythoszerstörern, den Logographen, Genealogen und Mythographen. Sie versuchen den Mythos mit Hilfe des Logos zu systematisieren, bedurften jedoch für ihre Anfangspunkte der Systematisierung stets mythischer Vorstellungen. So setzten sie an den Anfang ihrer Genealogien stets einen Gott, z.B. behauptete Hekataios "die Herkunft seines Geschlechtes väterlicherseits auf einen Gott als sechzehnten Ahnherrn" zurückführen zu können.[75]

Später entwickelt Platon eine ewige Ideenwelt, die das wahre Sein und das ewig gleiche Urbild unserer Erscheinungswelt darstelle. Diese Ideenwelt ist analog zur mythischen Götterwelt mit ihren ewigen und unveränderlichen Zeitgestalten zu verstehen. Das Entsprechende findet sich in Aristoteles' Vorstellung von den reinen Formen seines unpersönlichen Gottes als eines unbewegten Bewegers, nach denen die ganze Welt in hierarchischer Weise gestaltet ist. In der Stoa ist es die mythische Einheit von allumfassender Naturgesetzlichkeit, Götterwillen und dem eigenen Wesen.

Der Verstand bedurfte also nach der Auffassung der griechischen Philosophen noch der Orientierung durch mythische Leitideen. So hatte auch Platon schon die begrenzte Reichweite des Verstandes erkannt, und in seinen Dialogen "Symposion" und "Phaidros" den Anfang und das Ziel seiner Philosophie mit mythischen Bildern beschrieben. Etwas Entsprechendes scheint nach den neuesten Aristoteles-Forschungen auch für Aristoteles zu gelten, nur daß er nicht statische mythische Formen in den Vordergrund stellt, sondern dynamische, durch die in den verschiedensten Bereichen der Sprung vom Einzelnen zum Allgemeinen geschafft wird und so erst die Erkenntnisfähigkeit des Menschen begründet wird, die ja in der Zuordnung von Einzelnem zu Allgemeinem besteht.[76]

Die Lebenshaltung, die dem Denken der griechischen Philosophen zugrunde liegt, ist grundverschieden von der autoritativen Lebenshaltung des offenbarungsgläubigen Orientierungsweges. Während der offenbarungsgläubige Orientierungsweg grundsätzlich eine Außensteuerung der Menschen bedeutet, die ja von der Offenbarung von außen Kenntnis nehmen müssen und diese nicht durch eigenes inneres Erleben erwerben können, trauen sich die Menschen des Orientierungsweges der griechischen Antike eine eigene innerlich selbst gewonnen Einsichtsfähigkeit für eine vernünftige Lebensgestaltung zu. Dieser Orientierungsweg besteht damit aus einer Innensteuerung; denn die systematische Verfassung der Welt nach ewigen Formen, kann durch die eigene Erkenntnisfähigkeit erfaßt werden. Diese Verfassung ist hierarchisch, da die ewigen Formen hierarchisch angeordnet

---

75   Hekataios von Milet, der um 500 lebte, war der bedeutendste Logograph. Vgl. auch Hübner (1985, S. 147).

76   Vgl. Werner Theobald, *Hypolepsis. Ein erkenntnistheoretischer Grundbegriff der Philosophie des Aristoteles*, Kiel 1994 (Diss.) oder ders., *Hypolepsis. Mythische Spuren bei Aristoteles*, ACADEMIA Verlag, Sankt Augustin 1999.

sind. Die grundsätzliche Erkenntnisfähigkeit des Menschen beruht auf einer göttlichen Vernunft, die in ihm wirksam ist. Diese Lebenshaltung habe ich andernorts bereits als *vernunftgläubige Lebenshaltung* beschrieben.

Vergleicht man unsere heutigen Denkformen des begrifflichen Denkens mit denen der antiken Philosophen, so zeigt sich, daß sich von einem begrifflichen Denken in mündlich überlieferter Form erst bei Sokrates und in schriftlicher Form bei Aristoteles sprechen läßt, so daß die Frage aufkommt, auf welche Weise sich das begriffliche Denken aus den mythischen Denkformen heraus entwickelt hat, denn das begriffliche Denken ist geistesgeschichtlich die wichtigste Voraussetzung für die Entstehung der Wissenschaft. Um den Orientierungsweg der griechischen Antike genauer zu beschreiben, ist darum der Weg aufzusuchen und nachzuschreiten, den das Bewußtsein der Menschen vom mythischen Denken her genommen hat und der auf den Denkweg führte, auf dem die griechischen Philosophen die Weltbetrachtung eröffneten, die wir heute die wissenschaftliche Weltbetrachtung nennen.[77]

2.2 Unser heutiges Denken mit Begriffen

Die Verschiedenheit des mythischen Bewußtseins von unserem heutigen Bewußtsein ist vielfach beschrieben worden, insbesondere der Umstand, daß mythische Menschen noch keine Unterscheidung von Einzelnem und Allgemeinem kannten, was es ihnen nicht gestattete, Begriffe zu bilden. Denn die Grundvoraussetzung des Bildens von Begriffen ist genau diese Unterscheidungsfähigkeit. Das wichtigste Erkenntniswerkzeug in unserem neuzeitlichen, wissenschaftlichen Weltverständnis ist aber der Begriff, mit dessen Hilfe wir die Wirklichkeit zu erfassen, zu bestimmen und in ihren Erscheinungen zu beschreiben und vorauszusagen trachten. Um den Denkweg, der von der mythischen zur wissenschaftlichen Weltbetrachtung führt, zu beschreiben, muß offenbar gezeigt werden, in welchen Schritten sich allmählich die Unterscheidungsfähigkeit von Einzelnem und Allgemeinem im Bewußtsein der Menschen vollzieht und damit die Begriffsbildungsfähigkeit heranwächst. Dazu aber müssen wir uns vorerst die Frage stellen, was wir heute überhaupt unter einem Begriff verstehen.

Bevor ich darauf im einzelnen eingehe, was ja weitgehend zum Nachlesen schon im Band I geschehen ist, möchte ich noch einmal auf eine spezifisch menschliche Entwicklung in der biologischen Evolution des Menschen zu sprechen kommen, von der schon im Rahmen der biologischen Entwicklung der menschlichen Kommunikationsmöglichkeiten die Rede war. Es ist die biologische Entwicklung des Menschen zu seinem aufrechten Gang, wovon es dem derzeitigen Anschein der fossilen Funde nach mehrere Entwicklungslinien gab, von denen einige sogar ausgestorben zu sein scheinen. Der aufrechte

---

77 Vgl. W. Deppert, *Einführung in die Philosophie der Vorsokratiker. Die Entwicklung des Bewußtseins vom mythischen zum begrifflichen Denken,* Vorlesungsmanuskript, Kiel 1999, S. 187.

Gang hat den Menschen jedenfalls erlaubt, die Hände frei zu bekommen, um mit ihnen nach Belieben die Gegenstände zu ergreifen, die ihnen – aus welchen Gründen auch immer – interessant erschienen. Dadurch bekamen die Hände eine funktionale Allgemeinheit; denn sie waren das Allgemeine zu all dem Einzelnen, was sich ergreifen ließ. Mit dem aufrechten Gang und dem dadurch möglich gewordenen Ergreifen des Ergreifbaren, war schon sehr früh eine reale Beziehung zwischen etwas Einzelnem, dem Ergreifbaren, und etwas Allgemeinem, dem Ergreifenden gegeben, wobei das Allgemeine des Ergreifenden die menschlichen Hände sind. Daß diese tatsächlich vorhandene und erkenntnistheoretisch äußerst interessante Beziehung gar nicht eigens bemerkt wurde, liegt freilich daran, daß ein dazu notwendiges Abstraktionsvermögen noch nicht ausgebildet war, geschweige denn ein bewußtes eigenes Denken. Aber als sich über die hier beschriebenen Bewußtseinsentwicklungen es zum Selbstbewußtsein und endlich zu einem Individualitätsbewußtsein kam, konnte es vor dem Hintergrund der einstweilen gänzlich verdeckten erkenntnistheoretischen Funktion der Hände in der Sprachentwicklung möglich werden, von einem geistigen Begreifen zu sprechen bzw. in den althochdeutschen Vorformen wie >bigrifan<, wenn ein geistiges Erfassen und Verstehen gemeint ist. Von da war es dann nicht mehr weit zu der Sprachentwicklung, daß dasjenige, womit wir im Denken etwas Begreifen, ein *Begriff* genannt wurde, obwohl man noch weit davon entfernt war, genauer sagen zu können, was denn das ist, ein *Begriff*. Heute können wir im Sinne der Entstehungsgeschichte der Ausdrucksweise vom geistigen Erfassen mit Hilfe von Begriffen ganz analogisch sagen, *die Begriffe sind die Hände unseres Verstandes* mit denen wir etwas in der intelligiblen Welt erfassen, so wie wir mit unseren körperlichen Händen etwas in der sinnlich wahrnehmbaren Erscheinungswelt ergreifen. Und weil wir die Freiheit besitzen, mit den Händen das zu ergreifen, was uns gerade als sinnvoll erscheint, so haben wir auch im Bereich des Denkbaren, *in der intelligiblen Welt die Freiheit*, all das mit Begriffen zu erfassen und zu überdenken, was uns bedeutsam erscheint, so wie es in dem schönen schweizerischen Volkslied heißt:

„Die Gedanken sind frei!"[78]

Die Problematik dessen, was wir von unseren Begriffen über ihre Eigenschaften und Merkmale verstehen können, ist im Band I ausführlich behandelt worden, nachdem wir uns klar gemacht haben, daß das Bewußtsein davon, was es heißt, ein Begriff zu sein, selbst bei Wissenschaftlern nur sehr undeutlich ausgeprägt ist. Denn es zeigte sich, daß wir das, was

---

78 Leider aber nicht im Philosophischen Seminar der Hamburger Universität; denn diese hier angedeuteten Zusammenhänge der Entstehung der Begriffe durch den im Laufe der biologischen Evolution möglich gewordenen aufrechten menschlichen Gang, über die Analogie zwischen dem Begreifen mit Händen und dem Begreifen mit Begriffen bis hin zu unserer geistigen Freiheit durch die Freiheit der Begriffswahl sind an der Hamburger Universität in einer ganz ungewöhnlich bedeutsamen philosophischen Masterarbeit akribisch dargestellt worden, die aber aus unerfindlichen Gründen von der Leitung des Philosophischen Seminars abgelehnt worden ist. Was für ein Jammer für die deutsche Philosophie!

ein Begriff bedeutet, mit Begriffen beschreiben müßten, so daß wir bei dem Versuch, den Begriff des Begriffs zu bestimmen, sofort in einen Erklärungszirkel oder einen unendlichen Regreß geraten. Darum mußten wir uns damit begnügen, lediglich den Umgang, den wir mit Begriffen pflegen, möglichst formal zu beschreiben. Darum haben wir Begriffe mit Hilfe von Kennzeichnungen charakterisiert, die wir ihrem Gebrauch entnommen haben.

Beim Studium des Gebrauchs der Begriffe fällt schnell auf, daß *alles begriffliche Denken relativistisch organisiert* ist. Denn die Begriffe haben offensichtlich die Eigenschaft, daß sie je nach Hinsicht etwas Einzelnes oder etwas Allgemeines darstellen können. Es gibt für Begriffe keine prinzipielle Grenze der Möglichkeiten des Relativierens, sei es durch fortgesetzte Verallgemeinerungen oder durch fortgesetzte Vereinzelungen. Dem *begrifflichen Denken* ist das *existentielle Denken* beigesellt. Sie bilden zusammen ein Begriffspaar, so wie Form und Inhalt. Begriffliches Denken ist formales Denken mit Hilfe von begrifflichen Konstruktionen, bei denen es vordergründig noch keine Rolle spielt, auf welche Existenzbereiche sie anwendbar sind. Existentielles Denken bezieht sich auf die Inhalte, die sich in einem oder mehreren Bereichen auffinden lassen, so daß das Begriffliche Denken auf diese Existenzformen angewandt werden kann.

Aristoteles hat mit dem ersten Begriff des Homonymen, den er in seiner Kategorienschrift bestimmt, auf den Unterschied zwischen Begrifflichem und Existentiellem in aller Deutlichkeit hingewiesen, den er sogar als den größten denkbaren Wesensunterschied von Substanzen begreift. Als Beispiel gibt er den Begriff 'Mensch' und ein einzelnes Lebewesen, das wir ebenso wie den Begriff als Mensch bezeichnen, warum Aristoteles diese Verwendung des Wortes 'Mensch' als homonym bezeichnet. Der konkrete Inhalt, der einzelne Mensch, wird mit dem gleichen Wort 'Mensch' bezeichnet wie der Begriff 'Mensch'. Das Bezeichnete und das Bezeichnende ist tatsächlich wesenhaft grundverschieden, obwohl beides mit dem gleichen Wort gekennzeichnet wird. Diese Verschiedenheit hat zur Folge, daß wir die Gedanken, die sich mit diesen verschiedenen Wesenheiten beschäftigen, auseinanderzuhalten haben, was durch die Unterscheidung von existentiellem und begrifflichem Denken geschieht.

Aristoteles hat die Notwendigkeit dieser Unterscheidung als erster beschrieben und dazu auf die Homonymität hingewiesen, die beim Kennzeichnen des Bezeichneten und des Bezeichnenden auftritt. Mit dieser Unterscheidung hat Aristoteles zugleich eine Systematik des Erfindens erfunden. Denn wenn wir im begrifflichen Denken etwas konstruieren, was es als gedankliche Konstruktion noch nicht gibt und wir diese Konstruktion etwa auf die Existenzform unserer sinnlich wahrnehmbaren Welt erfolgreich anwenden können, dann ist damit eine Erfindung entstanden. Dieses Erfinden aber ist das Charakteristikum des europäischen Denkens geworden, das sich auf die ganze Menschheit ausgebreitet hat, und womit die Menschen ihre Wirklichkeit so umgestaltet haben, wie wir sie heute tagtäglich erleben. Diese Umgestaltung aber birgt große Gefahren für die Existenz der Menschheit in sich, wenn nicht die Einsicht wächst, daß wir für das, was wir als Menschen neu in die Welt tragen, auch verantwortlich sind und uns darum zu kümmern haben, ob von unseren Erfindungen Gefahren ausgehen und wie wir dies schon vom Ansatz her verhindern können, oder welche Maßnahmen wir ergreifen können, um diese Gefahren möglichst gering zu halten. Dazu haben wir die Grundlagen des begrifflichen Denkens zu untersuchen, durch das die Erfindungen überhaupt erst in die Welt kommen und gekommen sind. Denn Gefahren sind Inkonsistenzen in der Welt in Bezug auf den Überlebenswunsch der in ihr vorhandenen Lebewesen, wie es auch die Menschen sind. Solche Inkonsistenzen können schon dann eintreten, wenn wir die hier beschriebene Unterscheidung von existentiellem und begrifflichem Denken nicht beachten und wenn wir uns dadurch nicht im klaren sind, ob wir über etwas nur Mögliches oder über etwas Tatsächliches nachdenken.

Bei der Untersuchung der verschiedenen Arten des Gebrauchs von Begriffen ließen sich einerseits durch den Gebrauch im begrifflichen Denken bestimmte Beziehungen unter den Begriffen selbst finden und andererseits durch den Gebrauch der Anwendung von Begriffen auf die Existenzbereiche des existentiellen Denkens. Diese Beziehungen konnten durch Kennzeichen oder Merkmale beschrieben werden. Die so gefundenen Eigenschaften von Begriffen seien wie folgt zusammengefaßt:

Begriffe sind sprachliche Bedeutungsträger, die das zweiseitige, das strukturierende und das systembildende Merkmal besitzen.

Das *zweiseitige Merkmal* ist die Eigenschaft der Begriffe, je nach Hinsicht etwas Einzelnes oder etwas Allgemeines darzustellen. Dies ist eine Eigenschaft der möglichen Beziehungen von Begriffen untereinander. Wenn ein Begriff andere Begriffe umfasst, dann stellt der umfassende Begriff etwas Allgemeines für die umfaßten einzelnen Begriffe dar. Jeder Begriff hat mithin die Eigenschaft, entweder einzelne andere Begriffe zu umfassen (dann stellt er begrifflich etwas Allgemeines dar) oder er wird als ein einzelner Begriff von einem allgemeineren Begriff erfaßt. So ist etwa der Begriff 'Brot' ctwas Allgemeines, wenn mit ihm einzelne Brotsorten wie 'Weißbrot', 'Schwarzbrot', 'Rosinenbrot' oder 'Mehrkornbrot' zusammengefasst werden. Dagegen ist der Begriff 'Brot' etwas Einzelnes, wenn dieser unter dem allgemeineren Begriff 'Backware' betrachtet wird. Das zweiseitige Merkmal ist der Möglichkeit nach kennzeichnend für alle Begriffe, auch dann, wenn in der Anwendung diese begrifflichen Möglichkeiten nur beschränkt Verwendung finden.

Die *strukturierende Funktion* der Begriffe benutzen wir, wenn wir mit Hilfe von Begriffen einen bestimmten Existenzbereich beschreiben und dadurch in diesem Existenzbereich Unterscheidungsmöglichkeiten einführen. In dieser Funktion der Begriffe spricht Rudolf Carnap von klassifikatorischen oder qualitativen Begriffen, weil durch die strukturierende Funktion der Begriffe in einem Existenzbereich verschiedene Klassen von Gegenständen oder Objekten erzeugt werden, so lassen sich etwa in dem Existenzbereich eines Schulklassenraumes Stühle, Tische, Schülerinnen, Schüler, Schulbücher, Schulhefte, Kugel-Schreiber, Füllfederhalter, Bleistifte, Radiergummi, Tafeln, Lampen, Kreide, Wischlappen, Wischschwämme, Schultaschen, Lehrerinnen und Lehrer, Türen und Fenster, usw. unterscheiden.

Das *systembildende Merkmal*, ist durch die Eigenschaft der Begriffe gegeben, mit anderen Begriffen verbindbar oder bereits verbunden zu sein, wodurch Begriffssysteme möglich sind, wie etwa beim Definieren von hierarchischen Begriffssystemen oder beim

Auffinden von ganzheitlichen Begriffssystemen.[79] Begriffssysteme sind selbst wieder Begriffe, die sich auf Existenzbereiche, wie etwa die sinnlich wahrnehmbare Welt anwenden lassen.

Dadurch, daß Begriffssysteme auch als einzelne Begriffe betrachtet werden können, gelten für sie auch alle drei Merkmale der Begriffe. Dadurch können wir nicht nur Begriffe von Begriffen beschreiben, sondern auch Begriffssysteme von Begriffssystemen und so fort. Die Begriffe sind das iterative Werkzeug zur kaum mehr übersehbaren Erweiterung unserer Sprache geworden. Dies äußert sich etwa in der Alltagssprache durch weitreichende Möglichkeiten zur Metapherbildung oder in den Wissenschaften zu so spezifischen Sprachbildungen, daß sich Wissenschaftler sogar innerhalb ihrer eigenen Disziplin kaum noch verstehen können. Dies kann man zwar beklagen, ist aber für das Überleben der Menschheit von existentieller Bedeutung, wenn wir die unerschöpfliche Fülle der Strukturen unserer Welt jedenfalls so beschreibbar machen wollen, daß wir sie zur Überlebenssicherung des menschlichen Lebens und der Natur überhaupt, von der wir als Menschen abhängig sind, nutzen wollen und können.

Mit Hilfe des zweiseitigen Merkmals der Begriffe können wir Begriffe genauer beschreiben. Denn wenn wir sie als etwas Allgemeines betrachten, dann führen wir für diesen Begriff eine Betrachtung durch, die als *Innenbetrachtung* beschrieben werden mag. Dabei fragen wir begrifflich denkend, welche anderen Begriffe unser Begriff umfasst. Die gerade getätigte Feststellung, daß der Begriff 'Brot' die Begriffe 'Weißbrot', 'Schwarzbrot', 'Rosinenbrot' usw. umfaßt, ist eine Innenbetrachtung des Begriffes 'Brot'. Entsprechend gibt es eine *Außenbetrachtung*, wenn wir einen Begriff als etwas Einzelnes Auffassen und fragen, mit welchen anderen Begriffen er korrespondiert, die sich möglicherweise durch einen Oberbegriff, der dann als etwas Allgemeines fungiert, zusammenfassen lassen.

Dies mag als Erinnerung an das heutige Denken in Begriffen genügen. Nun scheint es eine bisher noch nicht deutlich gemachte Verbindung zwischen den Denkformen und den Bewußtseinsformen zu geben; denn so wie wir in der Zeit des Mythos gänzlich andere Denkformen vorfinden, so sind mit diesen offenbar auch ganz andere Bewußtseinsformen verbunden, von deren evolutionärer Entwicklung bis hin zu den mythischen Bewußtseinsformen bereits die Rede war. Von da an aber entwickeln sich die Bewußtseinsformen nicht durch biologische Evolution weiter; denn dazu sind die dafür in Frage kommenden Zeiträume viel zu kurz, so daß wir von einer geistesgeschichtlichen Evolution auszugehen haben, von einer Phylogenese der menschlichen Gehirne und der mit ihnen verbundenen Bewußtseinsformen. Bevor nun die ersten Schritte zum begrifflichen Denken bei den Vorsokratikern besprochen werden, soll hier der Versuch unternommen werden, andeu-

---

79 Zur Merkmalstheorie der Begriffe vgl. ebenda und in: Deppert, Wolfgang, *Einführung in die Philosophie der Vorsokratiker*, Vorlesungsmanuskript Kiel 1999.

tungsweise erste systematische Beziehungen zwischen den Entwicklungen der Denk- und Bewußtseinsformen aufzuzeigen.[80]

2.3   Erste Versuche zur begrifflichen Erfassung unserer Vorstellungen vom Bewußtsein und deren Konsequenzen für die Beschreibung der Entwicklung vom mythischen Bewußtsein zum Individualitätsbewußtsein und der damit verbundenen Entwicklung vom mythischen zum begrifflichen Denken

Bewußtsein ist immer Bewußtsein von etwas, d.h. Bewußtsein ist eine Relation zwischen der Form des Bewußtseins und seinem Inhalt. D.h., so wie das Gedachte unterschieden werden kann, so kann sich auch der Denkende selbst von dem Gedachten unterscheiden. ‚Form-Inhalt' ist damit das erste grundlegende Begriffspaar. Nun kann ein Bewußtseins-inhalt nur passiv vorhanden sein oder selbst etwas Gezieltes bewirken. Und das passiv im Bewußtsein Vorhandene kann dorthin passiv oder aktiv hineingekommen sein und das aktiv oder gezielt Vorhandene kann passiv oder aktiv wirksam werden. Demnach ist das Begriffspaar ‚passiv-aktiv' ebenso von grundlegender Art.

Durch seine zweifache Anwendung auf den möglichen Inhalt eines Bewußtseins entste-hen die Begriffspaare ‚intuitiv-reflektiert' und ‚unbewußt-bewußt'. Intuitiv entsteht in uns eine Vorstellung, die wir nicht gezielt herbeigeführt haben, dagegen ist eine reflektierte Vorstellung das Ergebnis eines gezielten Denkaktes. Ebenso ist ein anzustrebendes Ziel dann unbewußt, wenn wir es nicht durch eine gezielte Aktivität verfolgen, während ein bewußtes Streben als gezielte Aktivität zu begreifen ist.

Die ersten Unterordnungsstrukturen im Mythos und insbesondere die bei Hesiod lassen sich begreifen als intuitiv entstandene Vorstellungen, die unbewußt Strukturen von Unter-ordnungen hervorbrachten. Erstellt man mit diesen beiden Begriffspaaren eine sogenannte cartesische Kombination, so ergibt sich das Begriffsquadrupel (intuitiv unbewußt – re-flektiert unbewußt – intuitiv bewußt – reflektiert bewußt). Damit läßt sich die Spanne vom mythischen Bewußtsein bis hin zum Individualitätsbewußtsein verdeutlichen. Denn das bewußt reflektierende Bewußtsein läßt sich mit unserer heutigen Vorstellung eines indivi-duellen Selbstbewußtseins identifizieren, während die anderen drei Bewußtseinszustände als gestufte mythische Bewußtseinsformen aufgefaßt werden können, die sich schrittweise dem Individualitätsbewußtsein annähern. Für unsere Zwecke liefert diese Stufung jedoch gewiß nicht die gewünschte Ausdifferenzierung zur Unterscheidung von diversen Ent-wicklungsschritten; denn wir haben schon bei Hesiod ein intuitives Bewußtsein über das anzunehmen, was er uns bewußt schriftlich hinterlassen hat, auch wenn er selbst mehrfach

---

80   Die Evolution des Bewußtseins hat erstmalig der schweizer Arzt und Gehirnforscher Wil-ly Obrist beschrieben. Vgl. Willy Obrist, *Neues Bewußtsein und Religiosität. Evolution zum ganzheitlichen Menschen*, Walter-Verlag, Olten 1988.

behauptet, daß die Nymphen ihm seine Kenntnisse mitgeteilt hätten, so daß nach seiner Meinung die Quelle seiner Erkenntnisse nicht in ihm selbst zu suchen ist.

Hesiods erste große intuitiv vorgenommene Aufteilung ist diejenige, die durch die Tatsache auffällt, daß er uns zwei Werke hinterlassen hat, von denen das eine sich um die genealogische Beschreibung der göttlichen Wirklichkeit kümmert und das andere um die Bestimmung des Willens der Menschen. Wie bereits erwähnt, hat diese Einteilung zu der heutigen Unterscheidung von theoretischer und praktischer Philosophie geführt. Die erste Fragestellung ist die nach dem Wirklichen und dem Wirkenden, die zweite Fragestellung danach, was verwirklicht werden soll. Seit David Hume spricht man in der Philosophie von der Dichotomie des Seins und des Sollens. Daß diese Unterscheidung schon bei Hesiod intuitiv vorausgedacht wird, zeigt an, daß die Parallelität der Entwicklung zu einer begrifflichen Welterfassung und der Entwicklung zum Individualitätsbewußtsein schon bei Hesiod angelegt ist. Denn das begriffliche Denken entwickelt sich vor allem durch die Fragestellung, wie können wir das Gegebene und dessen Veränderungen erfassen, und das Individualitätsbewußtsein entwickelt sich durch die Fragestellung, was zur Zukunftsbewältigung zu tun ist. Gewiß sind diese Fragestellungen dadurch miteinander verbunden, daß man nur aufgrund von Wirklichkeitsbeschreibungen wissen kann, wodurch sich überhaupt etwas verändern und was sich verwirklichen läßt.

Die Begriffspaare, die einerseits zur Charakterisierung des Hesiodschen Ausgangspunktes der Darstellung der mythischen Götterwelt taugen und andererseits dazu geeignet sind, die ersten nachfolgenden Entwicklungsschritte zu kennzeichnen mögen wie folgt benannt sein:

1. Ursprüngliches – Abgeleitetes
2. Beharrendes – Veränderliches
3. Wirkendes – Bewirktes (aktiv – passiv)
4. Persönliches – Unpersönliches

Durch cartesische Kombination dieser Begriffspaare erhält man als erstes etwas „ursprünglich beharrend wirkend Persönliches". Dies sind die Hesiodschen Urgottheiten. Verändert man nur die erste Position zu etwas „abgeleitet beharrend wirkend Persönliches", dann beschreibt man damit Hesiods Götterwelt, die aus seinem Urtripel hervorgeht. Je mehr die zweiten Elemente dieser Begriffspaare in die Begriffskombination mit ersten Elementen kombiniert werden, umso mehr entfernt man sich dabei von mythischen Vorstellungen. So ist z.B. etwas, das zugleich ursprünglich, veränderlich, wirkend und unpersönlich ist, eine grundlegende Vorstellung Heraklits von einer Substanz des Wandels. Im Unterschied zur mythischen Substanz ist hier Substanz als etwas zu denken, das zwar ursprünglich und beharrend aber unpersönlich ist.

Auch wenn in den mythischen Denkformen Existentielles noch nicht von Begrifflichem unterschieden werden kann, so gehören doch die mythischen Denkformen in der späteren Unterscheidung sehr viel mehr dem Bereich des existentiellen Denkens an. Man könnte auch sagen, daß das begriffliche Denken in vieler Hinsicht als eine Ergänzung oder als eine Erweiterung des mythischen Denkens betrachtet werden kann. Dies ist schon daran zu erkennen, daß die Begriffspaare, mit denen die verschiedenen Formen der begrifflichen Welterfassung beschrieben werden können, sehr viel formaleren Charakter besitzen als die Begriffspaare, mit denen ich soeben versuchte, den Ausgang aus der mythischen Weltauffassung kenntlich zu machen.

Die Begriffspaare, durch die sich das *begriffliche Denken charakterisieren* läßt, sind:

1. Allgemeines – Einzelnes
2. Struktur – Strukturiertes
3. ganzheitliche Begriffssysteme – hierarchische Begriffssysteme
4. Existentielles – Begriffliches (Beschreibendes)

Allen Unterscheidungen, die hier mit Hilfe von acht Begriffspaaren gekennzeichnet wurden, ist gemeinsam, daß sie in den vier Formen des aus den Begriffspaaren ‚intuitiv–reflektiert' und ‚unbewußt–bewußt' gebildeten Quadrupels auftreten können. Dabei soll der Anfang für die Entwicklung zum begrifflichen Denken hin durch die intuitive Bewußtheit gekennzeichnet sein, so wie wir dies in Form der Bildung von Hesiods Urtripels beschrieben haben, das als das Allgemeine, weil Gemeinsame, zu den daraus abgeleiteten einzelnen Gottheiten verstanden werden kann. Dies alles sind – und das sei hier nur nebenbei bemerkt – wichtige Hinweise für einen apriorischen Aufbau einer theoretischen Gehirnphysiologie; denn alle diese Formen sollten Hinweise geben für eine mögliche Klassenbildung von verschiedenen Typen von Gehirnverschaltungen, die allerdings empirisch erst noch aufzuweisen sind. Schließlich haben die menschlichen Gehirne das zu denken, was sie in der Erscheinungswelt an Veränderungen vollbringen, wenn sich ihr mythisches Bewußtsein allmählich auf dem Wege einer Evolution des Bewußtseins wandelt.

Da die Unterscheidung von existentiellem und begrifflichem Denken die Unterscheidung von etwas Allgemeinem und etwas Einzelnem voraussetzt, läßt sich behaupten, daß die letztere die erste Unterscheidung sein sollte, die sich aus dem mythischen Denken heraus entwickelt, so wie es sich bei Hesiod bereits beobachten läßt. In diesem *ersten Entwicklungsschritt zur begrifflichen Welterfassung* hin, der in der Unterscheidung von etwas Einzelnem und etwas Allgemeinem besteht, wird noch nicht unterschieden zwischen dem Beschreibendem und dem Beschriebenem oder dem Begrifflichen und dem Existentiellen. Allgemeines und Einzelnes tritt dann an etwas auf, das aus der mythischen Substanzvorstellung hervorgeht. Darum sei dieses Denken, in dem Allgemeines und Einzelnes an ein und derselben Substanz unterschieden wird, das *substantielle Denken* genannt. Sobald sich im Laufe der Entwicklung eine intuitive Unterscheidung von Existentiellem und Begrifflichem aufzeigen läßt, ist zu fragen, inwieweit sich in diesen beiden Denkmöglichkeiten etwas Allgemeines und etwas Einzelnes findet oder inwiefern sogar schon Relativierungen in Form von Verallgemeinerungen oder Vereinzelungen auftreten. Dies sind dann deutliche Anzeichen für die Entwicklung zum begrifflichen Denken hin, da dieses die Relativierungsbewegung in die beiden Richtungen der Verallgemeinerung und der Vereinzelung in Gang setzt, indem die Folge von Außenbetrachtungen von Außenbetrachtungen und umgekehrt auch die Folge von Innenbetrachtungen von Innenbetrachtungen in Gang kommt. Es ist aber sehr wahrscheinlich, daß die ersten Relativierungsschritte sich noch ganz im substantiellen Denken abspielen. Ohnehin werden die ersten Allgemeinheitsvorstellungen mit göttlichen Prädikaten versehen werden, da das Wirkende im Mythos in göttlicher Hand liegt. Das Gewirkte und das Bewirkte besteht dann aus einer Vielzahl von einzelnen Erscheinungen, die alle von den gleichen Wirkmächten abstammen. Das *Allgemeine* aber ist gerade das, *was vielem Einzelnen gemeinsam ist*, wie es Aristoteles so treffend formuliert hat.

Der erste bedeutende Entwicklungsschritt zu einem Individualitätsbewußtsein vollzieht sich dadurch, daß die Menschen in dieser ersten Umbruchzeit ein Denkvermögen in sich entdecken, das seine persönlichen Züge nicht mehr durch einen persönlichen Gott erhält. Die erste griechische Philosophenschule, die *Milesischen Naturphilosophen*, haben schon eine pantheistische Gottesvorstellung entwickelt, in der die persönlichen Prädikate des Göttlichen nicht mehr auftreten. Götter sind keine Personen mehr, sie werden zu Prinzipien oder zu ersten Substanzen. Die pantheistische Grundeinstellung durchzieht die gesamte griechische Philosophie, ganz unabhängig davon, daß auch immer wieder einmal von persönlich vorgestellten Göttern die Rede ist. Ihnen haftet dann stets etwas Prinzipielles oder Verallgemeinerndes und Ideelles an. Für die Entwicklung des Individualitätsbewußtseins kommt den griechischen Göttern jedoch eine herausgehobene Bedeutung zu, da sie die ersten Wesen mit einem Individualitätsbewußtsein sind, denen aber aufgrund ihrer Allgemeinheit stets eine Führungsrolle zufällt, so wie dies ebenso für die ersten Menschen gilt, die in sich selbst ein Individualitätsbewußtsein entdecken.

2.4 Die ersten begrifflichen Formen der milesischen Naturphilosophen und der Pythagoreer

Thales von Milet (−623 bis −545) und mit ihm auch alle anderen ionischen Philosophen stehen in der Hesiodschen Tradition, da sie von Hesiod den Gedanken der Urwirkmächte in Form von Ursubstanzen aufgenommen haben, aus denen alles Wirkliche entsteht. Wie schon von Hesiod vorgedacht wird, manifestieren sich damit erste tiefliegende Unterscheidungen von Allgemeinem und Einzelnem; denn die Urwirkmächte sind das Allgemeine gegenüber dem Einzelnen, das von ihnen hervorgebracht wird. Mit der Vorstellung der Ursubstanzen entpersonifizieren die milesischen Naturphilosophen die Wirkmächtigkeit der mythischen Gottheiten.

Die Entpersonifizierung der göttlichen Wirkmächte ist eines der folgenreichsten Befreiungsschritte der Menschheitsgeschichte. Denn damit wird die Möglichkeit des eigenständigen Denkens der Menschen geschaffen.

Im Mythos gibt es nur ein von persönlichen Gottheiten bewirktes Denken im Menschen. Wenn die alles bewirkenden Mächte aber keine Personen mehr sind, dann können sie nicht mehr die Urheber der sprachlich gefaßten menschlichen Gedanken sein; denn nur personale Wesen können sprechen. Die Bindung des Denkens an das Sprechen war damals noch viel stärker im Bewußtsein der Menschen verankert, als es für uns heute der Fall ist. Denn wenn man dachte, dann sprach man, und wenn man sprach, dann dachte man. Wenn die göttlichen Wirkmächte aber nicht mehr sprechen oder Gedanken vermitteln, weil sie keine Personen mehr sind, dann sind es die Gedanken der Menschen, die durch die Sprache die Verbindung zwischen Menschen herstellen. Ja, das gilt sogar auch für die Verbindung zwischen den Menschen und ihrer nicht sprachlichen Welt. Die menschlichen Gedanken sind der menschliche Ausdruck für ein göttliches Band, das alles Wirkliche miteinander verbindet. Diese pantheistische Vergöttlichung alles Wirkenden, verbunden mit der Entpersonifizierung der Götterwelt ist die Voraussetzung für das Entstehen der eigenen Gedanken und des eigenen Denkens im Menschen. Durch diese Leistung des Thales von Milet und seiner Schüler Anaximandros und Anaximenes ist die *Hesiodmilesische Denktraditionslinie die Quelle des eigenständigen und selbstverantwortlichen Denkens der Menschen* geworden.

Bei Hesiod finden wir das *Mögliche* schon im Gott Chaos vorempfunden. Mit dem Befreiungsschritt der Entpersonifizierung der Götter wurde in der Hesiodschen Tradition das Mögliche des Gottes Chaos ohne eine Anbindung an das Wirkliche der Götterwelt gedacht. Denn durch die Entpersonifizierung der Götter entfällt freilich auch ihre personale Wirklichkeit. Damit aber die Einheit der Wirklichkeit dennoch gesichert ist, vereinigt Thales die Hesiodschen Wirkmächte Chaos und Gaia zu der einen *Ursubstanz des Wassers*. Damit ist das bei Hesiod als personal selbständig gedachte Mögliche des Gottes Chaos zurückgebunden an das Wirkliche der Göttin Gaia; denn das Wasser läßt zwar alle *möglichen* Formen zu, ist aber dennoch etwas sinnlich wahrnehmbar Wirkliches, das zum Bereich der Erdgöttin Gaia gehört. Das durch Thales ermöglichte eigene Denken des Menschen beginnt mit einem Rückbindungsschritt: *Die Rückbindung des Möglichen an das Wirkliche des Wassers. Die von Thales geschöpfte Möglichkeit des eigenen Denkens der Menschen wird durch den Rückbindungsschritt abgesichert*, der aus der Schaffung der alles hervorbringenden und damit alles verbindenden mythogenen Idee der Ursubstanz des Wassers besteht. Dabei ist aber auch das Denken selbst substantiell zu verstehen, Existentielles und Begriffliches können sich in diesen Denkformen noch nicht voneinander trennen.

Bei Thales wird das erste Mal das Wechselspiel von Befreiungsschritten und Rückbindungsschritten deutlich: Die sich entwickelnde Vernunft eröffnet neue Möglichkeitsräume in Form von gewagten Befreiungsschritten, die aber durch Rückbindungsschritte, die um einer abgesicherten Lebensführung willen an gesicherte Wirklichkeitsbezüge anzubinden sind. Durch dieses Wechselspiel entwickelt sich, wie bereits angedeutet, der Religionsbegriff als eine Konsequenz des Orientierungsweges der griechischen Antike. Dieser Religionsbegriff wird von den Griechen noch nicht bezeichnet, sondern erst von Cicero, der als selbstbewußter Römer zwar ganz in der geistigen Tradition der Griechen steht, aber doch großen Wert darauf legt, als Römer etwa Neues beizutragen. Dieser Religionsbegriff entsteht erstaunlicherweise aber dennoch sehr konsequent nicht als ein theistischer sondern als ein nicht-theistischer oder modern ausgedrückt als *atheistischer Religions-begriff.*

Durch die Sicherung des eigenen Denkens in Form eines Rückbindungsschritts an das Wirkliche des Wassers kann Thales' Schüler *Anaximandros (-610 bis -545)* einen Befreiungsschritt zu weiteren Denkmöglichkeiten wagen. Dies riskiert Anaximandros durch die Einführung des gänzlich unanschaulichen Urstoffes des *Apeiron*, des Unerschöpflichen. Damit eröffnet Anaximandros dem Denken des Möglichen einen unübersehbar großen Freiraum. Das Apeiron ist nach Anaximandros das ursprünglich Göttliche, aus dem alles in Form von Gegensatzpaaren entsteht und in das alles wieder vergeht, so daß im Apeiron alles, was bis jetzt existiert hat und je existieren wird, der Möglichkeit nach enthalten ist. Aus dem bloß Möglichen wird sich später das rein begriffliche Denken entwickeln. Für Anaximandros gilt dies jedoch noch nicht, weil auch für ihn das Apeiron noch substanzhaft gedacht wird, auch wenn dies eine sehr viel feinere Substanz ist, als alles sinnlich Aufweisbare.

Anaximenes (-585 bis –525), der Schüler des Anaximandros, bindet den unanschaulichen Möglichkeitsraum des Apeiron wieder an das Wirkliche an, indem er *die Luft als das Apeiron* interpretiert, da sie als Substanz sehr viel feiner als das Wasser zu erleben und zu denken ist. Die Luft ist wie das Wasser des Thales etwas sinnlich erfahrbar Wirkliches, sie besitzt aber einen noch sehr viel größeren Gestaltungsfreiraum als das Wasser. Die Luft ist, ähnlich wie bei Anaximandros das Apeiron, das alles Belebende, das *Seelische*, das *Göttliche*. Anaximenes arbeitet mit diesem Rückbindungsschritt das naturphilosophische System der milesischen Philosophen weiter aus, indem er das Feuer als Verdünnung der Luft und das Wasser, sowie die Erde als Verdichtungszustände der Luft begreift. Die *vier Elemente Feuer, Luft, Wasser und Erde*, die eine der wesentlichen Grundlagen aller griechischen Naturphilosophie darstellen, werden bei Anaximenes so verstanden, daß sie mit Hilfe des einen Gegensatz-Wirkprinzips ‚*Verdichtung-Verdünnung*‘ aus der einen Ursubstanz der Luft entstanden gedacht werden. Da somit die Luft in allem enthalten und damit das Allgemeinste ist, wird unter den Elementen bereits eine Rangordnung gedacht, die aber ganz im substantiellen Denken verharrt. Mit dem Begriffspaar (*Verdichtung, Verdünnung*) benutzt Anaximenes bereits bewußt etwas Begriffliches, das selbst nicht mehr substantiell zu denken ist. Dieses Begriffspaar hat sogar schon die Form eines komparativen Begriffs *zur Ordnung des gesamten Seins.*

Zweifellos waren mit den vier Elementen schon immer die von uns heute als Aggregatzustände begriffenen Existenzformen der Materie *fest, flüssig, gasförmig und feurig* gemeint, wobei das letzte griechische Element des Feurigen in der neuzeitlichen Naturbetrachtung noch gar nicht so lange – seit weniger als 100 Jahren – als der vierte Aggregatzustand des *Plasmas* verstanden wird.

Solange die milesischen Naturphilosophen nur von einem Urstoff ausgehen, können sie nicht zwischen dem Wirkenden und dem, worauf es wirkt, unterscheiden. Durch die Hesiodsche Tradition denken sie aber in das Apeiron ein *erotisches*, ein *wirkendes Prinzip* hinein, das sich auch als *denkende Substanz* bezeichnen läßt; denn wenn der Mensch denkt, so ist in ihm etwas wirksam, das Vorstellungen verändert. Es ist darum davon auszugehen; das sich der milesischen Vorstellung eines Urstoffes noch die Vorstellung eines *wirkenden Prinzips* beigesellt, das seinen Ursprung in dem von Hesiod dargestellten Gott *Eros* findet. Denn nach Hesiod hat Eros selbst keine Nachkommen, er muß nur zugegen sein, damit der Gott Chaos oder die Göttin Gaia neue Gottheiten zeugen und gebären können. Und damit besitzt Eros die Funktion des Bewirkenden, etwa so wie in der Neuzeit die mythogene Idee einer allumfassenden Naturgesetzlichkeit diese Funktion des Bewirkenden erhalten hat, durch die alle Zustandsveränderungen im gesamten Universum hervorgerufen werden.

Erst mit der Nachfolge von *Hesiods erotischer Verwirklichungssubstanz* scheint sich eine Ablösung vom existentiellen Substanzdenken zu verbinden. Denn mit der Entpersonifizierung der Ursubstanz und mit der pantheistischen Grundeinstellung läßt sich keine persönlich verstandene göttliche Wirkmacht mehr denken und damit auch kein übergeordneter göttlicher Wille mehr. Damit entsteht aber die Problematik, auf die Aristoteles in seiner Metaphysik und in seiner Physikvorlesung mit aller Deutlichkeit hingewiesen hat, daß es nur schwer vorstellbar ist, daß das Wirkende und die Substanz, auf die gewirkt wird, in einer Substanz vereinigt zu denken ist. Dazu schreibt Aristoteles (Met., 984a21f.):

„Das Zugrundeliegende bewirkt doch nicht selbst seine eigene Veränderung."

Wenn wir heute noch sagen: "*Das Wirkende wirkt auf das Zu-Bewirkende ein*", dann scheinen wir damit so etwas wie eine kategoriale Unterscheidung vorzunehmen; denn das, was wirkt, muß von anderer Art sein als das, wor*auf* eine Wirkung ausgeübt wird. Das Wort "auf" bringt noch die ursprüngliche Bedeutung zum Ausdruck: Das Wirkende wirkt von oben kommend, von oben wirken die Götter, weil sie oben im Himmel ihre Heimstatt haben. Götter aber haben im Denken der milesischen Philosophen keinen Platz mehr. Womit können sie das Wirkende verbinden? Sie verlegen es in die Göttlichkeit der Ursubstanz, in die Göttlichkeit der Materie, so wie es die Pantheisten aller Zeiten getan haben. Die Götter und die Welt werden von den milesischen Philosophen miteinander verschmolzen.

Dies läßt sich auf zweierlei Weise denken: Entweder besteht die göttliche Substanz aus einer unlösbaren Verbindung zweier verschiedener Existenzformen oder es hat zwei nur begrifflich zu unterscheidende Seiten. Da im ersten Fall die beiden verschiedenen Existenzformen unlöslich miteinander verbunden sein müssen, können diese beiden Existenzformen nur begrifflich unterschieden werden, so daß die beiden genannten Denkmöglichkeiten in einer zusammenfallen. Daraus folgt nun, daß das Bewirkte und das Bewirkende der göttlichen Ursubstanz begrifflich zu unterscheiden sind, wie es im milesischen Hylozoismus angelegt ist, indem alles Materielle zugleich beseelt ist. Dabei ist die Materie das Bewirkte und das Seelische das Bewirkende. Beides aber ist unlöslich miteinander verbunden. Diese existentiellen und zugleich begrifflichen Unterscheidungen kennen wir als die vom wirklichen Sein und vom potentiellen Sein, von Geordnetem und Ordnendem, von Körper und Geist, von Leib und Seele oder von Materiellem und Ideellem und noch inniger verschmolzen im Reflektierten und Reflektierenden, wie dies in der Selbstreflexion des Individualitätsbewußtseins zu denken ist. Damit deutet sich hiermit bereits die spätere Trennung von existentiellem und begrifflichem Denken an.

Anaximandros und entsprechend auch Anaximenes verstehen das Apeiron als ein unendlich potentielles Sein dessen, das in einem spontanen Akt der Verwirklichung dem – wie Nietzsche sagt – Mutterschoß aller Dinge entspringt, um in einem mythisch verstandenen Schuldgefühl danach reuevoll wieder zurückzukehren. So wie sich schon das Hesiodsche Chaos als Raum des Denkmöglichen interpretieren ließ, so kann in der Hesiodschen Tradition der milesischen Philosophen der Urstoff als das Geistige schlechthin begriffen werden, das alle Potentialität des späteren eigenen Denkens der Menschen enthält. Demnach ließe sich das Apeiron des Anaximandros als die ursprüngliche denkende Substanz begreifen, die alles Sein durchzieht und es beseelend beherrscht. Die milesischen Philosophen wären in dieser Deutung noch nicht der Meinung, daß sie selber denken, sondern daß die denkende Ursubstanz in ihnen das Denken hervorbringt, so wie es im mythischen Bewußtsein die Götter waren, die den Menschen ihre Gedanken eingegeben haben. Die Vorstellung einer denkenden Substanz findet sich auch in unserem Begriff von Denktraditionen, von Denkgruppen, Denkgemeinschaften oder Denkkollektiven mit ihren Denkstilen, wie Ludwik Fleck (1983, S. 87ff.) sie bezeichnet.[81] Aber auch mit dem Begriff von philosophischen, wissenschaftlichen oder künstlerischen Schulen läßt sich der Gedanke einer denkenden Substanz verbinden, so daß es nicht von ungefähr ist, daß wir im Gefolge der milesischen Schule viele weitere philosophische Schulen finden, wie die Pythagoreer, die Eleaten, die Stoiker und schließlich die Platoniker und die Aristoteliker. Eine besondere Individualität wird sich dann ausbilden, wenn sich die Gedanken eines Menschen durch Kreuzungspunkte verschiedener Denktraditionen oder Denkschulen herausbilden; denn dann muß der Einzelne sich selbst Rechenschaft darüber ablegen, welche Kombination von gedanklichen Strömungen der verschiedenen Denkstile er vor sich selbst vertreten kann.[82]

---

81   Vgl. Ludwik Fleck, *Erfahrung und Tatsache*, Suhrkamp, Frankfurt/Main 1983.

82   Wenn Kurt Hübner in seinem Werk „*Kritik der wissenschaftlichen Vernunft*" den Fortschritt durch die Harmonisierung zweier widerstreitender Regelsysteme bestimmt und dafür zwei Möglichkeiten sieht, die er als Explikation (Fortschritt I) und Mutation (Fortschritt II) bezeichnet, so zeichnet sich hier noch eine andere Möglichkeit ab, die in der Veränderung einer Lebenshaltung besteht. Denn wenn jemand in einer autoritativen Lebenshaltung sich einem Denkstil untergeordnet hat, dann könnte die Konfrontation mit einem anderen, etwa gar kontroversen Denkstil bewirken, daß der Mensch nun eine neue Lebenshaltung gewinnt, etwa die Lebenshaltung der hierarchischen Lebens- und Erkenntnisformen, und darum könnte er durch die Konfrontation dazu kommen, nun den neu kennengelernten Denkstil oder aber den gewohnten Denkstil nun bewußt zu vertreten. Zu einem Fortschritt II im Sinne Hübners könnte es nur kommen, wenn durch die Konfrontation die Lebenshaltung der ganzheitlichen Lebens- und Erkenntnisformen angenommen wird, und dadurch eine Harmonisierung der Denkstile gefunden wird, die zu einem neuen Denkstil führt. Die Fortschrittstheorie Hübners kann demnach auch so verstanden werden, daß durch sie die Tendenz zur verstärkten Ausbildung der Lebenshaltung der ganzheitlichen Lebens- und Erkenntnisformen im Laufe der Geistesgeschichte zumindest plausibel wird.

Die Entpersonifizierung der Hesiodschen Urgötter durch die milesischen Naturphilosophen stellt auf intuitive Weise schon die Mittel bereit, durch die später in der Philosophiegeschichte die sinnlich wahrnehmbare Wirklichkeit von der intelligiblen Welt unterschieden wurde, wobei das erotische Moment der Hesiodschen Tradition durch eine Vorstellung darüber auszufüllen ist, wie das Intelligible in die sinnlich wahrnehmbare Wirklichkeit hineinwirkt und sich dort verwirklicht. Wir sind auch heute noch weit davon entfernt, klare Vorstellungen über das Wirkende entwickelt zu haben, das diesen Übergang von der intelligiblen Welt des Denkens in unsere Erscheinungswelt zu Wege bringt. Die Begriffsbildung des *Zusammenhangstiftenden* stellt einen Versuch dar, das Wirkende zu bezeichnen. Der aber aus prinzipiellen Gründen im Dunkeln bleibende Begriffsinhalt, weist ihn als Grenzbegriff, als mythogene Idee aus, die sich einstweilen einer weiteren Operationalisierbarkeit entzieht, der aber in der Tradition der herkömmlichen religiösen Traditionen, durchaus als das Göttliche in einem gänzlich unpersonalisierten Sinn bezeichnet werden kann, wie ich es selbst der unitarischen Tradition folgend auch gern tue.

Die Leib-Seele-Problematik wird von den milesischen Philosophen nach den uns bekannten Überlieferungen kaum thematisiert, sie wird uns aber nicht nur in der Geschichte der griechischen Philosophie immer wieder begegnen und herausfordern, da wir bis heute elementar von ihr betroffen sind. Alles, was sich bei den Milesiern zur Leib-Seele-Problematik direkt findet, läßt sich wie folgt kurz zusammenfassen:

1. Die Bemerkung von Aristoteles, daß Thales "*die Seele für etwas Bewegendes gehalten habe*",
2. daß für Anaximandros und Anaximenes die Seele etwas Luftartiges ist,
3. daß Anaximenes die Luft mit dem Apeiron des Anaximandros identifiziert und
4. daß alle miteinander die Ursubstanz für göttlich und alles daraus Entstandene für beseelt halten.

Aus der hier gegebenen Deutung, nach der sich die milesischen Naturphilosophen in der Hesiodschen Tradition fortbewegen, ergibt sich, daß aus Thales' Verschmelzung von Möglichkeits- und Wirklichkeitssubstanz bei Anaximandros eine Unterscheidung von denkender und erscheinender Substanz hervorgeht, die in sich den Keim zur Entwicklung des begrifflichen Denkens und des Individualitätsbewußtseins trägt. Dies gilt sicher auch für die von Anaximenes neu entwickelten Erklärungsmethoden mit Hilfe der komparativen Begriffe der Verdünnung und Verdichtung. Außerdem gibt es gewiß eine Fülle von sprachlichen Ausdrücken, deren Bedeutung bis dahin durch mythische Vorstellungen geprägt worden waren, die aber mit dem Wegfall der Bedeutung spendenden Gottheiten allmählich ein begriffliches Bewußtsein hervorbringen werden.

So, wie schon bei Hesiod festzustellen war, daß er trotz eines mythischen Bewußtseins auf intuitive Weise denkerische Leistungen hervorgebracht hat, denen man unterstellen könnte, daß sie durch begriffliches Denken entstanden sind, so haben wir es auch bei den drei milesischen Philosophen weitgehend mit intuitiven Denkleistungen zu tun, denen es an bewußter Reflexion noch fehlen muß, da das dafür erforderliche begriffliche Reflexionsbewußtsein noch nicht ausgebildet ist. Dennoch liefert jeder der milesischen Philosophen einen unverwechselbaren Beitrag zur Philosophiegeschichte. Sie stehen bewußt in einer Tradition und verändern diese ebenso bewußt. Dies ist nicht ohne die Klärung des eigenen Standpunktes gegenüber den traditionellen Gedankenbahnen möglich. Bei Anaximenes findet sich in einem Zitat von Hippolytos (Capelle, 91) sogar bereits eine erste Kritik an seinem Lehrer Anaximandros. Die grundsätzliche Kritikmöglichkeit philosophischer Herleitungen scheint Anaximenes jedoch von seinem Lehrer übernommen zu haben. Denn aufgrund der Tatsache, daß Anaximandros das erste griechische Werk in *nicht gebundener Rede* verfaßte, hat er die grundsätzliche Vorläufigkeit und damit die Veränderungsfähigkeit philosophischer Gedankengänge unterstrichen. Die grundsätzliche Haltung, philosophische Konzepte für kritikfähig und kritikbedürftig zu halten, zieht sich durch die gesamte griechische Philosophiegeschichte, und es mag nebenbei bemerkt sein, daß es sogar als eine Freundestat zu begreifen ist, wenn sich jemand die Mühe macht, unsere Position zu kritisieren; denn wenn uns gedankliche Fehler aufgezeigt werden, dann können wir aus ihnen lernen, und das aber werden unsere Feinde zu vermeiden suchen, und darum werden sie uns nicht gründlich kritisieren. Diese Einsicht ist allerdings bis heute immer noch kaum verbreitet. Viele Menschen begreifen leider immer noch jegliche Kritik als ein feindliches Unternehmen, was vermutlich in den allermeisten Fällen jedoch nicht der Fall ist.

Die Hesiodmilesische Traditionslinie fußt vor allem auf Hesiods *Theogonie*, die orphisch-Hesiodsche Tradition auf dem mythischen Sänger Orpheus und auf dem Werk Hesiods *Werke und Tage*. Die Hesiodmilesische Tradition hat ihren Schwerpunkt durch die Frage nach dem Sein, und die orphisch-Hesiodsche Tradition bearbeitet die Frage nach dem Sollen. Für Orpheus ist das Verbindende zwischen Sein und Sollen sein *Gesang zur Leier*, für Hesiod ist es der höchste Gott Zeus und seine Musen als Schutzgöttinnen des Gedächtnisses und für Pythagoras ist es die Musik, die durch besondere Zahlgestalten wirksam ist und durch die Harmonie, die das Zusammenhalten des Auseinanderstrebenden bewirkt.

Die Schwierigkeit der milesischen Naturphilosophen, nicht zwischen dem ursprünglich Wirkenden und dem ursprünglich zu Bewirkenden unterscheiden zu können, lösen die Pythagoreer durch die Annahme zweier Ursubstanzen und einem verbindenden Prinzip. Die beiden Ursubstanzen sind das Unbegrenzte und das Begrenzende. Dem Unbegrenzten entspricht das Apeiron, es wird mit dem Feuer identifiziert. Das Begrenzende besteht für die Pythagoreer in einem Zahlprinzip. Damit ist alles aus dem Unbegrenzten Hervorgebrachte in Maß und Zahl faßbar, weil Maß und Zahl durch ihre Begrenzung des Unbegrenzten das Seiende überhaupt erst entstehen lassen. Damit sich aber etwas verändern kann, muß es noch etwas Bewirkendes geben, das zwischen dem Begrenzenden und dem Unbegrenzten vermittelt, und dies ist das alles verbindende Harmonieprinzip, welches das Auseinanderstrebende zusammenhält, so wie es Philolaos für die Töne im Oktavabstand erkennt. Denn nach Philolaos besteht der größte Gegensatz in der Welt zwischen der Eins und der Zwei; durch sie entsteht erst der Gegensatz zwischen dem Einzelnen und dem Vielen. Die Oktave ist aber gerade durch das Längenverhältnis der klingenden Seiten von eins zu zwei bestimmt. Die Töne im Oktavabstand klingen aber in vollkommenster Harmonie zusammen. Also ist für Philolaos *in der Musik das zusammenhangstiftende Harmonieprinzip* verwirklicht.

Gewiß ist es vor allem die orphische Traditionslinie, die bei den Pythagoreern die Vorstellung einer vereinzelnden Seelensubstanz hervorbringt und die bewirkt, daß Lebewesen sich einzeln bewegen können. Verbunden mit der denkenden Substanz der milesischen Naturphilosophen läßt die Seelensubstanz im Menschen das eigene Denken entstehen. Indem damit unübersehbar viele Denkmöglichkeiten gedacht werden können, tritt bei den Pythagoreern ein Rückbindungsschritt ein, durch den auf die alten persönlichen Götter zurückgegriffen wird, womit sie in der Entwicklung der Bewußtseinsformen hinter die milesischen Naturphilosophen zurückfallen, allerdings mit der besonderen Variante, sich selbst als Götter zu fühlen. Denn durch den großen Anteil, den Götter an der Seelensubstanz besitzen, sind diese sogar als erste Wesen überhaupt mit Individualität ausgestattet, und darum fühlen sich die Menschen, die sich selbst als Individuen begreifen, als Götter. Dies gilt für Pythagoras und sogar noch später für Empedokles. Von Pythagoras wird berichtet, er habe vor dem Überqueren eines Flusses vorher mit diesem gesprochen. Auch will jemand Pythagoras beim Umkleiden beobachtet und dabei deutlich seine goldenen Lenden gesehen haben.

Das Denken, das durch die Verbindung von denkender und vereinzelnder Seelensubstanz zustandekommt, muß noch von den Göttern gelenkt werden, da die Menschen für die Pythagoreer keine Individualität besitzen, durch die sie ihr Handeln selbst verantworten könnten. Die Pythagoreer befinden sich noch in einer autoritativen Lebenshaltung; denn die Möglichkeiten des Handelns sind für die Pythagoreer an mythische Götter gebunden, die den Menschen sagen, was sie zu tun haben.

2.5   Die Zusammenführung der ionischen und pythagoreischen Tradition: Xenophanes aus Kolophon (um –570 bis –474) später Elea, Heraklit aus Ephesos (–543 bis –482), Parmenides aus Elea (–530 bis ungefähr –450), Zenon von Elea (–494 bis –444), Anaxagoras von Klazomenai (*–499/495 bis –427*)

Die pythagoreische Rückbindung der Ethik des Menschen an mythische Gottheiten wird von dem ionischen Philosophen Xenophanes aus Kolophon, der die pythagoreische und die milesische Tradition zusammenführt, durch seine relativierende Betrachtung aller Gottheiten aufgehoben, indem er darauf hinweist, daß es der Mensch selbst ist, der sich seine Götter macht. Alles hätten Homer und Hesiod den Göttern angehängt, „*was nur bei Menschen Schimpf und Tadel ist: Stehlen und Ehebrechen und einander Betrügen*". Und wenn die Ochsen und Pferde Hände hätten, dann würden ihre Göttergestalten roßähnlich oder ochsenähnlich sein.[83] Damit schafft Xenophanes erneut einen Raum des Denkmöglichen, der sogar die Götter mit einbezieht. Xenophanes stellt geradezu einen ersten Kno-

---

83   Vgl. Fragment 11 und Fragment 15 von Xenophanes in: Diels/Kranz (1996a, 132).

tenpunkt in der griechischen Philosophie dar, indem er die milesische und die pythagoreische Schule dadurch miteinander verbindet, daß er einerseits den bei den Pythagoreern
wiedererstandenen Gottesbegriff aller menschlicher Prädikate entkleidet und andererseits
den milesischen Pantheismus so ausbaut, daß er in das pythagoreische Denken hineinpaßt.
Nach Xenophanes herrscht nur „ein einziger Gott, unter Göttern und Menschen am größten, weder an Gestalt den Sterblichen ähnlich noch an Gedanken."[84] Hier vollzieht sich
die Verallgemeinerung noch in dem bildlichen Sinn des größten Umfassenden, das keine
Ähnlichkeit mehr mit dem Umfaßten besitzt. Die so beschriebene allgemeinste Gottesvorstellung ist für Xenophanes identisch mit der Vorstellung des *All-Einen*. Aristoteles
berichtet von Xenophanes, er habe gesagt: *„Das Eine sei der Gott."*[85] Dennoch hebt
Xenophanes ähnlich wie die Pythagoreer im Bereich des Moralischen hervor, daß der
Mensch unfähig sei, je etwas Vollkommenes oder Vollendetes zu erfassen. Der Mensch
befinde sich bei dem Versuch, den Ursprung der Welt zu ergründen, stets im Scheinwissen.
So ist für Xenophanes die Empfindung der Süße davon abhängig, was einem zufälliger-
weise wie etwa der „gelbe Honig" als das Süßeste erscheint. Wahrscheinlich bemüht sich
Xenophanes aufgrund dieser Unmöglichkeit, sicheres Wissen über den Weltengrund zu
erwerben, gar nicht mehr um die Frage nach den Ursubstanzen. Er ersetzt sie durch seinen
Glauben an das göttliche und vernünftige All-Eine, das alles Seiende durchwirkt und bestimmt.

Durch die Unterscheidung von ursprünglicher Wirklichkeit, Schein und relational
wahrnehmbarer Wirklichkeit heben sich bei Xenophanes bereits drei verschiedene Existenzbereiche ab:

1. Die Existenzform des allem zugrundeliegenden, unveränderlich ewig Wirksamen,
2. die Existenzform des Scheinbaren oder scheinbar Wirksamen und
3. die Existenzform des wahrnehmbar Wirklichen.

Diese Existenzformen beziehen sich so aufeinander, daß die erste die höchste Allgemeinheit besitzt und die folgenden stufenweise im Allgemeinheitsgrad abnehmen. Der allgemeine Begriff der Süße gehört z.B. zur zweiten Existenzform, die das Einzelne der dritten
Existenzform beschreibbar macht. Damit deutet sich durch die intuitive Ausdifferenzierung verschiedener Existenzformen und deren Allgemeinheitsstufen bei Xenophanes das
erste Mal die Unterscheidungsmöglichkeit von etwas Beschreibendem und etwas Beschriebenem an. Obwohl in der zweiten Existenzform des Scheinbaren nur Relationales
und nicht unbedingt Sicheres zu finden ist, so besitzt diese Existenzform doch die Funktion, etwas Einzelnes der dritten Existenzform relational zu beschreiben.

Als Knotenpunkt der vorsokratischen Philosophie verbindet Xenophanes nicht nur
milesische mit pythagoreischer Tradition, sondern er ist auch Quellpunkt zweier neuer
philosophischer Richtungen, der eleatischen Schule mit dem Hauptvertreter Parmenides

---

84 Ebenda, Fragment Nr. 23, S. 135 oder Capelle (1968, 121).
85 Aristoteles, Metaphysik I A), 986b24: „… τό 'εν ειναι … τον θεον."

und der philosophischen Richtung des Heraklit, der zwar keine eigene Schule ausgebildet hat, auf den sich aber bis heute immer wieder Philosophen bezogen und als Autorität angesehen haben.

Heraklit aus Ephesos (*–543 bis –482*) kommt wie die milesischen Philosophen und Xenophanes aus Ionien. Mit großer Selbstverständlichkeit übernimmt er die pantheistische Grundeinstellung. Das alles bestimmende All-Eine bezeichnet er als den Logos. Dieser alles durchwaltende Logos ist zugleich das Allgemeine. Wahrheit geht für Heraklit nur von der Allgemeinheit aus. Private, d.h., einzelne Meinungen sind nicht durch den Logos bestimmt und müssen darum falsch sein. *„Einsicht zu haben ist etwas Allgemeines"*[86], sagt er an anderer Stelle oder in anderer Übersetzung: *„Gemeinsam ist allen das Denken*[87] (die Vernunft[88])."* Heraklit ist ähnlich wie die milesischen Naturphilosophen noch ganz dem substantiellen Denken verhaftet. Um das Mögliche vom Wirklichen nicht unterscheiden zu müssen, wie es sich bei Xenophanes andeutete, substantialisierte Heraklit den steten Übergang vom Schein zum Wirklichen. Tatsächlich können wir das Geschehen im Zeitfluß bis heute nur so begreifen, daß wir uns einen stetigen Wechsel von Möglichem zu Wirklichem und von diesem wieder zu Möglichem vorstellen. Denn die wechselnden Bestimmungen in irgend einem zeitlichen Ablauf realisieren laufend das, was kurz vorher noch nicht wirklich aber möglich war und zugleich wird aus dem zuvor Wirklichen etwas nicht mehr Wirkliches, das aber dennoch weiterhin möglich ist. Der Schein als das als möglich Erscheinende, das Scheinbare, wird von Heraklit mit dem Wirklichen in einer von ihm geschaffenen **Grundsubstanz des ewigen Wandels** vermischt. Die Substanz des Wandels, die man auch die **Substanz des Zeitflusses** nennen könnte, durchdringt alles Seiende und reißt es mit sich fort. Heraklit versucht damit, die scheinbar unbegrenzten Irrtumsmöglichkeiten bei Xenophanes einzuschränken, indem er die Fülle des Möglichen an die eine Substanz des ewigen Wandels bindet und den weltdurchdringenden Logos einführt, der diesen Wandel in seinen Formen bestimmt. Damit gehört das Scheinbare nicht mehr wie bei Xenophanes einer anderen Existenzform als das sinnlich Wahrnehmbare an; denn Schein und sinnlich Wahrnehmbares werden durch die Substanz des ewigen Wandels ein und dasselbe. Mögliches und Wirkliches vermischen sich wieder zu einer Substanz, so wie sie vorher schon von Thales von Milet zur Ursubstanz des Wassers vereinigt worden waren. Darum scheint es für Heraklit auch naheliegend zu sein, das Bild des strömenden Wassers zu benutzen, um seine Vorstellung von der Substanz des ewigen Wandels zu verdeutlichen. Aristoteles hat entsprechend Heraklits Hauptgedanken mit den zwei Worten wiedergegeben: *„panta rei"*, *„alles fließt"*, wobei wir nicht wissen, ob dieser treffende Ausdruck von Heraklit selbst stammt.

Der Logos als das beharrende weltbestimmende Prinzip hält sich verborgen und offenbart sich nur dem denkenden Menschen, dem Weisen. Der Logos vertritt die Seite des Allgemeinen; denn das Einzelne ist dem steten Wandel gemäß der Formen des Logos

---

86   Fragment Nr. 113 ebenda S. 254/5–32,

87   Andere Übersetzung von Fragment Nr. 113 von Diels/Kranz (1996a, 176).

88   Noch etwas andere Übersetzung von Fragment Nr. 113 von Capelle (1968, 149)

unterworfen. Darüber hinaus findet sich bei Heraklit noch die Bemerkung, daß „das Weise etwas von allem Abgesondertes ist". An dieser Stelle scheint sich erstmalig die Ahnung von einem rein begrifflichen Denken anzudeuten, das nicht auf irgend etwas Existierendes abzielt, da es als „das Weise" von allem Existierenden gänzlich abgesondert ist.[89]

Im Wahrnehmen der sichtbaren Dinge hingegen liegt immer die Gefahr der Täuschung. Weil der stets sich selbst gleichbleibende Logos gänzlich von den ewig wechselnden Erscheinungen der Substanz des Wandels verschieden ist, muß auch die Weisheit gänzlich von allem Erscheinenden abgesondert sein. Das Gleichbleibende im ewigen Wandel wird für Heraklit so wie schon bei Anaximandros und Anaximenes durch ganzheitliche Denkfiguren dargestellt, die schon die Form von ganzheitlichen Begriffssystemen besitzen. Es sind Gegensatzpaare oder gegenseitig abhängige Elementquadrupel wie etwa Feuer, Luft, Wasser, Erde, die nach Heraklit kreisförmig auseinander hervorgehen. Wenn man diese Formen denkt, dann ist der Logos selbst tätig, und es entstehen keine Fehler. Denkt man aber das Wahrgenommene, dann können dabei stets Irrtümer auftreten. Darum gibt es für Heraklit zwei Denkformen, die schon als reines und als angewandtes Denken verstanden werden können. Bei Heraklit lassen sich aber auch drei verschiedene Existenzformen ausmachen:

1. Die Existenzform der einen Wirklichkeit des vom Logos regierten ewigen Wandels,
2. die Existenzform der reinen durch die Erkenntnis des Logos gesteuerten Gedanken und
3. die Existenzform der angewandten Gedanken, in denen auch die Täuschungen ihren Platz finden.

Auch hier zeigt sich wie schon bei Xenophanes eine Stufung nach absteigender Allgemeinheit. So ist gewiß die Existenzform der einen Wirklichkeit das Allgemeinste, da sie alles andere enthält. Ferner liefert die Existenzform des rein begrifflichen Denkens die allgemeinen Vorstellungen, die die besonderen Vorstellungen in der angewandten Existenzform umfassen. Für die Entwicklung zum begrifflichen Denken ist durch Heraklit viel geschehen, indem im eigenen Denken die Unterscheidung von allgemeinen Gedanken und einzelnen Gedanken vollzogen wurde, ohne, daß diese Gedanken an bestimmte Substanzen gebunden wären. Es fehlt jedoch der Möglichkeitsraum, der Einzelnes enthält, so daß sich das zweischneidige Merkmal der Begriffe noch nicht ausbilden kann. Das systembildende Merkmal hierarchischer Begriffssysteme hatte sich bei Xenophanes etwa am Beispiel des Begriffs der Süße schon andeutungsweise finden lassen. Bei Heraklit verschwindet dieses Merkmal zugunsten des systembildendes Merkmals ganzheitlicher Begriffssysteme.

Parmenides aus Elea (−530 bis ca. −450) ist der zweite bedeutsame geistige Erbe des Xenophanes. Auch er übernimmt den pantheistischen Einheitsgedanken und den Gedanken der trügerischen menschlichen Erkenntnisse, obwohl er behauptet, daß er die in seinem sogenannten Lehrgedicht niedergelegten Überzeugungen von der Göttin Dike,

---

89 Vgl. Fragment 108 von Heraklit in: Capelle (1968,139) und W. Deppert, *Einführung in die Philosophie der Vorsokratiker*, Vorlesungsmanuskript Kiel 1999, S. 100.

der Göttin der Gerechtigkeit, erfahren habe. Parmenides treibt jedoch diese beiden von Xenophanes stammenden Gedanken ins Extrem, indem er behauptet, daß es nur das eine ungewordene, ewige, unveränderliche Sein gäbe und alles, was von dieser Überzeugung in der Menschenwelt abweiche, sei nichts als Schein. Parmenides kann nur zwischen Sein und Nicht-Sein unterscheiden. Da aber dem Nicht-Sein keinerlei Bedeutung zukommen könne, da es ja nicht ist, so könne es auch keinen Übergang aus dem Nicht-Sein in das Sein, kein Werden geben und umgekehrt auch kein Vergehen, welches einen Übergang vom Sein in das Nicht-Sein bedeuten müßte. Für Parmenides scheint es darum kein Sein eines Möglichkeitsraumes mehr zu geben, wie es in unserer Deutung bereits von Hesiod mit seinem Gott Chaos vorgedacht worden ist. Das hieße, daß Parmenides einem unverständlichen Primitivismus anheimgefallen wäre.

Die konsistenteste Interpretation dieser Position des Parmenides ist, daß er mit dem ewigen und unveränderlichen *einen Sein*, **Existenz überhaupt** meint. Das Eine (*das eine Sein*) ist das, in dem alles Existierende aller Existenzformen miteinander verbunden ist. Das Existierende überhaupt, das Allgemeine dessen, was Existenz bedeutet, ist etwas von allem speziell Existierenden gänzlich Abgelöstes. Es findet nur im begrifflichen Denken statt, ohne auf eine bestimmte Existenzweise Bezug zu nehmen. Und damit hat es einen direkten Bezug zu dem Weisen, von dem Heraklit spricht. Diese Deutung setzt allerdings zumindest die Intuition der Unterscheidung von existentiellem und begrifflichem Denken voraus; denn die verschiedenen Existenzformen wären ja immerhin begrifflich zu unterscheiden und sie wären das Einzelne zu dem Allgemeinen dessen, was Existenz überhaupt bedeutet. Abgesehen davon, daß Parmenides sein *Ewig-eines-Sein* noch substanzhaft denkt, lassen sich aber fast alle seine Prädikate auf diese Weise einwandfrei deuten.

Man kann sich die von Parmenides vorgestellte Einheit allen Seins durch die Möglichkeiten klarmachen, folgende Frage zu beantworten: *„Gibt es etwas, das es nicht gibt?"* Wenn die Antwort darauf nicht einen logischen Widerspruch darstellen soll, so läßt sich auf diese Frage nur mit „nein!" antworten, oder man müßte das zweimalige Auftreten von „es gibt" jeweils auf verschiedene Existenzformen beziehen, so daß die Behauptung der Nicht-Existenz von etwas nur bedeuten kann, daß dieses Etwas in einer bestimmten Existenzform nicht vorhanden ist. Die genannte Frage erzwingt mithin die Aussage: „Es gibt nichts, was es nicht gibt." Dabei wird unter „es gibt" die Existenz überhaupt verstanden, so daß wir auch heute mit Parmenides übereinstimmen können, wenn wir feststellen: Außerhalb dessen, was wir unter Existenz überhaupt begreifen, kann es nichts geben, worüber sich irgend etwas Vernünftiges aussagen ließe.

Der dritte Teil des Lehrgedichts von Parmenides behandelt die Menschenwelt und deren Meinungen von der Welt. Auch diesen Teil will Parmenides von der Göttin Dike erfahren haben. Dabei entsteht das Deutungsproblem, daß dasjenige, was Parmenides von einer Göttin erfährt, zumindest einen gewissen Grad von Wahrheit besitzen sollte, obwohl sie von einer „trügerischen Ordnung" spricht. Trügerische Ordnungen ergeben sich offenbar genau dann, wenn man die Einheit der Gegensätze nicht beachtet, wie es Parmenides uns wissen läßt. Damit ist aber klar, daß es im menschlichen Bereich auch Wahrheiten gibt, nur sind sie trügerisch oder nicht verläßlich, eine Einsicht, die Parmenides schon von

Xenophanes gelernt hat. Das dritte Buch handelt also von den unzuverlässigen Einsichten im menschlichen Leben. Es scheint, als ob Parmenides die ewigen Wahrheiten über das eine ewig Seiende und die flüchtigen Wahrheiten, die in den trügerischen Meinungen der Menschen wohnen, unterscheiden will. Dies entspräche ganz der folgenden Wahrheitsaufteilung, wie wir sie heute denken:

1. *Die festgesetzte Wahrheit*, insbesondere die analytischen und logischen Wahrheiten, die keinerlei Bezug zur besonderen Struktur unserer Erscheinungswelt haben, weil sie ausschließlich auf Definitionen und Forderungen über die Funktion der Wahrheit beruhen.
2. *Die festgestellte empirische Wahrheit*, die wir mit Hilfe von festgesetzten Wahrheiten über unsere Möglichkeiten sinnlicher Wahrnehmungen ermitteln und die wir mit Hilfe von logischen Wahrheiten umformen und zu Voraussagen benutzen können.

Analytische Wahrheiten sind notwendig wahr, empirische Wahrheiten sind dahingegen nicht sicher. Empirische Aussagen, die als wahr angesehen werden, können sich später als falsch erweisen. Sie gehören in den Bereich der möglichen Täuschungen. Parmenides sieht jedoch einen unterschiedlichen Grad von Wahrheit für die Meinungen der Menschen vor. Einen höheren Wahrheitsgrad besitzen die Aussagen, in denen die Einheit der Gegensätze berücksichtigt wurde. Es scheint, als ob solche Einheitsstiftungen eine größere Nähe zu dem *Ewig-Einen* besäßen und darum einen größeren Wahrheitsgehalt besitzen. Dies erinnert deutlich an die reinen Gedanken bei Heraklit, die als die Einheit von Gegensatzpaaren gedacht und durch den Logos im Menschen hervorgebracht werden.

Die Gegenstände, mit denen es die Menschen zu tun haben, entstehen durch eine Mischung aus Gegensätzen, wie etwa dem Gegensatz von Licht und Nacht:

> „Aber nachdem alle *Dinge* Licht und Nacht benannt und das was ihren Kräften gemäß ist diesen und jenen als Name zugeteilt worden, so ist alles voll zugleich von Licht und unsichtbarer Nacht, die beide gleich(gewichtig); denn nichts ist möglich, *was* unter keinem von beiden *steht*."[90]

Die höchste Wahrheit, die für Menschen erreichbar ist, wäre demnach das nebelhafte Grau, das eine perfekte Mischung aus Licht und Nacht darstellt. Dies läßt sich freilich wieder in die Denktradition des Xenophanes einordnen, der bereits die Möglichkeit sicherer Erkenntnis leugnete, nur daß hier die nette Metapher benutzt wird, daß wir alles in einer Mischung aus Licht und Nacht wahrnehmen. Tatsächlich ist der Gedanke der Mischung der wichtigste Gedanke des Wissens über „*die Meinungen der sterblichen Menschen*", das sich Parmenides von der Göttin mitteilen läßt:

---

90 Fragment Nr. 9, vgl. Diels/Kranz(1996, 240f.).

„... überallhin nämlich gebietet sie (die Göttin) über schauderhafte Geburt und Mischung, [5] indem sie zum Männlichen das Weibliche führt, daß Mischung stattfinde, und andererseits wiederum das Männliche zum Weiblichen."[91] „Wenn Frau und Mann zusammen die Keime der Liebe mischen, formt die Kraft, die diese in den Adern aus verschiedenem Blut bildet, wohlgebaute Körper, wenn sie nur die Mischung bewahrt. Denn wenn die Kräfte, nachdem der Samen vermischt worden ist, einander bekämpfen und keine Einheit bilden, werden sie, indem der Samen zweifach bleibt, schrecklich das entstehende Geschlecht schädigen."[92]

Schließlich sollen nach Parmenides sogar die menschlichen Gedanken aus derartigen Mischungen hervorgehen. Dabei denkt Parmenides an eine Isomorphie von den durch Mischungen gewirkten Gegenständen und den durch Mischung erzeugten Gedanken. Bedenkt man, daß mit jedem Begriffspaar ein Gedanke verbunden ist, da die Elemente elementarer ganzheitlicher Begriffssysteme nicht schrittweise hinsichtlich ihrer Bedeutung begriffen werden können, so lassen sich solche Mischungen von Gegensatzpaaren als erste elementare Gedanken begreifen. Man müßte den dazu passenden Originaltext „το γαρ πλεον νοημα" übersetzen als: „Denn das Viele ist ein Gedanke."

Hier taucht mit einem Mal die Anwendungsfunktion der Begriffe auf, Vieles durch einen Gedanken zusammenzufassen. Der eine Gedanke ist dann das Allgemeine zu den vielen einzelnen Dingen, die er zusammenfaßt. Dabei gehört der Gedanke der Existenzform des Denkens an, während das mit dem Gedanken Zusammengefaßte einer anderen Existenzform, wie z.B. der sinnlichen Welt zugehören kann. Mehrere verschiedene Gedanken strukturieren die Welt danach, wie sie das Viele der Welt gliedern. Dieses Merkmal der Begriffe wird das *strukturierende Merkmal der Begriffe* genannt. Und damit wären wir bereits bei der allgemeinsten Form von Erkenntnis, wie sie auch heute noch formuliert werden kann: *Erkenntnis ist die Zuordnung von etwas Einzelnem zu etwas Allgemeinem.* Und so, wie wir heute wissen, daß unsere Erkenntnisse über die Welt unzuverlässig sind, so macht auch Parmenides – wie vor ihm Xenophanes und Heraklit – auf die Unsicherheit des Meinens der Menschen aufmerksam. Anders als jene, versucht Parmenides seinen Behauptungen mehr Verläßlichkeit dadurch zu verleihen, indem er behauptet, er hätte seine Kenntnisse von der Gerechtigkeitsgöttin Dike selbst gesagt bekommen. Dies ist offensichtlich ein erneuter Rückbindungsschritt, indem die Sicherheit der Erkenntnis durch die Anbindung an eine persönliche Gottheit gewährleistet werden soll. Erstaunlich aber ist dennoch, daß sich die wichtige Entdeckung zur Entwicklung des begrifflichen Denkens bis hin zu den strukturierenden Merkmalen der Begriffe und der damit verbundenen Erkenntnisfunktion erst im dritten Teil des Lehrgedichtes findet, in dem es angeblich nicht um ernst zu nehmende Dinge gehen soll.

Durch die Isomorphie von Gegenständen und Gedanken erklärt Parmenides auch die Entstehung der Sprache, indem er meint, die Menschen hätten den durch Mischung entstandenen Dingen Namen gegeben, da ihnen die Vernunft zur Seite stehe. Auch dies ist eine Parallele zur Heraklitischen Vorstellung von der Funktion des Logos. Insgesamt zeigt

---

91   Fragment Nr. 12, vgl. von Steuben (1985, 17).
92   Fragment Nr. 18, vgl. ebenda S. 19.

sich, daß der oft behauptete Gegensatz zwischen Heraklit und Parmenides[93] bei genauem Studium der Fragmente nicht auffindbar ist.

Bei Parmenides läßt sich jedoch bemerken, daß in seinem Denken ein Merkmal des begrifflichen Denkens schon weiter entwickelt ist, als bei Heraklit, da das strukturbildende Merkmal der Begriffe schon deutlich hervortritt. Bei beiden liegt eine erste intuitive Trennung von Begrifflichem und Existentiellem vor. Bei Parmenides werden die beiden Denkbereiche des einen Seins und der menschlichen Welt, die sich da trennen, selbst noch substantiell begriffen. Bei Heraklit trennen sich gedanklich der beharrende Logos und die Welt des ewigen Wandels, ohne daß dem Logos noch ausdrücklich etwas Substanzhaftes zukäme, so daß sie in der Substanz des ewigen Wandels noch als vereint erscheinen können. Im Gegensatz dazu ist bei Parmenides das eine ewige Sein, das als *die Vorstellung von Existenz überhaupt* zu interpretieren ist, noch viel deutlicher von der Welt der menschlichen Meinungen geschieden. Dabei können wir die Eigentümlichkeit beobachten, daß bei Parmenides die Vorstellung von Existenz überhaupt, die Vorform des späteren reinen begrifflichen Denkens ist. Die Unterschiede im Denken von Heraklit und Parmenides sind also sehr viel weniger und sehr viel subtiler als es die herkömmlichen Darstellungen insbesondere die eines Herrn Hegel glauben machen wollen.

In der Geschichte der Philosophie ist es nicht selten geschehen, daß die Schüler oder Nachfolger der bedeutendsten Philosophen an das Niveau ihrer geistigen Väter nicht heranreichten und darum ihr Werk verfälschten. So ist es Aristoteles mit seinem erst 600 Jahre später lebenden Interpreten Porphyrius gegangen, Kant ist das Entsprechende mit seinen Interpreten Fichte, Hegel oder sogar auch Schopenhauer widerfahren, und das gleiche Schicksal scheint Parmenides von seinen Schülern insbesondere von Zenon von Elea bereitet worden zu sein. Vielleicht ist es erst Zenon von Elea gewesen, der die absurden Konsequenzen seines Lehrers Parmenides in das Werk seines Lehrers hineininterpretiert und damit den fälschlichen Gegensatz zu Heraklit nachträglich aufgebaut hat.

Es ist der Fehler, der immer dann entsteht, wenn man reine Gedankendinge wie etwa einen Punkt ontologisiert. Man könnte auch sagen: „Zenon von Elea (*−494 bis −444*) sträubt sich mit all seiner intellektuellen Gewandheit gegen seinen eigenen Intellekt, da er die Entstehung des begrifflichen Denkens durch das Bewußtwerden des Unterschieds von Beschreibung und Beschriebenem nicht akzeptieren möchte", ein Unterschied, der im dritten Teil von Parmenides Lehrgedicht aufleuchtet, wo sich unterstellen läßt, daß eine Isomorphie von Gedanken und Dingen gedacht wird. Mit Zenon beginnt eine Interpretationslinie der Philosophie des Parmenides, die mit Blick auf die hier gegebene Interpretation der Lehre des Parmenides mit größter Vorsicht zu genießen ist. Ich halte es nicht für ausgeschlossen, daß auch Platons Sicht des Parmenides von möglichen Zenonschen Fehldeutungen beeinflußt worden ist. Denn nach Zenon habe Parmenides behauptet, daß es weder Bewegung, noch ein Vieles und auch nicht Zeit und Raum geben könne. Und dem-

---

93 Auch daran wird deutlich, daß wir Herrn Hegel, der das besonders betonte, wohl doch nur als Wirrkopf verstehen können, der darum auch nicht begreifen konnte, daß wir vom Absoluten nichts wissen können.

zufolge könnten alle räumlichen und zeitlichen Erkenntnisse von etwas sich Veränderndem oder von einem Vielen nur Täuschungen sein. Zu diesen Konsequenzen kann Zenon aber nur vordringen, wenn er den von Parmenides bereits intuitiv vollzogenen Unterschied zwischen dem Gedanken und dem Objekt des Gedankens leugnet.

Dazu erfindet Zenon Paradoxien über Paradoxien, wie etwa die seines berühmten Wettlaufs zwischen Achill und der Schildkröte, wonach Zenon in Gedanken meint beweisen zu können, daß der schnelle Läufer Achill die langsame Schildkröte nie einholen könne, wenn man ihr bei dem Wettlauf einen Vorsprung eingeräumt habe. Wenn Achill dort sei, wo die Schildkröte soeben noch gewesen war, sei die Schildkröte schon wieder ein Stück weiter, und dies ginge bis ins Unendliche so fort. Dieser und alle anderen Beweise leiden daran, daß Zenon in ihnen keine Unterscheidung von verschiedenen Existenzformen vornimmt. Darum kann er nicht bemerken, daß seine Schlüsse von der gedanklichen Wirklichkeit auf die sinnlich wahrnehmbare Wirklichkeit Fehlschlüsse sind.

Oder wußte er es selbst? Die Scharfsinnigkeit seiner Argumente könnten darauf hinweisen, daß er die Fehlerhaftigkeit seiner Schlüsse durchschaute. Wenn das so wäre, dann hätten wir anzunehmen, daß er die Unsicherheit, die sich mit der menschlichen Erkenntnis grundsätzlich verbindet, so sehr gefürchtet hat, daß er den Weg zum begrifflichen Denken hin bewußt abstoppen wollte, indem er suggerierte, daß alle menschliche Erkenntnis grundsätzlich nur widersprüchliche Täuschung sein könne, so wie es Platon später auch mit dem begrifflichen Denken des Sokrates gegangen ist. Sicher ist, daß Zenon damit die Weiterentwicklung zum begrifflichen Denken hin stark gebremst hat. Er und mit ihm die Eleaten sind darum von Platon und von Aristoteles als die „Weltlaufanhalter" (στασιωται του ολου) oder die „Unnaturforscher" (αφυσικοι) bezeichnet worden.[94] Denn hätte Zenon sich durchsetzen können, dann wäre das begriffliche Denken kaum entstanden, und freilich hätten wir dann heute nicht die Orientierungsprobleme, die uns das begriffliche Denken beschert hat. *Zenon unternahm jedenfalls einen der extremsten Rückwendungsschritte auf dem Wege zum begrifflichen Denken hin.*

Ganz offensichtlich hat Zenon jedoch die weitere Entwicklung zum begrifflichen Denken hin nicht wirklich abstoppen können; denn Anaxagoras von Klazomenai (-499/495 bis -427) vollzieht die von Heraklit und Parmenides vorbereitete Trennung zwischen der intelligiblen Welt und der Erscheinungswelt, wie Kant die getrennten Welten später bezeichnete, mit logischer Strenge. Es gibt für Anaxagoras den einen bedeutsamen Unterschied zwischen demjenigen, das sich grundsätzlich *nicht* vermischt und demjenigen, das sich vermischt. Das sich Nichtvermischende aber alles Bewirkende nennt Anaxagoras den *Nous*, die Vernunft. Man kann hier sogar von der Weltvernunft sprechen, da sie das gesamte Weltgeschehen im Kleinen wie im Großen beherrscht. Während sich das Verändernde in jeder Größenordnung vollständig und nur dem Mischungsgrade nach verschieden mischt, geht der Nous gar kein Mischungsverhältnis ein, weil er wie unsere Raumvorstellung heute keine echten Teile besitzt.

---

94 Vgl. Platon, Theaitetos, 181A oder Aristoteles bei Sext. Empiricus adv. math. X 46.

Wenn auch der Geist oder die Weltvernunft das *„feinste und reinste von allen Dingen"* ist, so ist damit doch unmißverständlich gesagt, daß der Nous ebenso wie die grobstoffliche sinnlich wahrnehmbare Welt substanzhaft ist. Etwas *rein* Begriffliches, Unstoffliches läßt sich so wie mit Heraklits Logos mit dem Nous des Anaxagoras noch nicht in Verbindung bringen. Der Nous und das *Unendlich-Viele* der Dinge agieren in der gleichen Existenzform als Gegensätze auf einer zugrundeliegenden Substanz, die hier allerdings nur abstrakt gedacht werden kann, da sie nicht als solche in Erscheinung tritt. Sie ist hier wohl das Eine, in und von dem die Weltvernunft und das Viele zusammengehalten werden. Es gibt für Anaxagoras beliebig viele Sorten beliebig fein verteilten unvergänglichen Materials, aus dem alle Dinge durch Zusammensetzung werden und durch Auflösung wieder vergehen. Den Gedanken der Mischung kennt Anaxagoras von Parmenides.

Ferner übernimmt Anaxagoras von Parmenides auch den Gedanken, daß es für das ursprüngliche Material kein Werden und Vergehen geben kann, weil es unmöglich ist, daß etwas aus Nichts entsteht oder etwas in Nichts zerfällt. Und man kann bei ihm auch einen parmenideischen Gedanken von dem einen ewigen Sein vermuten. Denn für Anaxagoras ist alles aus einem Urzustand der vollständigen und gleichmäßigen Durchmischung des vorhandenen und unvergänglichen Materials hervorgegangen, das aus unübersehbar vielen Sorten besteht. Anaxagoras stellt eine Theorie zur Entwicklung des Lebens und des Menschen vor, die davon ausgeht, daß alles, was entsteht, schon keimhaft im Urzustand vorhanden ist. Alles, was zu entstehen scheint, ist schon immer dagewesen. Wenn ein Ding oder Lebewesen zur sinnlichen Erscheinung wird, dann sind in diesem Ding oder in diesem Lebewesen besonders viele Keime miteinander verbunden, die die Charakteristika dieses Dinges oder Lebewesens besitzen. Wenn eine makroskopisch erkennbare Qualität in Erscheinung tritt, dann müssen sich gleichartige Teile, sogenannte *homöomere Teile*, sehr dicht gehäuft und massenhaft zusammenfinden.

Die Überzeugung, daß nichts aus nichts entstehen und werden kann, gilt für Anaxagoras nicht nur quantitativ, etwa wie wir es heute mit dem Energieerhaltungssatz denken, sondern auch qualitativ. Mit Anaxagoras läßt sich ein *Qualitätserhaltungssatz* formulieren:

Es geht keine Qualität verloren, und es kommt keine Qualität hinzu.

Die Weltvernunft, der Nous, durchdringt und bewegt alles. Sie ist insbesondere in den beseelten Dingen anwesend und verschafft ihnen Erkenntnis, die nicht durch die Sinne vermittelt ist.[95] Anaxagoras unterscheidet Erkenntnisse danach, ob sie sinnlich, und das heißt, grobstofflich vermittelte Erkenntnisse oder ob sie Vernunfterkenntnisse sind, die durch die in der Seele vorhandene feinstoffliche Weltvernunft zum Bewußtsein kommt. Die sinnliche Wahrnehmung hält auch Anaxagoras so wie vor ihm Xenophanes, Heraklit

---

95 In Fragment Nr. 12 heißt es: „Und alles, was Seele hat, sowohl die größeren wie die kleineren [Lebewesen], sie alle beherrscht der Geist." Vgl. Mansfeld (1993, 199).

und Parmenides für zu schwach, um die Wahrheit zu erkennen.[96] Dennoch bildeten für Anaxagoras ähnlich wie für Kant später *„die sichtbaren Dinge (...) die Grundlage der Erkenntnis des Unsichtbaren.“*[97]

Im Gegensatz zu Parmenides gehören bei Anaxagoras das ewig existierende Material und der Nous noch immer der gleichen substantiellen Existenzform an, so wie bei den milesischen Philosophen die Unterscheidung von Einzelnem und Allgemeinem auch nur im Substantiellen, d.h. im Existentiellen, festzustellen war. Für die einzelnen Dinge braucht Anaxagoras noch keine Begriffe, da er durch den intuitiven Einsatz des Qualitätserhaltungsprinzips das Entstehen und Vergehen in der Erscheinungswelt nur mit Hilfe von Quantitätsverschiebungen oder, anders gesagt, mit Hilfe von Dichteschwankungen der Qualitäten zu erklären sucht. Von diesen Qualitäten spricht Anaxagoras meist sehr abstrakt, indem er von Sachen und Samen spricht oder noch allgemeinere Formulierungen von Seiendem findet. Dennoch genügen die Andeutungen, die er macht, um zu wissen, daß er damit alle möglichen Steine, Erze, Pflanzen, Tiere, etc. meint. Das, was für ihn etwa ‚Gold‘ oder ‚Holz‘ oder ‚Fleisch‘ ist, das gibt es ebenso wie ‚Olivenbaum‘, ‚Hund‘ oder ’Mensch‘ in unendlich vielen und beliebig kleinen Ausprägungen und dies nicht nur für die Arten, sondern auch für jedes einzelne Ding selbst. Damit ist die Vorstellung eines Einzeldings und erst recht die Vorstellung von einzelnen Arten oder Sorten ein in höchstem Maße Allgemeines, weil es zu jedem dieser Qualitäten unbeschränkt viele Ausprägungen beliebiger Größenordnungen gibt. Hier scheint so etwas, wie Platonische Ideen von allem, was es gibt, intuitiv angelegt zu sein, nur daß diese Ideen keine Urbilder sind, sondern die Namen für die Klassen gleicher Gegenstände, die sich nur hinsichtlich ihrer Größe unterscheiden. Gewiß können wir derartige Namen nicht als Begriffe identifizieren. Aber immerhin haben sie gewiß die *strukturierende* Eigenschaft der Begriffe.

Erste begriffliche Strukturen finden sich im Denken und Sprechen über den feinstofflichen Nous und die grobstofflichen Sachen und Keime. An den Denkformen der Mischung oder Zusammenfügung und der Entmischung oder Scheidung wird die Entwicklung zum begrifflichen Denken hin schon deutlicher. Hier haben wir eine klare Trennung von Beschreibendem und Beschriebenem. Denn zu den Vorstellungen der Mischung und der Scheidung findet sich nichts Entsprechendes im Existenzbereich der ewigen Dinge und Substanzen. Diese Vorstellungen, mit denen die Erscheinungswelt beschrieben wird, gehören einer anderen Existenzform an als die der ewigen und unvergänglichen Dinge. Sie können auch nicht der Existenzform der sinnlichen Erscheinungswelt angehören, weil das, was dort als Werden und Vergehen erscheint, mit den Vorstellungen der Mischung und Scheidung beschrieben und erklärt wird. Auch für Anaxagoras lassen sich somit drei verschiedene Existenzformen angeben, die er aber nur intuitiv eingeführt hat:

1. Die Existenzform der ewigen Substanzen, in Form von Sachen, Keimen, Gegensätzen und der Weltvernunft.

---

96 Vgl. Fragment Nr. 21, Diels/Kranz (1996b, 43) oder Capelle (1968, 280).

97 Fragment Nr. 21a, vgl. Capelle (1968, 280).

2. Die Existenzform der sinnlich wahrnehmbaren Erscheinungswelt.

3. Die Existenzform des Denkens, in der erste Begriffsbildungen auftreten, so etwa, daß vieles Einzelnes mit einer Qualität, welche ein Ding repräsentiert, zusammengefaßt wird oder daß der Wandel in der Erscheinungswelt durch Mischungen und Scheidungen zu erklären ist.

Wie die dritte Existenzform des Denkens mit der Weltvernunft zusammenhängt, bleibt ungeklärt, obwohl es für Anaxagoras einen Zusammenhang geben muß. Denn dasjenige, das den Wandel beschreibt, muß in irgendeiner Weise einen Kontakt zu demjenigen besitzen, das den Wandel hervorbringt. Bei Heraklit ist es das Denken, dem die Trennung von Wandel und den Wandel regierenden Logos gelingt, so daß dadurch die allgemeine Gesetzmäßigkeit, die im ewigen Wandel liegt, erkannt werden kann. Diese Gesetzmäßigkeit war auch für Heraklit deshalb erforderlich, weil es für ihn ebenso wie für alle anderen Griechen vor ihm und nach ihm undenkbar war, daß etwas aus Nichts entstehen könnte. Darum konnte der Wandel nur ein gesetzmäßiger sein.

Ebenso wie bei Heraklit ist es auch für Anaxagoras das Denken, das dasjenige, was Träger des Wandels ist, von demjenigen unterscheidet, was den Wandel hervorbringt. Dies gelingt Anaxagoras durch die Bildung eines konträren Gegensatzes, der das ewig Vermischte, in dem der Wandel stattfindet, vom ewig Unvermischten, der den Wandel bewirkenden Weltvernunft, grundsätzlich trennt. Dadurch bringt Anaxagoras das erste Mal in der Geschichte die Idee des ontologisch oder substantiell Absoluten, des Abgetrennten, hervor, eine Idee, die die Menschen und insbesondere die Philosophen bis heute zum Narren hält und die überdies bis in unsere Gegenwart hinein unsägliches Unheil über die Menschen bringt und gebracht hat.

Weil nichts mit dem prinzipiell Abgetrennten, dem Absoluten, in Zusammenhang stehen kann, findet sich auch bei Anaxagoras keinerlei Angabe über die Verbindung von Seele und Weltvernunft, obwohl es diese Verbindung geben müßte, weil die Seele das Bewirkende ebenso enthält, wie die Weltvernunft das Bewirkende beinhaltet.

In der Geistesgeschichte ist es immer wieder vorgekommen, daß Menschen auftraten, die trotz der logischen Unmöglichkeit behaupteten, Kontakt zum Absoluten zu besitzen. Vor diesen Menschen mußte man sich in der Vergangenheit ebenso wie in unserer heutigen Gegenwart in acht nehmen, da sie zu echter Toleranz nicht fähig sind, und dies galt und gilt für Philosophen nicht weniger als für Theologen oder für politische Diktatoren.

Während in der Tradition der milesischen Philosophen der mythische Möglichkeitsraum des Chaos und das mythisch Wirkliche der Gaia in einer Ursubstanz zusammengefaßt und das mythisch gesetzmäßige, der Eros, davon strikt getrennt wurde, so verdeutlichen sich bei Anaxagoras diese drei verschiedenen Funktionen des Hesiodschen Urtripels. Die stets vermischt vorliegenden grobstofflichen ewigen Substanzen besitzen vor allem die ursprüngliche Wirklichkeitsfunktion. Sicher haftet ihnen auch noch etwas von der Möglichkeitsfunktion an, da durch sie auf dem Wege von Entmischungen und Mischungen besondere Anhäufungen von gleichartigen Samen oder Dingteilchen hervorgebracht werden können, so daß sinnlich wahrnehmbare Gegenstände entstehen. Damit

ist in dem ewigen grobstofflichen Material die passive Möglichkeit zu sinnlich wahrnehmbaren Gegenständen enthalten. Da aber die Mischungs- und Entmischungsbewegungen in
diesem Material ausschließlich vom Nous bestimmt und hervorgebracht werden, muß die
Möglichkeit für das In-Erscheinung-Treten eines sinnlich wahrnehmbaren Gegenstandes
vor allem durch den Nous gegeben sein.

Diese Überlegungen lassen sich ganz analog zum All-Einen des Xenophanes anstellen,
welches das gesamte Sein von innen her bestimmt oder zu Heraklits Logos, der den Wandel vollständig festlegt. Demnach spaltet sich der Möglichkeitsraum auf in einen passiven
Bestandteil, der mit dem ewigen Material gegeben ist, und einem aktiv agierenden Teil,
der dem gesetzgeberischen Teil des Nous bzw. des Logos zuzuschlagen ist. Der (göttliche)
Nous des Anaxagoras muß also das beharrliche Gesetz und das Drängen, dem Gesetz
zu folgen, umfassen. Die Beschreibung der Gesetze, die das Sein bestimmen, und die
Beschreibung des Hervorbringenden werden von Anaxagoras noch nicht vorgenommen,
da sein begriffliches Denken noch zu wenig entwickelt ist. Dies ändert sich jedoch schon
grundlegend bei Empedokles.

2.6   Die empedokleisch-sophistische Tradition: Empedokles von Akragas (*–491 bis –429*), Gorgias von Leontinoi (*–482 bis –374*), Protagoras von Abdera (*–482 bis – 412*)

Obwohl sich Zenons Paradoxien in der griechischen Welt sehr schnell verbreiteten und
viel Verwirrung anstifteten, so konnten sie doch nicht die immer stärker werdende Neigung zum eigenen Denken aufhalten. Denn das selbständige Denken ist auch heute mit
einer Lust verbunden, so daß derjenige, der überhaupt erst einmal damit begonnen hat,
nicht wieder freiwillig aufhören wird, sich seine eigenen Gedanken zu machen. Durch
die kleine Theorie der Zusammenhangserlebnisse[98] erscheint mir diese Feststellung besonders einleuchtend zu sein. Denn die Erfahrung des eigenen Denkens ist zugleich die
Erfahrung von eigenen Zusammenhangserlebnissen, die grundsätzlich die Eigenschaft
haben, die Gefühlslage positiv zu verändern, so daß man immer wieder nach Zusammenhangserlebnissen streben wird, und das heißt hier: zu Erlebnissen im eigenen Denken.

Empedokles scheint einer der ersten Vorsokratiker gewesen zu sein, der intuitiv bereits
begrifflich gedacht hat. Das läßt sich anhand seiner Porenlehre ablesen, an der sich erstmalig alle Merkmale von Begriffen finden.[99] Danach besitzen alle Stoffe Poren, und die
Dinge treten über diese Poren in Wechselwirkung, indem aus ihnen etwas ausfließt und

---

98 Zum Begriff des Zusammenhangserlebnisses vgl. etwa: W. Deppert, „Hermann Weyls Bei-
    trag zu einer relativistischen Erkenntnistheorie", in: Deppert, W.; Hübner, K; Oberschelp, A.;
    Weidemann, V. (Hg.), *Exakte Wissenschaften und ihre philosophische Grundlegung*, Vortr.
    d. intern. Hermann-Weyl-Kongresses Kiel 1985, Peter Lang, Frankfurt/Main 1988 oder W.
    Deppert: „Der Reiz der Rationalität", in: *der blaue reiter*, Dez. 1997, S. 29–32.
99 Vgl. dazu die Staatsexamensarbeit von Roland Hanf 'Begriffliches Denken bei Empedokles',
    Kiel 1999.

anderes wieder hineinfließt. Aristoteles beschreibt diese Porenlehre in einer sehr allgemeinen Weise, da offenbar viele Naturforscher seiner Zeit sich dieser Porenlehre angeschlossen hatten. Er faßt ihre Grundzüge wie folgt zusammen:

> „Die einen Physiker glauben, daß jedes Ding <Veränderungen> erleide, indem durch gewisse Poren das letztlich und entscheidend Wirkende in es eindringe und daß wir auf diese Weise auch sehen und hören und all die anderen Sinnesempfindungen haben, und daß man durch Luft und Wasser und die durchsichtigen Substanzen sehen kann, weil <diese Stoffe> Poren enthalten, die infolge ihrer Kleinheit unsichtbar, aber dicht und reihenweise <angeordnet> seien, und dies sei bei durchsichtigen Substanzen in höherem Grade der Fall. Gewisse Physiker haben also eine solche Ansicht von gewissen Stoffen <bzw. Vorgängen> aufgestellt, wie auch Empedokles, nicht nur von den wirkenden und leidenden Substanzen, sondern er erklärt auch, daß Stoffe sich miteinander mischen, deren Poren einander symmetrisch sind."[100]

Empedokles schließt von den Tieren und Pflanzen, bei denen man Ein- und Ausflüsse reichlich beobachten kann, auf alle anderen Dinge:

> „... es erfolgen ständig vielerlei Abflüsse nicht nur von Tieren und Pflanzen oder von Erde und Meer, sondern auch von Steinen und Kupfer und Eisen. Es vergeht ja auch alles dadurch, daß ständig etwas von ihm abfließt und ununterbrochen abgeht."[101]

Das, was sich Empedokles als Poren vorstellt, ist vielgestaltig, weil die verschiedenen Sinnesorgane darauf beruhen, daß ihre Poren verschiedene Formen haben, die nur *das* durchlassen, was aufgrund seiner Form hindurchpaßt. Damit umfaßt der Ausdruck 'Pore' verschieden Arten von Poren. Er ist also je nach Hinsicht ein Allgemeines oder ein Einzelnes, welches ja das erste Kennzeichen von Begriffen ist. Mithin ist der Ausdruck 'Pore' bereits ein Begriff. Und entsprechend zu den Poren, durch die etwas spezifisch Geformtes hindurchgeht, entwickelt Empedokles als erster eine Lehre kleinster Teilchen. Die vier Elemente seien dadurch gekennzeichnet, daß sie aus unterschiedlichen kleinsten Teilchen bestünden. Auch hier macht sich sein intuitiv bereits entwickeltes begriffliches Denken bemerkbar. Empedokles versucht schon über das Denken selbst zu reflektieren und es zu erklären. So behauptet Aetius:

> „Nach Empedokles hat die Vernunft ihren Sitz in der Zusammensetzung des Blutes."[102]

Und nach Theophrast habe Empedokles behauptet:

---

100 Vgl. Capelle (1968, 222).
101 Fragment Nr. 89, vgl. ebenda S. 223f.
102 Vgl. Capelle (1068, 234).

„Daher denken wir auch vor allem mit dem Blut. Denn in diesem seien am meisten die Elemente gemischt."[103]

Und schließlich heißt es im Fragment Nr. 105 von Empedokles selbst:

„In den Meeren des pulsierenden Blutes sind sie [die Elementarkombination] gemischt, dort, wo am meisten sich befindet, was bei den Menschen Verstand heißt; denn Verstand ist das bei den Menschen ums Herz befindliche Blut."[104]

Dennoch aber ist dieser Mechanismus grundsätzlich von dem verschieden, mit dem Empedokles das Wahrnehmen erklärt. Seine Wahrnehmungstheorie fußt auf seiner Porenlehre, die durch Aus- und Einflüsse die Dinge miteinander in Verbindung bringt. Das Blut hingegen ist gerade das Kennzeichen für etwas, das nur im Inneren wirksam ist, in dem Inneren, von dem schon Xenophanes meinte, daß dort das Vernunftwesen der pantheistischen Gottheit alles Geschehen und auch das Denken lenkt und leitet. Bemerkenswert ist, daß Empedokles das Blut deshalb für den Ort des Denkens annimmt, weil in ihm die kleinsten Elementteilchen aller vier Elemente am feinsten vermischt seien, so wie dies nach seiner Meinung in dem Anfangszustand des Sphairos der Fall gewesen sei. Damit ergibt sich ein Zusammenhang zwischen dem vollendeten Zustand der Liebe, die den Sphairos hervorbringt, und dem Denken. Auch das Denken ist für uns heute die Tätigkeit unseres Verstandes, durch die Vorstellungseinheiten miteinander verknüpft werden: Das Denken ist Ausdruck von Zusammenhangstiftung. Und dies ist das von Empedokles hervorgehobene Prädikat der Liebe.

Einhergehend mit der begrifflichen Denkfähigkeit war bei Empedokles das Erleben der eigenen Einzigartigkeit von großer Bedeutung gewesen. Vermutlich war dieses Erleben auch lustvoll, so daß er nach dem Zeugnis von Aristoteles zum Vater der Sophisten wurde, die das Üben im eigenständigen Denken, das anfänglich noch mit dem Sprechen einherging, zu ihrem Beruf gemacht haben. Die Sophisten waren Denk- und Sprachlehrer zugleich. Man bezeichnete sie darum auch als Rhetoren. Daß von der Möglichkeit, die Fähigkeit des selbständigen Denkens und Sprechens erlernen zu können, eine enorme Anziehungskraft ausging, läßt sich daran erkennen, daß die Sophisten zu den reichsten Leuten Griechenlands gehörten; denn sie ließen sich für ihren Denk- und Sprechunterricht gut bezahlen.

Einer der ersten und bedeutendsten Rhetoriker, Gorgias von Leontinoi (−482 bis −374), war Schüler von Empedokles. Die Rhetoriker zogen als Lehrer, Vortragende, Redenschreiber und Diskutanten durch das Land. Sie lehrten alles zu dieser Zeit bekannte Wissen, insbesondere die Rede- und Überzeugungskunst, wodurch man nach Protagoras lernen könne, *„die schwächere Sache zur stärkeren"* zu machen. Insgesamt würde man durch das Erlernen des sophistischen Handwerkszeugs, in der Lage sein, ein glücklicheres Leben zu

---

103 Vgl. ebenda.

104 Fragment Nr. 105, vgl. Mansfeld (1993, 135).

führen. Durch die Sophisten verbreitete sich eine gewisse Euphorie, die mit dem Erlernen von Fertigkeiten im Denken und Sprechen einherging. Mit diesem ganz neu entstandenen Interesse am Reden und Denken wurde das traditionalistische Weitererzählen von Göttergeschichten vernachlässigt. Die lebendige Praxis des Mythos geriet ins Abseits, und die mit dem Mythos verbundene Selbstverständlichkeit des Lebensvollzugs ging mehr und mehr verloren. Dadurch mußte sich unter den Menschen ein Individualitätsbewußtsein ausbilden, mit dem deutlich die immer mehr aufkommende Orientierungsnot zu spüren war, weil die Gültigkeit der aus dem Mythos stammenden traditionellen Handlungsrichtlinien an Überzeugungskraft einbüßten.

Das Verlangen nach Orientierung konnte aber, wenn es nicht den Rückfall in die alte mythische Gläubigkeit propagierte – was besonders in Athen vielfältig geschah – nur durch die Ausbildung der Fähigkeit zum selbständigen Denken erwachsen. Denn damit war die Hoffnung verbunden, durch die eigene Einsichtsfähigkeit orientierende Wertvorstellungen aufspüren und erkennen zu können. Diese geistesgeschichtliche Situation ist von den Sophisten erzeugt worden, und darin besteht ihr Beitrag zur Weiterentwicklung der begrifflichen Denkfähigkeit, der durch die platonische Verteufelung der Sophisten bis heute oft gar nicht erkannt und damit auch nicht gewürdigt wird. Weil aber die Sophisten wohl in den meisten Fällen den Orientierungsmaßstab der inneren Wahrhaftigkeit nicht eingeführt haben, konnten sie ihre Schüler von sich abhängig machen, so daß eine selbständige Orientierung durch das eigene Denken bei den Schülern der Sophisten noch nicht stattfinden konnte. Dennoch ist es dem Sophisten *Protagoras von Abdera (-482 bis -412)* gelungen, den begrifflichen Bewußtwerdungsprozeß der Griechen weiter voranzubringen. Es sind vor allem zwei Sätze, die von ihm erhalten sind: der **agnostische Satz** *über die Götter* und der sogenannte **Homo-mensura-Satz**. Der agnostische Satz lautet nach Diogenes Laertius[105]:

„Von den Göttern weiß ich nicht, weder daß sie sind noch daß sie nicht sind; denn vieles hemmt uns in dieser Erkenntnis, sowohl die Dunkelheit der Sache wie die Kürze des menschlichen Lebens."

Eine Folgerung aus diesem Satz ist der Homo-mensura-Satz[106]„ mit dem er seine Schrift mit dem herausfordernden Titel „ἀλήθεια ἡ καταβαλλοντες" („Wahrheit oder Niederringendes") begann und der die Geister noch bis heute verwundert oder gar in helle Empörung versetzt:

„Aller Dinge Maß ist der Mensch, der seienden, daß (wie) sie sind, der nicht seienden, daß (wie) sie nicht sind. – Sein *ist gleich* jemandem Erscheinen."[107]

---

105 Siehe Diogenes Laertius 1990, IX 51, vgl. auch Diels-Kranz 1996b 80 B 4., S. 265.
106 Siehe Diogenes Laertius 1990, IX 51, vgl. auch Diels-Kranz 1996b 80 B 4., S. 263.
107 Fragment Nr. 1, vgl. Diels/Kranz (1996b, 263).

Der *Homo-mensura-Satz ist ein Satz menschlicher und erkenntnistheoretischer Bescheidenheit*; denn in ihm wird zusammen mit dem agnostischen Satz über die Götter darauf hingewiesen, daß diejenigen unwahrhaftige Hochstapler sind, die meinen sie würden über göttliche Maßstäbe verfügen oder sie würden gar Gottes Wille kennen und sich nach ihm richten.[108]

Ähnlich wie die Behauptung Kants, daß der Mensch der Natur die Gesetze vorschreibe, wurde der Homo-mensura-Satz des Protagoras als eine ungeheuerliche Anmaßung mißverstanden. Genauer und gründlicher betrachtet, zeigt sich, daß es sich gerade umgekehrt verhält. Protagoras und Kant sind von der beschränkten Erkenntnisfähigkeit der Menschen überzeugt, so daß ihnen ein übermenschlicher absoluter Maßstab nicht zur Verfügung steht. Alles, was sie über die Natur oder über die Götter oder über die Wahrheit oder die Wirklichkeit aussagen, ist stets daran gebunden und darin eingebunden, was ihnen aufgrund ihrer beschränkten Erkenntnisfähigkeit zu erkennen möglich ist. Sei es infolge der beschränkten Aufnahmefähigkeit ihrer Sinnesorgane, ihrer sprachlichen Ausdruckskraft, ihrer Bildung, ihrer geschichtlichen Eingebundenheit oder ihrer transzendentalen Beschränkungen der Bedingungen der Möglichkeit von Erfahrung: Menschen ist der Zugang zu einer absoluten Wahrheit über die Wirklichkeit grundsätzlich verwehrt.

Der *Homo-mensura-Satz ist also Ausdruck menschlicher Bescheidenheit*, der aus der Einsicht von Protagoras folgt, daß er nichts über die Existenz der Götter aussagen könne. Die hybride Anmaßung liegt auf der Seite der Gegner des Protagoras. Sie pflegen die Vorstellung, sie besäßen als Menschen wenigstens in ihrer Vernunft einen Kontakt zum Absoluten oder gar, daß sich ihnen das Absolute selbst offenbart habe, wie es im Christentum bis heute geglaubt wird. Jeder Einzelne mag für sich über seine religiösen Erlebnisse der Auffassung sein, daß er zu seinem von ihm geglaubten absoluten Gott eine Beziehung habe, die ihn lenkt und leitet. Es gibt aber keinerlei intellektuell redlichen Argumente für eine Verallgemeinerung eigener derartiger religiöser Erfahrungen, es sei denn in einer Religionsgemeinschaft, die Einzelne dazu autorisiert, ihre Glaubensauffassungen für die Religionsgemeinschaft als allgemeingültig zu erklären. Der Homo-mensura-Satz von Protagoras ist eine Rückbindung des Denkens an die Möglichkeiten des Menschen und damit Ausdruck menschlicher Selbstbeschränkung und ehrlicher Bescheidenheit, im Gegensatz zu der grenzenlosen Überheblichkeit der Offenbarungsreligionen oder anderer spekulativer Denksysteme, wie sie etwa im deutschen Idealismus auftreten. Diese Überheblichkeit hat selbst die Naturwissenschaftler dazu verführt, ihre Ergebnisse zum einseitigen Nutzen weniger Menschen bedenkenlos einzusetzen.

---

108 Diese Hochstapelei, verbunden mit einem nicht zu überbietenden intellektuellen Hochmut, kennzeichnet bis heute die Katholische Kirche, indem sie behauptet, sie würde ein Oberhaupt besitzen, das der Stellvertreter Gottes auf Erden und der in seinen Aussagen über Gottes Wille sogar unfehlbar sei. Weil aber der Homo-mensura-Satz des Protagoras diese unbeschreibliche Hybris menschlicher Anmaßung schonungslos aufdeckt, wird er von der katholischen Theologie besonders bekämpft, es gibt aber auch evangelische Theologen, die sich nicht entblöden und kräftig mit in das gleiche Horn des menschlichen Hochmuts blasen.

Die Gefahr, die damit für die Natur, von der wir alle leben, verbunden war und ist, wurde nicht erkannt, weil das offizielle Christentum den bei den Vorsokratikern entstandenen Religionsbegriff des Zurückbindens der Wagnisse der Vernunft zu einem Absolutismus pervertiert hat. Allmählich entsteht ähnliches in Form einer *Technikfolgenabschätzung* wieder neu. Von einer Rückbindung an etwas Tragendes im Menschen kann aber noch keine Rede sein, weil die antike griechische Tradition einer tragfähigen Rückbindung durch die Christianisierung verlorenging und erst von ganz wenigen Religionsgemeinschaften[109] sehr langsam wieder eingeübt wird.

2.7 Die empedokleisch-atomistische Tradition: Leukippos von Milet, Elea oder Abdera (um –470 bis um –420) und Demokrit von Abdera (um –460 bis –380/370)

Durch das bei Empedokles auftretende intuitive begriffliche Denken findet sich bei ihm keine Spur von einem Zweifel an der Existenz des Vielen, wie ihn Zenon verbreiten wollte. Im Gegensatz dazu bilden sich bei Empedokles durch sein intuitiv angewandtes begriffliches Denken bereits im Großen *die mythogene Idee eines alles umfassenden Ganzen, den Sphairos* und für das besonders Kleine *die mythogene Idee der allerkleinsten, unteilbaren Teilchen*. Jedes der vier Elemente ist für Empedokles aus spezifischen Atomen aufgebaut. Empedokles ist darum der Vater des sogenannten *Atomismus*, durch den der ontologische Begründungsendpunkt von kleinsten, unteilbaren Teilchen festgelegt ist, aus denen alles sinnlich Wahrnehmbare zusammengesetzt ist. In dem Rahmen, der durch das größte Ganze, den Sphairos, und durch die kleinsten Teilchen, die Atome, bestimmt ist, können prinzipiell keine Atome verloren gehen oder neue Atome hinzukommen. Diese ontologische Gesamtkonzeption kennzeichnet aus empedokleischer Sicht das ewige, unveränderliche Sein, von dem Parmenides gesprochen hat.

Der Einfluß des Parmenides auf Empedokles ist vermutlich nicht über Zenon, sondern über Anaxagoras gelaufen, so daß auch Empedokles den Existenzbegriff des Parmenides in der hier dargestellten Interpretationsweise von ‚Existenz überhaupt' verstanden hat. Denn es war ihm intuitiv klar, daß es Übergänge von einer Existenzform in eine andere gibt, durch die der Eindruck des Entstehens und Vergehens bewirkt wird. Die Überzeugung, daß nichts aus Nichts entstehen und nichts in Nichts vergehen kann, ist auch bei Empedokles so tief verankert, daß aus der Beobachtung des Entstehens und Vergehens notwendig unbeobachtbare Existenzformen folgen, durch die der Übergang von einer Existenzform in eine andere möglich und verständlich wird. Die kleinsten Teilchen, aus denen die vier Elemente bestehen, gehörten für ihn in den Bereich des nicht Beobachtbaren.

Durch die Einsicht, daß das Viele und das Werden und Vergehen in der Welt über die Annahme von verschiedenen Existenzformen möglich und denkbar ist, sind Existenz-

---

109 Dazu gehören in neuerer Zeit etwa die sogenannten Freireligiösen und seit der Reformationszeit die Unitarier.

angaben *relativ* zu der Angabe von Existenzformen. Eine absolute Existenz im Sinne von ‚Existenz überhaupt' kann dann im Prinzip nur noch für die Existenzformen insgesamt und deren Hierarchiebildungen bis hin zu der beschriebenen ontologischen Gesamtkonzeption gedacht werden aber nicht mehr für etwas einzeln Existierendes. Es handelt sich dabei offenbar um eine *Vernunftidee*, von der Kant in seiner Kritik der reinen Vernunft eindrucksvoll gezeigt hat, daß man sie nicht auf die sinnlich wahrnehmbare Welt anwenden darf, wenn man sich nicht in heillose Widersprüche verwickeln will.

Die Entwicklung zum begrifflichen Denken hin ist notwendig mit der Entwicklung des Individualitätsbewußtseins verbunden. Dies führt bei der Interpretation des philosophischen Werks von Empedokles dazu, nicht nur für das eigene Denken, sondern auch für das denkende Subjekt selbst je eine eigene Existenzform anzunehmen, die freilich miteinander verkoppelt sind. So haben wir bei Empedokles durch seine für ihn selbst so erstaunliche Erfahrung, sich in andere hinein versetzen zu können, anzunehmen, daß er an so etwas wie eine *Ichsubstanz* glauben konnte, die ihn mit allen Wesen verbindet, in denen er das Vorhandensein eines Ichs vermutet, weil er sich in dieses Wesen mit seiner Vorstellung hinein begeben konnte. Die *Ichsubstanz* war die Verbindung zwischen allen diesen Wesen, warum die Tatsache für ihn furchtbar und abzulehnen war, daß wir andere Lebewesen töten und aufessen.[110]

Die weitere Entwicklung des griechischen Denkens vollzieht sich in der Zeit nach Empedokles dadurch, daß Existenzformen unterschieden werden und daß die Relativität des menschlichen Denkens bewußt wird. Die Atomisten Leukippos von Milet, Elea oder Abdera (um −470 bis um −420) und Demokrit von Abdera (um -460 bis −380/370) haben das begriffliche Denken kaum weiter vorangetrieben als es bei Empedokles vorzufinden ist. Sie bauten aber seine Atomtheorie durch die nähere Bestimmung verschiedener Existenzformen weiter aus. Nach Leukipp und Demokrit sind *Atome, die Gesetze ihrer Zusammenballungen* und *der leere Raum* unvergänglich. Veränderungen geschehen ausschließlich in bezug auf wechselnde Zusammenballungen der Atome. Darum existieren alle sinnlichen Erscheinungen in Form von Zusammenballungen der unvergänglichen Atome nur eine beschränkte Zeit lang. Eigenwilligerweise tritt eine Vorstellung von der späteren Behauptung der Konstanz der Arten bei den Atomisten nicht auf.

---

110 In meinem Wirtschaftsethik-Lehrbuch *Individualistische Wirtschaftsethik (IWE)* bei Springer Gabler (Wiesbaden 2014) habe ich evolutionsbiologische Gründe dafür angegeben, warum die Wahrscheinlichkeit für eine Selbstschädigung sehr hoch ist, wenn wir Menschen bewußt einem Menschen oder überhaupt der Natur einen Schaden zufügen. Diese Wahrscheinlichkeit wird sich beim Quälen, Töten und Verzehren von Tieren stark erhöhen, zu denen wir Menschen evolutionsbiologisch eine besondere Beziehung haben, wie insbesondere zu Hunden. Zur Zeit finden in China abscheuliche Festivals statt, auf denen Hunde zusammengepfercht gequält, ermordet und gefressen werden. Es besteht die ganz große Gefahr, daß sich diese Menschen durch diese schwerstmögliche Schädigung von Tieren, die ihnen durch die Evolution als Freunde anvertraut sind, sich selbst Krankheiten etwa in Form von Tumoren aller Art zuziehen, da diese Menschen die Harmonie ihrer eigenen biologischen Körperlichkeit zerstören indem sie die Harmonie der evolutionär auf Vertrauen gegründeten tierischen Umwelt aufs Schwerste verletzen.

2.8 Das sophistische Denken und das erstmalige begriffliche Denken bei Sokrates

2.8.0 Vorbemerkungen

In der empedokleisch-sophistischen Tradition, die sich als Fortsetzung der ionisch-pythagoreischen Tradition verstehen läßt, ist die Entwicklung zum begrifflichen Denken förmlich angelegt. Über die Sophisten erreichte *die Entwicklung zum **begrifflichen Denken** in Sokrates **den ersten Höhepunkt**.*

Da die Denkformen stets auch Ausdruck einer intuitiven oder bewußten Vorstellung des Menschen von sich selbst sind, läßt sich feststellen, daß die Entwicklung zum begrifflichen Denken Hand in Hand mit dem allmählichen Aufkommen des *Bewußtseins der eigenen Individualität* verlaufen ist. Sie erfaßte schnell immer größere Bevölkerungskreise, wodurch in der Bevölkerung aber auch ein großer Wunsch nach Anleitung im Denken, bzw. Sprechen entstand. Denn zu dieser Zeit waren Denken und Sprechen kaum getrennt. Mit dem neu aufkommenden Individualitätsbewußtsein trat aber auch das Problem der Orientierung auf. Denn gerade dieses Bewußtsein zerstörte zugleich den Glauben an die mythische Götterwelt. Dadurch trat ein sehr ernst zu nehmender *Mangel an Orientierung* auf, der die Zeit des Sokrates mit unserer Zeit formal vergleichbar macht, da auch in unserer Zeit das Vertrauen in die althergebrachten Orientierungssysteme massenhaft schwindet. Die Sophisten waren darum gesuchte Denk- und Sprechlehrer, und deshalb bekamen sie für ihren Unterricht sehr gut bezahlt und konnten enorme Reichtümer ansammeln.

Das begriffliche Denken ist aber dennoch bei den Sophisten noch nicht bewußt geübt worden. Es läßt sich erst bei Sokrates deutlich aufzeigen, der gewiß auch in der sophistischen Tradition stand, was seinem Schüler Platon viel Kopfzerbrechen bereitet hat. Denn die Sophisten lehrten eine Denk- und Sprechtechnik, die lediglich darauf ausgerichtet war, den Gegenüber reinzulegen, so wie es etwa ein Kartenspieler mit gezinkten Karten tut.

Als Beispiel für die sophistische Argumentationstechnik mag ein Gespräch dienen, das Platon in seinem Dialog *Euthydemos* angegeben hat und welches das Typische am sophistischen Degenfechten mit Worten deutlich macht. Da fragt Euthydemos den Knaben Kleinias: „... welche von beiden unter den Menschen sind denn die, welche lernen, die Klugen oder die Dummen?" Und Kleinias habe geantwortet, „die Klugen wären die Lernenden." Daraufhin legt Euthydemos Kleinias herein, indem er darauf verweist, daß er und seine Mitschüler doch wohl etwas von Lehrern lernen würden. „Nicht wahr nun," fährt Euthydemos fort, „als ihr lerntet wußtet ihr das noch nicht, was ihr lerntet? – Waret ihr nun etwa klug damals als ihr das nicht wußtet? – Wenn also nicht klug, dann dumm? – Ihr also, als ihr lerntet, was ihr nicht wußtet, lerntet als dumme?" Da mußte Kleinias freilich zugeben, daß demnach offenbar die Dummen lernen.[111]

---

111 Die Zitate vgl. Euthydemos aus Platons Werke, Band III, übers. von Friedrich Schleiermacher und Franz Susemihl, Insel Verlag, Frankfurt/Main 1991, 275d3–276b4 (S. 283–285).

Der sophistische Trick besteht hier darin, daß die Prädikate „klug" und „dumm" in zwei verschiedenen Bedeutungen benutzt werden. Sie können nämlich eine potentielle oder eine aktual vorliegende Eigenschaft bezeichnen. Als potentielle Eigenschaft bedeutet „klug", die Fähigkeit zum Lernen zu besitzen, als aktuale Eigenschaft bedeutet klug, etwas zum gegenwärtigen Zeitpunkt zu wissen, was man vorher möglicherweise noch nicht wußte. Hier wird die Bedeutungsrelativität der Begriffe von dem Sophisten Euthydemos zu einer Beliebigkeit umgemünzt. Denn er benutzt die Begriffe gerade in der Bedeutungsfestlegung wie es ihm paßt. Die Relativität der Bedeutungen bestimmt aber, daß die Bedeutungen erst festgelegt sind, wenn deutlich dazu gesagt wird, in welcher Beziehung die Begriffe benutzt werden. Der Taschenspielertrick der beliebigen Bedeutungsummünzung wurde von den Sophisten vermutlich nur intuitiv eingesetzt, oder durch die Einübung ähnlicher Argumentationspraktiken, von denen in Platons *Euthydemos* noch eine ganze Reihe zu finden sind, wurden über Analogiebildungen antrainiert. Die bewußte Unterscheidung von Potentialität und Aktualität findet sich das erste Mal in aller Deutlichkeit erst bei Aristoteles und noch nicht einmal bei Platon. Darum kann Platon den Argumentationsfehler der Sophisten in seinem Dialog *Euthydemos* noch nicht kennzeichnen.

Leider hat sich die von den Sophisten verwendete Verwechslung von Relativität und Beliebigkeit bis heute erhalten, so daß der Relativismus in den Verruf geraten ist, Beliebigkeit zu predigen, was jedoch Unsinn ist. Das Gegenteil ist der Fall. Relativität bedeutet Bestimmtheit durch einen klaren Bezug im Gegensatz zur Unbestimmtheit der Beliebigkeit. Freilich gab es zu Sokrates' Zeiten noch nicht den Begriff des Relativismus. Aber es gab zweifellos bereits schon das Bewußtsein, von Bedeutungsbeziehungen, d.h., daß ein Wort je nach dem lebensweltlichen Zusammenhang, dem Kontext, in dem es benutzt wird, seine Bedeutung wechseln kann. Diese Art von Relativität ist, wie etwa auch der Begriff der Religiosität oder der Religion oder noch so viele andere Begrifflichkeiten intuitiv benutzt worden. Eine auf die physikalische Welt angewandte Begriffsbestimmung des Begriffs der Relativität gibt immerhin schon Isaac Newton im Jahre 1686 in seinem Jahrtausendwerk „*Mathematische Prinzipien der Naturlehre*". Eine exakte Ausarbeitung des Relativismusbegriffs in bezug auf die physikalische Weltbeschreibung ist aber erst sehr viel später von Albert Einstein in seiner Relativitätstheorie vorgenommen worden.[112]

---

112 Vgl. A. Einstein, *Grundzüge der Relativitätstheorie*, Wissenschaftliche Taschenbücher Bd. 58, Akademie Verlag Berlin 1969. Für Einstein ist physikalische Realität erst durch „Bezugsräume" bestimmbar (S. 7ff.). Die möglichen Bezugsräume sind in der speziellen Relativitätstheorie die Inertialsysteme, d.h. nach dem „speziellen Relativitätsprinzip" „stimmen die Naturgesetze für alle Inertialsysteme überein (S. 28), und nach dem „allgemeinen Relativitätsprinzip" (59ff.) gilt dies für alle physikalisch realisierbaren Bezugssysteme. Mit Relativität ist ein Bezug gemeint, der bestimmend wirkt und der in der physikalischen Welt sogar so bestimmend ist, daß nur dadurch die physikalische Realität greifbar wird. In der Menschenwelt ergibt sich allerdings die Schwierigkeit, daß die Bezugssysteme, die durch die Erkenntnis- und Beurteilungsvermögen eines je einzelnen Menschen gegeben sind, einzigartige Bezugssysteme vorliegen, die sich niemals in allen ihren Bestimmungen auf einen anderen Menschen übertragen lassen. Das war Sokrates bereits bekannt, warum es für jeden Menschen eine individuelle Aufgabe war, die nur er allein in Angriff nehmen konnte, sich selbst auf dem Wege der Selbst-

Wie es auch in meinem Sokrates-Buch bereits gezeigt wurde, nahm der historische Sokrates den erkenntnistheoretischen Standpunkt eines konsequenten Relativismus ein[113], eines Relativismus, der den letzten Bezug immer im einzelnen Menschen sieht, der irgend etwas zu beurteilen hat. Sokrates kennt, so wie er in den Schriften des Xenophon beschrieben wird, keinen absoluten, außerhalb des einzelnen Menschen befindlichen Bezugspunkt, der für alle Menschen zu allen Zeiten und in jeder Hinsicht gleich wäre. Da Xenophon selbst nicht als ein kreativer Philosoph gelten kann, können wir als sicher annehmen, daß er den Relativismus, der in seinen Sokrates-Dialogen so klar zum Ausdruck kommt, nicht selbst erfunden hat, so daß hier der historische Sokrates zu Wort kommt. Der Relativismus ist bis heute die schwierigste erkenntnistheoretische Position, die aufgrund seiner Denkschwierigkeiten für viele Philosophen immer noch ein unüberwindbares Denkrisiko darstellt, das sie sich nicht trauen, einzugehen. Wie also sollte dann wohl Xenophon, der gewiß keine philosophische Begabung war, den erkenntnistheoretischen Relativismus erfunden haben? Das liegt jenseits jeglicher Vorstellungskraft.

Ein relativistisches Denksystem konnte von Sokrates nur intuitiv entwickelt werden, da der nötige Abstand zum eigenen Denken zu dieser Zeit noch nicht vorhanden war, so daß ein bewußtes Reflektieren der möglichen Denkformen noch nicht stattfinden konnte. Wie sich zeigen wird, beginnt mit Platon ein erstes Reflektieren und Bewerten von möglichen Denksystemen, das sich bei Aristoteles deutlich fortsetzt und zu einer vernichtenden Kritik des platonischen Denksystems führt. Trotz der von Sokrates intuitiv erbrachten Denkleistungen, besitzt sein Relativismus schon eine erstaunliche Konsistenz, und das mußte aufgrund seines Prinzips der Wahrhaftigkeit, das von Platon ebenso bezeugt ist wie von Xenophon, auch mit einer gewissen Notwendigkeit so sein.

Denkgebäude lassen sich mit Organismen vergleichen, die nur dann lebensfähig sind, wenn ihre Organfunktionen in wechselseitiger existentieller Abhängigkeit aufeinander abgestimmt sind. D.h., Denkgebäude müssen stets einen hohen Grad an Passungsfähigkeit ihrer einzelnen Gedanken besitzen. Hieraus ergibt sich ein Kriterium für die Identifizie-

---

erkenntnis mit seinen eigenen Auffassungen und Ansichten bestimmen. Vgl. auch W. Deppert, „Relativität und Sicherheit", in: Michael Rahnfeld (Hg.), *Gibt es sicheres Wissen?*, Band 5 der Reihe *Grundlagenprobleme unserer Zeit*, Leipziger Universitätsverlag, Leipzig 2006.

113 Diese Einsicht, verbunden mit der Verwechslung von Relativität und Beliebigkeit, mag einer der Gründe dafür gewesen sein, warum den Bemühungen, die sokratische Denk- und Lebensart der Bevölkerung im Sokratesjahr 2002 näher zu bringen, so viel unverständlicher Widerstand entgegengebracht wurde. So hat es der letzte Präsident der Allgemeinen Gesellschaft für Philosophie in Deutschland, Herr Prof. Dr. Hogrebe, mit allen ihm zu Gebote stehenden Machtmitteln verhindert, daß während des Deutschen Philosophenkongresses 2002 in Bonn auch nur eine Sektion zur Sokratesforschung eingerichtet wurde und mehr noch, daß der aus diesem Grunde an den Philosophenkongreß angehängte Sokrates-Kongreß unter den Teilnehmern des Philosophenkongresses bekannt gemacht werden konnte. An den Ständen der ausstellenden Verlage angebrachte Plakate ließ er abhängen und dem Organisator des Sokrates-Kongresses drohte er mit Hausverbot an der Universität Bonn, wenn er weiterhin versuchen würde, Informationen über den Sokrates-Kongreß in den Räumen der Bonner Universität während des Deutschen Philosophenkongresses zu verbreiten.

rung von Gedanken, die zu einem relativistischen oder zu einem absolutistischen Denksystem passen. Aus dieser Passungsbedingung ergibt sich die Möglichkeit zu entscheiden, welche Gedanken zum historischen Sokrates und welche zum historischen Platon passen, wenn man genügend gute Gründe dafür gefunden hat, *Sokrates für einen erkenntnistheoretischen Relativisten zu halten* und Platon zu unterstellen, daß er einem erkenntnistheoretischen Absolutismus den Vorzug gab. Während dieser **platonischen Vermutung** erst später nachgegangen werden kann, soll die entsprechende und schon geäußerte **sokratische Vermutung** bereits an dieser Stelle noch etwas weiter untermauert werden.

Die dargestellten Gründe für das Zusammenpassen von Gedankengebäuden sind auch der Grund dafür, daß die aufgezeigten Traditionslinien des Denkens in der Zeit der Vorsokratiker einen hohen Konsistenzgrad besitzen; denn auch sie haben aufgrund ihrer Geschichtlichkeit einen systematisch verfaßten Zusammenhang. Dieser Zusammenhang gilt umsomehr für einzelne Philosophen, die während ihres Lebens eine eigene Denktradition ausbilden, durch die sie allmählich ein immer konsistenteres Denksystem entwickeln. Xenophons Darstellung der Gedanken des Sokrates hat darum den großen Vorteil gegenüber allen anderen Darstellungen, daß er seine Memorabilien erst ca. 30 bis 40 Jahre nach Sokrates' Tod niedergeschrieben hat. Dadurch konnte er das gesamte Denkgebäude seines philosophischen Lehrers überblicken, weil nahezu alle Sokrates-Darstellungen der Sokrates-Schüler vorlagen. Dadurch ist verständlich, daß Xenophon in seinen Memorabilien trotz seiner anzunehmenden Schwierigkeiten mit den ungemein komplizierten relativistischen Gedankenführungen ein erstaunlich konsistentes Bild des sokratischen Denkgebäudes erstellt hat.[114] Falls jemand in den xenophontischen Sokrates-Darstellungen Hinweise auf absolutistische Bestrebungen finden sollte[115], dann werden sie von Sokrates-Schülern stammen, die wie Platon einem absolutistischen Denkgebäude zustrebten.

Die Stimmigkeit der relativistischen Begriffsbildungen, die sich in Xenophons Memorabilien finden lassen, mögen hier beispielhaft an der Bestimmung des Begriffsfeldes verdeutlicht werden, das sich um das Prädikat „gut" ansiedeln läßt. Da fragt der Sokratesschüler Aristipp (um −434 bis −353), der spätere Begründer der Schule der Kyrenaiker, seinen Lehrer nach der Bestimmung des Guten:

---

114 Vgl. Xenophon, *Erinnerungen an Sokrates*, Übers. u. Anmrkg. von Rudolf Preiswerk, Philipp Reclam Jun., Stuttgart 1992. Im Buch, 1. Abschnitt der Memorabilien nimmt Xenophon explizit bezug auf die diversen Sokrates-Autoren.

115 Dies ist mir bisher noch nicht gelungen. Überall dort, wo sich Sokrates auf etwas Allgemeines bezieht (z.B. 4.Buch, 6.Abs.(15)), ist eindeutig zu erkennen, daß er damit die allgemeine Meinung in der Bevölkerung meint, die zu einer bestimmten Zeit als „allgemeine Ansichten" der Bürger Athens vorhanden ist. Falls jemand Belege für absolutistische Tendenzen im Denken des xenophontischen Sokrates bringen kann, so bitte ich um Nachricht. Aufgrund der hier entwickelten geistesgeschichtlich archäologischen Methodik wäre dann allerdings zu vermuten, daß Xenophon diese Gedanken von Sokrates-Darstellungen übernommen hat, die von absolutistisch eingestellten Sokrates-Schülern stammen.

„(2) Aristipp fragte ihn nämlich, ob er etwas kenne, das gut sei. Hätte nun Sokrates etwas Derartiges genannt, wie z.B. Speise, Getränk, Geld, Gesundheit, Stärke, Wagemut, so hätte er ihm gezeigt, daß alle diese Dinge manchmal auch schlecht sind. Sokrates aber dachte daran, daß wir ein Befreiungsmittel brauchen, wenn uns etwas beschwert. So gab er ihm folgende, einzig passende Antwort: (3) »Fragst du mich etwa, ob ich weiß, was gegen Fieber gut ist?« Aristipp: »Nein.« Sokrates: »Aber was gut ist gegen Augenkrankheiten?« Aristipp: »Auch das nicht.« Sokrates: »Vielleicht was gut ist gegen Hunger?« Aristipp: »Nein.« Sokrates: »Wahrhaftig, ich kann deine Frage nicht beantworten. Ich kenne nichts Gutes, das zu nichts gut ist, und ich wünsche es auch nicht zu kennen.«"[116]

Es ist unverkennbar, daß sich dieser Bestimmungsversuch des „Guten" gegen die Hypostasierung des Begriffes „gut", wie sie von Platon in der Idee des Guten vorgenommen wurde, richtet, obwohl – dies sei zur Verteidigung Platons doch gesagt – Platons Idee des Guten sehr grundlegende existentielle und erkenntnistheoretische Funktionen zukommen, die ein höchstes göttliches existenzerzeugendes und erkenntniserhaltendes Prinzip beinhalten. D.h., die Idee des Guten ist bei Platon dazu gut, die Existenz des Erkennbaren überhaupt und dessen Erkenntnismöglichkeit zu bewirken und zu garantieren. Für Sokrates geht es dagegen um eine Bestimmung des Begriffes „gut", die ihren Bezug durch etwas erhält, das von einem Mangel, einem Kummer oder sonst von etwas Unangenehmem befreit. Dasjenige, wovon sich jemand durch etwas Gutes befreien will, ist dabei immer an einen bestimmten Menschen gebunden, in dem sich der Wunsch, dieses Etwas loszuwerden, auf ganz subjektive Weise äußert. Was für einen Menschen gut ist, kann dieser darum nur auf dem Weg der Selbsterkenntnis erfahren.

Eine allgemeinverbindliche Bestimmung des Guten ist für Sokrates unmöglich. Dies zeigt ein Gespräch, das Sokrates mit Euthydemos führt, dem Sophisten, den Platon in seinem gleichnamigen Dialog seine bereits kurz erwähnten sophistischen Tricks vorführen läßt. Nach *Sophistenart* ist der von Xenophon gezeichnete Euthydemos äußerst überheblich, indem er meint, daß sein Besitz der Werke der weisen Männer, ihn schon zum weisesten unter seinen Altersgenossen mache. Sokrates bringt ihn durch ein Gespräch über das Erwerben von Fähigkeiten, die zur Staatsführung nötig sind, in große Bedrängnis und bei dem Versuch, von ihm zu erfahren, was gerecht sei und was ungerecht in schiere Verzweiflung, da Euthydemos einsehen muß, sich von einer Sklavenseele nicht zu unterscheiden. Sokrates weist ihn auf den Weg der Selbsterkenntnis, wie sie von der Tempelinschrift in Delphi gefordert wird. Sokrates bestimmt diesen Weg durch das Ziel, das man von sich weiß, „wie es um die (eigene) Brauchbarkeit für das menschliche Leben steht,"[117] (also auch für das eigene!). Euthydemos möchte wissen, wo man auf dem Weg der Selbsterkenntnis zu beginnen habe.[118] An dieser Stelle knüpft nun der Gedankengang an die bisherigen Überlegungen zum Begriff des Guten an, indem folgendes Gespräch zustandekommt:

---

116 Vgl. ebenda 3. Buch, 8. Abschnitt, (2) und (3).
117 Vgl. ebenda 4. Buch, 2. Abschnitt, (25).
118 Vgl. ebenda (30).

„(31) Sokrates: »Du kennst doch wohl durch und durch, was gut und was schlecht ist? «. Euthydemus: »ja gewiß, denn wenn ich das nicht kennen würde, wäre ich wohl noch untüchtiger als die Sklaven.« Sokrates: »Nun denn, so zähle es auch mir auf.« Euthydemus: »Das ist fürwahr nicht schwer. Zuerst einmal glaube ich, daß das Gesundsein an und für sich ein Gut ist, das Kranksein hingegen ein Übel. Dann sind auch die beidseitigen Ursachen dementsprechend gut und schlecht. Getränke und Speisen und Lebensmittel überhaupt, welche zum Gesundsein beitragen, sind gut, die, welche das Kranksein fördern, sind schlecht.«.- (32) Sokrates: »Aber auch das Gesundsein, und das Kranksein selber dürfte gut oder schlecht sein, je nachdem es die Ursache von etwas Gutem oder von einem Übel ist.« Euthydemus: »Wann aber könnte das Gesundsein die Ursache eines Übels sein, das Kranksein hingegen die Ursache von etwas Nützlichem?« Sokrates: Das trifft z.B. dann zu, wenn die einen wegen ihrer körperlichen Stärke an einem verfehlten Feldzug oder an einer verunglückten Schiffahrt teilnehmen und deswegen zugrunde gehen, wenn aber die andern wegen ihrer Schwäche zu Hause gelassen werden und deshalb heil davonkommen.. Euthydemus: »Da hast du recht. Du siehst aber auch, daß die einen infolge ihrer Kraft in den Genuß nützlicher Dinge kommen, daß jedoch die andern infolge ihrer Schwäche zu kurz kommen.« Sokrates: »Ist nun das Gesundsein oder das Kranksein, indem jedes von beiden bald nutzt, bald schadet, eher ein Gut oder eher ein Übel?« Euthydemus: »Fürwahr, es scheint auf Grund dieser Überlegung weder mehr das eine noch mehr das andere zu sein. (33) Die Weisheit jedoch ist ganz gewiß und unbestreitbar ein Gut. Denn welches Unternehmen könnte man wohl nicht besser mit Klugheit als ohne Klugheit zu gutem Ende bringen?«- S.. »Laßt uns sehen. Hast du nicht gehört, daß Dädalus von Minos wegen seiner Klugheit zurückgehalten und gezwungen wurde, ihm zu dienen, und daß er zugleich des Vaterlandes und der Freiheit beraubt wurde, daß er auf dem Fluchtversuch den mitfliehenden Sohn verlor und selber nicht gerettet werden konnte, sondern daß er, zu den Barbaren dort von neuem dienen mußte?« Euthydemus: »So wird es tatsächlich erzählt.« Sokrates: »Von den Leiden des Palamedes hast du nicht gehört? Alle sprechen ja davon, daß er von Odysseus um sein Können *beneidet* wurde und daß er durch ihn zugrunde ging.« Euthydemus: »Auch dies wird in der Tat erzählt.« Sokrates: »Wie viele andere glaubst du, wurden wegen ihres Könnens zu einem König verschleppt und mußten bei diesem dienen?« (34) Euthydemus: »So scheint es aber doch, daß das Glück ein Gut ist, das auf keinen Fall umstritten sein kann.« Sokrates: »Dann vielleicht, wenn es einer nicht aus strittigen Werten aufbaut.« Euthydemus: »Was von dem, was zum Glück führt, könnte wohl umstritten sein?« Sokrates: »Nichts, falls wir es nicht von Schönheit, Kraft, Reichtum, Ruhm oder dergleichen Dingen abhängig machen.« Euthydemus: «Das müssen wir aber doch gewiß. Denn wie könnte einer ohne diese Voraussetzung glücklich sein?« (35) Sokrates: So wollen wir sehen, wie es herauskommt, wenn wir die genannten Dinge als Voraussetzung nehmen. Aus ihnen entstehen ja den Menschen nur große Schwierigkeiten. Denn viele gehen zugrunde wegen ihrer Schönheit durch die, welche in Leidenschaft geraten über die blühende Jugend, viele unternehmen in ihrem Kraftgefühl zu schwierige Dinge und geraten in nicht geringe Übel. Viele wieder verderben infolge ihres Reichtums, der zu Verweichlichung oder zu Nachstellungen führt. Viele leiden sehr wegen ihres Ruhmes und wegen ihrer politischen Macht.« (36) Euthydemus: »Wenn ich auch das Glück nicht zu Recht lobe, muß ich fürwahr eingestehen, daß ich auch nicht weiß, worum man denn zu den Göttern beten muß.«"[119]

In diesem Gespräch wird Euthydemos von Sokrates wieder vollständig in die Irre geführt, weil Euthydemos schon zu Beginn der Frage nach dem Guten nicht begriffen hat, daß dies

---

119 Ebenda 4. Buch, 2. Abschnitt, (31) bis (36).

eine Frage ist nach dem Guten in Bezug auf ihn selbst. Denn sobald Euthydemos versucht, das Gute als ein Allgemeines zu bestimmen und nicht als etwas, das für ihn aufgrund seiner Selbsterkenntnis gut ist, wird ihm von Sokrates gezeigt, daß jeder Versuch, das Gute in einem allgemeinen Sinne zu bestimmen, schon durch ein Gegenbeispiel widerlegt wird. Und so ein Gegenbeispiel findet Sokrates mit einem erstaunlich kreativen Scharfsinn für alle allgemeinen Bestimmungsversuche des Guten, so daß Euthydemos das Gespräch abbricht, weil er die grundsätzliche eigene Einbezogenheit aller Begriffsbestimmungen in einem relativistischen Gedankensystem noch nicht durchschaut hat.

Xenophon nimmt die Problematik der Bestimmung des Begriffs vom Guten in einem erneuten Gespräch zwischen Euthydemos und Sokrates wieder auf, indem er erst einmal den Begriff der Klugheit in einem relativistischen Sinne durch Sokrates klären läßt:

> „(7) S.: »Wie können wir die Klugheit bestimmen? Sage mir, glaubst du, daß die Klugen auf dem Gebiet klug sind, das sie verstehen, oder gibt es solche, welche klug sind in einem Gebiet, das sie nicht verstehen?« Eu.: »Sie sind nur auf dem Gebiet, das sie verstehen, klug. Denn wie könnte wohl einer in Dingen klug sein, die er nicht versteht?« S.: »Sind also die Klugen durch bestimmte Könnerschaft klug?« Eu.: »Wie kann einer klug sein, wenn nicht auf Grund einer bestimmten Könnerschaft?« S.: »Soll man sich etwas anderes unter Klugheit vorstellen als das, wodurch man klug ist?« Eu.: »Gewiß nicht.« S.: »Also besteht die Klugheit in einer Könnerschaft?« Eu.: »Es scheint mir wirklich so.« S.: »Glaubst du, daß ein Mensch imstande ist, sich auf alles zu verstehen?« Eu.: »Nein, er versteht sich nicht einmal auf den kleinsten Teil davon.« S.: »Es ist also nicht möglich, daß ein Mensch in allem klug ist?« Eu.: »Nein, nie und nimmer.« S.: »Nur in dem Gebiet, in dem man sich auskennt, ist man klug?« Eu.: »So glaube ich es.«
> (8) S.: »Werden wir nicht nach der gleichen Art auch das Wesen des Guten bestimmen?« Eu.: »Ja, wie?« S.: »Glaubst du, daß für alle das gleiche nützlich ist?« Eu.: »Gewiß nicht.« S.: »Wie denn, meinst du nicht, daß das, was einem nützlich ist, einem anderen manchmal zum Schaden gereichen kann?« Eu.: »Durchaus.« S.: »Könntest du aber die Behauptung wagen, etwas anderes als das Nützliche mache das Gute aus?« Eu.: »Gewiß nicht.« S.: »Also ist das Nützliche dem Guten gleich zu setzen, insofern es jemandem nützt?« Eu.: »So scheint es mir.«"

Der xenophontische Sokrates erklärt hier den Begriff des Guten durch den Begriff des Nutzens, der selbst immer einen Bezug auf denjenigen hat, durch den der Nutzen bestimmt wird. Damit wird ganz deutlich, daß auch der Begriff des Nutzens nicht absolut verstanden werden kann. Wir würden heute zu dieser Begrifflichkeit des Nutzens sagen, daß dieser Begriff durch eine mehrstellige Relation gegeben ist. Und so ist er hier ebenso bestimmt: Ein Nutzen N ist ein Nutzen für ein Subjekt S, beurteilt von einer Person P gemäß einer Kenntnis K und einer Zielsetzung Z. Der Nutzen N wäre demnach eine vierstellige Relation, formal geschrieben als: $N = N (S, P, K, Z)$.

Die beurteilende Person fällt in der Diskussion hier mit dem Subjekt zusammen. Dies wäre aber nicht mehr der Fall, wenn die Selbsterkenntnis so verallgemeinert wird, wie es Sokrates vorsieht, daß man von sich weiß, „wie es um die (eigene) Brauchbarkeit für das menschliche Leben steht." Denn dann kann das Subjekt, für das ein Nutzen zu bestimmen ist, z.B. der Staat sein, aber auch ein anderer Mensch, eine Hausgemeinschaft oder gewiß auch ein Tier oder eine Pflanze, die für das menschliche Leben von Bedeutung sind. Entsprechend läßt sich hier auch noch die Kenntnis aufspalten; denn es muß gewußt werden in welchen Hinsichten etwas für wen nützlich ist und ob es zu einer bestimmten Ziel-Erreichung tauglich ist. Dies alles gilt bereits für das sokratische Gedankengebäude, und es ist schon erstaunlich, daß diese hochgradige Relationalität der sokratischen Begriffsbildungen schon so deutlich zu erkennen ist. Das Entsprechende gilt für den Begriff der Schönheit[120] aber auch für die verschiedenen Begriffe der Tugend, wie etwa den Begriff der Tapferkeit[121].

Prinzipiell ist alles begriffliche Denken relativistisch organisiert. Denn aufgrund der Eigenschaft der Begriffe, je nach Hinsicht etwas Einzelnes oder etwas Allgemeines darstellen zu können, gibt es für Begriffe keine prinzipielle Grenze der Möglichkeiten des Relativierens, sei es durch fortgesetzte Verallgemeinerung oder durch fortgesetzte Vereinzelung.[122] Aber erst durch diese Eigenschaft des begrifflichen Denkens ist der wissenschaftliche Fortschritt möglich geworden, der sich in der Neuzeit bis heute vollzogen hat. Um so mehr ist die geistesgeschichtliche Leistung des Sokrates hervorzuheben, der erste gewesen zu sein, der das begriffliche Denken bewußt anwandte und seine begriffsbestimmenden Konsequenzen bewußt gezogen hat. Dies läßt sich mit Hilfe der *Kennzeichnungstheorie der Begriffe* erweisen, die in folgendem Satz zusammengefaßt worden ist:

Begriffe sind sprachliche Bedeutungsträger, die das zweiseitige, das strukturierende und das systembildende Merkmal besitzen.

Das zweiseitige Merkmal ist die soeben erwähnte Eigenschaft der Begriffe, je nach Hinsicht etwas Einzelnes oder etwas Allgemeines darzustellen. **Die strukturierende Funktion** der Begriffe benutzen wir, wenn wir mit Hilfe von Begriffen einen bestimmten Existenzbereich beschreiben und dadurch diesen Existenzbereich strukturieren. **Das systembildende Merkmal** ist durch die Eigenschaft der Begriffe gegeben, sich mit anderen Begriffen verbinden zu lassen, wodurch Begriffssysteme entstehen, die etwa beim Definieren von hierarchischer Form sind oder von ganzheitlicher Natur, wenn in ihnen zirkuläre Bedeutungsabhängigkeiten vorkommen, so daß man mit ihnen Ganzheiten beschreiben kann.[123] **Begriffliches Denken** läßt sich nachweisen, wenn alle drei Merkmale von Begriffen Verwendung finden.

Alles begriffliche Denken ist aufgrund der hier gegebenen Darstellung der Merkmale von Begriffen relativistisch. Ein weiterer Hinweis auf die Richtigkeit der sokratischen

---

120 Ebenda (9).

121 Ebenda (10)

122 Zur Begriffstheorie und der damit verbundenen These der Relativierungsbewegung vgl. Deppert, Wolfgang, *Einführung in die antike griechische Philosophie. Die Entwicklung vom mythischen zum begrifflichen Denken*, Teil 2: *Sokrates*, Vorlesungsmanuskript Kiel 2000.

123 Zur Merkmalstheorie der Begriffe vgl. ebenda und in: Deppert, Wolfgang, *Einführung in die Philosophie der Vorsokratiker*, Vorlesungsmanuskript Kiel 1999.

Vermutung ist der Nachweis, daß Sokrates bereits begrifflich gedacht hat. Tatsächlich läßt sich sein begriffliches Denken erkennen:

1. an der Bildung von Begriffen und ihrer Verwendung,
2. an der Ausbildung von Möglichkeitsräumen, in denen sich Gedankengebäude entfalten und
3. an einem stark ausgeprägten Individualitätsbewußtsein, das aus systematischen Gründen stets mit dem begrifflichen Denken verbunden ist.

Diese Möglichkeiten für begriffliches Denken des Sokrates werden nun nacheinander untersucht.

2.8.1   Zur Bildung von Begriffen durch Sokrates

Die Merkmale begrifflichen Denkens lassen sich bei Sokrates wie folgt nachweisen:

2.8.1.1 Zum zweiseitigen Merkmal der Begriffe

Sokrates kennt die Unterscheidung der Seite des Allgemeinen von der Seite des Einzelnen an einem Begriff, wenn er in seinen Überlegungen zu einem sinnvollen Verhalten das Ziel der Selbsterkenntnis als das höchste Ziel und damit als das allgemeinste Beurteilungskriterium von Handlungen und Handlungszielen angibt. Das Einzelne dazu sind die vielen einzelnen Selbsterkenntnisse über das, was der Einzelne weiß oder kann und das, was er nicht weiß oder nicht kann. Dadurch ergibt sich die entsprechende Relativität des Wissens. Das Wissen davon, daß er nicht alles weiß, besitzt einen höheren Allgemeinheitsgrad als das einzelne Wissen darüber, was er weiß oder nicht weiß, wobei dieses spezielle Wissen ein einzelnes Wissen ist. Und natürlich ist auch das Wissen davon, daß ich überhaupt etwas weiß, allgemeiner als das spezielle Wissen, das diese Allgemeinheitsbehauptung wahr macht. Damit bezeichnet das Wort „Wissen" für Sokrates einen *Begriff*, der das zweiseitige Merkmal erfüllt. Entsprechendes gilt für die Begriffe des Vertrauens, der Wahrhaftigkeit oder der Selbstbeherrschung. Ein Mensch fällt z.B. unter das allgemeine Prädikat des selbstbeherrschten Menschen, wenn er in jedem einzelnen Fall selbstbeherrscht ist, d.h., wenn es einzelne Fälle von Selbstbeherrschung gibt, die sich wiederum begrifflich unterscheiden lassen, etwa als Selbstbeherrschung in der Befriedigung sinnlicher Lust, in der Neigung zur Aneignung fremden Gutes, in der Lust der Prahlerei, u.s.w. Demnach gibt es für Sokrates eine Innenbetrachtung des Begriffes ‚Selbstbeherrschung', durch die verschiedene Arten von Selbstbeherrschung unterschieden werden und wobei der Begriff ‚Selbstbeherrschung' als etwas Allgemeines fungiert. Als etwas Einzelnes wird der Begriff ‚Selbstbeherrschung' verwendet, wenn sie als einzelne Tugend im Vergleich zu anderen einzelnen Tugenden genannt wird.

2.8.1.2 Zur strukturierenden Funktion der Begriffe

Sokrates nutzt Begriffe zur Strukturierung von Lebensbereichen oder von Bereichen des Denkens. Natürlich ist dies die erste Anwendung von begriffsähnlichen Sprachstrukturen, die ja ein Kennzeichen der Sprache generell sind, da mit Hilfe sprachlicher Ausdrücke die vom Menschen erlebte Wirklichkeit strukturiert wird, was selbstverständlich auch für die mythische Zeit galt. Diese sprachlichen Ausdrücke zeigen dann Begriffsbildungen an, wenn sie auch zur Strukturierung von Denkbereichen verwendet werden, die sich von den Lebensbereichen sinnlicher Wahrnehmung unterscheiden lassen. So gliedert Sokrates etwa den Denkbereich der Beurteilung von möglichen und wirklichen Handlungen auf in gerechte und ungerechte Handlungen, in Nutzen bringende und schädliche Handlungen oder in passende oder unpassende Handlungen u.s.w.[124]

2.8.1.3 Zum systembildenden Merkmal der Begriffe

Mit besonderer Vorliebe verknüpft Sokrates Begriffe miteinander. Er nutzt die Eigenschaft von Begriffen, miteinander verbunden werden zu können, um seine gedanklichen Untersuchungen voranzutreiben. So benutzt er z.B. den Begriff der Ähnlichkeit, um damit zu zeigen, daß sich schöne Dinge nicht ähnlich sein müssen, so daß damit gezeigt wird, daß sich der Begriff der Schönheit nicht zur Charakterisierung einer selbständigen Wesenheit eignet, sondern daß der Begriff der Schönheit stets mit anderen Begriffen zu verbinden ist, damit er überhaupt angewandt werden kann. Ferner ist Schönheit für Sokrates gerade auch deshalb ein Begriff, weil er so viele Arten von Schönheiten unterscheidet je nach ihrer Nützlichkeit[125]. Sogar ein Mistkorb könne schön sein, „wenn er für seine Aufgabe gut eingerichtet ist."[126] Der Begriff Schönheit läßt sich aufgrund seiner relativistischen Bestimmung mit vielen anderen einzelnen Begriffen verbinden, z.B. mit Tüchtigkeit, Zwecktauglichkeit, Angepaßtheit, Güte, Gerechtigkeit, u.s.w. Sokrates bestimmt ganze Netze von Begriffsverbindungen, die alle miteinander verbunden sind, wie etwa Gerechtigkeit, Wahrhaftigkeit, Selbstbeherrschung, Vertrauen, Selbsterkenntnis, Schadensvermeidung, u.s.w. d.h., Sokrates erkennt die systembildende Eigenschaft von Begriffen und geht mit dieser sogar systematisch um. Bei den viel von Sokrates benutzten Gegensatzpaaren und bei den soeben genannten Beispielen treten gegenseitige Abhängigkeiten der Begriffe auf, sie besitzen darum die ganzheitliche systembildende Eigenschaft. Darüber hinaus benutzt Sokrates aber auch einseitige Abhängigkeiten, etwa wenn er den Begriff der Schönheit eines Panzers davon abhängig macht, ob er den Proportionen des Körpers optimal ange-

---

124 Vgl. z.B. Xenophon, *Erinnerungen an Sokrates*, Übersetzung u. Anmerkungen von Rudolf Preiswerk, Philipp Reclam Jun., Stuttgart 1992, 4. Buch, 2. Abschnitt, (12) bis (24).

125 Ebenda, 4. Buch, 6. Abschnitt, (9), Sokrates: „Kann etwas anderes schön sein, als wofür es sich schön gebrauchen läßt? Das Nützliche also macht das Schöne aus, soweit es für etwas nützlich ist."

126 Ebenda, 3. Buch, 8. Abschnitt, (6).

2.8 Das sophistische Denken und das erstmalige begriffliche Denken ...

125

paßt ist[127] oder wenn er den Begriff des Feldherrn von den Fähigkeiten abhängig macht, die dieser zu beherrschen hat[128], u.s.w.

Demnach verwendet Sokrates in seinen Argumentationen ganz offensichtlich Begriffe, an denen man die drei Merkmale von Begriffen studieren kann.

2.8.2 Zur Ausbildung von Möglichkeitsräumen im Denken des Sokrates

Sokrates baut in seinen Gesprächen Möglichkeitsräume auf, um auf dem Wege einer gedanklichen Untersuchung zu einem Ergebnis zu kommen, das zur Lösung eines gestellten Problems tauglich ist. Sein Prinzip des steten Prüfens von Behauptungen setzt voraus, daß er in der Lage ist, das Mögliche zu denken und zu beurteilen, und das heißt, zwischen existentiellem und begrifflichem Denken zu unterscheiden, auch wenn dies noch intuitiv erfolgt. Sokrates ist der Erfinder der Gedankenexperimente[129], die sehr viel später so eine große Bedeutung für Albert Einstein gewannen und damit auch für die theoretische Physik. Die Voraussetzung für Erfindungen ist das Denken des Möglichen. Da Sokrates das Mögliche denken kann und zum Zwecke des Problemlösens auch einsetzt, gehen von ihm so viele Innovationen aus. Sokrates ist darum ganz allgemein der Erfinder des Erfindens überhaupt. Er stellte auch Überlegungen darüber an, wer mit einem Betrieb oder einem Staat oder irgendeiner Sache umgehen sollte, und er stellt fest, daß es nicht immer der Besitzer, der König oder der Eigentümer sein sollte, wie es bis heute landläufige Meinung ist, sondern diejenigen, die etwas von der Sache verstehen.

Da heißt es z.B. bei Xenophon über die Verwaltung eines Eigentums:

> „Wenn man irgendeinen Besitz habe, welcher der Überwachung bedürfe, übernähme man nur dann die Verantwortung, wenn man sich für sachverständig halte, sonst aber gehorche man nicht nur den anwesenden Fachkundigen, sondern ließe, wenn nötig, welche kommen, um unter ihrer Anleitung richtig vorgehen zu können.[130]

Zur Lösung des bislang noch in keiner demokratischen Verfassung gelösten Kompetenzproblems der Demokratie lassen sich für die HSUV-Verwirklichung offenbar Ratschläge vom alten Sokrates einholen.[131]; denn in einer deutschen und demokratischen Verfassung ist vordringlich dieses Kompetenzproblem der Demokratie zu lösen, denn wir leiden in

---

127 Ebenda, 3. Buch, 10. Abschnitt, (10) bis(12).

128 Ebenda, 3. Buch, 6. Abschnitt.

129 Ebenda, 3. Buch, 5. Abschnitt.

130 Ebenda, 3. Buch, 9. Abschnitt, (9) bis (13).

131 Die Abkürzung „HSUV" steht für den Art. 146 GG (HundertSechsUndVierzig) des Grundgesetzes, dessen Verwirklichung ansteht und wozu vom Sokrates Universitäts Verein e.V. (SUV) zum 300. Geburtstag Immanuel Kants im Jahre 2024 eine erste abstimmungsfähige Vorlage einer deutschen und demokratischen Verfassung fertiggestellt werden soll.

Deutschland seit längerer Zeit an der Inkompetenz in der demokratisch gewählten Besetzung der sogenannten drei Gewalten. Wie konnte es überhaupt zu der gänzlich unbegrün-
deten Energiewende mit Hilfe eines Erneuerbare-Energien-Gesetzes (EEG) kommen, wo
doch schon Schulkinder wissen, daß man Energie nicht erneuern, sondern nur umformen
kann? Das hat mit einer sich selbst gegenüber verpflichteten Verantwortung der Politiker
für das Ganze unserer menschlichen Gemeinschaft nichts zu tun.[132]

2.8.3   Das Individualitätsbewußtsein des Sokrates und seine Lebensregeln

Das Individualitätsbewußtsein des Sokrates läßt sich leicht durch sein Prinzip der Selbsterkenntnis nachweisen, das sich auf ein intuitiv gesetztes Prinzip der Selbstverantwortung
stützt. Alle seine ethischen Konzepte der Wahrhaftigkeit, der Gerechtigkeit, der Selbstbeherrschung und der Beachtung der besonderen Verbundenheit zu bestimmten Menschen
wie zu Vater oder Mutter oder zu Freunden und selbst zu Göttern beruht auf der Einsicht
der Selbstverantwortlichkeit, die darin besteht, sich selbst durch seine eigenen Pläne und
Handlungen nicht zu schaden. Er erkennt sogar schon, daß die bewußte Schädigung anderer immer eine Selbstschädigung des Schädigers nach sich zieht.[133]

Die bisher durchgeführten Untersuchungen zur sokratischen Vermutung weisen nach,
daß Sokrates tatsächlich auf relativistische Weise gedacht hat. Diese Art des Denkens
bewirkte bei Sokrates das erste Mal ein bewußtes Konstruieren und Anwenden von Begriffen und zur systematischen Durchdringung der Fragen nach dem richtigen Verhalten.
Nach Diogenes Laertius war Sokrates „der erste, der sich als Lehrer über Lebensgrund-
ätze vernehmen ließ"[134] Es gibt demnach eine *sokratische Verhaltenslehre*, die Sokrates
seinen Schülern zum Führen eines selbstbestimmten Lebens anempfohlen hat und die aus
folgenden *sokratischen Lebensregeln* besteht, die noch heute anwendbar sind, wenn man
die zu achtenden Götter durch die Achtung der Regeln in den ihnen zugehörigen Lebensbereichen ersetzt:

---

132 Zu dieser energiepolitischen und zu dem aus sokratischem Selbstverständnis gebildeten Begriff der Selbstverpflichtung in der heutigen Wirtschaft und der Politik finden sich nähere und
erläuternde Ausführungen in: Wolfgang Deppert, *Individualistische Wirtschaftsethik (IWE)*,
Springer Gabler Verlag, Wiesbaden 2014.

133 Ebenda, 1. Buch, 5. Abschnitt (3).

134 Vgl. Diogenes Laertius II 20.

Die sokratischen Lebensregeln

1. Bedenke stets was du tust und was Du getan hast und prüfe, ob es vernünftig war![135]
2. Vernünftig ist das, was dir in deinem Verständnis von dir selbst keinen Schaden zufügt und sich als nützlich für das Überleben der Menschen (auch für dein eigenes!) und der Natur erweist.[136]
3. Verschaffe dir Klarheit über dein Denken, indem du die Begriffe bestimmst, mit denen du denkst!
4. Beachte bei den Begriffsbestimmungen immer, daß Begriffe stets mit anderen Begriffen zusammenhängen.
5. Strebe danach, von dir zu wissen, was du weißt und kannst und was du nicht kannst und was du nicht weißt, und kläre, was von dem, was du nicht weißt und was du nicht kannst, du erlernen könntest und möchtest.[137]
6. Achte auf deine innere Stimme, die dir sagt, was du zu tun und zu lassen hast.[138]
7. Achte deine Eltern, deine Freunde, die Götter und die Gesetze![139]

---

135 Vgl. was Platon in seinem Dialog Laches Nikias über Sokrates sagen läßt: „Du scheinst gar nicht zu wissen, daß wer der Rede des Sokrates nahe genug kommt, und sich mit ihm einläßt ins Gespräch, unvermeidlich, wenn er auch von etwas ganz anderem zuerst angefangen hat zu reden, von diesem so lange ohne Ruhe herumgeführt wird, bis er ihn da hat, daß er Rede stehen muß über sich selbst, auf welche Weise er jetzt lebt, und auf welche er das vorige Leben gelebt hat; wenn ihn aber Sokrates da hat, daß er ihn dann gewiß nicht eher herausläßt, bis er dies Alles gut und gründlich untersucht hat."

136 Vgl. Xenophon, *Erinnerungen an Sokrates*, Übersetzung u. Anmerkungen von Rudolf Preiswerk, Philipp Reclam Jun., Stuttgart 1992, 4. Buch, 2. Abschnitt, (25).

137 Vgl. dazu die Diskussion des sogenannten Unwissenheitssatzes und zu den Bemühungen von Sokrates, anderen in ihren Fragen weiterzuhelfen, wie es von Xenophon bezeugt ist. Vgl. Xenophon, *Erinnerungen an Sokrates*, Übersetzung u. Anmerkungen von Rudolf Preiswerk, Philipp Reclam Jun., Stuttgart 1992.

138 Vgl. ebenda, 1. Buch, 1. Abschnitt, (4): „.... Sokrates aber sagte seine Erkenntnis gerade heraus: das Daimonion gebe ihm Zeichen. So redete er auch vielen, die mit ihm zusammen waren, zu, dieses zu tun, jenes zu lassen, da das Daimonion es so andeute. Die, welche auf ihn hörten, hatten den Nutzen davon, die anderen bereuten es."

139 Diese Auffassung des Sokrates steht in krassem Gegensatz zu den Forderungen von Jesus, die er an seine Jünger stellte. Vgl. etwa Matthäus 10, *Entzweiungen um Jesu willen:* „[34a]Ihr sollt nicht meinen, daß ich gekommen bin, Frieden zu bringen auf die Erde. Ich bin nicht gekommen, Frieden zu bringen, sondern das Schwert. [35]Denn ich bin gekommen, den Menschen zu entzweien mit seinem Vater und die Tochter mit ihrer Mutter und die Schwiegertochter mit ihrer Schwiegermutter. [36]Und des Menschen Feinde werden seine eigenen Hausgenossen sein. Wer Vater oder Mutter mehr liebt als mich, der ist meiner nicht wert; und wer Sohn oder Tochter mehr liebt als mich, der ist meiner nicht wert. Und wer nicht sein Kreuz auf sich nimmt und folgt mir nach, der ist meiner nicht wert. Wer sein Leben findet, der wird's verlieren; und wer sein Leben verliert um meinetwillen, der wird's finden.", oder auch *Lukas14:* „[26]So jemand zu mir kommt und hasset nicht seinen Vater, Mutter, Weib, Kinder, Brüder, Schwestern, auch dazu sein eigen Leben, der kann nicht mein Jünger sein. [27]Und wer nicht sein Kreuz trägt und mir nachfolgt, der kann nicht mein Jünger sein."

8. Lebe wahrhaftig, und gebe nicht vor, etwas zu können oder zu wissen, was du aber nicht kannst oder weißt.[140]

9. Beherrsche deine kurzfristigen Neigungen zugunsten einer langfristigen Lebensplanung[141], die sich an dem Ziel orientiert, nützlich für das menschliche Leben zu sein.[142]

10. Lebe so, daß dir niemand außer du selbst dir schaden kann.[143]

Wenn man fragt, wie diese Leitsätze der Lehre des Sokrates begründet sind, dann erweist sich, daß sie auf das Wohlergehen des Einzelnen in seinem Zusammenhang zur menschlichen Gemeinschaft zielen. Sie sind darum Forderungen, die ein Einzelner an sich selbst stellen sollte, wenn er langfristig ein sinnvolles Leben führen möchte. Die Lehre des Sokrates ist somit das erste Konzept *individualistischer Ethik*, die nur aus Forderungen an sich selbst und nicht aus Forderungen an andere besteht.[144] Die von Sokrates begründete Tradition des relativistischen Denkens wird vor allem von seinen Schülern Aristippos (um –435 bis –355 aus Kyrene) und Antisthenes (um –445 bis –363), der Gründer der sogenannten kynischen Schule, fortgesetzt. Die Schule der Kyniker aber ist die Vorstufe der Stoa, in der das relativistische Denken des Sokrates eine der wichtigsten methodischen Grundlagen geworden ist. Über den Begründer der kynischen Schule, Antisthenes, berichtet Diogenes Laertius[145]:

„Er war zuerst ein Schüler des Rhetors Gorgias. Daher das rednerische Gepräge seiner Dialoge, besonders in dem Dialoge „Wahrheit" sowie in den Protreptika (den sittlichen Mahnungen)... . Späterhin schloß er sich an Sokrates an, wovon er so großen Gewinn hatte, daß er seine eigenen Schüler aufforderte, seine Mitschüler beim Sokrates zu werden. In Peiraieus wohnhaft, legte er Tag für Tag den Weg von vierzig Stadien zurück, um den Sokrates zu hören. Seinem Vorbild verdankte er jene Beharrungskraft und jene Reinigung der Seele von aller Leidenschaft, womit er den Grund zur kynischen Schule legte."[146]

---

140 Vgl. Xenophon, *Erinnerungen an Sokrates*, Übersetzung u. Anmerkungen von Rudolf Preiswerk, Philipp Reclam Jun., Stuttgart 1992, 1. Buch, 7. Abschnitt.

141 Vgl. ebenda, 2. Buch, 1. Abschnitt oder 4. Buch, 5. Abschnitt.

142 Vgl. ebenda, 4. Buch, 2. Abschnitt, (25).

143 Vgl. Epiktet (53): „Anytos und Meletos können mich zwar töten, schaden aber können sie mir nicht."

144 Vgl. W. Deppert, „Die zweite Aufklärung", in: *Unitarische Blätter*, 51. Jahrgang, Heft 1,2,4 und 5 (2000), S. 8–13, 86–92, 170–186, 232–245, oder W. Deppert, „Individualistische Wirtschaftsethik", in: W. Deppert, D. Mielke, W. *Theobald: Mensch und Wirtschaft. Interdisziplinäre Beiträge zur Wirtschafts- und Unternehmensethik*, Leipziger Universitätsverlag, Leipzig 2001, S. 131–196 oder W. Deppert, Individualistische Wirtschaftsethik (IWE), Springer Gabler Wiesbaden 2014.

145 Vgl. Diogenes Laertius, VI 2.

146 Ein Stadion ist 192,3 m lang. Die Entfernung, die Antisthenes täglich zurücklegte ist damit: 40 x 192,3 = 7.692 m.

Schon nach diesem Zitat darf man annehmen, daß auch Antisthenes zu den Schülern des Sokrates gehört, die willens waren, den Weg des Sokrates weiter zu gehen. Auch war er nach dem Zeugnis von Platon bei den letzten Gesprächen des Sokrates im Gefängnis zugegen. Schauen wir in dem ausführlichen Bericht von Diogenes Laertius über Antisthenes nach, so finden sich dort folgende Äußerungen über seine Fortführung der Lehre des Sokrates[147]:

> „Auf die Frage, welchen Gewinn ihm die Philosophie gebracht hätte, antwortete er: „Die Fähigkeit, mit mir selbst zu verkehren.""
>
> „Sein philosophischer Standpunkt gibt sich in folgenden Sätzen kund: Die Tugend, so führte er aus, sei lehrbar. Adel und Tugend sind nicht nach Personen getrennt. Die Tugend sei ausreichend zur Glückseligkeit und bedürfe außerdem nichts als die Sokratische Willenskraft. Die Tugend bestehe im Handeln und bedürfe weder vieler Worte noch Lehren. Der Weise sei sich selbst genug, denn alles, was andere hätten, habe er auch... Die Tugend ist eine Waffe, deren man nicht beraubt werden kann... . Für Mann und für Frau ist die Tugend die nämliche. Das Gute ist schön, das Böse ist häßlich. Alles Schändliche halte für fremd. Das sicherste Bollwerk ist die Einsicht, denn sie kann nicht weggeschwemmt noch verraten werden. Schaffe dir in dir selbst ein Bollwerk durch die Unfehlbarkeit deiner Berechnungen."

In diesen Zitaten gibt es bereits manche Übertreibung sokratischer Standpunkte, aber überall kann man die sokratische Quelle erkennen, die hier stets in der Möglichkeit zu sehen ist, sich durch eigene Bemühungen mit dem Ziel zu bessern, das eigene Leben von innen her zu sichern. „Die Fähigkeit, mit sich selbst zu verkehren," ist ein Wort, das deutlich anzeigt, daß Antisthenes ein ausgeprägtes Individualitätsbewußtsein besitzt mit eigenem Denk- und Reflexionsvermögen. Es geht ihm nicht um äußere Macht, sondern um die Stärkung der inneren Standhaftigkeit und Willenskraft; denn dadurch erst entsteht eine Mächtigkeit, die stärker ist als alle Äußerlichkeit. Er soll gesagt haben[148]:

> „Diejenigen, welche unter böser Nachrede zu leiden hatten, mahnte er, standhafter auszuharren als solche, die mit Steinen beworfen würden... . Es ist besser, mit wenigen Trefflichen gegen die Gesamtheit der Schlechten als mit zahlreichen Schlechten gegen wenige Treffliche zu kämpfen."

Auch folgende Darstellung seines Verhältnisses zu Platon durch Diogenes Laertius läßt tief blicken[149]:

> „Über Platon spottete er als über einen hoffärtigen Menschen. Als ein großer Festzug im Gange war und er ein schnaubendes Roß vorüberziehen sah, sagte er zu Platon: Auch du kommst mir vor wie ein stolzes Prunkroß." Diese Äußerung hatte ihren Anlaß darin, daß

---

147 Vgl. Diogenes Laertius VI 6 und 11–13.

148 Vgl. ebenda VI 7 und 12.

149 Vgl. ebenda VI 7.

Platon das Roß wiederholt lobte. Als er den erkrankten Platon einmal besuchte und eine Schüssel sah, in die er erbrochen hatte, sagte er: „Die Galle sehe ich hier wohl, aber den Hochmut nicht.""

Offenbar galt Platon unter seinen sokratischen Mitschülern als hochmütig. Und dies ist sicher ein äußeres Zeichen innerer Unsicherheit, die wir bereits meinten, bei Platon annehmen zu müssen. Die Stärkung der eigenen Individualität durch Stärkung der eigenen inneren Sicherheit, war die Sache des Antisthenes, ebenso wie die Sache seines Lehrers Sokrates. Antisthenes suchte nicht die Zuflucht in der Hypostasierung, Loslösung und Absolutsetzung von Prädikaten, wie es Platon und Eukleides in einer Rückwendung zum Substanzdenken getan hatten. Der Weg, die eigene Individualität durch Stärkung der Fähigkeit zur Selbstverantwortlichkeit zu sichern, bedurfte keiner Absicherung durch die Bindung an ein Absolutes. Dieser Weg führte geradewegs zu der Konzeption der Stoiker. Darum behauptet Diogenes Laertius über Antisthenes[150]: „Er gilt auch als der geistige Urheber der Sekte der Stoiker." und weiter: „Er war auch der Wegweiser zu des Diogenes leidenschaftsloser Seelenruhe, zu des Krates Selbstbeherrschung wie zu des Zenon Beharrlichkeit." Zenon von Kition war schließlich der Begründer der Stoa, der ausdrücklich als Schüler von Krates gilt, der wiederum als Schüler von Diogenes und dieser als Schüler des Antisthenes. Damit gibt es sogar eine personelle Verbindung der Schülerverhältnisse von Sokrates bis hin zu den Stoikern.

Die Stoa ist also die eigentliche sokratische Schule!

Die Stoa hat sich als eigenständige Schule nicht bis in die Neuzeit erhalten, obwohl sie in nicht wenig Philosophen der Neuzeit hervorragende Vertreter gefunden hat, wie etwa Ralph Waldo Emerson, Max Stirner oder Friedrich Nietzsche. Ihre letzte Ausprägung hat die sokratische Philosophie in dem *Konzept der individualistischen Ethik* erfahren.[151] Allgemein hat sich die Wirksamkeit der Stoa überall dort erhalten, wo das Individuum als ursprüngliche Quelle von Erkenntnissen und Werten angesehen wird und nicht stattdessen in überindividuellen Wesenheiten, wie es in den beiden philosophischen Hauptrichtungen des Rationalismus und des Empirismus der Fall ist. Die *sokratische Philosophie*, die auch als *individualistische Philosophie* bezeichnet werden kann, ist **eine bisher nicht gekennzeichnete dritte Hauptrichtung der Philosophie**, die für ihre zukünftige Entwicklung der Philosophie von zunehmender Bedeutung sein wird.

---

150 Vgl. ebenda VI 14.

151 Vgl. W. Deppert, „Die zweite Aufklärung", in: *Unitarische Blätter*, 51. Jahrgang, Heft 1, 2, 4 und 5 (2000), S. 8–13, 86–92, 170–186, 232–245, oder W. Deppert, „Individualistische Wirtschaftsethik", in: W. Deppert, D. Mielke, W. *Theobald: Mensch und Wirtschaft. Interdisziplinäre Beiträge zur Wirtschafts- und Unternehmensethik*, Leipziger Universitätsverlag, Leipzig 2001, S. 131–196, ders. *Individualistische Wirtschaftsethik (IWE)*, Springer Gabler, Lehrbuch, Wiesbaden 2014.

In dieser so gekennzeichneten *sokratischen Philosophie* sind schon *die wichtigsten Grundlagen für das Werden der Wissenschaften* gelegt. Sie haben sich, wie hier verdeutlicht wurde, allmählich aus dem Denken der Vorsokratiker entwickelt, wodurch nochmals verständlich wird, warum diese Philosophen der griechischen Antike den Namen *Vorsokratiker* erhalten haben und warum ein möglichst gründliches Studium der geistig-seelischen Entwicklungsschritte der Vorsokratiker von den mythischen Bewußtseinsformen bis hin zum ersten Auftreten eines Individualitätsbewußtseins verbunden mit dem begrifflichen Denken für eine Einführung in das Werden der Wissenschaft unerläßlich ist.

Im Band I *Die Systematik der Wissenschaft* wurde mit der Theorie des wissenschaftlichen Fortschritts von Kurt Hübner erkannt, daß wissenschaftliche Revolutionen durch Veränderungen in den metaphysischen Grundüberzeugungen der Wissenschaftlerinnen und Wissenschaftler über die Ziele und die Methoden des sinnvollen wissenschaftlichen Arbeitens entstehen. In dem nun zu Ende gehenden 2. Abschnitt dies zweiten Bandes ist versucht worden, in vielen Einzelheiten die Entwicklung des Denkens der Vorsokratiker nachzuzeichnen, welche dem Leser bisweilen etwas ermüdend kleinteilig vorgekommen sein mag. Wenn wir als Wissenschaftler aber in unserem Forschen den Eindruck gewinnen, daß wir nicht so recht vom Fleck kommen, uns argumentativ im Kreise drehen oder gar das Gefühl haben, in unseren eigenen Begriffsbildungen eingemauert zu sein, so daß es nicht weiter gehen kann, dann könnte es angebracht sein, einmal über die Gewordenheit der Grundlagen unseres eigenen wissenschaftlichen Arbeitens nachzudenken. Spätestens dann könnte es hilfreich sein, einmal nachzuschauen, wie denn die Grundlagen unseres wissenschaftlichen Arbeitens überhaupt zustandegekommen sind. Schließlich sind es ja bestimmte Verschaltungsstrukturen in unseren Gehirnen, die es uns überhaupt gestatten, wissenschaftlich zu arbeiten. Und da wir gewiß davon ausgehen können, daß die Gehirne der Vorsokratiker biologisch nicht anders aufgebaut waren als unsere heutigen Gehirne, kann es sich bei den Bewußtseinsentwicklungen, die zum begrifflichen Denken geführt haben, nur um besondere aufeinander folgende neuronale Verschaltungen handeln, die sich vermutlich sogar in unserer Jugendzeit in unserem Gehirn in der gleichen Reihenfolge wie die der menschlichen Denkfähigkeitsentwicklung ereignet haben als wir allmählich mit dem begrifflichen und wissenschaftlichen Denken vertraut wurden. Mithin liegt die Vermutung nahe, daß wir mit dem Studium der Bewußtseins- und Denkentwicklung der Vorsokratiker sogar eine besondere Form des sokratischen Strebens nach Selbsterkenntnis und dadurch auch eine mögliche Selbstveränderung betreiben, nach der wir in unserer soeben aufgezeigten möglichen festgefahrenen Forschungssituation streben.

Bei diesem Suchen kann sich eine Gefahr durch ein Streben nach irgendwie gearteten absoluten Erkenntnissen auftun, in die auch Vorsokratiker geraten sind, von denen jetzt noch zu berichten ist.

2.9   Vom Aufkommen eines absolutistischen Erkenntnisstrebens und von der Ausbildung einer absolutistischen Tradition: Anaxagoras von Klazomenai (–499/495–/– –427) und Eukleides (~–450–/– –380)

Mit Anaxagoras bricht sich in Griechenland das erste Mal die Vorstellung von einer Wirkmacht die Bahn, die abgetrennt und unbedingt wirkt. Durch sie wird die spätere Verbindbarkeit des griechischen mit dem israelitisch-christlichen Orientierungsweg möglich. Das Denken eines vollständig abgetrennt und unbedingt Wirksamen ist die radikalste Form des Absoluten, durch die der Weg des Protagoras, der protagoreische Weg der menschlichen Bescheidenheit verlassen wird. Denn Anaxagoras versteift sich zu der Behauptung, etwas über ein vollständig Abgetrenntes zu wissen, das er als den Nous („νους“) bezeichnet, und den man als die Weltvernunft zu übersetzen hat. Denn der Nous ist für Anaxagoras das gänzlich Unvermischte, das dennoch das gesamte Weltgeschehen beherrscht und bestimmt. Der Nous besitzt damit die Heraklitsche Funktion des Logos. Er entspricht der heutigen mythogenen Idee einer unveränderlichen und alles beherrschenden Naturgesetzlichkeit.

In der Geistesgeschichte ist es immer wieder vorgekommen, daß Menschen auftraten, die behaupteten, wie etwa der Herr Hegel, Kontakt zum Absoluten zu besitzen, obwohl dies aufgrund der Definition des Absoluten logisch unmöglich ist. Vor diesen Menschen mußte man sich in der Vergangenheit ebenso wie in unserer heutigen Gegenwart in Acht nehmen, da sie zu echter Toleranz nicht fähig sind, und dies galt und gilt für Philosophen nicht weniger als für Theologen oder für politische Diktatoren. Das absolutistische Denken bei Anaxagoras findet seine Fortsetzung bei zwei Schülern des Sokrates, bei Platon in seiner Ideenlehre, von der noch ausführlich zu berichten ist, und bei Eukleides von Megara (um –450 bis –380), der um ca. –380 die Schule der Megariker eröffnet, zu einer Zeit, zu der die platonische Akademie schon ca. sechs Jahre bestand, in der Platon bereits seinen Menon und seinen Phaidon geschrieben und seine Ideenlehre schon voll entfaltet hatte. Eukleides, der nicht mit dem etwa 150 später in Alexandria gelebten Mathematiker Euklid (auch Eukleides genannt) verwechselt werden darf, wird darum diese Entwicklung bei Platon gekannt und in seinen Lehren berücksichtigt haben. Es ist jedenfalls deutlich zu bemerken, daß Eukleides eine ähnliche Rückwendung vollzieht wie Platon. Diese macht sich an der Vorstellung von der Begrenzung des Möglichen fest; denn es gibt einen derartigen *Megarischen Möglichkeitsbegriff*, der besagt: *„möglich sei nur das Wirkliche.“*[152] Das Wirkliche aber scheint für Eukleides, der stark in der eleatischen Tradition des Parmenides und des Zenon stand, das Eine gewesen zu sein, das er – in Anlehnung an

---

152 Vgl. Historisches Wörterbuch der Philosophie (Joachim Ritter, Karlfried Gründer, Hg.), Bd. 5, Stichwort: *Megarisch*, S. 1002.

Platon – auch das Gute nannte, es aber auch mit den Worten ‚Gott‘, ‚Einsicht‘ oder ‚Vernunft‘ bezeichnete, wie Diogenes Laertius berichtet.[153]

Aufgrund des großen Einflusses der eleatischen Schule, die Eukleides womöglich schon vor Sokrates kannte, führte er den Relativismus des Sokrates nicht weiter, so daß seine Lehre und die seiner Schüler zu einem für uns heute unverdaulichen Mischmasch von absolutistischer Metaphysik und Zenonscher Eristik verkommt. Seine wichtigsten Schüler sind Eubulides von Milet, der sich aufgrund seiner eigenen Widersprüchlichkeiten mit Aristoteles anlegen mußte und wohl der Lehrer von Demosthenes (-382 bis -320) war, welcher als der größte athenische Redner gilt.[154] Zu den Megarikern zählen ferner Diodoros Kronos (gest. –305), der wie Zenon die Veränderung der Dinge für Täuschung hielt, und Stilpon aus Megara (-378 bis –298), der wegen freigeistiger Äußerungen über Religion aus Athen verbannt wurde[155]. Abschließend mag über die megarische Schule gesagt sein, daß sie in ihrem Denken weit hinter Sokrates zurückfällt, und darum braucht man sich nicht zu wundern, daß sie so gut wie nichts zur Identifizierung des historischen Sokrates beigesteuert hat.

---

153 Vgl. Diogenes Laertius, II 106. Die Gleichsetzung des Guten mit dem Einen findet sich später auch bei Boethius in seiner letzten Schrift „Trost der Philosophie", vgl. Boethius, Trost der Philosophie, übersetzt und herausgegeben von Friedrich Klingner, Reclam Verlag Stuttgart 1971, siehe etwa Seite 108.

154 Vgl. Zeller/Nestle (1928) S. 130.

155 Vgl. ebenda.

Die wissenschaftlichen Anfänge durch Platon, Aristoteles und ihre antiken Nachfolger

3

3.1   Platon (–427/26 -/- –347/46)

Wenn wir uns im klaren darüber sind, daß unser Gehirn unser Sicherheitsorgan ist, dann liegt es durchaus nahe, daß es in uns Bewußtseinsformen mit Vorstellungsinhalten über sehr sichere Erkenntnisse bereithält und entwickelt; denn von ihnen könnte ja wohl die größtmögliche Sicherheit ausgehen. So galt es im mythischen Bewußtsein, den Sicherheit spendenden unsterblichen Gottheiten gegenüber ein Unterwürfigkeitsbewußtsein und entsprechende Denk- und Handlungsweisen heranzubilden, welche die Gottheiten wohlgesonnen stimmen, um damit die Überlebenssicherheit der Menschen zu vergrößern. Und als deutlich wurde, daß aufgrund des mythischen zyklischen Zeitbewußtseins keine Vorsorge für Jahre der Dürre getroffen wurde, stellten die Gehirne die Bewußtseinsformen auf ein offenes Zeitbewußtsein um, durch das die Zukunft nicht mehr als gleich mit den Ereignissen der Vergangenheit gedacht werden konnte und ein Erkenntnisstreben nach möglichst sicherer Zukunftsvoraussage implementiert wurde, was im Alten Testament noch in mythischer Zeit als Sündenfall beschrieben wurde und woraus später die Wissenschaften erwuchsen. Und da die neuronalen Verschaltungen in den Menschengehirnen, welche die aufeinander folgenden Kulturen der Menschheitsgeschichte hervorgebracht haben, aus informations-theoretischen Gründen im Kindes- und Jugendalter in den Gehirnen der nachfolgenden Generationen wieder auszubilden haben, so steckt in allen Menschen bis heute die gehirnphysiologisch bedingte Neigung zu absolutistischen Konzepten über die Erkenntnis der Erscheinungswelt und der Menschenwelt. Dies ist die auch heute immer wieder auftretende fatale Anfälligkeit zum Faschismus.

Auch Platon ist mit seinem Streben nach absoluter Sicherheit auf diesen Leim seines Gehirns gegangen. Da er aber die wahrhaft üblen Folgen dieses Strebens aus der Weltgeschichte nicht kennen konnte, sollten wir ihm sein absolutistisches Streben nicht ver-

© Springer Fachmedien Wiesbaden GmbH, ein Teil von Springer Nature 2019
W. Deppert, *Theorie der Wissenschaft*,
https://doi.org/10.1007/978-3-658-14043-4_4

denken, zumal er die Lebensunsicherheit, die sich für ihn mit der relativistischen Denk- und Lebensweise seines Lehrers Sokrates verband, durch die Vollstreckung von dessen Todesurteils schicksalhaft direkt vor Augen hatte. Aus Platons Sicht war diese größte Ungerechtigkeit, die jemals durch Athener Richter verübt worden ist, sogar zu erwarten gewesen. Platon war darum in Sokrates' Todeszelle in dramatischer Weise zu der Auffassung gekommen, daß die Philosophie seines Lehrers Sokrates in den Untergang führe, und daß darum auch seine Schüler in Gefahr seien. Deshalb hat er alle in der Todeszelle des Sokrates anwesenden Freunde und Schüler dazu überredet, gleich am Tag nach der Hinrichtung des Sokrates nach Megara zu Eukleides zu fliehen. Und natürlich war auch Platon in der Todeszelle, er erschien seinen Mitschülern gegenüber aber als schwer krank, weil ihn der bevorstehende Tod seines geliebten Lehrers zu sehr erschütterte. Wir haben sogar zu vermuten, daß Platons Anstoß, die Philosophie seines Lehrers zu verlassen und nach einer absoluten Basis für die Philosophie zu suchen, aus einem *Umwendungserlebnis* hervorging, das er in der Todeszelle des Sokrates hatte. Es muß für ihn ein sehr einschneidendes Erlebnis gewesen sein, das Platon zu der Einsicht zwang, den Weg des begrifflichen Denkens seines Lehrers verlassen zu müssen, warum Platon in allen Schriften nach Sokrates Tod versucht, dem Ziel einer absolutistischen Philosophie näher zu kommen, und das heißt, sich von der Philosophie seines Lehrer systematisch wegzuentwickeln. Der Anlaß dazu muß das dramatisch erschütternde Umwendungserlebnis in der Todeszelle des Sokrates gewesen sein, welches ihn als ernsthaft krank erscheinen ließ, weil er nicht mehr, wie sonst, in der Lage war, an den Gesprächen mit Sokrates und den anderen Anweisenden teilzunehmen. Es war ja für Platon gänzlich unmöglich, Sokrates in seiner Todesstunde zu eröffnen, daß er sie mit seiner Philosophie alle in Gefahr gebracht habe.

Als ich das letzte Mal in Athen war, erfuhr ich von einem sehr gebildeten Jungen, daß sie inzwischen zu der Meinung gekommen sind, daß die Todeszelle des Sokrates eine Felsenhöhle war, die er mir, weil sie von außen verrammelt war, nur von außen gezeigt hat. Darum liegt es sehr nahe, daß Platon sein eigenes Umwendungserlebnis in dieser Felsenhöhle in seiner *Politeia* zum Vorbild seines berühmten *Höhlengleichnisses* genommen hat, in dem es ja auch um eine grundsätzliche Umwendung geht.

Sein großes Ziel, die Philosophie absolutistisch zu begründen, hat sich Platon nach vielen Anläufen, die immer wieder in Aporien endeten, weil sein von Sokrates erlerntes begriffliches Denken stets relativistischer Natur war und darum unverträglich mit jedem Versuch der Verabsolutierung, in seinem Hauptwerk *Politeia* (Der Staat) mit seiner **Ideenlehre** verwirklicht. Auch wenn dieser philosophische Absolutismus keinen Bestand haben konnte und schon von seinem Schüler Aristoteles vernichtend kritisiert wurde, so gibt es doch eine ganze Reihe von philosophischen Einsichten auf Platons Weg zur seiner absolutistischen Ideenlehre und auch im Rahmen der Ideenlehre selbst, welche als Bereicherung der Philosophie und insbesondere der Erkenntnistheorie bis heute anzusehen sind.

3.1.1 Platons Auseinandersetzung mit seinem Lehrer Sokrates

Nach dem Tod des Sokrates steht Platon aufgrund seines Umwendungserlebnisses ziemlich hilflos und allein da, denn wem kann er sein Vorhaben erklären und vor allem, wie soll er es beginnen? Immerhin kann er die Zielsetzungen und das methodische Vorgehen der Philosophie von Sokrates übernehmen. Die Philosophie hat die Grundlagen für das menschliche Zusammenleben zu liefern und insbesondere die der Staatenbildung, um die *Existenz der Menschheit zu sichern.* Die dazu benötigte Sicherheit aber war für Platon nach seinem Umwendungserlebnis mit der sokratischen Philosophie des begrifflichen Denkens nicht mehr gegeben. Darum hatte sich Platon über seine nun an ihn gestellte höchst moralische Aufgabe klar zu werden. Denn es ging darum, eine für alle Zeiten sichere philosophische Grundlage für die Begründung der menschlichen Gemeinschaftsbildungen herauszuarbeiten. Wie aber konnte er den Weg dahin finden? Auch dazu hatte er von seinem Lehrer Sokrates die verläßlichste Form einer philosophisch korrekten Methodik gelernt. Diese besteht aus der vereinbarten Gesprächsform des Dialoges von zwei oder mehreren der Wahrhaftigkeit verpflichteten Gesprächspartnern. Wie Sokrates diese philosophische Methodik zur Klärung von Begriffen oder von gegensätzlichen Positionen aber auch zur Problemlösung angewandt hat, läßt sich vermutlich am autentischsten bei Xenophon nachlesen. Aber mit wem konnte Platon in seiner Situation einen sokratischen Dialog führen? Eigentlich hätte er nun einen Dialog mit seinem Lehrer Sokrates führen sollen, um sich Klarheit über die Standfestigkeit seiner Argumente gegen das begriffliche Philosophieren des Sokrates zu verschaffen. Sokrates aber war nun tot. Platon kannte jedoch die Argumente seines Lehrers nur allzu gut, die er ja während der Zeit seines Umwendungserlebnisses in der Todeszelle des Sokrates immer wieder durchgegangen war.[156] Um sich nun ganz sicher zu sein, war es für Platon geboten, einen fiktiven Dialog mit

---

156 Folgende Forderungen, die Platon an sich in seiner Lage gestellt haben könnte, sind zusammengefaßt in: W. Deppert, **Einführung in die antike griechische Philosophie**. Die Entwicklung des Bewußtseins vom mythischen zum begrifflichen Denken Teil 3 *Platon,* Nicht druckfertiges Vorlesungsmanuskript der Vorlesungen WS 2000/2001/ 2002/2003:

P1. Platon hatte die Klärung bestimmter strittiger Gespräche, die er mit Sokrates etwa schon vor seiner Anklage geführt hatte, möglichst ehrlich vor sich selbst vorzunehmen. Ziel dieser Klärung mußte jedoch sein zu zeigen, daß Sokrates in seiner Argumentation für die Grundlegung der demokratischen Staatsform durch den Weg der Selbsterkenntnis, bestimmte Fehler gemacht hat. (Historische Gespräche zwischen Sokrates und Platon)

P2. Es war nötig herauszuarbeiten, was Sokrates unter Selbsterkenntnis verstand und wie ein Weg dahin aussehen konnte (Sokrates Begriff von Selbsterkenntnis und dessen Erreichbarkeit)

P3. Für diesen sokratischen Weg der Selbsterkenntnis mußte bewiesen werden, daß dieser Orientierungsweg nur für sehr wenige Menschen ein Weg zur gerechten Gemeinschafterhaltung sein konnte; denn Platon hatte vor sich selbst schlüssig zu beweisen – was ihm in seinem Umwendungserlebnis nur intuitiv und spontan klar geworden war –, daß die Lehre des Sokrates mit Notwendigkeit in dessen Untergang führte und daß dieser Untergang zugleich die Gefahr des notwendigen Untergangs demokratischer Staatsformen heraufbeschwor. (Das Außergewöhnliche des sokratischen Weges)

Sokrates zu führen und diesen schriftlich festzuhalten. Aber dann käme dieser Dialog an die Öffentlichkeit und es würde ein äußerst unschicklicher Eindruck von Platon in der Öffentlichkeit entstehen, wenn der Schüler Platon allem Anschein nach den Tod seines Lehrers Sokrates zum Anlaß nimmt, um dessen philosophisches Werk niederzumachen. Das konnte aus vielen Gründen nicht im Sinne Platons sein.

Platon mußte sich eine List ersinnen. Er fand sie in dem Trick, die Namen der Dialogpartner mit Personen zu versehen, denen er im Dialog die Positionen vertreten lassen konnte, die Platon in Konfrontation bringen wollte, um einen Erkenntnisfortschritt auf der Suche nach dem Weg zu erzielen, auf dem er die *für alle Zeiten sichere philosophische Grundlage für die Begründung der menschlichen Gemeinschaftsbildungen* herausarbeiten konnte. Diesen Trick hat Platon später in all seinen Dialogen angewandt, so daß die Interpreten der platonischen Dialoge für eine stimmige Deutung der Dialoge *stets vor der Aufgabe stehen, herauszufinden, welche tatsächlich vorhandenen Personen oder auch nur Positionen stehen hinter den im Dialog genannten Personen.*[157] Mit großer Deutlichkeit läßt sich zeigen, daß Platon den fiktiven Dialog mit seinem Lehrer Sokrates in seinem Dialog *Protagoras verborgen hat,* welches der erste Dialog ist, den er nach dem Tode von Sokrates schrieb. Die wichtigsten Figuren sind deutlich zu erkennen: *Protagoras ist Sokrates und Sokrates ist Platon.*[158] Und wir lernen in diesem Dialog die Warnungen

---

P4. Platon stand nur das Handwerkzeug des Denkens zur Verfügung, das er von seinem Lehrer Sokrates gelernt hatte. Dieses Handwerkzeug war jedoch ganz an die relativistische Denkweise seines Lehrers angepaßt. Auf seiner Suche, nach einem absolut sicheren Beweisgrund mußten ihn darum die sokratischen Denkformen solange in Widersprüchlichkeiten verwickeln, bis er nicht seine eigenen Denkformen, die mit dem gesuchten absolutistischen Denksystem zusammenstimmten, entwickelt hatte. (Aporetische Erkenntnissituation)

P5. Kein Beweisgang aber durfte die Ehre seines Lehrers Sokrates verletzen. Beweise mußten darum so angelegt sein, daß Sokrates eine Darstellung erfährt, die ihm ein ehrenvolles Andenken sichert und zwar auch in Platons eigenem Sinne. (Die scheinbare Bewahrung der Würde des Sokrates)

P6. Die Darstellung der eigenen gedanklichen Entwicklung mußte im Namen seines Lehrers Sokrates erfolgen und glaubhaft an die ursprünglich sokratische Position anschließen, damit die „sokratische Gefahr des zerstörerischen Relativismus" durch ihre schrittweise Überwindung gebannt war.

(Platons sokratische Verkleidung)

P7. Das argumentative Hilfsmittel im Sinne der Rückwendung mußte für Platon in irgendeiner Weise der Rückgriff auf mythische Formen sein, da von diesen in der Vergangenheit die sichere Orientierung ausgegangen war. (mythische Formen der Rückwendung)

P8. Verallgemeinerungen, die normalerweise die Werkzeuge für Befreiungsschritte sind, müssen darum an mythische Realitätsvorstellungen zurückgebunden werden. Allgemeine Gültigkeit konnte für Platon nur durch etwas Allgemeines gegeben sein, das in substantialisierter Form auftritt, was wir heute als Hypostasierungen beschreiben. (Weg der Hypostasierungen)

157 Diese Problematik für die Interpretation der Platonischen Dialoge wird ebenda ausführlich behandelt.

158 Vgl. ebenda.

kennen, die Platon seinem Lehrer Sokrates gegenüber lange vor seiner Verurteilung ausgesprochen hat, die Väter würden sich an ihm rächen, wenn er ihre Söhne mit seinen auf-
rührerischen Reden verführe. Im *Protagoras* ist es freilich Sokrates, der den Protagoras
warnt und der darauf antwortet, als ob es die ursprüngliche Antwort des historischen
Sokrates wäre, die der Dialogschreiber Platon hier dem Protagoras unterstellt:

> „Ich aber will mich hierin ihnen allen nicht gleich stellen, glaube auch daß sie das nicht aus-
> gerichtet haben was sie wollten, diejenigen nämlich nicht getäuscht, welche in einem Staate
> mächtig sind, um derentwillen eben solche Vorwände gesucht werden; denn der große Haufe,
> daß ich es kurz heraus sage, merkt überall nichts, und singt nach, was jene ihm vorsagen.
> Wenn nun jemand heimlich davonlaufen will und nicht kann, sondern entdeckt wird; so ist
> schon das Unternehmen sehr töricht, und muß die Menschen notwendig noch mehr aufbrin-
> gen; denn neben allem andern halten sie einen solchen auch noch für einen Ränkeschmieder.
> Daher habe ich den ganz entgegengesetzten Weg eingeschlagen, und sage grade heraus, daß
> ich ein Sophist bin, und die Menschen erziehen will, und halte diese Vorsicht für besser als
> jene, sich lieber dazu zu bekennen, als es zu leugnen.“

Offenbar läßt Platon den wirklichen Sokrates in der Verkleidung des Protagoras sein Vorhaben aussprechen, ohne Verstellung vor die Menschen zu treten und falls er deswegen
in Gefahr geraten sollte, jedenfalls nicht davonzulaufen, wie es der historische Protagoras
jedoch getan hat, und dies leider ohne den gewünschten Erfolg, da er ja mit dem Flucht-
schiff nach Sizilien untergegangen ist. Daß Sokrates tatsächlich so wie die Sophisten argumentiert hat und aufgetreten ist, steht außer Frage, eher aber, ob er sich dazu so bekannt hat, was jedoch für Platons Auseinandersetzung mit seinem Lehrer wichtig ist; denn
Platon wird spätestens nach seinem Umwendungserlebnis seinen Lehrer Sokrates auch als
einen Sophisten angesehen haben; schließlich betrieben sie gerade auch das für Platon ins
Verderben führende Handwerk des begrifflichen Denkens. Die Fülle der Hinweise, daß
Platons Dialog *Protagoras* tatsächlich die für Platon notwendig zu führende Auseinandersetzung mit dem Denken seines Lehrers Sokrates darstellt, ist überwältigend[159]. Besonders
deutlich ist dies durch die Figur des Sokrates im Dialog Protagoras, durch welche ja Platon
selbst spricht und welche ganz im Gegensatz zu dem durch Xenophon verbürgten historischen Sokrates die Lehrbarkeit der Tugend ablehnt. Die Lehrbarkeit der Tugend gehörte
zum zentralen philosophischen Anliegen des historischen Sokrates; denn dieser trat insbesondere damit für die Demokratie ein, weil er sein Leben lang bemüht war, seinen Mit-
menschen die höchste Tugend der Gerechtigkeit zu lehren. Platon aber sah gerade darin
den Beweis für das Selbstzerstörerische in der sokratischen Philosophie, daß die Gesetze
der damaligen Demokratie in Athen und die demokratisch bestimmten Richter das To-
desurteil gegen Sokrates, den gerechtesten Bürger Athens, verhängten. Demnach waren
die Bestrebungen des Sokrates, dem Volke Gerechtigkeit zu lehren, erfolglos geblieben,
sie waren sogar sinnlos, weil Tugend nach Platon eben nicht lehrbar ist und schon erst
recht nicht die höchste Tugend überhaupt, die der Gerechtigkeit. Damit darf es als ausge-

---

159 Vgl. ebenda.

macht gelten, daß der Sokrates im Dialog *Protagoras* die Position des Platon vertritt und Protagoras die des historischen Sokrates. Die nötige Auseinandersetzung zwischen Platon mit seinem Lehrer Sokrates läßt Platon also in seinem Dialog Protagoras stattfinden, in dem es darum gehen muß, Platon vor sich selbst in seinem Umwendungserlebnis zu bestärken, daß er die Aufgabe zu übernehmen hat, die Philosophie und durch sie auch die Menschheit zu retten, indem er eine absolut sichere Grundlage für die philosophischen Argumentationen und damit auch für die Herstellung eines unzerstörbaren Fundamentes für den Aufbau der menschlichen Gemeinschaftsformen in einem Staat erarbeitet. Dieses Ziel stimmt bereits mit dem viel später von der Theorie der Wissenschaft zu konzipierenden Ziel der Wissenschaft als einem Ganzen zusammen, die Verantwortung für den Fortbestand der Menschheit zu erkennen und zu erfassen.[160]

Durch Platons Umwendungserlebnis steht die Sorge um die Existenz der Menschheit schon am Anfang der Wissenschaft, die im heutigen Sinne allerdings nur auf die Sozialwissenschaft eingeschränkt ist; denn es geht für Platon zu Beginn seiner Dialoge vordringlich um das Verhältnis von Ich und Wir, genauer: um die Gemeinschaftsfähigkeit des Einzelnen in der Tugend und die Erhaltung des Einzelnen durch die staatlich organisierte Gerechtigkeit.

In seiner gedanklichen Auseinandersetzung mit Sokrates arbeitet er bereits den Unterschied zwischen Sein und Werden heraus. Und das Werden, um das sich Sokrates etwa in der Lehrbarkeit der Tugend gekümmert habe, sei jedoch niemals verläßlich, so daß Menschen vielleicht tugendhaft werden könnten, aber niemals jedoch dauerhaft tugendhaft sein; denn das verläßlich bleibende Sein könne nur von den ewig existierenden Göttern ausgehen, niemals aber von den sterblichen Menschen, was Platon im *Protagoras* durch ein Gedicht des Dichters *Simonides* zu belegen sucht. Damit hat Platon in seinem Dialog *Protagoras* nicht nur das Ziel seines Umwendungserlebnisses gegenüber Sokrates bestätigt und für korrekt befunden, sondern auch noch die Richtung seines künftigen Forschens bestimmt, das in einer mythischen Rückwendung zu bestehen hat, in dem etwas ewig Beständiges zu suchen ist, zu dem der Mensch zwar Zugang hat, aber das nicht von ihm stammt, weil es von Ewigkeiten her da ist.

3.1.2 Platons erkenntnistheoretische Leistungen

Platons Unterscheidung von Sein und Werden führt ihn in seinen Dialogen *Kriton* und *Menon* auf einen Schadensbegriff, durch den er einen Begriff von Gerechtigkeit findet, der nachweislich nicht von Sokrates stammt, obwohl Platon ihn in seinem Dialog *Kriton* Sokrates in den Mund legt und der dennoch bis heute noch von größter rechtsphilosophischer Bedeutung ist. Danach besteht ein Schaden stets in einer Behinderung eines Werdens zur Beständigkeit der Lebensfähigkeit, und deshalb darf ein staatliches Strafen niemals

---

160 Im Manuskript des Band 1 der *Theorie der Wissenschaft* ist zum Schluß dieses große Ziel mit den Worten beschrieben: „*Die Wissenschaft als das große Gemeinschaftsunternehmen der Menschheit, durch das sie in der Lage ist, ihr Überleben für unabsehbare Zeit zu sichern.*"

bewirken, die seelische Gesundung eines Straftäters zu einem gemeinschaftsfähigen Menschen zu behindern. Eine Strafe darf nicht schädigen; denn *jede Form von Schädigung ist ungerecht*. Aus dieser Einsicht entwickelt Platon im *Kriton* den *Gerechtigkeitsbegriff der generellen Schadensvermeidung*.[161]

Durch diesen Begriff kann Platon im *Kriton* verständlich machen, warum Sokrates aus seinem Gefängnis nicht flieht, obwohl der reiche Kriton alle Wachen im Gefängnis bestochen hat und sie Sokrates nicht hindern würden zu fliehen. Dadurch aber gelingt Platon die prägnanteste Formulierung des Gerechtigkeitsparadoxons:

Der gerechteste Bürger Athens muß durch gerechte Gesetze und durch vom Volk gewählte Richter aufgrund eines gerechten Richterspruchs getötet werden.

Wenn aber gerechte Bürger die Sicherheit des Staates garantieren sollen, dann führen demokratisch bestimmte Gesetze und Richter am Beispiel des Sokrates *notwendig in den Untergang des Staates*.

Durch diese Gerechtigkeitsparadoxie bestimmt sich Platon selbst zum *Retter der Philosophie und der Menschheit*; denn er ist durch sein Umwendungserlebnis dazu verpflichtet, durch das Erarbeiten absolut gültiger philosophischer Einsichten, die Philosophie, die Gerechtigkeit und den darauf zu gründenden Staat zu retten. Der Weg dahin konnte nach Platons verschiedenen Suchanläufen nach etwas dauerhaft Verläßlichem mit Hilfe seiner Dialoge nur über bestimmte Ewigkeit-Konzepte verlaufen, für die er einstweilen nur auf mythische Überlieferungen zurückgreifen konnte, so im *Menon* das Konzept der unsterblichen Seele der Menschen, welches freilich entlehnt ist vom mythischen Konzept der unsterblichen Göttinnen und Götter. Mit dem mythischen Konzept einer unsterblichen Seele der Menschen, die in verschiedensten menschlichen Körpern wiedergeboren wird, entwickelt Platon seine erste Erkenntnistheorie im Rahmen der sogenannten *Wiedererinnerungslehre*, wonach die menschlichen Seelen beliebig oft das gesehen haben, was es auf der Welt zu sehen gibt. Und durch die mythische Ununterscheidbarkeit von Einzelnem und Allgemeinem, macht das Wiedererinnern keine Schwierigkeiten. Nun ist aber zu Platons Zeiten der Mythos doch schon so weit zerfallen gewesen, daß erste Unterscheidungen von Einzelnem und Allgemeinem gedacht wurden, etwa in der Einzigartigkeit eines Menschen wie Sokrates. Das Einzelne brach damit aus den mythischen Vorstellungen heraus und das Allgemeine haftete vor allem den mythischen Vorstellungen weiterhin an. Dadurch war es für Platon möglich, eine vollständig entwickelte Erkenntnistheorie aufzubauen, in dem er das einzeln Wahrgenommene dem erinnerten Allgemeinen zuordnete.

Das Experiment zum Beweis der Wiedererinnerungslehre, das Platon in seinem *Menon* durch die Befragung eines bediensteten Knaben durchführt, von dem gesagt wird, daß er

---

161 Vgl. Wolfgang Deppert, „Strafen ohne zu schaden", in: Hagenmaier, Martin (Hg.), *Wieviel Strafe braucht der Mensch*, Die Neue Reihe – *Grenzen* – Band 4, Text-Bild-Ton Verlag, Sierksdorf 1999, S. 9–19.

keinen Unterricht in Mathematik gehabt hätte und der dennoch mathematische Fragen korrekt beantworten kann, ist für unsere Zeit jedoch nicht sehr überzeugend, weil es dabei um sehr einfache Flächenberechnungen mit Hilfe der Seitenlängen von Quadraten geht, die man sich gewiß selbst überlegen kann, ohne daß man dafür irgend eine Schulung bräuchte. Aber die Mathematik ist für Platon schon sehr früh wie ein Zugang zu der geistigen Welt, in der für ihn von Ewigkeit zu Ewigkeit die gleichen Verhältnisse herrschen und in der sogar so wie im Pythagoreismus sich ein Zugang zur physischen Wirklichkeit eröffnet. Die Entwicklung der mythischen Welt und die während der Zeit des Mythos sich bereits parallel dazu entwickelnde Welt der Mathematik sind für Platon die beiden Zugänge zu Ewigkeitsvorstellungen durch die er den Weg zu seiner Ideenlehre in seinem philosophischen Hauptwerk *Politeia (Der Staat)* findet. Zweifellos hat die Mathematik wegen ihrer Klarheit und Eindeutigkeit der Gedankenführung etwas bestechend Überzeugendes an sich, was wir uns für die oft sehr ungenauen Begrifflichkeiten, mit denen wir im täglichen Lebens umgehen, nur wünschen aber oft nicht realisieren können, so, als ob die Mathematik eine zwar nicht erreichbare, aber doch erstrebenswerte Zielrichtung angeben könnte. Es ist für uns darum gut verständlich, warum Platon auf dem Wege seiner Suche nach absolut gültigen Grundsätzen für den Bau philosophischer Gedankengebäude sich die Mathematik zum Vorbild nahm.

Die wichtigsten philosophischen Gedankengebäude sind aber – und das hatte Platon auch noch von seinem Lehrer Sokrates gelernt –,[162] diejenigen, die ein gedeihliches Zusammenleben der Menschen untereinander und mit der Natur garantieren. Für Platon und gewiß auch für den historischen Sokrates ist einer der wichtigsten Begriffe, auf denen ein solches Gedankengebäude aufruhen muß, der *Gerechtigkeitsbegriff*. Für Platon mußte es darum vordringlich darum gehen, das Gerechtigkeitsparadoxon für alle Zeiten aufzulösen. Es ist darum nicht von ungefähr, daß Platon das erste Buch in seinem Hauptwerk, dem Dialog *Politeia* (Der Staat), mit der Problematisierung des Gerechtigkeitsbegriffs beginnen läßt[163], die aber nicht zu einem befriedigendem Ergebnis führt, allerdings aber doch schon zu erheblichen Schritten auf Platons Ziel hin. Denn Platon führt im Dialog *Trasymachos* (1. Buch der *Politeia*) bereits für die Tugend des Gut-Seins und der Gerech-

---

162 Für den xenophontischen Sokrates, der mit hoher Wahrscheinlichkeit der historische Sokrates ist, bedeutet die gewissenhafte Auseinandersetzung mit dem Problem der Bestimmung des Gerechtigkeitsbegriffs mit das wichtigste Kriterium für die Beurteilung von werdenden Politikern. Vgl. Xenophon, *Erinnerungen an Sokrates*, übersetzt v. Rudolf Preiswerk, Reclam Verlag, Ditzingen 1992, 4. Buch, 2. Kapitel, Abs. 11 bis Abs. 30, und was den Gesetzesbegriff selbst angeht, geht dieser Sokrates sogar das Wagnis ein, die Auffassung zu vertreten „das Gerechte bestehe darin, sich an die Gesetze zu halten"; denn „Auch nach dem Willen der Götter äußert sich das Gerechte im Gesetzlichen", womit auch der historische Sokrates aus Sicherheitsgründen eine mythische Rückbindung vornimmt. Vgl. ebenda 4. Buch, Abs. 12 bis Abs. 25.

163 Die Frage danach, ob das erste Buch des Staates ein eigenständiger Dialog ist, genannt *Trasymachos*, habe ich in meinem bereits genannten Platon-Manuskript eingehend behandelt, hier trägt die Beantwortung dieser Frage aber nichts zur Sache bei.

tigkeit schon mythische Substanzen ein, von denen die guten bzw. die gerechten Menschen erfüllt sind. Eine Handlung ist danach gut oder gerecht, wenn sie von einem guten oder einem gerechten Menschen ausgeführt wurde. Und weil diese Substanzen von Göttern stammen, besitzen sie einen uneingeschränkten, absoluten Charakter.

Im zweiten Buch der Politeia beginnt die Entwicklung eines gerechten Staates vermutlich durch ein Gespräch der drei Brüder Adeimantos, Glaukon und Platon, wobei letzterer sich als Sokrates ausgibt, so daß im Folgenden unter Sokrates stets Platon zu verstehen ist, wenn in der Besprechung der erkenntnistheoretischen Fortschritte im Dialog „Der Staat" einmal von Sokrates die Rede sein sollte. Hier geht es gleich um die Darstellung eines Staates, weil der Gerechtigkeitsbegriff für den einzelnen Bürger noch immer nicht deutlich ist, dieser aber an einem größeren entsprechenden Objekt, nämlich an einem Staat sehr viel genauer studiert werden könne. Schließlich sei etwas Undeutliches an einem entsprechenden größeren Objekt stets viel leichter zu erkennen.

Im zweiten Buch wird demgemäß der Aufbau eines Staates ganz nach Nützlichkeitsüberlegungen zur Lebenserhaltung von Menschen vorgeführt, die notwendig zur Arbeitsteilung aufgrund der unübersehbaren Menge von menschlichen Bedürfnissen sind, die schließlich sogar zur Staatsgrenzenerweiterung zu ungunsten anderer Staaten führt, so daß auch noch der Stand der Berufssoldaten eingeführt werden muß. Damit ist das Problem der Gerechtigkeit zwischen den verschiedenen Staaten geboren, und die Wächter sind vornehmlich zur Gerechtigkeit zu erziehen.

Die Erziehungsproblematik benutzt Platon nun, um seinem Wunsch des Auffindens sicherer Grundsätze der Philosophie näher zu kommen. Und dazu beschreitet er einen Weg, der sehr viel später von allen totalitären Systemen gegangen worden ist, der das Ziel verfolgt, in den Menschen ein bedingungsloses Unterwürfigkeitsbewußtsein zu erzeugen. Dies gelingt Platon – bisweilen Diktatoren auch heute noch, allerdings nur mit sehr subtilen Mitteln – durch die Erzeugung eines Glaubens an einen absoluten Gott. Diese Aufgabe spielt Platon den Dichtern zu, die immer dann zu tadeln sind, wenn sie Götter mit boshaften, kriegerischen und damit menschlichen Eigenschaften darstellen; denn die Rede von einem Gott ist stets so zu gestalten „*daß Gott nur was gerecht und gut war getan hat*"[164], weil nur von den mythischen Göttern in moralischen Fragen Sicherheit ausgeht. Die ersten Vorstellungen von ewigen Ideen, entwickelt Platon darum im zweiten und dritten Buch seiner Politeia durch die Vorstellungen von *ewigen moralischen Ideen*, zu denen die *vier Tugenden der Weisheit, der Tapferkeit, der Besonnenheit und der Gerechtigkeit* gehören, deren Möglichkeit und Existenz durch die Götter gesichert werden.

Erst vor diesem Hintergrund der göttlich abgesicherten Moralität traut sich Platon, die Erkenntnistheorie seiner Ideenlehre aufzubauen. Dieser Zusammenhang ist für den Anfang des Werdens der Wissenschaft und gerade auch für das heutige Weiterwachsen der Wissenschaft von außerordentlich großer Bedeutung. Diese Bedeutung ist erst von Immanuel Kant in ihrer vollen Tragweite erkannt worden, indem er das Primat der praktischen Vernunft gegenüber der theoretischen Vernunft verlangte, *„weil alles Interesse zuletzt*

---

164 Vgl. Politeia 380a,8/9.

praktisch ist und selbst das der spekulativen Vernunft nur bedingt und im praktischen Gebrauche allein vollständig ist."[165] Die theoretische oder, wie Kant auch sagt, die spekulative Vernunft wird vom Verstande und die praktische Vernunft von der Vernunft regiert. Nun ist der **Verstand** in seiner verallgemeinerten Bedeutung die **Sicherungsinstanz der äußeren Existenz** und die **Vernunft die Sicherungsinstanz für die innere Existenz** eines biologischen oder eines kulturellen Lebewesens. Während die äußere Existenz durch das *Vorhandensein eines Systems in der sinnlich wahrnehmbaren Wirklichkeit* bestimmt und dem Verstand anvertraut ist, besteht die *innere Existenz aus der Menge der sinnvollen Handlungsvorstellungen dieses Systems*, die von deren Vernunft hervorgebracht wird.

Platon ging es um die Sicherung der ganzen Menschheit. Bei ihm ist freilich aufgrund seiner Befangenheit in der mythischen Tradition noch keine deutliche Unterscheidung einer äußeren von einer inneren Existenz möglich. Aber sein großes wissenschaftstheoretisches Verdienst ist, daß er diese deutliche Unterscheidung mit seiner Erkenntnistheorie im Rahmen seiner Ideenlehre vorbereitet hat.

So wie es für Platon im moralischen Bereich durch die Götter absolute Garanten für die Existenz der Tugenden gibt, so nimmt er in seiner Ideenlehre für die sinnlich wahrnehmbare äußere Welt **absolute Garanten für die Existenz der Gegenstände dieser Sinnenwelt** an, welche durch **unveränderliche und ewig existierende Ideen** gegeben sind, **die als Urbilder** der Gegenstände der Sinnenwelt fungieren, wodurch diese Gegenstände als **Abbilder der ewigen Ideen** zu verstehen sind, womit eine absolute Grundlage für die Erkenntnis unserer Sinnenwelt vorliegt.

Im sechsten Buch seiner *Politeia* läßt Platon seinen Sokrates, hinter dem sich freilich Platon selbst verbirgt, über das Viele in der Erscheinungswelt und die Ideen sagen: „*Und von jenem vielen sagen wir, daß es gesehen werde aber nicht gedacht; von den Ideen hingegen, daß sie gedacht werden aber nicht gesehen.*"[166] Platons Ideen sind nach der hier vertretenen Begriffstheorie keine Begriffe, sondern mythogene Ideen, weil sie einerseits einzeln sind und außerdem aber auch das Allgemeine von all den Gegenständen darstellen, deren Urbilder sie sind. In den Ideen fallen mithin Einzelnes und Allgemeines in einer Vorstellungseinheit zusammen. Sie erfüllen somit die Bedingung für mythogene Ideen. Obwohl sich Platon damit vom begrifflichen Denken seines Lehrers Sokrates deutlich abwendet, so findet er dennoch auf intuitive Weise mit seinen Ideen als mythogene Ideen damit die Begründungsanfangs- und -endpunkte seiner Erkenntnistheorie. Da aber die Ideen selbst nicht in der Erscheinungswelt sichtbar sind und nur in der inneren Vorstellungswelt der unsterblichen Seele des Menschen wahrgenommen werden können, hat Platon mit seiner Ideenlehre bereits den Unterschied zwischen einer inneren und einer äußeren Existenz vorbereitet, welche letztere der Sinnenwelt angehört. Obwohl Platon keinerlei

---

165　Vgl. Immanuel Kant, *Kritik der praktischen Vernunft*, Johann Friedrich Hartknoch, Riga 1788, 2. Buch, III., A219.

166　Vgl. Platon, *SÄMTLICHE WERKE V, Politeia,* Griechisch u. Deutsch, nach der Übersetzung Friedrich Schleiermachers, ergänzt durch Übersetzungen von Franz Susemihl u.a. herausgg. von Karlheinz Hülser, Insel Verlag, 507b-c, S. 495.

Vorstellungen darüber beschrieben hat, wie die Abbilder in der Sinnenwelt durch ihre Urbilder, die Ideen, entstehen, hat er damit doch *eine erste ernsthafte Erkenntnistheorie* geliefert. Denn die Ideen üben die Funktion des Allgemeinen der Gegenstände aus, welche als Abbilder der Ideen etwas Einzelnes repräsentieren, so daß die Zuordnung einer Idee zu ihrem Abbild eine Erkenntnis darstellt, wie sie im Band I ausführlich beschrieben worden ist. Es ist nur noch die Frage zu klären, wie es zu dieser Zuordnung kommt. Die Antwort darauf gibt Platons erkenntnistheoretisches Konzept der *Wiedererinnerungslehre*, wie er sie in seinem Dialog Menon entwickelt hat. Platon braucht dazu nur zusätzlich die Vorstellung der *Präexistenz der Seelen*, die, bevor sie in einen Leib eintreten, schon am „überhimmlischen Ort" die Ideen schauen. Zum Beispiel wird die Idee des Baumes *Linde* von einer Seele in ihrer Präexistenz am *überhimmlischen Ort* geschaut. Da diese Idee in dem zugehörigen Menschen einwohnt, wird er sich daran erinnern, wenn er später in der Erscheinungswelt an einer Linde vorbeigeht, und seine Seele läßt dann den Menschen sagen: „dieser Baum dort ist eine Linde". Natürlich muß er sich vorher auch schon an die Idee des Baumes erinnert haben und damit die Erkenntnis gewonnen haben, was ein Baum ist, so wie er nun die Erkenntnis einer Linde erworben hat.

Obwohl Platon auf intuitive Weise, den Unterschied zwischen äußerer und innerer Existenz vorbereitet, kennt er diesen Unterschied noch nicht als Unterschied zwischen seinen Ideen; denn die mathematischen Ideen von einem Quadrat oder einem Dreieck hängen noch der gleichen Realsubstanz an, wie etwa die Idee des Baumes oder der Linde[167], wie wir es seinem *Timaios* entnehmen können. Er konstruiert darin mit Hilfe von gleichschenklig-rechtwinkligen Dreiecken und solchen rechtwinkligen Dreiecken, die durch die Halbierung von gleichseitigen Dreiecken entstehen, regelmäßige Körperoberflächen: den *Tetraeder*, den *Würfel*, den *Oktaeder* und den *Ikosaeder*, wobei der Würfel nur aus gleichschenklig-rechtwinkligen Dreiecken aufgebaut sein soll. Diese Körperformen betrachtet Platon als die Grundbestandteile der *vier Elemente Feuer, Erde, Luft und Wasser.* Da nach platonischer und allgemein anerkannter griechischer Lehre alle Erscheinungen aus diesen vier Elementen aufgebaut sind, gibt es nach der platonischen Konstruktion der Grundbestandteile dieser Elemente nur grenzenbildende geometrische Flächen und den leeren Raum. Eigenwilligerweise sind die körperlichen Grundbestandteile der Elemente keine Atome, d.h., sie sind nicht unteilbar. Sie können vielmehr in die Dreiecke zerfallen, aus denen sie aufgebaut sind. Diese Dreiecke finden sich aber wieder zu anderen Körperformen zusammen. Damit wird der Übergang der Elemente Feuer, Wasser und Luft ermöglicht. Platon führt dazu folgendes aus:

---

167   Zu dieser Unterscheidung ist noch in unseren Tagen, der hoch geschätzte Logiker Willard van Orman Quine noch nicht fähig, wenn er sagt, die dritte Wurzel aus 27 hätte die gleiche Existenzform wie etwa eine Linde am Straßenrand, weil es nur eine einzige Existenzform gebe. Vgl. dazu meine Kritik an Quines Existentialfundamentalismus in W. Deppert, Relativität und Sicherheit, abgedruckt in: Rahnfeld, Michael (Hrsg.): *Gibt es sicheres Wissen?*, Bd. V der Reihe *Grundlagenprobleme unserer Zeit*, Leipziger Universitätsverlag, Leipzig 2006, ISBN 3-86583-128-1, ISSN 1619-3490, S. 90–188.

"Denn aus den Dreiecken, die wir auswählten, entstehen vier Arten *von Körpern*. Drei derselben aus dem einen, welches ungleiche Seiten hat; aber die vierte allein ist aus dem gleichschenkligen Dreieck zusammengefügt. Es können also nicht alle durch Auflösung ineinander aus vielen kleinen zu wenigen großen werden und umgekehrt. Bei den dreien aber ist es möglich, denn alle sind aus einem entstanden. Werden aber die größeren aufgelöst, so werden sich viele kleine aus den gleichen *Dreiecken* bilden, indem sie die ihnen zukommenden Gestalten annehmen. Wenn viele kleine wiederum nach ihren *Dreiecken* zerlegt werden, dann dürfte eine einheitliche Zahl einer einheitlichen Masse entstehen und eine große andere Form hervorbringen."[168]

Demnach haben für Platon geometrische Flächen eine zweidimensionale Existenzform und die angegebenen Arten von rechtwinkligen Dreiecken sind zweidimenionale Atome, aus denen alle Erscheinungen aufgebaut sind. Im Aufbau der Materie haben diese Dreiecke nur eine grenzebildende Funktion, die das Leere umgrenzt. Materie besteht demnach aus räumlich abgegrenzter Leere. Es scheint beinahe so zu sein, als ob Platon die gegenseitige Abhängigkeit der beiden mythischen Substanzformen in der Konstitution der Materie und aller Erscheinungen formal auf die Spitze treiben wollte, indem er nur die grenzebildende Funktion zweidimensionaler Flächen benutzt, um mit ihnen das Leere zu umgrenzen.

3.2   Die Philosophische Familie

3.2.0   Vorbemerkungen

Nicht selten bilden sich in einer menschlichen Familie besondere geistig-seelische Verwandtschaftsverhältnisse nach dem Muster aus, daß sich die Kinder den Eltern gegenüber in eine gewisse Oppositionsstellung hinein entwickeln, die von der Enkelgeneration aber wieder überwunden wird. Und ebenso lassen die Beziehungen zwischen Sokrates, dem philosophischen Vater, Platon, dem philosophischen Sohn und Aristoteles, dem philosophischen Enkel beschreiben. Denn Platon nimmt im Laufe seines Lebens mit seiner absolutistischen Ideenlehre die entgegengesetzte erkenntnis-theoretische Position zu seinem Lehrer Sokrates ein, der mit seinem begrifflichen Denken einen damals noch nicht so bezeichneten erkenntnistheoretischen Relativismus vertritt. Aristoteles, der Schüler des Platon entwickelt nun im Gegensatz zu Platon das relativistische Denken seines philosophischen Großvaters Sokrates erheblich weiter, indem Aristoteles die Begriffe Art und Gattung beschreibt, welche das zweiseitige Merkmal der Begriffe erfüllen, weil Gattung und Art je nach Hinsicht etwas Allgemeines oder etwas Einzelnes sein können. Eine Art, die zu einer Gattung gehört ist etwas Einzelnes, das zu dem Allgemeinen der Gattung ge-

---

168 Vgl. Platon, *Timaios*, 54c1-d3. Deutsche Übersetzung Hieronimus Müller und Friedrich Schleiermacher in: Platon, *Werke in acht Bänden*, bearbeitet von Klaus Widdra, Wissenschaftliche Buchgesellschaft, Darmstadt 1972, S. 101.

hört. Weil es aber mehrere Gattungen gibt, sind auch die Gattungen wieder etwas Einzelnes, die zu einer noch allgemeineren Ober-Gattung zuzuordnen sind. Und eine Art kann Unterarten ausbilden, so daß aus der einzelnen Art ein Allgemeines zu seinen Unterarten wird. Demnach steht Aristoteles seinem philosophischen Großvater Sokrates erheblich näher als zu seinem philosophischen Vater Platon, dessen erkenntnistheoretische Positionen er sogar erheblich kritisiert oder korrigiert.

3.2.1 Aristoteles' Kritik an Platons Ideenlehre und die Entwicklung seiner Erkenntnistheorie

Aristoteles ist erst 15 Jahre nach dem dramatischen Tod des Sokrates im Jahre -383 geboren worden. Von der Tragödie, die sich insbesondere in der Todeszelle des Sokrates zwischen ihm und seinem Schüler Platon abgespielt hat, erfuhr der junge Aristoteles wenn überhaupt womöglich erst nach über 30 Jahren; denn mit 17 Jahren ist Aristoteles im Jahre -366 nach Athen in die Philosophenschule des Platon in die Akademie gegangen, wo Platon sein Lehrer wurde. Und da wurde ihm sehr bald Platons Ergebnis seines durch das Umwendungserlebnis im Jahre -398 erzeugte Streben nach einer absoluten Grundlage für die Staatsbildung präsentiert; denn Platon hatte zu dieser Zeit seinen Dialog Politeia (Der Staat), in der seine Ideenlehre zur Konstruktion des Staates enthalten ist, bereits schon ca. 3 Jahre lang fertig geschrieben. Aristoteles wird also die hier angedeutete Entstehungsgeschichte der Ideenlehre überhaupt nicht gekannt haben. Er hat sie darum „frisch von der Leber weg" heftig kritisiert, ohne zu ahnen, was er damit im Seelenleben seines Lehrers Platon anrichtete. Dennoch scheint es zu einem Zerwürfnis zwischen ihnen nie gekommen zu sein.

Aristoteles gehörte zu den Schülern Platons, die besonders viel gelesen haben, was ihm dadurch möglich war, weil Platon die Schriften der Vorsokratiker in seiner Akademie gesammelt hatte. Darum verbindet sich die Kritik an Platons Ideenlehre oft mit kritischen Bemerkungen zu den Lehren der Vorsokratiker und insbesondere der Pythagoreer.[169] Aber Aristoteles hat sich durch die Lektüre der Vorsokratiker sicher auch sehr anregen lassen, insbesondere durch Heraklit, dessen Lehre er sogar mit dem Kurztext „panta rei – alles fließt" zusammenfaßte. Diese heraklitische Einsicht ließ sich mit der Ideenlehre des Platon nicht vereinbaren; denn dessen Ideen sind ewig und unveränderlich, so daß es keine Idee vom Veränderlichen und schon gar nicht vom Fließenden geben kann, und damit war die Ideenlehre hinsichtlich ihrer erkenntnistheoretischen Brauchbarkeit irreparabel widerlegt.[170] Denn für Aristoteles ging es ja besonders darum, das Werden und Vergehen zu

---

169 Diese Kritiken finden sich besonders gehäuft in Aristoteles' erkenntnistheoretischem Hauptwerk *Metaphysik*, und da besonders in den ersten fünf Büchern.

170 Vgl. Aristoteles, Metaphysik, Buch I, Kap. 9, 991a 9ff.

beschreiben, so daß er dafür sogar ein eigenes Substantiv geprägt hat: die Entelechie, mit der er auch das Wesen der Seele identifizierte.[171]

Wenn Aristoteles ein neues Substantiv bildet, dann dürfen wir stets davon ausgehen, daß das mit diesem neuen Wort zu Beschreibende ziemlich bedeutungsgeladen ist. Darum hat es sogar Leibniz in seinen Wortschatz übernommen, um damit wie Aristoteles für ein entwicklungsfähiges System alle Entwicklungsstufen bis hin zum Entwicklungsziel mit einem Begriff zusammenzufassen. Wörtlich könnte man diese Wortbildung als das „bis zum Ziel hin Innenseiende" übersetzen, so wie wir heute das informationsspeichernde und die Entwicklung vorantreibende Riesenmolekül der DNS oder englisch der DNA verstehen. Und wir dürfen sogar vermuten, daß es ohne den bedeutungsschweren Begriff der Entelechie zur Entdeckung der DNS sehr viel später oder gar nicht gekommen wäre.

Im Entelechie-Begriff konzentrieren sich wichtigste Grundpositionen der Aristotelischen Erkenntnistheorie, die in der Verbindung der mythischen Möglichkeitssubstanzvorstellung (Gott Chaos) mit der mythischen Realsubstanz besteht; denn in der Entelechie wird laufend Mögliches zu Realem. Dabei verursacht die Entelechie ständig Veränderungen, obwohl sie sich selbst dabei nicht verändert, d.h. sie bewegt als etwas Unbewegtes, welches für Aristoteles das Kennzeichen des Göttlichen ist, welches in der Seele zu Hause ist und warum Aristoteles konsequenterweise die Entelechie eines Wesens mit dessen Psyche indentifiziert.

Mit dem Entelechie-Begriff sind die später in der Newtonschen Physik so wichtig werdenden Zustandsbegriffe gedanklich vorbereitet, in denen eine Veränderung zusammen mit einer Konstanz gedacht werden, wie etwa in den verschiedenen Bewegungszuständen einer Schwingung oder einer geradlinig, gleichförmigen Bewegung, durch die der newtonsche Kraftbegriff als eine Zustandsänderungsursache bestimmbar wird. Obwohl diese in den Entelechie-Begriff mündende Vereinigung der beiden aus dem Hesiodschen Urtripel stammenden mythischen Substanzvorstellungen schon so wichtige physikalische Beschreibungsformen hervorgebracht haben, gibt es noch dazu nahezu entgegengesetzte Vereinigungsformen eben dieser beiden mythischen Substanzideen des Möglichen und des Realen; denn wenn man das Leere als Konsequenz des chaotischen Substanzdenkens bzw. der Möglichkeitsräume auffaßt und das Volle, das wegen seiner Vollheit eine Grenze ausbildet, als Entwicklungsergebnis der Traditionslinie im Denken der Realsubstanz, d.h. der mythischen Bereichsräume, dann erweisen sich diese beiden mythischen Traditionsstränge noch deutlicher als schon bei Heraklit als konstitutiv für das atomistische Weltbild des Leukipp und Demokrit. Darum sind das Leere und das Grenzenbildende die beiden Grundideen dieses frühen mechanistischen Weltbildes.

Dies gilt in sehr ähnlicher Weise auch noch für Platons Weltbildvorstellungen, wie er sie uns in seinem Timaios wie hier bereits beschrieben darstellt. In dieser Beschreibung entstand der Eindruck, „als ob Platon die gegenseitige Abhängigkeit der beiden mythischen Substanzformen in der Konstitution der Materie und aller Erscheinungen formal

---

171 Vgl. Aristoteles, *Über die Seele*, griechisch-deutsch, übersetzt nach W. Theiler und durch Horst Seidl, Felix Meiner Verlag, Hamburg 1995, 412a 21f., 414a 25f., 415b 15f., 41729f.

auf die Spitze treiben wollte, indem er nur noch die grenzebildende Funktion zweidimensionaler Flächen benutzt, um mit ihnen das Leere zu umgrenzen; denn die chaotische mythische Substanz, ist ja die des Möglichen und mithin gehört zu ihr das Leere, weil in ihm alles andere möglich ist und die mythische Realsubstanz ist hier offenbar mit den zweidimensionalen Flächen gegeben, weil diese allen anderen Realitäten der vier Elemente innewohnen".

Aristoteles geht hier einen anderen Weg, indem er das Leere grundsätzlich ablehnt. Dennoch verwirft er die Traditionslinie des Möglichkeitsraumes aus dem chaotischen Substanzdenken nicht. Denn für ihn sind alle Erscheinungen aufgebaut aus einem zugrundeliegenden Potentiellen, auf das ein Formprinzip einwirkt. Die Potentialität, d.h., die Möglichkeit für etwas, faßt Aristoteles nicht in einen Raumbegriff, sondern mit dem generell Zugrundeliegenden, dem *hypokeimenon*. Für die materiellen Gegenstände ist dies stets die *hyle*, auf die immer ein *eidos*, eine Form einwirkt, damit die Aktualität eines Gegenstandes gegeben ist. Durch das Ineinandergreifen von Potentialität (*dynamis*) und verwirklichender Akt (*energeia*) werden aus der ersten Materie, der hyle, und dem eidos, der Form, alle Naturdinge. Nach dem Urteil von Horst Seidl, dem bekannten Aristoteles-Übersetzer und -Kommentator, "*führt Aristoteles das Begriffspaar 'Potenz' (dynamis) und 'Akt' ursprünglich ein zur Lösung des Problems des Entstehens, Werdens: Das, woraus die Dinge entstehen, ist kein Nichtseiendes an sich, sondern nur in gewisser Weise, nämlich ein potentiell Seiendes, und zwar in bezug auf das aktual Seiende, das am Ende der Entstehung erreicht wird, 191b27–34.*"[172] Dabei bezieht sich Seidl auf Aristoteles' Physikvorlesung, Buch I, Kap.8.

Aristoteles spricht von einem relativen Nichtsein und setzt dies mit der Potentialität, der Möglichkeit zum Sein gleich. Er bezieht sich dabei ausdrücklich auf die Eleaten, die keine Möglichkeit hatten, Werden und Vergehen zu denken, da sie nur von einem absoluten Sein und einem absoluten Nichtsein ausgingen. Tatsächlich verwandelt sich bei Aristoteles der mythische Raumvorstellungskeim der chaotischen Substanz zur Quelle des heutigen Massebegriffs. Denn historisch ist aus der aristotelischen hyle unser Massebegriff geworden, der bis heute die Möglichkeit beinhaltet, in vielfältigsten Formen einen physikalischen Körper zu bilden. Dieses Möglichkeitsspektrum hat sich mit Einsteins Spezieller Relativitätstheorie noch erheblich vergrößert. Denn durch die Äquivalenz von Masse und Energie kann sich Masse auch in alle Formen von Strahlungsenergie verwandeln.

Der *aristotelische Raumbegriff* steht ganz unvermutet wieder voll in der Tradition der mythischen Bereichsräume und ist sogar ohne die historische Verbindung zu ihnen kaum zu begreifen. Der Raumbegriff des Aristoteles leitet sich her von seinem Begriff vom Ort. Im 4. Buch, Kap.4 (212 a20) seiner Physikvorlesung sagt Aristoteles:

---

172 Vgl. Horst Seidl, *Beiträge zu Aristoteles' Naturphilosophie*, Rodopi Verlag, Amsterdam 1995, S. 12.

"Der Ort (topos) ist die unmittelbare (d.h. nächstgelegene) nicht in Bewegung begriffene An-
grenzungsfläche des (den Gegenstand) umschließenden Körpers."[173]

In kürzerer Formulierung bestimmt Max Jammer den Ortsbegriff von Aristoteles als "die
anliegende Begrenzung des einschließenden Körpers" (Jammer, S.17). Und daraus faßt
Jammer den Raumbegriff zusammen "als Totalsumme aller von Körpern eingenommenen
Örter" (Jammer, S.16). So explizit, wie Jammer ihn hier bestimmt, läßt sich bei Aristoteles
der Raum-Begriff allerdings nicht festmachen. Er ist jedenfalls ein vom Ortsbegriff abgeleitetes Konzept, der ganz in der Tradition der mythischen Bereichsräume zu verstehen ist.

Auch die Ablehnung des Leeren durch Aristoteles verrät deutlich diese Tradition. Denn
in Buch IV, Kap.7 (214a17–20) der Physikvorlesung sagt Aristoteles:

"Da der Begriff des Ortes inzwischen geklärt ist und da das Leere, wenn es überhaupt existiert, ein Ort sein muß, an dem sich kein Körper befindet, und da wir wissen, in welcher Form
es einen Ort gibt und in welcher nicht, kann kein Zweifel mehr bestehen, daß es in dem Sinne
jedenfalls, wie es vertreten wird, ein Leeres *nicht* gibt, weder als ein für sich Existierendes
noch auch als ein unselbständiges Aufbaumoment der Körperwelt."[174]

Nun könnte gewiß nach der Definition des Ortes ein Ort eines leeren Hohlraumes sehr
wohl bestimmt werden. Aber es scheint Aristoteles ganz selbstverständlich zu sein, daß
nur etwas Materielles eine Grenze haben könne. D.h. es muß eine bestimmte inhaltliche
Bestimmung, etwa eine Definition, von etwas geben, das umgrenzt ist. Dies aber ist ganz
typisch für die mythische Vorstellung der Bereichsräume; denn diese grenzen sogar etwas
in höchstem Maße Reales, etwas Heiliges ab.

Über die Ortsvorstellung von Aristoteles ist viel gerätselt worden, da sein Begriff des
Ortes sich überhaupt nicht mit dem der neuzeitlichen Physik verträgt. Denn in der neuzeitlichen Physik ist ein Ort etwas, das sich innerhalb eines festgewählten Koordinatensystems durch ein n-tupel von Zahlen angeben läßt, wobei n die Dimensionszahl des Raumes ist, der durch das Koordinatensystem aufgespannt wird. Dagegen besteht Aristoteles'
Raumbegriff aus einer Fläche, einer abgeschlossenen Oberfläche, die zugleich Innenfläche
ist. Diese sehr eigenwillige Ortsvorstellung des Aristoteles läßt sich, ähnlich wie seine
Begriffsbildung der Hypolepsis, vor dem Hintergrund bestimmter aus dem Mythos stam-
mender Traditionslinien verstehen. Dabei taucht aber die Frage auf, wieso der aristotelische Orts- und der damit verbundene aristotelische Raumbegriff offensichtlich nicht im
neuzeitlichen Raumbegriff wiederzufinden ist.

Nun ist aber der Weg von den antiken griechischen Raumauffassungen bis zu den
Raumvorstellungen der Neuzeit schon deshalb noch weit, weil in der griechischen Antike
Dreidimendionalität allenfalls für die Bestimmung einzelner Körper in Betracht gezogen

---

173 Vgl. Aristoteles, *Physikvorlesung*, übersetzt von Hans Wagner, 3. Aufl. Akademie-Verlag,
     Berlin 1979, S. 93, Z.4–6.

174 Vgl. ebenda, S. 98, Z.22–28.

wurde.[175] Auch Max Jammer bemerkt, daß die mathematischen allgemeinen Beschreibungsformen des Raumes oder auch die des Aristotelischen Ortes auf das Zweidimensionale beschränkt bleiben und daß "der Gedanke eines dreidimensionalen Koordinatensystems und insbesondere eines rechtwinkligen räumlichen Koordinatensystems () erst im 17. Jahrhundert (beginnend mit Descartes) mit Bewußtsein gedacht wurde" (Jammer, S.26).

3.2.2 Die direkte und indirekte Schulenbildung des Aristoteles

Aristoteles war der erste historistisch eingestellte Philosoph, da ihm wahrscheinlich schon bewußt war, daß wir die Formen unseres Denkens und unserer Erkenntnisse nicht nur von unseren Eltern und um Umgang mit unseren Lehrmeistern zu erlernen haben, sondern daß wir uns über das Denken und die Begründungen von Erkenntnissen unserer Vorfahren bemühen sollten und zwar soweit in die Vergangenheit zurück, wie es uns eben möglich ist. Bei diesem Unternehmen sollten wir aber darum bemüht sein, zu versuchen das denkerische Vorgehen unserer Vorfahren auf dessen argumentativer Korrektheit hin zu untersuchen, weil wir nur dadurch zu mehr Sicherheit und Gründlichkeit im eigenen Denken vordringen können. Für Aristoteles war deshalb schon klar, daß Philosophieren gar nichts anderes bedeutet, als gründlich nachzudenken, und wobei das gründliche Nachdenken heißt, solange nachzudenken, bis man einen stabilen Grund gefunden hat, auf dem sich die eigenen Gedankengebäude sicher aufbauen lassen, ohne ständig die Befürchtung haben zu müssen, daß sie aufgrund einer unsicheren Begründungsstelle einstürzen könnten. Auch Aristoteles hat sich möglicherweise intuitiv schon als ein Baumeister verstanden, dessen Baumaterial nicht Steine, sondern bedeutungsvolle Worte sind und dessen Mörtel nicht aus Lehm und Ton besteht, sondern aus korrektem Argumentieren mit Hilfe von logischen Schlußregeln, welche sicherstellen, daß der Wahrheitsgehalt einer Aussage beim Fortschreiten zu einer nächsten nicht verloren geht.

Das Großartige des philosophischen Vorgehens des Aristoteles besteht in seiner enormen Intuition für das Errichten von Gedankengebäuden, deren Baumaterial in Form von aus der Geschichte übernommenen oder selbst erdachten Begriffen besteht und deren Zement er durch die Entwicklung einer eigenen logischen Lehre vom korrekten Argumentieren entwickelt hat. Durch seine gründlichen historischen Studien hat er die großen philosophischen Schulen der Milesier, der Pythagoreer, Eleasier und natürlicher der Platoniker in Platons Akademie kennengelernt, und so konnte es nicht ausbleiben, daß er selbst eine Schule gründete, die ihren Namen von der philosophischen Methodik seines philosophischen Großvaters Sokrates erhalten hat, der nämlich am liebsten im Spazierengehen philosophierte als Peripatetiker. Und da auch Aristoteles diese Art des Philosophierens in seinem Lykeum pflegte, so nannten sich seine Schüler auch *Peripatetiker*. Von den Peripatetikern ist es vor allem Theophrastos, der seinem Lehrer Aristoteles Ehre macht, indem er die von Aristoteles weit vorangetriebene Arten- und Gattungen-Klassifikation in

---

175 Vgl. ebenda, S. 83, Z.37f.

der Biologie weiter bearbeitete und außerdem die ersten Formen einer wissenschaftlichen Psychologie erstellte.

Viel wichtiger aber war die indirekte Schulenbildung des Aristoteles, indem ungezählte Philosophen und Wissenschaftler auf seinen Arbeiten aufbauten und sie weiterentwickelten, etwa auf dem Entelechie-Begriff oder auf seiner Kategorienlehre, seine Metaphysik und Logik, wovon Immanuel Kant so viel profitierte, daß wir ihn in die Reihe der Aristoteles-Schüler getrost einreihen können.

3.2.3 Die erste Grundlegung der Wissenschaften durch die philosophische Familie

Im Band 1 der Theorie der Wissenschaft ist mit Hilfe von Kurt Hübners deskriptiver Wissenschaftstheorie beschrieben, daß zum Betreiben von Wissenschaft fünf Festsetzungstypen vonnöten sind, die sich allerdings im Laufe der systematischen Untersuchungen zum Wissenschaftsbegriff zu sechs Festsetzungstypen vermehrt haben, wobei diese jeweils noch danach zu unterscheiden sind, ob sie begrifflicher oder existentieller Art sind, so daß aus der Hübnerschen Festsetzungsmethodik schließlich sogar 12 verschiedene wissenschaftstheoretische Festsetzungsarten geworden sind, die hier nun noch einmal zu nennen sind; denn auf dem Wege, das historische Entstehen der Wissenschaft nachzuzeichnen, könnte es hilfreich sein, nachzusehen, wann die ersten Ansätze zu diesen Festsetzungstypen aufzufinden sind, wie sie womöglich miteinander verwoben sind und in welcher Reihenfolge sie allmählich zu Tage treten. Diese zwölf Festsetzungstypen sind:

1. Begriffliche Gegenstandsfestsetzungen
2. Existentielle Gegenstandsfestsetzungen
3. Begriffliche Allgemeinheitsfestsetzungen
4. Existentielle Allgemeinheitsfestsetzungen
5. Begriffliche Zuordnungsfestsetzungen
6. Existentielle Zuordnungsfestsetzungen
7. Begriffliche Prüfungsfestsetzungen
8. Existentielle Prüfungsfestsetzungen
9. Begriffliche Festsetzungen über die menschliche Erkenntnisfähigkeit
10. Existentielle Festsetzungen über die menschliche Erkenntnisfähigkeit
11. Begriffliche Zwecksetzungen
12. Existentielle Zwecksetzungen

Da die mythischen Erkenntnisformen noch ganz dem substantiellen Denken angehören, finden sich diese bei den Vorsokratikern in der beschriebenen Weise noch in vielfältigen Formen, die aber im Laufe der Bewußtseinsentwicklungen, wie sie sich in der Zeit der Vorsokratiker ereignet haben, allmählich von begrifflichen Formen durchsetzt werden.

3.2.3.1 Das begriffliche Denken des Sokrates und der erste Start der Wissenschaft

Erst in den nachweisbaren Denkformen des Sokrates stellen sich die hier beschriebenen Merkmale begrifflichen Denkens erstmalig deutlich ein, der darum hier als der Stammvater der antiken griechischen philosophischen Familie beschrieben wurde, indem Platon sein philosophisch revoltierender Sohn und Aristoteles als dessen sehr viel verständigere philosophische Enkel betrachtet wird.

Den wissenschaftlichen Reigen eröffnet Großvater Sokrates, indem er erstmalig das vollständige begriffliche Denken einführt. Und erste Unterscheidungen zwischen begrifflichem und existentiellem Denken lassen sich auch schon bei ihm nachweisen. Wenngleich bei Sokrates das begriffliche Denken deutlich ausgeprägt ist, so scheint er aber noch keinerlei Vorstellungen über die Existenzform der Begriffe ausgebildet zu haben, nur dies, daß sie wohl etwas ganz anderes sind, als das Einzelne, das sich mit ihnen erfassen läßt.

3.2.3.2 Platon stoppt die Wissenschaft durch Rückbindung an mythisches Bewußtsein

Diese Unsicherheit in der Daseinsform der sokratischen Begriffe scheint Platon sehr verunsichert und schließlich seinen Glauben an das denkerische Argumentieren seines Lehrers ruiniert zu haben. Durch sein Umwendungserlebnis in der Todeszelle des Sokrates hat er intuitiv nach einer unzerstörbaren Existenzform des Allgemeinen gesucht, mit der sich verläßliche Erkenntnisse als Zuordnungen von etwas wahrnehmbar Einzelnen zu etwas unvergänglich existierendem Allgemeinen gewinnen ließen. Und dieses Allgemeine fand er schließlich in seiner Politeia als die Ideen, die in einer eigenständig und ewig existierenden Ideenwelt vorhanden sind und von den Seelen in ihrer Präexistenz geschaut werden können.

Diese Überzeugung erarbeitete sich Platon über seine Rückbindung an die mythischen Gottheiten, an denen er moralische Ideen festmachte, warum er die Dichter heftig zu kritisieren hatte, welche den Göttern unmoralische Verhaltensweisen andichteten. Indem Platon auf die mythischen Überzeugungen der Ewigkeit der Götter zurückgriff und an ihnen die ewigen moralischen entwickelte, konnte er schließlich durch diese Rückbindung an den Mythos die Ewigkeitsvorstellungen seiner Ideen gewinnen.

3.2.3.3 Der zweite Start der Wissenschaft durch Aristoteles

Platons Schüler Aristoteles aber wuchs bereits mit einem sehr viel weniger entwickelten mythischen Bewußtsein auf, bei dem das zyklische Zeitbewußtsein irreparabel aufgebrochen war, so daß er die damit verloren gegangenen Geborgenheitsgefühle durch Erkenntnisse über das Veränderliche zu ersetzen trachtete. Er war darum nicht mehr an Ewigkeitsvorstellungen interessiert, sondern an möglichst genauen Beschreibungen des Veränderlichen, um daraus Erkenntnisse über das zu erwartende zukünftige Geschehen gewinnen zu können. In Aristoteles vollzog sich quasi der im AT beschriebene Sündenfall des Verzehrens der Früchte vom Baum der Erkenntnisse. Deshalb mußte er die Ideenlehre seines Lehrers Platon durch den Hinweis vernichtend kritisieren, daß es keine Idee der Veränderung geben könne, weil nach Platon die Ideen unveränderlich sein müßten, um die von ihm gewünschte Sicherheit zu garantieren.

Mit Aristoteles beginnt damit der tatsächliche Weg der Wissenschaft, der aus dem Mythos herausführt. Bei ihm finden wir darum auch die wichtigsten Merkmale von Wissenschaft, zu denen stets auch die Ausbildung einer Metaphysik gehört. Daß sogar die erkenntnistheoretische Hauptschrift des Aristoteles als seine *Metaphysik* bezeichnet worden ist, besitzt eine philosophie-geschichtliche Bedeutungsmächtigkeit, die Aristoteles wohl kaum erahnen konnte; denn er hat seinen darin zusammengefaßten 14 Lehrschriften nicht selbst den Titel '*Metaphysik*' gegeben. Nach der heutigen Forschungslage stammt die Bezeichnung Metaphysik aus dem ersten vorchristlichen Jahrhundert von dem Peripatetiker *Andronikos von Rhodos*, weil dieser sie als die den Physik-Büchern folgenden (ta meta ta physika) ansah, woraus der Name 'Metaphysik' entstand.[176] Nun wollte es der historische Zufall, daß Aristoteles in den 14 Schriften die Bedingungen der Möglichkeit von Wissenschaft darstellt, was sehr viel später dann von Immanuel Kant als *die Metaphysik der Wissenschaft* bezeichnet wurde, welche Kant in seiner ersten Kritik so wie Aristoteles im ersten Buch seiner Metaphysik *als eine eigene Wissenschaft* darzustellen versuchte.

3.3　Die Verballhornung des Metaphysik-Begriffs in neuerer Zeit und seine Rehabilitierung

Leider hat es in der Neuzeit eine ziemliche Verballhornung des Metaphysik-Begriffs gegeben, die aufgrund eines groben Mangels im Verständnis der Transzendental-Philosophie Kants selbst unter Philosophen bis heute anhält und bis dahin reicht, daß man das Adjektiv 'metaphysisch' mit spiritueller Gefühlsduselei gleichsetzt, so daß sich einige Philosophen dazu aufgerufen fühlten ihre Gedankensysteme *metaphysikfrei* zu halten, wie etwa *eine metaphysikfreie Ethik* oder gar *eine metaphysikfreie Wissenschaft* zu konzipieren, wobei sie freilich nicht bemerkt haben, daß sie damit die von ihnen erdachten Gedankensysteme jeglicher Möglichkeit ihrer Begründbarkeit beraubten; denn wenn es für irgendeine gedankliche Arbeit keine Bedingungen ihrer Möglichkeit gibt, was ja die Metaphysik zu leisten hätte, dann landen sie auf dem fruchtlosen Acker der Unmöglichkeit.

Nachdem Kant klargestellt hat, daß ein *rational verwendbarer Metaphysikbegriff die Bedingungen der Möglichkeit von Erfahrungen* umfaßt, kann es keine Erfahrungswissenschaft mehr ohne Metaphysik geben. Auch nach Kurt Hübners Wissenschaftstheorie, dergemäß es für jede Wissenschaft notwendig ist, daß sie a priori über explizit oder intui-

---

176　Vgl. *Aristoteles' Metaphysik, Bücher I(A) – VI(E)*, griechisch-deutsch, 1. Halbband, neubearbeitete Übersetzung von Hermann Bonitz. Mit Einleitung und Kommentar hrsgg. von Horst Seidl, Felix Meiner Verlag, Hamburg 1989, S. XLVI.

tiv benutzte wissenschaftstheoretische Festsetzungen[177] verfügt, die er in deutlicher Anlehnung an Kant auch als **wissenschafts-theoretische Kategorien** bezeichnet hat, sind
diese Festsetzungen als zur **Metaphysik einer Wissenschaft** zugehörig anzusehen. Und
wenn auch noch erkannt wird, daß Kant mit seinen erkenntnistheoretischen Leistungen
wesentlich auf den Schultern des Aristoteles steht, dann wird es nun kaum noch verwunderlich sein, daß wir bei genauer Betrachtung seiner *Metaphysik* diese für ein *erstes
Lehrbuch über wissenschaftstheoretische Festsetzungen* ansehen können, wobei Hübners
Theorie der Festsetzungen noch um einige weitere Typen von Festsetzungen zu erweitern
ist.

3.4 Die Darstellung der Wissenschaftsentwicklung durch objektionale und subjektionale Festsetzungen

Die hier genannten 12 Festsetzungstypen sind Festsetzungen zur Erkenntnisgewinnung
in einer heutigen Wissenschaft. Weil es sich dabei im wesentlichen um Festsetzungen
handelt, welche die Erkenntnismöglichkeit eines Erkenntnis-Subjekts bestimmen, mögen
diese Festsetzungen als **subjektionale Festsetzungen** bezeichnet werden; denn es sind
Festsetzungen, die sich auf die Erkenntnisfähigkeiten der erkennenden Subjekte beziehen.
Derartige Festsetzungen werden in der Kulturgeschichte der Menschheit erst dann auftreten können, wenn sich das Selbstbewußtsein der erkennenden Subjekte ausgebildet hat,
was in der Zeit des Mythos in den meisten Fällen noch nicht der Fall ist. Erst wenn mit
dem allmählichen Zerfall des Mythos erste Formen eines subjektiven Bewußtseins auftreten, werden erste Ansätze von subjektionalen Festsetzungen bemerkbar sein. Die ersten
intuitiv auftretenden Festsetzungen können sich darum lediglich auf die Beschaffenheit
und das Zustandekommen von irgendwie erkennbaren Objekten beziehen. Die dazu womöglich nur intuitiv zu treffenden nötigen Festsetzungen über das Sein der Erkenntnis-
gegenstände und deren Veränderungen mögen als **objektionale Festsetzungen** bezeichnet
werden; denn diese Festsetzungen beziehen sich auf das von den Objekten der sinnlich
wahrnehmbaren Welt Erkennbare. Sie sind in der hier vorgeschlagenen Festsetzungssys-
tematik in den existentiellen Festsetzungen zu verorten. Hübner hatte diese Festsetzungen
mit seinen axiomatischen Festsetzungen zu erfassen versucht, was freilich nur ansatzwei-
se gelingen konnte.

Schon im Anfang der Wissenschaft sind dazu aber genauere Bestimmungen erforderlich gewesen, wie es sich bereits an Platons Vorhaben erkennen läßt, das Sein der Gegenstände auf etwas Absolutes, etwas ewig Existierendes zurückzuführen, wobei es ihm allerdings nicht gelingen konnte, das Sein des Veränderlichen zu erfassen, was Aristoteles
scharfsinnig bemerkte und damit Platons Ideenlehre zu Fall brachte. Aristoteles aber versucht in seiner Metaphysik dennoch die Festsetzungen über das Sein der Gegenstände

---

177 Vgl. Kurt Hübner, *Kritik der wissenschaftlichen Vernunft*, Alber Verlag, Freiburg 1978, *IV.3.
Einführung von Kategorien und Weiterentwicklung von Duhems Theorie*, S. 85ff.

und deren Veränderungsmöglichkeiten in einer Vorstellungseinheit zu erfassen. Darum beginnt er seine Untersuchungen in der *Metaphysik* mit einer Präzisierung seiner Ursachenlehre, die er bereits in seinen Physik-Vorlesungen vorgestellt hat. Damit trifft er auf intuitive Weise für den Fortgang der Wissenschaft wichtige *objektionale Festsetzungen*.

Da Aristoteles schon zu Beginn seiner *Metaphysik* das allgemein menschliche Streben nach Wissen mit der Liebe der Menschen zu ihren Sinnesorganen erklärt, ist es für ihn selbstverständlich, daß es dabei stets nur um ein Wissen vom Sein und insbesondere um das Wissen vom Werden und Vergehen der Dinge und insbesondere der Lebewesen geht, einerlei, ob mit diesem Wissen Handlungen begründet werden sollen oder ob es dabei um ein Wissen an sich geht, wie es einem freien Menschen der nach Weisheit strebt, zukomme, ohne daß er damit noch einen anderen Zweck zu verfolgen habe.[178]

Die Prinzipien und die Ursachen zur Darstellung und Erklärung derartigen Wissens, die von den Vorsokratikern benutzt und von Aristoteles kritisch untersucht wurden, lassen sich nun bereits als *erste objektionale Festsetzungen* verstehen; denn sie betreffen das Vorhandensein der wahrnehmbaren Gegenstände der sinnlich wahrnehmbaren Welt, ihre Veränderungen sowie die Gründe für diese Veränderungen. Aristoteles möchte mit seiner Ursachenlehre genau diese Festsetzungen erheblich verbessern, obwohl er natürlich noch nicht von Festsetzungen spricht.

Die Unterscheidung von objektionalen und subjektionalen Festsetzungen wird nun im Folgenden dazu dienlich sein, das Werden der Wissenschaft in einen deutlichen Zusammenhang mit der Bewußtseinsentwicklung zu bringen. Das beginnt bereits mit Sokrates, dessen Individualitätsbewußtsein schon so weit entwickelt ist, daß er sich des gedanklichen Mittels der Gedankenexperimente zu bedienen (Vgl. dazu den Abschnitt 2.8.2) vermag, die erst viel später besonders in der Zeit der Entstehung der Quantenphysik eine hervorragende Rolle für die Ausdifferenzierung der Quantentheorie gespielt haben. Gedankenexperimente setzen das bewußte Denken in Möglichkeitsräumen voraus. Und das Denken des Möglichen, das sich vom Wirklichen nur hinsichtlich seiner Realisierung unterscheidet, kann nur in einem Selbstbewußtsein entstehen, in dem bereits der Unterschied zwischen Wirklichem und nur Gedachtem deutlich vorgestellt wird. Wenn dieser Unterschied besonders krass oder gar widersprüchlich ausfällt, kann etwas eintreten, das sich wohl nur bei den Lebewesen der Menschen beobachten läßt, nämlich wenn ein heftiges Lachen, das unter Hervorbringung nicht-sprachlicher Laute den Oberkörper durchschüttelt. Diese von den menschlichen Gehirnen erzeugten Körperreaktionen sind so zu deuten, daß dadurch die Unwirklichkeit der im Bewußtsein auftretenden Vorstellungen hervorgehoben wird, so daß von ihnen keine Gefährdung des eigenen Lebens ausgehen kann und sich ein Zustand wohliger Geborgenheit verbreitet, so daß gemeinsames Lachen dazu geeignet ist, Frieden zu stiften. Außerdem ist die besondere Fähigkeit, sich etwas Mögliches vorzustellen, welches ja zugleich die Bedingung von ausgeübter Kreativität darstellt, meist mit einer be-

---

178 Vgl. *Aristoteles' Metaphysik, Bücher I(A) – VI(E)*, griechisch-deutsch, 1. Halbband, neubearbeitete Übersetzung von Hermann Bonitz. Mit Einleitung und Kommentar hrsgg. von Horst Seidl, Felix Meiner Verlag, Hamburg 1989, Buch I, Kap.1 u. 2 (980a21-982b25).

sonderen Ausprägung des Lachvermögens verbunden. Wir dürfen uns demnach Sokrates als einen fröhlichen Menschen vorstellen, der gerade auch mit seinen Schülern viel und gern gelacht hat. Nun treten die Vorstellungen von etwas Möglichem in einem Bewußtsein stets in Form von Zusammenhangserlebnissen auf, die ohnehin schon die Gefühlslage der so Erlebenden ins Positive verschieben. – Friedrich Nietzsches Werk *Fröhliche Wissenschaft* (FW) stellt offenbar eine Apotheose dieser gedanklichen Zusammenhänge dar.

Leider war es Nietzsche nicht vergönnt, in die Gedankenwelt des Sokrates tiefer einzudringen, da ihm freilich eine tiefere Einsicht in das Wesen des Mythos versperrt blieb, so daß er nicht bemerken konnte, daß in der Lebenszeit des Sokrates, in der der Mythos begann massiv zu zerfallen, durch das allmähliche Abnehmen des mythischen Bewußtseins den noch vom Mythos lebenden dramatischen Werken der Dichtkunst allmählich ihre Überzeugungskraft verloren ging und daß es nicht Sokrates war, der dies nach Nietzsches Auffassung bewirkte, weil er die Wissenschaft „über die Kunst gestellt" habe – welch ein Unsinn!

Aber ganz gewiß hatte Nietzsche in *der* Beziehung ganz recht, daß Wissenschaft stets von Fröhlichkeit begleitet wird, sonst wäre sie gar nicht entstanden. Wissenschaft zu betreiben bringt Freude! Das war auch schon der philosophischen Familie am Anfang der Wissenschaft bekannt. Zu dieser Feststellung bedurfte es gewiß keiner Festsetzung, weder einer objektionalen noch einer subjektionalen. Aber für Sokrates war schon früh klar, daß sich die Freude an Erkenntnissen nur unter der Bedingung der Wahrhaftigkeit ausbilden und ausbreiten konnte und dies war allerdings eine der ersten gewiß nicht nur intuitiven, sondern auch ganz bewußten subjektionalen Festsetzungen. Ebenso erhob Sokrates auch schon sehr früh die Forderung nach der klaren Bedeutungsbestimmung der Begriffe, mit deren Hilfe Erkenntnisse über Objekte gewonnen werden sollten, welche als Definitionen zu den subjektionalen Festsetzungen zu zählen sind und außerdem auch die ebenso klaren Bestimmungen über die Anwendung dieser Begriffe auf zur Erkenntnisgewinnung ausgewählte Objekte in Form von objektionalen Festsetzungen. Und damit war schon für Sokrates der Wahrheitsbegriff geklärt, daß dieser stets aus zwei Bestandteilen besteht, aus einer *festgesetzten Wahrheit* und einer *festgestellten Wahrheit*, wobei die Festsetzung für Sokrates und für seinen philosophischen Enkel Aristoteles *subjektionalen* und die Feststellung *objektionalen Charakter* besitzt. Der philosophische Sohn des Sokrates *Platon* aber wich aufgrund seines absolutistischen Fimmels davon ab; indem er das subjektionale begriffliche Vorgehen seines Lehrers Sokrates verwarf und sich nur den objektionalen Festsetzungen seiner Ideenlehre zuwandte, in der es nur um die Objekte der Ideen und deren Abbilder, um die Gegenstände der sinnlich wahrnehmbaren Welt geht, wodurch das Subjekt der erkennenden Seele über die Wiedererinnerungslehre sogar auch seine Subjektivität verliert.

Durch diese Gegenüberstellung des platonischen Sonderweges in der philosophischen Familie wird nun ganz deutlich, daß es Aristoteles mit seinem Begriff der Entelechie um die Rettung der Subjektivität des Subjekts ging; denn durch diese wird die Einzigartigkeit eines jeden Lebewesens sichergestellt, wodurch allerdings die Biologie und damit auch die Medizin durch Aristoteles in der Gesamtheit der Wissenschaften eine Sonderrolle zugewiesen bekommen hat, was Aristoteles dazu bewogen haben mag, mit gutem Beispiel voranzugehen und einer der ersten wissenschaftlich arbeitenden Biologen zu sein.

Nun gab es in der philosophischen Familie nicht nur die Übereinstimmungen zwischen Großvater und Enkel, sondern auch zwischen dem philosophischen Sohn des Sokrates und seinem Enkel, zwischen Platon und Aristoteles. Tatsächlich hat schon Platon im 4. Buch seiner Politeia den Satz des verbotenen Widerspruch deutlich herausgearbeitet und zur eindeutigen Bestimmung der Seelenteile benutzt[179]. Und für Aristoteles wird der Satz des verbotenen Widerspruchs zum leitenden Prinzip seiner syllogistischen Logiklehre, wozu er allerdings noch die Festsetzung des *Tertium Non Datur* (TND) hinzufügt, was heute die Festsetzung von nur zwei Wahrheitswerten in der Logik von *wahr und falsch* bedeutet, obwohl Aristoteles sich bereits im klaren darüber ist, daß es auch Aussagen gibt, deren Wahrheit zu einer bestimmten Zeit nicht feststellbar ist, wie etwa der Satz: „Morgen wird vor Piräus eine Seeschlacht stattfinden".[180] Aristoteles hat allerdings aus dieser Einsicht noch keine dreiwertige Logik hervorgebracht, wie es viel später etwa Hans Reichenbach angesichts der Heisenbergschen Unschärferelation getan hat.

Wie bereits angedeutet, hat Aristoteles mit seinem Entelechie-Begriff schon etwas Gleichbleibendes beschrieben, das dennoch Veränderungen bewirkt. Denn die Entelechie eines Lebewesens setzt Aristoteles mit seiner Seele gleich, in welcher durch die Entelechie alle Entwicklungszustände bis hin zum Entwicklungsendziel gleichbleibend festliegen, obwohl sich das Lebewesen durch die Entwicklung stetig verändert. Das unbewegt Bewegende ist für Aristoteles ein göttliches Prinzip, von dem es den Anschein hat, als ob er sogar im unbewegten Beweger des Kosmos bereit ist, an eine Personifizierung zu denken, was freilich die katholischen Theologen wie etwa Thomas von Aquin gern Ernst genommen haben. Das Prinzip, unbewegt bewegen zu können, wird im Laufe der Wissenschaftsentwicklung besonders für die Physik eines der wichtigsten Möglichkeiten, objektionale Festsetzungen zu treffen, welches sich besonders in sogenannten Erhaltungssätzen äußert.

3.5   Römische Beiträge zur Entstehung der Wissenschaft

Die enorme Ausdehnung des politischen Herrschaftgebietes durch das römische Reich setzte eine Ablösung des mythischen Bewußtseins auch in Rom voraus und eine systematisch betriebene Bildungsförderung der römischen Bürger, welche vor allem durch griechische Gelehrte betrieben wurde. Die auch im römischen Reich umsichgreifende Loslösung von den mythischen Bewußtseinsformen und -inhalten wurde stark durch die griechische

---

179 Vgl. Platon, *Politeia, Sämtliche Werke V,* Griechisch und Deutsch, insel taschenbuch, nach der Übersetzung Friedrich Schleiermachers, ergänzt durch Übersetzungen von Franz Susemihl und anderen herausgegeben von Karlheinz Hülser, Insel Verlag, Frankfurt/Main und Leipzig 1991, Buch IV, 436b-c, S. 313.

180 Vgl. Aristoteles, *Kategorien, Lehre vom Satz* (Organon I/II), übersetzt von Eugen Rolfes, unveränderte Neuausgabe 1958 der 2. Auflage von 1925, unveränderter Nachdruck, Hamburg 1974, 9. Kap., S. 105.

Bildung vorangetrieben und geprägt. Dies galt auch für den bedeutenden römischen Gelehrten und Staatsmann Cicero, der sich in einer umfangreichen Arbeit über die Natur der
Götter der Frage zuwandte, was es denn mit den Göttern auf sich habe. In diesem Werk
bedient Cicero sich der von Platon in Rom bekannt gewordenen Methode des Dialoges,
was bereits zu den möglichen wissenschaftlichen Methoden gehört, eine Erkenntnis durch
dialogisches Behaupten, Bezweifeln und rechtfertigen zu gewinnen[181] und diese zugleich
hinsichtlich ihrer Vertretbarkeit zu überprüfen, indem in einem Kreis von gedachten oder
tatsächlich vorhandenen Personen zu bestimmten Positionen Fragen gestellt werden, die
von den Vertretern dieser Positionen unter Beachtung gewisser Gesprächsregeln und insbesondere unter Erfüllung der Wahrhaftigkeitsforderung zu beantworten sind.

Auf diese Weise behandelt Cicero die Fragen nach der Natur der Götter und kommt
dabei durch akribische Überlegungen zu dem Ergebnis, daß die Götter eigentlich gar nicht
wirken können und daß wir sie darum auch gar nicht brauchen. Diese erstaunliche Einsicht ist bereits das Ergebnis des gründlichen Nachdenkens, das er mit dem lateinischen
Verb 'relegere' kennzeichnet und die dadurch gewonnene Einsicht als *religio*. Cicero kannte die gesamte griechische Philosophie von den Vorsokratikern über Sokrates und Platon
bis hin zu Aristoteles. Er kannte darum auch ihr Sicherungsverfahren, ihre neuen Einsichten an mythische Gewißheiten zurückzubinden. Falls Cicero mit seinem religio-Begriff
auch so eine Art von Rückbindung gemeint haben sollte, dann hätte er damit eine von den
Griechen längst erprobte Sicherungsmethode bezeichnet, die selbst noch von Platon an-
gewendet wurde, als er mit seiner Ideenlehre gedankliches Neuland betrat, indem er erst
einmal das Verhalten der mythischen Gottheiten durch *moralische Ideen* steuern ließ. Der
tiefste Inhalt des *Religionsbegriffs*, den wir von Cicero übernehmen können, ist darum die
Sinnstiftung, die er mit seinem Substantiv 'religio' verband. Mit diesem Begriff aber ist
er der Schöpfer einer Religionswissenschaft, die noch heute von den Wissenschaften an-
erkannt werden kann, wenn sich mit den Wissenschaften etwas Sinnvolles verbinden soll.

Mit seiner *Religionsdefinition* schafft Cicero schon eine sehr bewußte *subjektionale
Festsetzung*, und er leistet damit auch ganz bewußt als Römer einen bisher viel zu wenig
beachteten Beitrag zum Werden der Wissenschaft; denn er bestimmt *die Menschen eindeutig als auf Lebenssinn bezogene Wesen*, wodurch Cicero bereits alle Wissenschaften,
die sich mit dem menschlichen Handeln beschäftigen, als Wissenschaften ausweist, die
sich auch mit final und nicht nur mit kausal bestimmten Vorgängen zu beschäftigen haben.
Dies hat weitgehende Konsequenzen für die Wissenschaften vom menschlichen Leben zur
Folge, die lange Zeit übersehen wurden und die vielerorts noch immer ignoriert werden.

Was den römischen Beitrag zum Werden der Wissenschaft betrifft, hatte man lange
Zeit geglaubt, daß dieser Beitrag im Bereich der Rechtswissenschaften anzusiedeln sei,
weil doch das sogenannte Römische Recht einen so großen Einfluß auf die heutigen gro-

---

181 Wie bereits im Band 1 „Die Systematik der Wissenschaft" beschrieben, haben Paul Lorenzen
und Kuno Lorenz in ihrer Dialogischen Logik dieses methodisch konzipierte dialogische Vorgehen sehr genau verfolgt. Vgl. Paul Lorenzen/Kuno Lorenz, *Dialogische Logik*, Darmstadt
1978.

ßen juristischen Gesetzeswerke wie etwa das BGB gehabt haben. Nun kann zwar diese Behauptung gar nicht in Abrede gestellt werden, aber die Fragen danach, wie dieser Einfluß des römischen Rechts auf das heutige europäische Rechtswesen zustande kam, eröffnet Einsichten über das Entstehen von wissenschaftlich zu untersuchenden Objektbereichen, die allenfalls nur am Rande etwas mit der Entwicklung von wissenschaftlicher Methodik zu tun haben. Wissenschaft besteht aber nicht nur aus Methoden zur Erkenntnisgewinnung über bestimmte Objektbereiche; denn die Objektbereiche selbst gehören ja auch zur Wissenschaft, und nun taucht die ziemlich bedeutsame Frage auf, wodurch denn wissenschaftlich untersuchbare Objektbereiche überhaupt gegeben sind und wie sie entstehen. Die Beschreibung des Werdens der Wissenschaft ist damit auch an die Frage des Werdens von wissenschaftlich untersuchbaren Objektbereichen gebunden. Solange die menschlichen Gehirne von den Vorstellungen einer einmal von Göttern oder nur von einem Gott geschaffenen Schöpfung besetzt waren, konnte es ja nur um die Erforschung der durch diese Schöpfung gegebenen Objektbereiche gehen. Als aber der Mensch durch die allmähliche Ablösung seiner mythischen Bewußtseinsformen seine eigenen kreativen Fähigkeiten zu entdecken begann, wurde er selbst zum Mitschöpfer, durch den neue Objektbereiche entstanden, über die später auch wissenschaftliche Erkenntnisse gewonnen werden konnten.

Eigenwilligerweise hat erst Kurt Hübner im Rahmen seines Hinweises auf Vorarbeiten von Ernst Cassirer auf diese Weise die Mythen aus der Kulturepoche des Mythos zur genaueren wissenschaftlichen Erforschung entdeckt, wodurch viele der hier dargestellten Erkenntnisse über das Werden der Wissenschaft überhaupt erst möglich geworden sind.[182] Und auch die Entdeckung des Römischen Rechts als Objektbereich rechtswissenschaftlicher Forschung fand erst relativ spät statt. Und selbst das, was unter rechtswissenschaftlicher Forschung zu verstehen ist, bleibt sogar bis in unsere Zeit hinein äußerst fragwürdig.

Dies hat seine Ursachen darin, daß die juristischen Textsammlungen schon seit frühester Zeit in Rom ganz ähnlich wie die Mythen in der mythischen Zeit zustandegekommen sind, da sich die römischen Vollbürger als *Quiriten* bezeichneten, da sie meinten, vom *Gott Quirinus* abzustammen, den sie als die Vergötterung des Rom-Gründers *Romolus* ansahen. Die ersten Rechtsvorschriften, die von zehn ausgewählten Schreibkundigen, den *Decemviri*, gemäß des üblichen Gewohnheitsrechts auf *zwölf Tafeln* schriftlich festgehalten wurden, handeln darum vom *quiritischen Eigentum* und dessen möglichem Wechsel. Da keine schriftlichen Quellen davon erhalten wurden, sind nur mündliche Überlieferungen etwa auch durch Cicero bekannt geworden. Dennoch stellt dieses sogenannte Zwölftafelgesetz aus dem fünften vorchristlichen Jahrhundert den Ursprung des römischen Zivil-

---

182 Vgl. dazu auch Kurt Hübner, *Kritik der wissenschaftlichen Vernunft*, Alber Verlag, Freiburg 1978, 1986, 1993, Kap. XV. *Die Bedeutung des griechischen Mythos für das Zeitalter von Wissenschaft und Technik* und nochmals ders. *Die Wahrheit des Mythos*, C.H Beck Verlag, München 1985 und als Taschenbuch in der Alber Studienausgabe, Freiburg 2002 und 2011.

rechts (ius civile) dar[183], wovon die Auslegungen von gewählten Staatsvertretern oder von Priestern der römischen Götter erfolgte. Das fünfte vorchristliche Jahrhundert ist noch stark vom mythischen Bewußtsein und erst allmählich von den ersten Zerfallserscheinungen geprägt, so daß die Unterscheidungsfähigkeit von Einzelnem und Allgemeinem sich erst sehr zögerlich in den menschlichen Gehirnen ausbilden konnte, was ja eine wesentliche Bedingung der Möglichkeit für das Aufstellen und Befolgen von Verhaltensregeln darstellt. Und darum erinnern die vorliegenden Berichte über das Naturrecht und das Gewohnheitsrecht durch die Art ihrer Entstehung und Tradierung an das Entstehen der mythischen Göttergeschichten durch fortlaufendes Weitererzählen von Generation zu Generation. Und so, wie diese Göttergeschichten beispielhaft im alten Testament aufgeschrieben wurden, so geschah dies ebenso mit den Rechtstexten, was man bis heute als Kodifizierung bezeichnet, wobei man sich davor hüten sollte, diese Tätigkeiten bereits als rechtswissenschaftliches Arbeiten zu bezeichnen; denn der Begriff der Wissenschaft ist zu den Zeiten des Zwölftafelgesetzes oder in der Zeit der darauf unter dem Namen Corpus Juris Civilis (CICiv) folgende Kodifizierung durch Kaiser Justitian I. im Jahre 533 noch gar nicht voll entwickelt.

Und wenn in WIKIPEDIA in dem Artikel „Römisches Recht" auf Seite 4 oben behauptet wird: *„Mitte des 2. Jahrhunderts v. Chr. entwickelte sich in Rom unter dem Einfluss griechischer Philosophenschulen eine eigene Rechtswissenschaft"*, so ist auch dies weit übertrieben, es sei denn man wollte die Rechtswissenschaft von vornherein als eine historische Wissenschaft verstehen, wie dies allerdings im 11. Jahrhundert an der Universität Bologna dadurch geschah, da die Pandekten oder die Digesten wie der CICiv auch genannt wurde, etwa 500 Jahre lang in Vergessenheit geraten waren und sich in den wiederentdeckten Littera Florentina wiederfanden. Irnerius von Bologna (* um 1050; † um 1130), der auch *Guarnerius* oder auch *Wernerius* genannt wurde, kommt das Verdienst zu, den CICiv mit eigenen Kommentaren in Europa wieder ins Gespräch gebracht zu haben. Daraus konnte endlich eine historisch ausgerichtete – Rechtswissenschaft entstehen, so daß im 14. Jahrhundert das römische Recht in ganz Europa mehr an Bedeutung gewann. Diese Bedeutung bewirkte sogar, daß das am 1. Januar 1900 in Kraft getretene deutsche BGB als ein Nachfolger der Pandekten verstanden werden kann.

Die Impulse, die von der Entwicklung des Römischen Rechtes auf das Werden der Wissenschaften ausgegangen sind, beschränken sich also nur auf die Rechtswissenschaften, bei denen aber immernoch ein großer Aufholbedarf an das Niveau anderer Wissenschaften besteht.

---

183 Vgl. Jan Dirk Harke, *Römisches Recht*, Verlag C.H. Beck, München 2008, S. 4ff. Oder auch Hans-Peter Schwintowski, *Juristische Methodenlehre*, Verlag Recht und Wirtschaft GmbH, Frankfurt/Main 2005, S. 18Ff, Schwintowski bezieht sich leider hinsichtlich seiner Vorstellungen über die Entstehung und Entwicklung des Rechtsbewußtseins auf wissenschaftlich gänzlich unhaltbare Arbeiten von Julian Jaynes, der überhaupt keine Kenntnis der neueren Mythosforschung besaß, obwohl die wichtigsten Arbeiten dazu schon 10 Jahre vor dem Erscheinen seines Buches im Jahre 1988 vorlagen, wie es in Fußnote 181 nachzulesen ist.

3.6 Das Fortleben der antiken griechischen und römischen Philosophie in den Schulen der Philosophischen Familie und der Atomisten

Warum gerade in Griechenland die Gehirnentwicklung der Menschheit so eindrucksvoll verlief, daß diese anhand der gedanklichen Leistungen der Vorsokratiker nachgezeichnet werden kann, wird sich vermutlich niemals eindeutig klären lassen. Eines aber ist gewiß, daß die Menschen in diesem von Gebirgen und Inseln zerklüfteten Land, nur haben überleben können, wenn sie sich einerseits zu selbständigen Persönlichkeiten entwickelten und sich andererseits in stabilen menschlichen Gemeinschaftsformen zusammenschlossen. Denkerische Eigenständigkeit gepaart mit gedanklicher Gemeinschaftssehnsucht aber sind die Voraussetzungen für hervorragende Kulturleistungen, wie wir sie im antiken Griechenland vorfinden, aber auch für Schulenbildungen, wie sie sich etwa bei den Vorsokratikern in Griechenland so fruchtbar vollzogen haben. Diese Einsichten sind vorbildhaft in allen Kulturnationen geworden, indem der menschliche Nachwuchs bis ins Erwachsenenalter hinein Schulen besucht, damit die Gehirne der Kinder und Jugendlichen die neuronalen Verschaltungen ausbilden können, die erforderlich sind, damit die Herangewachsenen die Kulturleistungen erhalten und weitervoranbringen können, die für den Erhalt ihres Volkes und der Menschheit überhaupt erforderlich sind. An dieser Stelle mag ein Innehalten mit dankbaren Gedanken dem heute noch lebenden griechischen Volk gegenüber nicht nur angebracht sein, sondern auch zur willentlichen Ausbildung von Hilfsbereitschaft für dieses zur Zeit von Überlebensnot gepeinigten Volkes.

Die politischen Verhältnisse im Wirkungsbereich der griechischen Philosophie hatten zwar durch den Aristoteles-Schüler *Alexander den Großen von Mazedonien* bewirkt, daß sich die Schriften in dessen Riesenreich verbreiteten, aber nach seinem Ableben breitete sich mehr und mehr der römische Einfluß in Griechenland aus, so daß nicht wenige griechische Philosophen als Sklaven unter den Römern zu dienen hatten. Dadurch wurde die griechische Philosophie zwar für viele einflußreiche Römer die geistige Lehrmeisterin, aber dennoch war die Römifizierung Griechenlands der Todesstoß für eine selbständige Weiterentwicklung der griechischen Philosophie. Sie konnte sich von wenigen Ausnahmen abgesehen nur am Leben halten durch die philosophischen Schulen, die von Sokrates, Platon und Aristoteles begründet worden waren, wozu noch einige wenige weitere griechische Philosophenschulen zu nennen sind, wie etwa die Kyniker, die Epikureer oder auch noch die Megariker unter Stilpon, die sich aber nicht mehr lange haben halten können. Auch hier gilt wieder einer der griechischen Ursprungs-Gedanken:

Überleben und Weiterentwickeln durch Schulenbildung!

3.6.1   Die sokratische Schule: Die Stoa

Im Abschnitt 2.8.3: „*Das Individualitätsbewußtseins des Sokrates und seine Lebens-regeln*" wurde festgestellt: **Die Stoa ist die eigentliche sokratische Schule**; denn ihre Mitglieder verhalten sich nach den **Lebensregeln des Sokrates,** welche einen ethischen Individualismus propagieren, so wie alle Stoiker auch. Anders aber als Sokrates die Be-wußtseinsbildung durch das persönliche Gespräch selbst gelehrt und vorgelebt hat, be-steht die Aktivität der Anhänger der Stoa – allerdings mit der Ausnahme des Epiktet – im *Aufschreiben* von Gedanken, die für die eigene Lebensführung wichtig sind, in Form von Briefen oder Aufsätzen zu Themen der eigenen Lebensgestaltung oder sogar im Schrei-ben von ethischen Lehrbüchern. Die wichtigsten Vertreter der Stoa, die bis heute noch Anhänger finden, waren Römer, wie Seneca, Epiktet und Marc Aurel. Epiktet ist unter den Stoikern ein Sonderfall, da er als Sklave des Epaphroditos von diesem mißhandelt wurde, indem er ihm willentlich ein Bein brach, so daß Epiktet sich früh um seine inne-re Standfestigkeit mühte und an Äußerlichkeiten wenig interessiert war, warum er sogar auch am Schreiben kein Interesse hatte, so daß er seinem Vorbild Sokrates, den er durch die Schriften Xenophons kannte, auch darin folgte, daß er nichts aufschrieb, sondern nach seiner Freilassung nur Lehrgespräche führte und Lehrvorträge hielt. Dadurch sind nur Mitschriften vor allem seines Schülers Flavius Arrianus überliefert, nach denen das sehr berühmt gewordene *Handbüchlein der Moral* zusammengestellt wurde, welches von Goethe hoch gelobt wurde und von dem Schweizer Staatsrechtler Carl Hilty (1833–1909) „als diejenige Schrift des Altertums" bewertet wird, „welche an sittlichem Gehalte den höchsten Rang beanspruchen kann".[184]

Durch den gemeinschaftsbezogenen Individualismus, der in der Stoa vertreten wird haben die Stoiker – so werden die Anhänger der Stoa genannt – bereits eine Bewußt-seinsstufe erreicht, in der sie Einzelnes und Allgemeines sehr genau zu unterscheiden wissen, was eine der wichtigsten Voraussetzungen für das Gewinnen von Erkenntnissen ist und damit auch für die Ausbildung von wissenschaftlicher Forschungsfähigkeit über bestimmte Objektbereiche. Seneca erkennt trotz der individualistischen Grundkonzep-tion der Stoa bereits die Gefahr der individualistischen Isolierung durch Geheimhaltung, wenn etwa Menschen auf Götterstandbilder klettern und ihnen „die schandbarsten Wün-sche flüstern". In der Stoa wurde ganz allgemein bereits ein Offenheitsprinzip propa-giert. So schreibt Seneca an seinen Schüler Lucilius in seinem 10. Brief über den Stoiker Athenodoros, daß dieser gesagt habe:

> „Dann sollst Du Dich von allen Leidenschaften erlöst wissen, wenn Du dahin gelangt bist, daß Du Gott um nichts anderes bittest, als was Du vor aller Welt erbitten kannst."[185]

---

184 Vgl. Epiktet, *Handbüchlein der Moral*, griechisch-deutsch, übersetzt und herausgegeben von Kurt Steinmann, Reclam Verlag, Stuttgart 1992. Siehe darin das Nachwort S. 93f.

185 Vgl. Seneca, Epistulae morales ad Lucilium, Liber I, *Briefe an Lucilius über Ethik. 1. Buch*, Reclam, Stuttgart 1987, S. 53.

Und zum Schluß seines 10. Briefes gibt Seneca folgendes an Lucilius zu bedenken:

> *„Überlege, ob man nicht vielleicht folgendes mit Nutzen empfehlen könnte: Lebe mit den Menschen so, als ob es ein Gott sähe, sprich mit dem Gott so, als ob es die Menschen hörten!"*[186]

Hat sich womöglich Kant noch von diesen Offenheitsprinzipien der Stoa anregen lassen, als er in seiner berühmten Schrift „Zum ewigen Frieden" vor jetzt gerade 220 Jahren ein Publizitätsprinzip aufstellte, daß er wie folgt formulierte:

> „Alle auf das Recht anderer Menschen bezogene Handlungen, deren Maxime sich nicht mit der Publizität verträgt, sind unrecht."[187]

Zweifellos verbindet sich mit diesem stoischen Prinzip der Offenheit das zur Zeit des Werdens der Wissenschaft noch ungeschriebene ethische Gesetz aller Wissenschaftlichkeit:

Wissenschaftliche Erkenntnisse sind prinzipiell jedermann zugänglich zu machen.

Aus den wenigen hier gebrachten Zitaten können wir entnehmen, daß der Götterglaube, und das bedeutet das mythische Bewußtsein zur Zeit Senecas noch immer hoch im Kurs stand, und dies gilt ebenso für Epiktet und Marc Aurel, die sich beide gut kannten und die sich beide immer wieder auf Seneca beziehen. Wie stark aber auch bei Epiktet dennoch die Überzeugung gewachsen ist, daß im Innersten des Menschen die größte Wirkmacht liegt, die er zu achten aber auch zu fürchten hat, läßt sich folgendem Zitat aus seinem Handbuch der Moral (Nr.48) entnehmen, das er als *Kennzeichen eines Fortschreitenden* überschrieben hat:

> „Zustand und Charakter eines Ungebildeten: Niemals erwartet er Nutzen oder Schaden von sich selbst, sondern nur von äußeren Einwirkungen. Zustand und Charakter eines Philosophen: allen Nutzen und Schaden erwartet er von sich selbst."[188]

---

186 Vgl. Ebenda S. 55.

187 Vgl. Kant (1795, 2.Abschnitt II.) oder Kant (1973, 163).

188 Vgl. Epiktet, *Handbüchlein der Moral*, griechisch-deutsch, übersetzt und herausgegeben von Kurt Steinmann, Reclam Verlag, Stuttgart 1992, Abschnitt 48, S. 71. Epiktet fährt fort: *„Kennzeichen eines Menschen, der Fortschritte macht: er tadelt niemanden, lobt niemanden, schilt niemanden, macht niemandem Vorwürfe, spricht nicht über sich selber, als ob er etwas Besonderes sei oder wüßte."* Und zum Schluß fügt er hinzu: *„Vor sich selber ist er auf der Hut wie vor einem hinterlistigen Feind."* – wobei ich in meinem Text meinte, das Letzte Wort durch das Wort 'Freund' zu ersetzen.

Diese Haltung entspricht bereits derjenigen, die wir uns von einem verantwortungsvollen Wissenschaftler wünschen. Wie aber die Gehirne dieser Menschen in ihnen eine Bewußtseinsform hervorbringen können, durch die sich mythisches Bewußtsein mit individuellem Selbstbewußtsein verbinden läßt, scheint einstweilen ziemlich rätselhaft zu sein. Bei dem Kaiser und Stoiker Marc Aurel, der auch besonders von Epiktets harmonischer Verbindung von Denken und Handeln sehr angetan war, finden sich in seinen Selbstbetrachtungen (6.Buch 40) folgende aufschlußreiche Äußerungen:

> „Jede Maschine, jedes Werkzeug, kurz jedes Gerät ist in gutem Zustand, wenn es leistet, wozu es gebildet worden ist, und doch ist hier der Bildner vielleicht ferne. Bei den Gegenständen aber, die die Natur umfaßt, ist und verbleibt die bildende Kraft im Innern. Sie sollst du demnach umso mehr verehren und dabei bedenken, daß, wenn du nur nach ihrem Willen beständig lebst, auch alles nach deinem Sinne sich richten wird. Denn so richtet sich auch im Universum alles nach der Seele der Welt."[189]

Die *Seele der Welt*, die Marc Aurel als das schaffende Prinzip einführt, ist für ihn das Prinzip, nach dem sich auch die Götter zu richten haben, die nach mythischer Auffassung ja die ersten mit Verantwortung ausgestatteten Individuen sind. Die Bewußtseinsform, in der sich Marc Aurel und wohl auch die Stoiker seiner Zeit befinden, ist nicht mehr von der rein unterwürfigen Form, sondern von einer Form, in der die Zweckmäßigkeit einzusehen ist, sich zur Sicherung des eigenen auch inneren Überlebens dem Willen der Götter und der Natur zu fügen. Dies kommt besonders in dem folgenden Abschnitt 44 des 6. Buches zum Ausdruck:

> „Wenn die Götter über mich und über das, was mir begegnen soll, etwas beschlossen haben, so bin ich versichert, sie haben mein Bestes beschlossen, denn ein Gott ohne Weisheit ist nicht leicht denkbar; und dann, aus welchem Grunde sollten sie mir wehtun wollen? Denn was könnte für sie oder das Ganze, wofür sie doch vorzüglich Sorge tragen, dabei herauskommen? Haben sie aber nicht über mich insbesondere, so haben sie doch wenigstens über das Ganze im allgemeinen etwas beschlossen, und ich muß daher auch mein daraus sich ergebendes Schicksal willkommen heißen und liebgewinnen. Fassen sie aber über gar nichts Beschlüsse … Wenn also selbst, sage ich, die Götter in das, was uns betrifft, nicht eingreifen, nun, so steht's bei mir, über mich selbst etwas zu beschließen, und ich kann das mir Zuträgliche in Erwägung ziehen; zuträglich aber ist jedem Wesen, was seiner Anlage und Natur entspricht. Meine Natur aber ist eine vernünftige und für das Gemeinwesen bestimmte; meine Stadt und mein Vaterland aber ist, insofern ich Antonin heiße, Rom, insofern ich ein Mensch bin, die Welt. Nur das also, was diesen Staaten frommt, ist für mich ein Gut."

---

189   Vgl. Marc Aurel, *Selbstbetrachtungen*, Übersetzung, Einleitung und Anmerkungen von Albert Wittstock, Reclam Verlag, Stuttgart 1949/2016, 6. Buch Abschnitt 40, S. 86.

Diese Einsichten aber sind bereits kreative Leistungen, die der Kreativität der Götter nicht nachstehen, und damit können wir bei Marc Aurel und den Stoikern seiner Zeit beobachten, wie sich die von ihren Gehirnen eingestellten Bewußtseinsformen so ändern, daß die mythischen Bewußtseinsformen von solchen abgelöst werden, in denen durch eigenes geistiges Bemühen Einsichten bewußt werden, durch die das eigene Leben sinnvoll geführt werden kann, so wie es Cicero bereits mit seinem Religionsbegriff vorgedacht hatte, auf den sich freilich auch die Stoiker oft beziehen. Die von den Stoikern erreichten gemeinschaftbezogenen individualistischen Bewußtseinsformen enthalten somit die subjektionalen Festsetzungen, die das wissenschaftliche Arbeiten möglich machen.

3.6.2 Die platonische Schule: Die Akademie

Die Akademie wurde von Platon 12 Jahre nach dem Tode seines Lehrers Sokrates etwa im Jahre -386 durch den Kauf eines Grundstücks im *Akademeia* genannten Hain im Nordwesten von Athen ins Leben gerufen, indem er auf diesem Grundstück einen musealen Kultbezirk für den attischen Helden Akademos mit Räumlichkeiten für seinen philosophischen Unterricht einrichtete. Dies war die Zeit, in der er seine Politeia (Der Staat) fertig hatte und nun mit der Lehre beginnen konnte, die er in seiner Politeia angekündigt und für den vernünftigen Aufbau eines Staates gefordert hatte. Der Name des Haines übertrug sich schnell auf Platons Schule, die fortan Akademie hieß und deren Schüler sich Akademiker nannten. Der größte Erfolg von Platons Akademie war ihr damit beschieden, daß Aristoteles mit 17 Jahren im Jahre -366 ihr Schüler wurde, wovon ja schon die Rede war. Zu dieser Zeit hatte die Akademie einen eigenen und durchaus sehr liberalen Stil entwickelt. Frauen konnten so, wie Männer Schüler sein, und es war auch kein Schulgeld zu entrichten. Selbst den philosophischen Konzepten Platons konnte widersprochen werden. Was ja schließlich durch Aristoteles auch geschah. Noch während der Lebenszeit Platons hat Aristoteles an der Akademie unterrichtet, wovon sein großes wissenschaftstheoretische Werk, welches *das Organon* genannt wird, Zeugnis ablegt, was in der Akademie-Zeit des Aristoteles entstanden ist. Im Organon stellt Aristoteles eine Fülle von Formen für die Bildung von Sätzen und logischen Schlüssen sowie logischen Widerlegungen dar, schließlich entwickelt er darin seine so überaus bedeutsame Kategorienlehre und schließlich sogar seine Logik der Syllogismen.

Schon die Entstehung des aristotelischen Organon macht die platonische Akademie zu einem der wichtigsten Schulen für das Entstehen des wissenschaftlichen Denkens und die Bereitstellung der ersten wissenschaftlichen Werkzeuge zum Produzieren von Erkenntnissen. Darüber hinaus aber hat die Akademie für das Werden der Wissenschaft nicht mehr sehr viel zu bieten, wenn da nicht noch der scheinbare Gesinnungswandel gewesen wäre, der durch den Scholarchen – so nannte man nach Platons Tod (~-346) die Leiter der Akademie – *Arkesilaos* etwa ab -265 in der Akademie stattgefunden hat. Arkesilaos wollte die Lehrer und Schüler der Akademie wieder mehr mit dem relativistischen Erbe des Sokrates vertraut machen, wodurch die Richtung der sogenannten *Skeptiker* entstand, die nicht mehr an ewig stabile Erkenntnisse im platonischen Sinne glauben konnten. Da Platon aber seine eigene absolutistische Ideenlehre in seinen Dialogen immer wieder Sokrates in den Mund gelegt hatte, ist anzunehmen, daß Arkesilaos von dem *historischen Sokrates* Kenntnis bekommen hat, was möglicherweise über Epiktet geschehen ist, der sich ja an dem von Xenophon dargestellten historischen Sokrates orientiert hat. Nach der xenophontischen Darstellung des historischen Sokrates[190] machte ihm sein Gehirn schon eine relativistische Bewußtseinsform möglich, was bis heute vielen Philosophen noch immer große Schwierigkeiten bereitet.

Den Skeptikern kommt in der Akademie das Verdienst zu, schon zu Beginn des Werdens der Wissenschaft vor der immer wieder aufkommenden Hybris von Absolutheitsvorstellungen gewarnt zu haben, was ein ganz besonderes Verdienst im Rahmen der platonischen Akademie ist, da diese ja durch die absolutistische Ideenlehre ihres Gründers Platon *die absolutistische Sackgasse in der Philosophiegeschichte* überhaupt erst gangbar zu machen versucht hat.

Die Gehirnentwicklung der neuronalen Verschaltungen verläuft freilich weltweit nicht synchron; denn sie ist wesentlich abhängig von den politischen Verhältnissen in den verschiedenen Gebieten unserer Erde, weil deren politische Gebieter die Umstände weitgehend bestimmen, unter denen die menschlichen Nachkommen aufwachsen und dadurch wählen die Gehirne der Heranwachsenden die Bewußtseinsformen aus, welche die größtmögliche Überlebenssicherheit gewährleisten, und dies werden in diktatorischen Regimen wie sie sich im Römischen Reich immer wieder ausbildeten, stets irgendwie geartete Unterwürfigkeitsbewußtseinsformen gewesen sein.

Sokrates Entdeckung der eigenen Innenwelt[191] forderte möglicherweise sogar innerlich sehr unsichere Menschen dazu heraus, sich als Gebieter über die menschlichen Innen-

---

190 Vgl. Xenophon, *Erinnerungen an Sokrates*, Übersetzung und Anmerkungen von Rudolf Preiswerk, Nachwort von Walter Burkert, Reclam Verlag, Stuttgart 1992. Xenophon hat mit dem von Thukydides eingeführten *Ethos der Geschichtsschreiber*, zu schreiben, wie es den historischen Tatsachen entsprechend war, die von Thukydides begonnene Geschichtsschreibung über den Peleponesischen Krieg fertiggestellt und hat künftig weiterhin im Sinne des Ethos der Geschichtsschreiber berichtet. Dies gilt besonders für seine *Erinnerungen an Sokrates*, die sogenannten Memorabilien. Außerdem gilt Xenophon nicht als eigenständiger philosophischer Kopf, so daß er seine Darstellungen von Sokrates als eines philosophischen Relativisten, sich hätte nicht selbst erdenken können, zumal nicht wenige Gegenwartsphilosophen bis heute intellektuell nicht in der Lage sind, eine relativistische Philosophie zu denken.

191 Diese Entdeckung wird durch folgendes Sokrates-Zitat aus Platons *Apologie*, das in Epiktets *Handbüchlein der Moral* glaubhaft bezeugt ist, offenkundig: „*Anytos und Meletos können mich zwar töten, schaden aber können sie mir nicht.*"; denn die größte leibliche Schädigung des Sokrates ist ja sicher seine Tötung. Wenn Sokrates behauptet, damit verbände sich für ihn keine Schädigung, dann kann sich dies nur auf seine innere Existenz beziehen, welche aus der Widerspruchslosigkeit seiner Lebensführung besteht, und die in den Gehirnen aller Menschen, die über Sokrates und seine konsistente Lebensführung bewundert nachdenken, wieder lebendig wird. Diese innere Existenz kann von Sokrates nur selbst geschädigt werden, was Sokrates jedoch nicht tat und deshalb es ablehnte, aus seinem Gefängnis zu fliehen, weil sich damit

welten aufzuspielen, wie sich die griechisch gebildeten Menschen verhielten, die in den sogenannten Evangelien zu Worte kommen, wie etwa in den synoptischen Evangelien der sogenannten Evangelisten Matthäus, Markus und Lukas, ohne daß diese Menschen allerdings von dem skeptischen Geist der Akademie seelisch oder geistig berührt worden wären oder sich sogar vor diesem freiheitlichen Geist fürchteten. Wie anders ist es zu verstehen, wenn im Matthäus-Evangelium in den Versen 10, 34–39 (Mt 10, NT) jemand Jesus sagen läßt:

> „Ihr sollt nicht wähnen, daß ich gekommen sei, Frieden zu bringen auf die Erde. Ich bin nicht gekommen, Frieden zu bringen, sondern das Schwert. Denn ich bin gekommen, den Menschen zu erregen wider seinen Vater und die Tochter wider ihre Mutter und die Schwiegertochter wider ihre Schwiegermutter. Und des Menschen Feinde werden seine eignen Hausgenossen sein. Wer Vater oder Mutter mehr liebt als mich, der ist mein nicht wert. Und wer nicht sein Kreuz auf sich nimmt und folgt mir nach, der ist mein nicht wert. Wer sein Leben findet, der wird's verlieren; und wer sein Leben verliert um meinetwillen, der wird's finden."

oder im Markus-Evangelium 8, 34,35:

> „Und er rief zu sich das Volk samt seinen Jüngern und sprach zu ihnen: Wer mir will nachfolgen, der verleugne sich selbst, und nehme sein Kreuz auf sich und folge mir nach. Denn wer sein Leben erhalten will, der wird's verlieren; und wer sein Leben verliert, um meinetwillen und des Evangeliums willen, der wird's erhalten."

oder schließlich auch im Lukas-Evangelium 14, 25–27 (Lk 14 NT):

> „Es ging aber viel Volks mit ihm; und er wandte sich und sprach zu ihnen: So jemand zu mir kommt und hasset nicht seinen Vater, Mutter, Weib, Kinder, Bruder, Schwester, auch dazu sein eigen Leben, der kann nicht mein Jünger sein. Und wer nicht sein Kreuz trägt und mir nachfolgt, der kann nicht mein Jünger sein."

Wer immer sich diese Texte ausgedacht hat, sie widerstreiten elementar den in der Bergpredigt (Mt 5) und der Feldpredigt (Lk 6 NT) geforderten Liebesgeboten. Darüber hinaus verlangen sie in jedem Fall absolute Nachfolge und gestatten keinerlei Eigenständigkeit. Die Verfasser der hier zitierten synoptischen Evangelien können in ihrer Bewußtseinsentwicklung nur bis zu einem unerbittlichen Unterwürfigkeitsbewußtsein gekommen sein, so daß sie nicht einmal in der Lage waren, den Widerspruch zwischen dem zu bemerken, was ihnen an Verhaltensweisen befohlen wird, Feinde zu lieben oder Verwandte zu hassen. Dadurch wird nun ganz deutlich, daß die Unterwürfigkeitsbewußtseinsform noch kein logisches Denken zuläßt, welches überhaupt erst die Bedeutung dessen, was ein Widerspruch ist, zu denken erlaubt und erst recht erst das Vernunftsgebot der Widerspruchsvermeidung.

---

für ihn zu viel Unrecht verbunden hätte. Unser verehrendes Andenken an ihn beweist, daß er damit Recht hatte.

Die Forderung dieses Vernunftsgebots kann sich also erst durch Bewußtseinsformen der eigenen Individualität in den menschlichen Gehirnen bilden, die bei den Schreibern der synoptischen Evangelien nicht als entwickelt angenommen werden können, wodurch die ungezählten Widersprüche in den Evangelien ihre Erklärung finden. Dadurch geht allerdings der Anspruch der Evangelien, Gottes Wort zu sein, gänzlich verloren.

Außerdem widerstreiten die hier zitierten Evangelientexte der skeptischen Haltung in der jüngeren Akademiezeit und sie vertreten darüber hinaus eine unerbittliche Außensteuerung, indem der Glaube an etwas in der eigenen Seele innerlich wirksames Kreatives und damit auch an etwas im Menschen wirkendes Göttliches vollständig ausgeschlossen wird.

Die platonische Akademie, in der sich der sokratisch bestimmte Skeptizismus ausgebildet hatte und der eine Innensteuerung voraussetzte, wie sie sich im Orientierungsweg der griechischen Antike schon seit längerer Zeit ausgebildet hatte, wurde im Jahre –85 durch den römischen Feldherrn Sulla im Zuge der römischen Besetzung von ganz Athen vollständig vernichtet. Dies waren die Zeiten, in denen sich schon seit langem auch im vorderen Orient die römische Willkürherrschaft ausgebreitet hatte und in denen die Apostel und Evangelisten und viele unbenannte christliche Gemeindemitglieder damit beschäftigt waren, die sogenannten Evangelien niederzuschreiben und zusammenzustellen. Die Gehirne der heranwachsenden Menschen konnten zur Überlebenssicherung aufgrund der politischen Verhältnisse gar keine anderen als extreme Unterwürfigkeitsbewußtseinsformen ausbilden, wodurch die soeben zitierten Stellen aus den synoptischen Evangelien historisch erklärlich sind, da das Unterwürfigkeitsbewußtsein nicht einmal eine Unterscheidung zwischen Haß- und gleichzeitigen Liebesgeboten zuließ und somit auch keine Erkenntnis über Widersprüchliches. Dies betraf freilich nicht nur die Menschen mosaischen Glaubens in Palästina, sondern vor allem auch die Menschenmassen im ganzen römischen Reich, so daß sich der christliche Glaube mit den erstellten Evangelien und ihrem darin geforderten lieblosen Unterwürfigkeitsverhalten im römischen Reich schnell ausbreitete.

Klägliche Versuche, die platonische Akademie etwa im dritten und fünften Jahrhundert wieder aufzubauen, mußten darum scheitern, selbst durch den Einsatz des reichen Platonikers Plutarch von Athen nicht; denn das trinitarische Christentum wurde durch Kaiser Theodosius I. Ende des 4. Jahrhunderts zur römischen Staatsreligion erklärt. Da die Akademiker erklärte Gegner des Christentums waren, wurde der Lehrbetrieb von Kaiser Justinian I. im Jahre 529 endgültig verboten[192]. Damit wurde durch die politische Macht des Christentums einstweilen jegliche platonisch-akademische Weiterentwicklung des Werdens der Wissenschaft unterbunden.

---

192 Gleichzeitig wurden von Kaiser Justitian die Abhaltung der heidnisch-unchristlichen Olympischen Spiele verboten.

3.6.3   Die aristotelische Schule der Peripatetiker

Eine besondere Verbreitung der aristotelischen Schriften verbindet sich mit der historischen Tatsache, daß Aristoteles im Jahr nach seinem Verlassen der Akademie bis zum Jahr -334 Lehrer des jungen Alexanders von Mazedonien wurde, der später als Alexander der Große ein Riesenreich bis hin zum Himalaja aufbaute und darin die Schriften der griechischen Philosophen und insbesondere von Aristoteles hinterließ. In dem selben Jahr kehrte er nach Athen zurück und gründete zusammen mit seinem früheren Schüler Theophrast im südlich von Athen gelegenen Park Lykeion eine Schule, deren Schüler sich nach der dort gelegenen Peripatos genannten Wandelhalle als Peripatiker bezeichneten, da es üblich wurde, in dieser Halle spazierend zu philosophieren.

Leider wurde auch diese Schule im Jahr -85 von der römischen Besetzung Athens durch den römischen Feldherrn Sulla zerstört. Auf die Entwicklung der Wissenschaft hat darum diese Schule kaum einen Einfluß nehmen können, der über die Erhaltung des Aristotelismus bis ins Mittelalter hinein hinausginge.

3.6.4   Die atomistisch-epikureische Schule

Die bis heute sehr erfolgreiche Lehre des Aufbaus der Materie aus Atomen ist bereits von dem Vorsokratiker Empedokles erfunden und von Leukipp und Demokrit detailliert ausgearbeitet worden. Platon hat sie dahingehend variiert, daß er atomare, zweidimensionale, dreieckige Flächenstückchen benutzte, um daraus die regelmäßigen Körper zu konstruieren, von denen er meinte, daß die vier Elemente daraus aufgebaut seien. Epikur hat dann den Atomismus von Leukipp und Demokrit weiter weiterentwickelt, um daraus sein gänzlich materialistisches Weltbild aufzubauen, in dem sogar seine besonderen Gottesvorstellungen Platz hatten. Tatsächlich reicht Epikurs materialistische Weltanschauung schon weitreichend an unser heutiges naturwissenschaftliches Weltbild heran.

Sogar Epikurs Lustbegriff, der seine gesamte Verhaltenslehre bestimmt, ist evolutionstheoretisch sehr brauchbar, obwohl Epikur noch keine evolutionstheoretischen Ansätze verfolgte. Es geht Epikur mit seiner Lustlehre wesentlich darum, den Gefühlen der Lebensfreude in der eigenen Lebensgestaltung Raum zu geben. Dies aber entspricht der evolutionstheoretisch-gehirnphysiologischen Auffassung, daß Lust und Freude von uns in unserem Bewußtsein deshalb bemerkbar werden, weil unser Gehirn zu bestimmten Anlässen bestimmte Hormone freisetzt, welche in uns positive Gefühle erwecken, weil vom Gehirn diese Anlässe evolutionsbedingt als lebensfördernd eingestuft werden, einerlei, ob es nur um die individuelle Lebenssicherung oder um die Erhaltung der eigenen Art geht. Und Epikur kam allerdings ohne Evolutionstheorie zu dem klaren Schluß: Was uns Freude macht, kann nicht schlecht sein, sondern kann sogar gefördert werden.

Im Jahre −305 kaufte Epikur in Athen den Garten Kepos, in dem er seine Schule errichtete. Daß seine derart lebensfreundliche Gesinnung großen Anklang in der bereits freiheitlich gesonnenen griechischen Bevölkerung des vierten und dritten vorchristlichen Jahrhunderts finden konnte, ist nicht verwunderlich, und darum konnte er seine Schule mit anfänglich ca. 200 Schülern aller Gesellschaftsschichten starten. Er lebte im Kepos mit seinen Schülern zusammen, bis er nach 35 Jahren starb. Seine an der Lebensfreude orientierten Philosophie krönt Epikur mit seiner angstfreien Vorstellung vom Tod, die er z.B. einmal in einem Brief an seinen Schüler Menoikus wie folgt ausgedrückt hat:

> *„Das Schauereregendste aller Übel, der Tod, betrifft uns überhaupt nicht; wenn wir sind, ist der Tod nicht da; wenn der Tod da ist, sind wir nicht."*[193]

Dahinter steckt ja der Gedanke, daß der Mensch in seiner Systemzeit, dem Tod nicht begegnen kann, daß er mithin in seiner eigenen Systemzeit nicht sterben kann, was allerdings zu einem Paradox einer endlichen Unendlichkeit führt, wenn man den lebenden Systemen eine eigene Systemzeit zuordnet; denn in der Systemzeit der physikalischen Welt hat schließlich jedes Lebewesen und entsprechend auch jeder Mensch irgendwann sein phyikalisches Todesdatum, wobei aber die physikalische Zeit auch nur eine Systemzeit ist.[194] Freilich muß es ungeklärt bleiben, ob Epikur bereits eine wenigstens intuitive Vorstellung von Systemgrößen wie eine Systemzeit besaß, obwohl die Konsequenzen seiner Vorstellungen vom Tode direkt darauf hinweisen. Immerhin läßt das Bewußtsein, in seiner eigenen Systemzeit zu leben, die Konsequenz der eigenen Unsterblichkeit in der eigenen Systemzeit zu, weil es nicht denkbar ist, den eigenen Tod in seiner Systemzeit zu erleben, so wie Epikur seinen Schüler Menoikeus darauf hingewiesen hat, daß er den Tod nicht zu fürchten brauche, weil er ihm *niemals, also zu keiner Zeit,* begegnen könne.

Nach Epikurs Tod haben sich Epikureer vor allem auch im römischen Reich etabliert und epikureische Schulen mit erstaunlicher Überlebenskraft gegründet, die bis ins 3. Jahrhundert hinein mit großem Zuspruch tätig waren. Aber durch das Christentum wurde auch diese letzte griechische Philosophenschule vernichtet, so daß Augustinus, der ein erklärter Gegner Epikurs war, im Jahre 410 schrieb, daß die epikureische Tradition bereits abgestorben sei.

Die Bewußtseinsformen der Epikureer sind schon weit entfernt von den Unterwürfigkeitsbewußtseinsformen, wie sie wegen der römischen Willkürherrschaft in Palästina nachweislich aus den mythischen Bewußtseinsformen erhalten geblieben waren und großen Einfluß auf die Entstehung der absolutistisch geprägten Evangelien hatten. Die

---

193 Vgl. Epikur, *Briefe, Sprüche, Werkfragmente*, griechisch-deutsch, übersetzt und herausgegeben von Hans-Wolfgang Krautz, Reclam Verlag, Stuttgart1993, S. 45.

194 Vgl. W. Deppert, *ZEIT. Die Begründung des Zeitbegriffs, seine notwendige Spaltung und der ganzheitliche Charakter seiner Teile*, Franz Steiner Verlag, Stuttgart 1989, S. 228ff, oder ders. „Die Alleinherrschaft der physikalischen Zeit ist abzuschaffen, um Freiraum für neue naturwissenschaftliche Forschungen zu gewinnen", in: Hans Michael Baumgartner, *Das Rätsel der Zeit. Philosophische Analysen*, Alber Verlag Freiburg 1993, 6. Abschnitt S. 136ff.

Epikureer haben die Bewußtseinsformen, die zur Entstehung der Wissenschaft erforderlich sind, in der griechischen und römischen Antike am weitesten vorangebracht, bis diese Entwicklungen von den durch römische Diktatoren hervorgerufenen massenhaft auftretendem christlichen Unterwürfigkeitsbewußtseinsformen für viele Jahrhunderte unterbunden wurden.

Die wissenschaftliche Friedhofszeit des frühen Christentums

4

4.1 Der Rückfall in ein vorwissenschaftlich-mythisches Bewußtsein

Die Kulturgeschichte der Menschheit ist bestimmt, durch die Bewußtseinsformen, die sich in den menschlichen Gehirnen bilden und weiter entwickeln. Die Gehirne der Lebewesen haben sich durch die biologische Evolution zu den Sicherheitsorganen der Lebewesen so entwickelt, daß sie im Laufe des individuellen Lebens der Lebewesen Bewußtseinsformen in ihnen hervorbringen, welche die Überlebenssicherung der Lebewesen gewährleisten und möglichst noch steigern. Für die Menschen stellt dies ein äußerst komplexes Unternehmen dar, weil wir etwa über 4 Billionen Gehirnzellen verfügen, die mit ihren jeweils ca. 20 Dendriten unübersehbar viele neuronale Verbindungen und Netzwerke schaffen können, so daß die biologische Evolution dazu schon in den Gehirnen der Embryonen im Mutterleib erste Verschaltungswege bereitgestellt haben wird, die bei allen Menschen zu Beginn ihres Lebens neuronale Verschaltungen bewirken, die den Wahrnehmungsprozeß der Überlebensfunktionen ermöglichen und entwicklungsfähig gestalten, so daß die Babies zu ersten eigenständigen Handlungen und zum Kennenlernen und Entdecken ihrer Umwelt in der Lage sind. Die Verschaltungsorganisation der Überlebensfunktionen, die wir mit unseren Sinnesorganen identifizieren können, ist hier bereits als das menschliche Bewußtsein definiert worden.

Die dadurch möglichen Bewußtseinsformen erfahren dann eine kulturelle Evolution, durch welche die Kulturgeschichte der Menschheit über viele kulturelle Entwicklungsstufen möglich geworden ist. Die dazu in den menschlichen Gehirnen entstandenen neuronalen Verschaltungen sind von den Gehirnen der heranwachsenden Kinder und Jugendlichen aus informationstheoretischen Gründen stufenweise nachzuvollziehen, so daß wir die Entwicklung ihrer Gehirnfunktionen und die damit verbundenen aufeinanderfolgenden Stufungen der Bewußtseinsformen einem kulturgenetischen Grundgesetz folgen,

© Springer Fachmedien Wiesbaden GmbH, ein Teil von Springer Nature 2019
W. Deppert, *Theorie der Wissenschaft*,
https://doi.org/10.1007/978-3-658-14043-4_5

solange nicht politische Verhältnisse eintreten, die geeignet sind, diese Entwicklung der Bewußtseinsformen massiv zu stören oder gar unmöglich zu machen. Wenn dies aber eintritt, dann können die nachfolgenden Generationen nicht mehr die Kulturstufen der Eltern- oder gar der Großelterngeneration erreichen, und es tritt ein kultureller Rückfall ein, wie er durch die politischen Umstürze sich abwechselnder Diktatoren im Römischen Reich bis weit in die Kaiserzeit hinein stattgefunden hat. Wie bereits gezeigt, konnte sich in der Zeit der Evangelienentstehung das mit der griechischen und römischen Philosophie aufblühende gemeinschaftsbezogene Individualitätsbewußtsein nicht mehr entwickeln, und die Bewußtseinsbildung blieb in den Heranwachsenden bei mythischen Unterwürfigkeitsbewußtseinsformen stehen, worauf sich dann das Christentum – verbunden mit der römischen Staatsmacht – gegründet und machtbesessen etabliert hat. Der Kultureinbruch läßt sich sehr deutlich wahrnehmen, wenn man in Athen erst ins Nationalmuseum geht, wo sich die Kunstwerke der griechischen Antike bewundern lassen und danach ins byzantinische Museum mit der Kunst des aufkommenden Christentums, wodurch der Eindruck entsteht, als ob ein völlig rätselhafter Kulturverfall mit dem Eintritt ins christliche Zeitalter in Athen stattgefunden hätte und wohl auch stattgefunden hat, was sich nun erklären läßt.

Da durch die gehirnphysiologischen Überlegungen zum kulturgenetischen Grundgesetz erklärlich ist, wie es durch politische Willkürherrschaftsumbrüche dazu kommen kann, daß die Heranwachsenden eines Volkes durch ihr unterentwickeltes Bewußtsein nicht in der Lage sind, die durch das Volk erreichte Kulturstufe zu erhalten, so lassen sich daraus Gefahren für die Kultur-Erhaltung und die kulturelle Weiterentwicklung der Völker und ihres Zusammenlebens heute und in der Zukunft erkennen, die nur durch die Vermeidung von diktatorischen politischen Systemen innerhalb der einzelnen Staaten und einen zukünftigen dauerhaft stabilen Frieden unter den Völkern der Erde und ihrer Staaten beherrschbar sein werden.[195] Diese Gefahren sind zur Zeit manifest durch die politische Sicherung der Erziehungsgewalt der Offenbarungsreligionen, welche nur die Bildung von Unterwürfigkeitsbewußtsein anstreben.

4.2 Bemühungen um die Verbindung von Christentum und griechisch-römischer Philosophie in der Gnosis und ihr Scheitern in einem schier ausweglosen Streit

Die ersten Versuche, das in der Antike bereits entwickelte wissenschaftliche Denken mit dem Christentum versöhnlich zu verbinden, werden als die Gnosis bezeichnet. Zu ihr gehört der um das Jahr 150 in Karthago geborene und nach 230 gestorbene Römer Tertullian, der besonders dem platonischen und dem stoischem Denken anhing und der in

---

195 Vgl. Wolfgang Deppert, Friedensvorlesung WS 1994/95: *Das Problem des Friedens – Zum 200. Erscheinungsjahr von Kants "Zum ewigen Frieden"*, unveröffentlichtes Vorlesungsmanuskript, Kiel 1995.

einer mißverstandenen Deutung der aristotelischen Dreigliederung die christliche Trinitätsvorstellung erfand. Zur Gnosis gehört auch der in Alexandrien geborene Origines (ca.
185 – ca. 254), der durch seine gute philosophische Bildung in der Deutung des Christentums viel Verwirrung stiftete; denn Origines hatte bereits das begriffliche Denken des
Aristoteles übernommen, während die meisten Denker der Gnosis das Christentum durch
Platons Ideenlehre stützen wollten, welche ja an mythische Denkformen zurückgebunden
war, in der nicht zwischen Einzelnem und Allgemeinem unterschieden werden konnte.
Im begrifflichen Denken des Aristoteles aber enthielt die Innenbetrachtung des Begriffs
'Vater', die Begriffe 'Kinder' oder auch 'Söhne', so daß der Begriff 'Vater' einen höheren
Allgemeinheitsgrad besaß, als der Begriff 'Sohn'. Und für Origenes war es darum un-
möglich, Gott-Vater gleichstufig mit Gottes Sohn zu begreifen, wie es die Vorstellung der
christlichen Trinität des Tertullian vorsah.

Wie schon die Widersprüchlichkeiten in den Evangelien des Christentums durch eine
gehemmte Weiter-Entwicklung der Unterwürfigkeits-Bewußtseinsformen zu individualistischen Formen zu erklären waren, so führte auch die Trinitätsvorstellung des Tertullian
zu einem schier unlösbaren Streit unter den Theologen, da die meisten von ihnen durch
die Gnosis platonisch eingestellt und damit noch mit mythischen Bewußtseinsmerkmalen
der Unterwürfigkeit ausgestattet waren. Den Anhängern des mehr aristotelisch geschulten
Origines aber, welche mit ihren individualistischen Bewußtseinsformen die mythischen
Eierschalen abgeworfen hatten, war es intellektuell nicht möglich, die nur mythisch zu
begreifende Trinitätsvorstellung von der Wesenseinheit von Gott-Vater, Gottes Sohn und
dem Heiligen Geist nachzuvollziehen. Und da Kaiser Konstantin dem irrigen Glauben
aufsaß, er könnte durch ein totalitäres Christentum die Einheit des römischen Reiches retten, rief er im Jahre 325 das Konzil zu Nicäa ein, in dem hunderte von trinitarischen und
Tertullian-freundlichen Bischöfen zusammen kamen. Nach endlosen Diskussionen setzte
Konstantin mit seiner politischen Macht die trinitarische Auffassung des Athanasius von
Alexandria gegen den Presbyter Arius (geb. um 260 gest. 336) durch, indem er *das trinitarische Glaubensbekenntnis von Nicäa für die römische Christenheit verbindlich*
machte. Danach wurden die Anhänger des Origines zu Arianern, den Anhängern des
Arius, für den Jesus ein von Gott hervorgehobener Mensch aber kein Gott war – eine Posi-
tion, die viel später auch Kant vertrat, da nur ein Mensch und kein Gott ein moralisches
Vorbild für Menschen sein könne, was aber der Hauptzweck einer Religion sei.

Nach dem Konzil zu Nicäa setzte ein über Jahrhunderte immer wieder aufflammender
unversöhnlicher und darum auch unfruchtbarer Streit zwischen Anhängern des Origines
oder Arius und den Anhänger des trinitarischen Bekenntnisses ein, welcher die Weiterentwicklung des wissenschaftlichen Denkens stark gehemmt hat. Wenige Gelehrte wie
Plotin (205 bis 270), Porphyrius (233 bis 301–305), Augustinus (354 bis 430) und Boethius
(480/485; bis 524–526) haben sich von diesen Streitigkeiten nicht beeindrucken lassen und
haben spezifische Beiträge zur Weiterentwicklung der philosophischen Grundlagen der
Wissenschaft erbracht, von denen nun kurz die Rede sein soll.

4.3 Herausragende philosophische Persönlichkeiten wie Plotin, Porphyrios, Augustinus und Boethius, die sich aus den Streitigkeiten um das Trinitätsdogma heraushielten

4.3.0 Vorbemerkungen

Die biologisch-kulturelle Tatsache, daß alle Werke der Menschen ganz bestimmte Verschaltungen ihrer Gehirne voraussetzen, seien es nun solche, die den Menschen zu handwerklichen Tätigkeiten oder zu gedanklichen Konstruktionen befähigen, ist hier bereits dazu benutzt worden, um Bewußtseinsformen im Fortgang der wissenschaftlichen Entwicklung zu unterscheiden, die im historischen Prozeß des Werdens der Wissenschaft sogar in einer gewissen Stufenfolge phylogenetisch und ontogenetisch auftreten. Die so gewonnenen Einsichten, wie etwa jene, daß das Vernunftgebot der Widerspruchsvermeidung erst mit der Ausbildung eines Individualitätsbewußtseins in sich selbst wahrnehmbar wird, können durch eine bisher kaum gepflegte Wissenschaft von der Bewußtseinsentwicklung gewonnen werden. Diese Wissenschaft möchte ich einstweilen *Bewußtseinsgenetik* nennen.[196] Die weitere Ausbildung einer solchen Wissenschaft könnte Hand in Hand mit der Entwicklung einer *theoretischen Gehirnphysiologie* betrieben werden; denn die gewonnenen Erkenntnisse über *mögliche* und anhand historischer Quellen nachweisbar *wirkliche Bewußtseinsformen* ließen sich *mögliche und wirkliche Bewußtseinsformen* in Zusammenarbeit von einer *theoretischen Gehirnphysiologie* und einer *Bewußtseinsgenetik* klassifizieren.

Im weiteren Verlauf der Darstellung der allmählichen Weiterentwicklung der Bewußtseinsformen der ausgewählten herausragenden Persönlichkeiten des frühen Mittelalters wird es möglich, durch die Arbeiten zur Darstellung des Werdens der Wissenschaft **das Werden einer neuen Wissenschaft der** *Bewußtseinsgenetik* **und einer** *theoretischen Gehirnphysiologie* **zu beobachten.**

4.3.1 Plotin

Plotin gilt als der Begründer des Neuplatonismus, obwohl er stets behauptete, er würde streng nach der Lehre des Meisters Platon verfahren. Er wurde im Jahre 205 in Kampanien unweit von Rom geboren, studierte in Alexandria bei dem Platoniker Ammonius Sakkás, der bisweilen auch als Begründer des Neuplatonismus bezeichnet wird. In seinem 40. Lebensjahr wurde er in Rom ansässig und gründete dort eine eigene Schule, die er als eine Fortsetzung der Akademie verstand. Seine Neuerung im Platonismus bestand vor allem darin, das gesamte Sein als ein göttliches All-Eines zu begreifen, aus dem die

---

196 Es gehört durchaus auch zum Aufgabenbereich der Wissenschaftstheorie, in einem solchen Fall der gebotenen Einführung einer neuen Wissenschaft, dies anzuregen oder gar zu betreiben, wie es hier zeitweilig auch geschieht.

Weltseele als Weltvernunft durch Ausstrahlung (Emanation) in all ihren Einzelseelen dynamisch wirksam wird. Plotin verbindet damit die unterschwellig bei den Griechen seit den milesischen Naturphilosophen vorhandene pantheistische Grund-Stimmung mit den platonischen Ideen, da diese in der Weltvernunft überall und freilich auch in der Menschenseele als Emanationen des All-Einen vorhanden und wirksam sind. Dieses Ansinnen Plotins weist auf eine Bewußtseinsentwicklung bei ihm hin, in der er das Allgemeine einer Weltseele mit dem Einzelnen einer individuellen Seele eines einzelnen Lebewesens zu verbinden weiß. Bei Plotin findet sich darum reichhaltiges Material für die Wissenschaft der *Bewußtseinsgenetik.*

4.3.2 Porphyrios

Er ist der wichtigste Schüler des Plotin, der das schon von Sakkás stammende Projekt des Versöhnungsversuchs der platonischen mit der aristotelischen Philosophie verfolgt hat. Der 233 in Phönizien geborene Porphyrios ist berühmt geworden durch seine Einleitung zur Kategorienschrift des Aristoteles, der sogenannten *Isagoge.* Darin konzentriert er das Problem der möglichen Versöhnung zwischen Platons Philosophie und der des Aristoteles auf die Beantwortung von folgenden Fragen, die er mit einer besonderen Schwierigkeit verbunden sieht:

> „Was, um gleich mit diesen anzufangen, bei den Gattungen und Arten die Frage angeht, ob sie etwas Wirkliches sind oder nur auf unseren Vorstellungen beruhen, und ob sie, wenn Wirkliches, körperlich oder unkörperlich sind, endlich, ob sie getrennt für sich oder in und an dem Sinnlichen auftreten, so lehne ich es ab, hiervon zu reden, da eine solche Untersuchung sehr tief geht und eine umfangreichere Erörterung fordert, als sie hier angestellt werden kann."[197]

Diese Fragestellungen weisen deutlich daraufhin, daß Porphyrios bereits die Bewußtseinsform erreicht hat, mit der er so wie Aristoteles Einzelnes und Allgemeines aber auch begriffliches von existentiellem Denken unterscheiden konnte. Damit besaß er ein Individualitätsbewußtsein durch das er sich der Schwierigkeiten bewußt war, Entscheidungen darüber herbeizuführen, welche Existenzformen den von Aristoteles eingeführten Begriffen von Gattungen und Arten zuzuordnen sind. Aus dieser selbst erkannten Schwierigkeit hat sich ein für das Werden der Wissenschaften außerordentlich folgenreicher mittelalterlicher Streit ergeben:

der mittelalterliche Universalienstreit,

---

197 Vgl. Aristoteles, *Kategorien, Lehre vom Satz (Organon I/II) – PORPHYRIOS, Einleitung in die Kategorien,* übersetzt und mit einer Einleitung und mit erklärenden Anmerkungen versehen von Eugen Rolfes, Felix Meiner Verlag 1974, S. 11.

dem aufgrund seiner bis in die Gegenwart reichenden Bedeutung für die Begründung von wissenschaftlicher Methodik hier ein eigener Abschnitt gewidmet ist. Seine weit fortgeschrittene Bewußtseinsentwicklung, die bereits einen sehr kritischen Geist verrät, gestattete es ihm aber nicht, ein Anhänger des Christentums zu werden, was freilich von den zu Christen gewordenen autoritätsgläubigen Platonikern nicht verstanden und ihm darum besonders von Augustinus als intellektueller und moralischer Fehler angekreidet wurde.[198]

4.3.3   Augustinus

Für die Bewußtseinsgenetik ist der Labortisch durch die Lebensformen und die Bewußtseinsentwicklungen und nacheinander erreichten Bewußtseinsformen des jungen 354 im nordafrikanischen Thagaste geborenen Augustin und späteren Kirchenvaters Augustinus reich gedeckt. Sein Vater befindet sich noch ganz in den mythischen Bewußtseinsformen des sogenannten Heidentums, in die der Junge Augustin mit seiner Bewußtseinsentwicklung zu unterwürfigem Verhalten vom grobklotzigen Vater hineinerzogen wird. Ganz anders aber wird er von seiner sehr liebevollen Mutter, die bereits gläubige Christin geworden ist, zu einer innerlichen *Unterwürfigkeitshaltung der liebenden Dankbarkeit* in Sanftmut geleitet. Damit erlebt Augustin in seinem Elternhaus eine kaum verbindbare Dualität des menschlichen Umgangs, die in ihm ein Streben nach einer möglichen Verbindbarkeit dieser Dualität wachruft. Da Vater und Mutter aus ihm eine bedeutende Persönlichkeit machen wollten, wenden sie ihr kümmerliches Vermögen dazu auf, um ihren hochbegabten Sohn Augustin von bedeutenden Lehrmeistern unterrichten zu lassen. Er beginnt seine Studien noch in Thagaste, um dann zu dem berühmten heidnischen Grammatiker nach Madaura zu gehen, wo er die Schrift Ciceros den *Hortensius* liest, dadurch den Manichäismus kennenlernt und bald dessen Anhänger wird.[199]

Im Manichäismus wird die Lehre des Mani vertreten, der das ganze Sein durch den unüberbrückbaren dualistischen Gegensatz zwischen den Mächten des Lichtes und des Dunkels oder des Guten und des Bösen erklärt. Durch den Dualismus, den er in seinem Elternhaus erfahren hatte, paßt diese Lehre mit seiner Bewußtseinsentwicklung zusammen, so daß Augustin zum Manichäer wird, wodurch er sich jedoch gedanklich besonders von seiner Mutter entfernt, weil sie den Anspruch des Mani, ein Nachfolger Jesu Christi zu sein, gar nicht akzeptieren kann. Dadurch kommt es sogar zu einem Bruch zwischen

---

198 Vgl. ebenda S. 10, wo es heißt: „Nach Augustin Civ. Dei 10, 28 war er ein Apostat. Denn es heißt dort in der rhetorischen Anrede an ihn: „Du führst die Leute in einen nachweislichen Irrtum und schämst dich gleichwohl über ein so großes Übel nicht, da du dich doch für einen Liebhaber der Tugend und Weisheit ausgibst. Hättest du sie wahrhaft geliebt, so wärst du nicht, aufgeblasen vom Stolz auf eitle Wissenschaft, von Christus abgefallen.""

199 Vgl. Wilhelm Geerlings, *Augustinus*, Spektrum Meisterdenker. Herder Verlag, Freiburg im Breisgau, S. 10. Vgl. auch die Einleitung von Georg Rapp, *Die Bekenntnisse des heiligen Augustinus*, aus dem Lateinischen übertragen von Georg Rapp, Verlag M. Heinsius, Bremen 1889, S. VI f.

Augustin und seiner Mutter, warum er schließlich sein Elternhaus verläßt und nach Karthago geht und dort ein wildes Studentenleben beginnt. Das alles hat sehr viel später der inzwischen von seiner Mutter doch noch zum Christentum bekehrte, getaufte und zum Bischof erkorene Augustinus in seinem berühmten Werk *Bekenntnisse* (Confessiones) niedergeschrieben.[200] Dieses Werk ist eine Fundgrube für die bewußtseinsgenetische Forschung; denn Augustinus schildert darin seinen Werdegang mit all seinen Verfehlungen und dem Wandel seiner inneren Einstellungen.

Der unbefangene Leser wird sich darüber wundern, daß Augustinus seine lasterhaften Ausschweifungen während seines Studentenlebens in Karthago mit einer heimlichen Genugtuung wiedergibt. Später aber wird immer deutlicher, daß er sich selbst dazu benutzt, um die Erlösungsbedürftigkeit der Menschen überhaupt im Rahmen seiner Sündenfall-Theorie zu beweisen. Danach ist die Sünde, die Adam und Eva durch das Essen der Früchte vom Baum der Erkenntnis auf sich geladen haben, für alle Zeiten *auf alle Menschen in Form der Erbsünde* übergegangen, von der sie nur durch die *Erlösungstat des Jesus Christus* befreit werden können. Was ist das für eine Bewußtseinsform, in der das Gehirn in seiner Sicherheitsfunktion, dem Menschen eine gesteigerte Überlebenssicherheit suggeriert, wenn er Schuld auf sich nimmt, die von ihm aber nie begangen wurde? Und was sind das für Bewußtseinsformen der Menschen, welche die Lehre von der Erbsünde des Augustinus unterwürfigst aufnehmen, um damit ihren christlichen Glauben zu festigen und ihn missionarisch in der ganzen Menschheit notfalls auch mit Zwang zu verbreiten? Diese Fragen werden sich erst beantworten lassen, wenn durch gründliche Forschungsarbeit in der Bewußtseinsgenetik genaue Begriffe definiert worden sind, um die Fülle möglicher Bewußtseinsformen und deren Genese überschaubar zu machen.[201]

Für das Verständnis der Bewußtseinslage des Augustinus stellt sich die Aufgabe, die verschiedenen Bewußtseinsformen, die sich in ihm gebildet hatten, so miteinander zu verbinden, daß begreiflich wird, welche Aussichten auf Überlebenssicherheiten sein Gehirn für ihn erfunden hatte, welche durch seine Konstruktion der Erbsündentheorie noch gesteigert werden konnten. Auch diese Aufgabenstellung wird sich erst nach erheblichen bewußtseinsgenetischen Forschungsanstrengungen lösen lassen. Einstweilen mag folgende Grobanalyse etwas Verständnis in die ziemlich verworrene Forschungssituation eintragen:

---

200 Vgl. Ebenda S. VI

201 1982 habe ich anläßlich eines Rundfunkvortrages im NDR 3 mit dem Titel „Vereinbarung statt Offenbarung" den Versuch unternommen vier Lebenshaltungen zu unterscheiden, die sich im Laufe der Geschichte nacheinander entwickelt haben: die autoritätsgläubige, die fortschrittsgläubige, die vernunftgläubige und die selbstverantwortliche Lebenshaltung. Diese Lebenshaltungen lassen sich vermutlich mit Hilfe von möglichst einfach und genau beschriebenen Bewußtseinsformen ableiten und deren historische Gewordenheiten genauer erfassen. Vgl. W. Deppert, Vereinbarung statt Offenbarung, in: *homo humanus* – Nr. 21 und *homo humanus Jahrbuch 1984*, Pinneberg 1984, S. 40–43.

In seiner Kindheit und Jugendzeit haben sich in Augustin zwei gegensätzlich motivierte Unterwürfigkeitsbewußtseinsformen herangebildet, eine durch Angst vor dem gewalttäg zugefügtem Leid durch seinen Vater und durch prügelnde Lehrer und zum anderen die Unterwürfigkeit aus Pflicht aufgrund liebender Dankbarkeit gegenüber seiner Mutter. Aus seiner dualistischen Erfahrung in seinem Elternhaus entwickelte sich ein Gefolgschaftsbewußtsein gegenüber dem Propheten Mani, dem Propheten des Dualismus der unversönlichen Prinzipien des Guten und des Bösen, des Lichtes und der Dunkelheit, und aufgrund seiner Gefolgschaftstreue als Manichäer wird Augustin sogar von seiner Mutter verstoßen[202], die aber schließlich doch noch einen versöhnlichen Weg zu ihm zurück findet, um ihn wieder liebend aufzunehmen. Dadurch wird in ihm ein Bewußtsein von der dualistischen Grundverfassung durch ein mächtigeres Versöhnungsvermögen überwölbt, das er am Christentum seiner Mutter erlebt, der es sogar gelingt, seinen Vater zum Christen werden zu lassen. Zur Absicherung der dualistischen Grundbestimmung des Seins und des Menschen erfindet das Gehirn des Augustinus die Lehre von der Erbsünde, die besagt, daß die Sünde seit dem Sündenfall Adams und Evas in allen Menschen vererbt wird[203], warum er sein eigenes sündiges Verhalten in seinen *Bekenntnissen (Confessiones)* nicht ohne einen verdeckten *teuflischen* Anflug von Wollust immer wieder beschreibt. Das in ihm schon angelegte Unterwürfigkeitsbewußtsein aus liebender Pflicht findet seine höchste Erfüllung dann im untertänigen Glauben an die für alle sündigen Menschen geleistete Erlösungs- und Versöhnungstat des Jesus Christus durch dessen Kreuzestod.[204]

---

202 Wilhelm Geerlings schreibt dazu: „Die durch den *Hortensius* ausgelöste Bekehrung führt ihn „binnen weniger Tage" zu den Manichäern (Vgl. Kap. 2). Bezeichnend für Augustin bleibt die Schnelligkeit und Radikalität des Bekehrungsschrittes... Die Hinwendung zum Manichäismus bedeutet den Bruch mit der Mutter,". Vgl. ebenda. Diese Schnelligkeit der Bekehrung war eben deshalb möglich, weil die Bewußtseinsstruktur des Mani in Augustin bereits vorhanden war.

203 Georg Rapp (vgl FN 197 S. XII) faßt die Erbsünde Augustins wie folgt zusammen: „In Adam sind wir Alle gefallen, er ist der Repräsentant seines ganzen Geschlechtes, und wie er in seinem innern Zustand und seiner äußeren Lage nach seinem Falle war, so sind auch wir Alle von Natur, und bedürfen, um selig zu werden, einer durch das Christentum uns von Neuem mitgeteilten Gnade und göttlichen Lebensgemeinschaft. Die Welt ist aber immer von Gott erfüllt und durchdrungen, er ist überall unmittelbar und ganz selbst; seine allwohnende Gegenwart ist der Grund alles Lebens im Einzelnen und im Ganzen, wie denn schon vor Christus seine Gnade vorbereitend wirkte. Der Mensch, durch den von Gott abgewichenen freien Willen böse geworden, kann nur durch Glauben, durch unbedingte Annahme des ihm gebotenen neuen Lebens wieder Gnade erlangen." Hier wird durch die Lehre von der Erbsünde, in der es den freien Willen wohl nicht mehr gibt, die bedingungslose Unterwürfigkeit sogar gefordert, aber um der ewigen Seligkeit willen – und das ist offenbar die besondere Leistung des Sicherheitsorgans des Gehirns von Augustinus und auch des Gehirns von Herrn Rapp und all der ungezählten Befürworter der gänzlich unseligen Lehre von der Erbsünde.

204 Auch diese Zusammenhänge beschreibt Wilhelm Geerlings mit wenigen Worten: „Zwei Titel kennzeichnen die Erlösungstat Christi: Er ist Erlöser und Versöhner. Im Titel „Erlöser" kommt die Tradition zum Ausdruck, die Christi Tat als Loskauf aus der Sklaverei des Teufels betont.

Durch die vielfache Überlagerung verschiedenster und sogar gegensätzlich begründeter Unterwürfigkeitsbewußtseinsformen war Augustinus freilich nicht in der Lage, die innere Widersprüchlichkeit in den Evangelien und seiner Erbsündenlehre zu erkennen. Da aber das Vernunftgebot der zu meidenden Widersprüche eine der wichtigsten Grundlagen für die Genese eines Wissenschaftsbewußtseins darstellt, muß an dieser Stelle trotz oder gerade wegen der mannigfaltigen und überschwänglichen Lobpreisungen des für die katholische wie für die evangelische Kirche Heiligen Augustinus durch die Vertreter des offiziellen Christentums, festgestellt werden, daß er keinen irgendwie wesentlichen Beitrag für das Werden der Wissenschaft geleistet hat, allenfalls findet sich einiges dazu in den mannigfaltigen Reaktionen auf seine Lehre von der Erbsünde, da sich diese später leider und sogar bis heute noch als überaus leidvoll für die Menschheit erwiesen hat.

Der Blick für die Sichtweise, daß die mythische Zeit in der Genesis als Paradies mit einem zyklischen Zeitbewußtsein beschrieben wurde, war ihm verstellt. Auch daß durch die Gefangenschaft des Volkes Israel das ägyptische Symbol für die heilige zyklische Zeit eine sich in den Schwanz beißende Schlange darstellte, die ihr Maul zum Beschwatzen von Eva dann frei bekam, wenn das zyklische Zeitbewußtsein aufriß, so daß dann die Zukunft nicht mehr gleich der Vergangenheit war. Dies geschah aber durch die Befreiungstat des Moses. Damit aber mußten Adam und Eva vom Baum der Erkenntnis essen, um nun zwischen Lebensfreundlichem und Lebensfeindlichem unterscheiden zu können, zwischen Gut und Böse. Und es war die heilige Pflicht der Schlange, die Menschen darauf aufmerksam zu machen, denn sie konnten freilich nicht wissen, daß das Verbot nur für die Zeit des zyklischen Zeitbewußtseins des Paradieses galt. Und der Baum der Erkenntnis stand ja genau für diesen Fall da, damit die Menschen ihr Überleben durch Erkenntnisse sichern konnten, wenn das Paradies, d.h., wenn die mythische Zeit der vielen Gottheiten und des von ihnen bewirkten ewig wiederkehrenden gleichen Zeitgeschehens zu Ende gegangen war. Es ist ein Drama der Philosophiegeschichte, daß derjenige, der durch seine aufschlußreiche Mythosforschung diese Deutung des Geschehens im Garten Eden überhaupt erst möglich gemacht hat, in seinem Alterswerk diese Deutungsmöglichkeit mit keinem Wort erwähnt, obwohl er Kenntnis davon hatte; sondern sich ganz auf die Seite des Heiligen Augustinus mit seiner verhängnisvollen Lehre von der Erbsünde schlägt.[205]

Christus ist aber auch der, der den Frieden zwischen Gott und Mensch wiederherstellt, er ist darum der eigentliche „Versöhner"." Vgl. ebenda S. 44.

205 Es wird eines der ganz großen Rätsel für das Verständnis meines hochgeachteten akademischen Lehrers Kurt Hübner bleiben, wie es geschehen konnte, daß er diese Zusammenhänge, die ja erst durch seine Mythosforschungen nun so deutlich zutage getreten sind, hat übersehen können. Vgl. auch W. Deppert, Ein großer Philosoph: Nachruf auf Kurt Hübner Aufruf zu seinem Philosophieren, in: J Gen Philos Sci (2015) 46: 251–268, Springer, published online: 16. Nov. 2015, Springer Science+Business Media Dordrecht 2015.

4.3.4 Boethius

Der aus einer hochangesehenen römischen Familie stammende Boethius hätte nach der Darstellung vieler Boethius-Interpreten den mittelalterlichen Universalienstreit überflüssig machen können, wenn ihn sein viel zu früher gewaltsamer Tod nicht an der Ausführung seiner Pläne, den Platonismus und den Aristotelismus miteinander zu versöhnen, gehindert hätte. Aber dem aufmerksamen Leser des letzten in der Todeszelle seines Kerkers im Jahre 524 geschriebenen Werks „Trost der Philosophie" wird es sogar überdeutlich werden, daß Boethius diese Versöhnung der platonischen mit der aristotelischen Philosophie in diesem Werk bereits vollzogen hat und daß der Trost der Philosophie gerade für den einzeln Philosophierenden aus den ihm eigenen und ihm selbst einsichtigen Inhalten dieser Versöhnung besteht. Es ist der Weg vom Äußeren und Äußerlichen zum Inneren und dem nur selbst erlebbaren eigenen Innerlichen, von dem alle Stabilität für den Einzelnen ausgeht, so, als wären es absolute Ideen.

Und genau darin stimmen Platon und Aristoteles miteinander überein, daß sie beide davon überzeugt sind: ***Das wirklich Bedeutsame läßt sich nur im Inneren des Menschen wahrnehmen.*** Denn für Platon sind die Ideen nur durch die Vernunft sichtbar und nicht durch die äußeren Sinnesorgane, welche ein inneres Vermögen der Menschen darstellt und für Aristoteles hat nur das Streben nach inneren Gütern Sinn, nicht das Streben nach äußeren Gütern, weil es für sie keine Mitte zwischen dem Zuviel und dem Zuwenig gibt, diese Mitte gibt es für Aristoteles nur im Streben nach der Tugendhaftigkeit, die aus dem Erreichen der Mitte des Zuviel und des Zuwenig in den Handlungsgründen besteht, so, wie etwa die Tugend der Tapferkeit die Mitte ist zwischen der Feigheit und der Tollkühnheit[206]. Alle diese Tugenden sind aber im Inneren des Menschen zu Hause, wo auch das Göttliche als ein Zusammenhangstiftendes und in seiner höchsten Form als Liebe wirksam ist. Diese Versöhnung von Platonismus und Aristotelismus kann auch heute sogar politisch bedeutsam werden, indem sie die Versöhnung der scheinbar heillos verfeindeten Weltreligionen herbeiführen könnte, wobei auf die Vertreter des Unitarismus eine Vermittlerrolle zuzukommen scheint; denn für Boethius gilt die Identität zwischen dem Guten, Gott und dem Ureinen, und das Erleben dieses Zusammenhangs ist das Glück schlechthin, so daß das unitarische alles miteinander verbindende und durch Zusammenhangstiftung alles erschaffende Göttliche den religiösen weil sinnstiftenden Hauptgedanken der Versöhnung von Platonismus und Aristotelismus darstellt.

---

206 Aristoteles findet für die Begründung seines Tugend bestimmenden Prinzips der *Mitte* bereits ein Argument, das einer evolutionstheoretischen Begründungsweise entnommen sein könnte, indem er darauf hinweist, „daß alles was irgendwie einen Wert darstellt, seiner Natur nach durch ein Zuviel oder ein Zuwenig zerstört werden kann." Und wenn Tugend durch das Prinzip der Mitte zwischen einem Zuviel und einem Zuwenig bestimmt ist, dann genügen die so bestimmten Tugenden dem evolutionären Erhaltungs-Prinzip des Lebens. Vgl. Aristoteles, *Nikomachische Ethik (1104a12f.)*, übersetzt von Franz Dirlmeier, Reclam Verlag, Stuttgart 1969, S. 36f.

Dieser Versöhnung ermöglichende unitaristische Hauptgedanke scheint auch die Lösung des letzten großen Problems in Boethius' *„Trost der Philosophie"* (TdP) herbeizuführen: das Problem der Versöhnung von Willensfreiheit des einzelnen Menschen und dem Vorwissen allen Geschehens in der Göttlichkeit Gottes. Dies gelingt Boethius, indem er seinem Gottesbegriff die Persönlichkeitsmerkmale der raum-zeitlichen Existenz nimmt und ihn damit in die Vorstellung einer ewig währenden und stets gegenwärtigen Göttlichkeit überführt. Dieses gedankliche Vorgehen läßt sich folgenden abschließenden Ausführungen seines 5. und letzten Buches aus TdP entnehmen:[207]

> „Daß Gott ewig ist, ist das gemeinsame Urteil aller mit Vernunft Lebenden. Überlegen wir also, was Ewigkeit ist. Denn sie wird uns zugleich Gottes Wesen und Erkenntnis offenlegen. Ewigkeit ist der ganze zugleich und vollkommene Besitz eines unbegrenzten Lebens, was aus dem Vergleich mit dem Zeitlichen noch klarer wird. Denn was in der Zeit lebt, das geht gegenwärtig vom Vergangenen in die Zukunft vorwärts. Und es gibt nichts in die Zeit gestelltes, was den ganzen Raum seines Lebens in gleicher Weise umfassen könnte, sondern den morgigen hat es noch nicht erfaßt, den gestrigen aber schon verloren; auch im Heute lebt ihr nicht mehr als in jenem beweglichen und vorübergehenden Augenblick. Was also die Bedingung der Zeit erleidet, mag es auch, wie Aristoteles vom Weltall urteilte, niemals begonnen haben zu sein noch aufhören und mag sich sein Leben mit der Unendlichkeit der Zeit erstrecken, ist dennoch nicht so beschaffen, daß man es mit Recht für ewig ansehen dürfte. Denn es umgreift und umfaßt nicht den ganzen Raum des unendlichen Lebens zugleich, sondern hat das Zukünftige noch nicht, das Geschehene nicht mehr. Was also die ganze Fülle des unbegrenzbaren Lebens in gleicher Weise umgreift und besitzt, wem nichts Zukünftiges fern ist und nichts Vergangenes verflossen, das kann mit Recht ewig geheißen werden, und dies muß notwendig seiner mächtig, immer gegenwärtig bei sich sein und die Unendlichkeit der beweglichen Zeit gegenwärtig haben."

Damit hat Boethius seiner Gottesvorstellung die Persönlichkeitsmerkmale der raum-zeitlichen Existenz entzogen. Im Weiteren läßt Boethius seine ehrwürdige Dame 'Philosophie', mit der er ja sein Gespräch führt, immer deutlicher herausarbeiten, daß die Gottesvorstellung nur als eine Art Gottessubstanz des Göttlichen zu denken ist, wenn er wie folgt weiter begründend fortfährt:

> „wenn man göttliche und menschliche Gegenwart vergleichen darf, so sieht jener, wie ihr in eurer zeitlichen Gegenwart manches seht, alles in seiner ewigen. Deshalb ändert diese göttliche Vorkenntnis nicht die Natur der Dinge und ihre Eigentümlichkeit, und so beschaffen sieht sie bei sich Gegenwärtiges, wie es in der Zeit einmal zukünftig geschehen wird. Und sie verwirrt nicht die Urteile über die Dinge und unterscheidet mit einem Blick ihres Geistes sowohl, was notwendig, als auch, was nicht notwendig kommen wird; wie ihr, wenn ihr zugleich einen Menschen auf der Erde wandeln und die Sonne am Himmel aufgehen seht, wenn auch beide Anblicke zugleich, so sie doch unterscheidet und urteilt, dies sei freiwillig, jenes notwendig. So verwirrt also der alles klärende Blick Gottes keineswegs die Beschaffenheit

---

207 Vgl. Boethius, *Trost der Philosophie*, übersetzt u. herausgegeben von Karl Büchner, Philipp Reclam jun. Verlag, Stuttgart 1971, S. 164–167.

der Dinge, die bei ihm gegenwärtig sind, unter der Bedingung der Zeit aber zukünftig. Daraus folgt, daß dies nicht bloße Meinung, sondern vielmehr auf Wahrheit gestützte Erkenntnis ist, wenn er erkennt, daß irgend etwas geschehen wird, was zugleich, wie er wohl weiß, frei ist von der Notwendigkeit des Geschehens."

Denn – so ließe sich hier sinnreich hinzufügen – weil Gott als das Göttliche zu verstehen ist, welches das schöpferische Prinzip ist, das allem Sein innewohnt und das grundsätzlich, wie der menschliche Wille auch, frei ist, weil das Schöpferische selbst Ausdruck der Freiheit im Hervorbringen ist. Und entsprechend läßt Boethius seine ehrwürdige Dame 'Philosophie' etwas später fortfahren:

„Gott aber schaut das Zukünftige, was aus Willensfreiheit geschieht, als Gegenwärtiges; – denn das Göttliche ist immer gegenwärtig – dies also, in Beziehung gesetzt zum göttlichen Blick, wird notwendig unter der Bedingung der göttlichen Erkenntnis, für sich betrachtet verliert es nicht die vollkommene Freiheit seines Wesens – das durch das innewohnende Göttliche bestimmt ist –. Es wird also ohne Zweifel alles geschehen, was Gott als zukünftig im voraus erkennt, aber manches davon kommt aus dem freien Willen, was, auch wenn es eintrifft, doch durch sein Eintreffen nicht die eigentümliche Natur verliert, dank der es, bevor es geschah, auch hätte nicht geschehen können."[208]

Die Vorstellung von der Freiheit des Willens aufgrund einer dem Menschen innewohnenden Kreativität ist bereits eine für das Werden der Wissenschaft unerläßliche Bewußtseinsform, die jedoch nicht im Gegensatz steht zu der hier ebenfalls von Boethius herausgearbeiteten Bewußtseinsform des Bewußtseins vom Eingebundensein in das sich überall vollziehende Geschehen nach göttlichen Naturgesetzen. Diese Bewußtseinsformen erreicht Boethius durch seine Art den Platonismus der ewigen Ideen mit dem Aristotelismus der ersten Wesenheit, durch die alles vom Einzelnen ausgeht, mit Hilfe seiner Gottessubstanz des überall und immer gegenwärtig schöpferisch tätigen Göttlichen zu verbinden, was sich im Menschen als Willensfreiheit darstellt.

Im nächsten Abschnitt wird behandelt, wie die Versöhnung von Platonismus und Aristotelismus im mittelalterlichen Universalienstreit stattfindet und was sie zum Werden der Wissenschaft beiträgt.

4.4　　Der mittelalterliche Universalienstreit

Was wir heute an Texten aus der Antike kennen, ist ein sehr kleiner Teil des ursprünglich vorhandenen schriftlichen Materials. Aber im frühen Mittelalter waren es noch weniger antike Schriften, die den Gelehrten zur Verfügung standen. Viele antike Schriften, vor allem die des Aristoteles, sind erst durch die Araber in der Zeit vom 9. bis 12. Jahrhundert

---

208 Die durch große Schrift in den Zitaten gekennzeichneten Einfügungen stammen von dem, der diese Texte hier zitiert.

über Spanien wieder nach Europa gekommen. So kam es, daß nur wenige Schriften von Aristoteles im Mittelalter bekannt waren, darunter die logischen Schriften und die Kategorienlehre. Zu dieser Kategorienlehre schrieb der Platoniker Porphyrios (ca. 233 bis 304) eine Einleitung, in der er Platonismus und Aristotelismus zu versöhnen trachtete, in der er seine drei Fragestellungen behandelte, die zum Ausgangspunkt eines philosophischen Streits wurden, der die Philosophen des Mittelalters stark beschäftigt hat und der auch bis heute noch nicht zur Ruhe gekommen ist: *der mittelalterliche Universalienstreit.*[209] Mit einer *Universalie* wird schlicht eine allgemeine Größe gemeint.

Porphyrios stellte seine Fragen nach den Existenzformen der Begriffe der Gattungen und Arten, wie Aristoteles sie in seiner Kategorienschrift eingeführt hat:

1. Sind Gattungen und Arten Substanzen oder existieren sie nur in Gedanken?
2. Existieren die Gattungen und Arten körperlich oder unkörperlich?
3. Sind die Gattungen und Arten gesondert von den wahrnehmbaren Objekten existent oder existieren sie nur in diesen Objekten?

Diese Fragestellung kam vor allem deshalb zustande, weil es für Platon für jede Art, wie etwa die der Hunde oder die der Pferde etc., eine Idee gab, und diese Ideen sollten sogar das Reale, das wahre Sein darstellen. Sie Ideen existieren nach Platon ewig und unabhängig von der wahrnehmbaren Welt und sind am überhimmlischen Ort für die Vernunft etwa in der Präexistenz der Seele sichtbar. Auch für Aristoteles waren die Arten ewig, da mit ihnen das Wesen vom Seienden gegeben sei und dies mußte für Aristoteles ewig sein. Der Existenzform nach konnten die Formen, die das Wesen darstellen, aber nur an einem Einzelnen vorhanden sein. Für Aristoteles ließ sich also die Art nicht von den wahrnehmbaren Objekten loslösen.

Die erkenntnistheoretische Frage, wie der Mensch zur Kenntnis des Allgemeinen kommt, um diesem dann in Erkenntnissen einzelne Objekte zuordnen zu können, löste Platon durch seine Wiedererinnerungslehre. Aristoteles hingegen geht von einem induktiven Verfahren aus, das dem Menschen gestatten soll, von einzelnen wahrgenommenen Objekten auf das Allgemeine, d.h. ihr Wesen, zu schließen. Ein Baum wird für Platon als Baum erkannt, weil unsere Seele die Idee des Baumes in ihrer Präexistenz am überhimmlischen Ort schon einmal gesehen hat, für Aristoteles müssen wir das Wesen des Baumes erst erschließen. Wenn aber gesichert sein soll, daß die Menschen durch Induktionsschlüsse zu den gleichen Begriffen kommen, muß auch für Aristoteles das Wesen der Dinge eine vom menschlichen Denken unabhängige Existenz besitzen, damit die Induktion – wie ich es bereits andeutete – auf eine Identifikation hinausläuft, d.h., mit Hilfe der Formen, die in unserer ewigen Vernunft bereits vorhanden sind, finden wir aus der Menge der möglichen

---

209 Vgl. Porphyrius, Einleitung in die Kategorien, in: Aristoteles, *Kategorien – Lehre vom Satz (Organon I/II) – Porphyrius, Einleitung in die Kategorien*, übersetzt und mit einer Einleitung und erklärenden Anmerkungen versehen von Eugen Rolfes, Felix Meiner Verlag, Hamburg 1925, unveränderter Nachdruck 1974, S. 11–34.

induktiven Verallgemeinerungen die Allgemeinbegriffe heraus. Aristoteles hat für die Beschreibung diese induktiven Prozesses sogar das Substantiv der *Hypolepsis* erfunden.[210]

Damit rückt allerdings der aristotelische Wesensbegriff sehr in die Nähe von Platons Ideenvorstellung. Der platonischen Antwort auf die Fragen des Porphyrios, die auch als **Hyperrealismus** bezeichnet wird und die den Gattungen und Arten eine *selbständige substantielle Existenz* zuschreibt, steht der **Nominalismus** gegenüber, der die Gattungen und Arten als ein logisches Netzwerk, konstruiert vom menschlichen Verstand, ansieht, die also nur in mente, im Verstande, existieren, wobei diese Konstruktion allerdings durch die Wahrnehmung angeregt sein könne, etwa in Form eines Abstraktionsvorgangs, der aber eine typisch menschliche Leistung sei. Im Mittelalter vor dem Jahre 1000 hatte die platonische Denkweise die Oberhand, während danach der Nominalismus mehr an Boden gewinnt.

Remigius von Auxerre, der 908 gestorben ist, argumentiert noch platonistisch so: "da "Mensch" von allen individuellen Menschen ausgesagt werde, müßten sie alle eine ewige Substanz haben"[211]. Und fast 100 Jahre davor schrieb Fredegisius von Tours (gest. 834) einen "Brief über das Nichts und die Finsternis", in dem er u.a. die Behauptung aufstellt, es müsse etwas geben, das dem Wort "Nichts" entspreche", indem er das Wort „Nichts" als Kennzeichnung eines Begriffes versteht der ein existierendes Nichts umfaßt.[212] Vor allem verhalf Peter Abaelard, der 1076 in Le Palais Nantes geboren wurde, im 12. Jahrhundert dem Nominalismus zum Durchbruch, und zwar durch die Argumentation, daß ein und dasselbe Wesen (das etwa in Johannes und Thomas anwesend sei) nicht zugleich an verschiedenen Orten sein könne. In dieser Argumentation wird nicht mehr mit mythischen Substanzen gedacht, die wie Götter zugleich an verschiedenen Orten sein können. In dieser Form läßt sich der Nominalismus als ein Aristotelismus deuten, wobei man allerdings von einem gemäßigten Nominalismus sprechen sollte, der immerhin Allgemeinbegriffe annimmt, wenn auch nicht in res oder rebus (in den Sachen), sondern nur in mente, im Verstande.

Die verschiedenen Positionen im Universalienstreit möchte ich nun zusammenfassen. Ich halte eine Sprachregelung für angemessen, durch die grob zwischen Hyperrealismus und Nominalismus unterschieden wird, wobei es von beiden eine extreme und eine gemäßigte Form gibt:

---

210 Vgl. dazu die sehr geistreiche Dissertation von Werner Theobald, *Hypolepsis. Ein erkenntnistheoretischer Grundbegriff der Philosophie des Aristoteles*, Kiel 1994 oder ders. *Hypolepsis. Mythische Spuren bei Aristoteles*, Academia Verlag, Sankt Augustin 1999.

211 Diese Form der Zuordnung von Einzelnem zu etwas Allgemeinem findet sich auch in der Alltagssprache, z.B. wenn wir über die einzelnen Gegenstände unserer sichtbaren Wirklichkeit sprechen. Der sprachliche Ausdruck, mit dem wir Dinge kennzeichnen, hat stets einen allgemeinen Charakter, da dies die Bedingung dafür ist, daß wir mit einem endlichen Vokabular die Fülle der verschiedenen Dinge und Situationen beschreiben können. Die Möglichkeit von Wissenschaft ist mithin inzwischen auch in unserer Alltagssprache angelegt.

212 Diese Relativität der Begriffe Einzelnes und Allgemeines entstammt der Relativität der Begriffe des Ungeordneten und des Geordneten.

1. Hyperrealismus

1.a **extreme Form** des Platonismus (universalia ante res – Allgemeinbegriffe vor den Sachen),

1.b **gemäßigte Form** des ursprünglichen Aristotelismus (universalia in rebus – Allgemeinbegriffe in den Sachen).

2. Nominalismus

2.a **extreme Form** (nach Stegmüller): es gibt gar keine Universalbegriffe,

2.b **gemäßigte Form** des abgeleiteten Aristotelismus (universalia in mente – Allgemeinbegriffe im Verstand, post rem nach den Sachen).

Es versteht sich von selbst, daß in den beiden Formen des Hyperrealismus die Allgemeinbegriffe auch gedacht werden können, d.h. auch in mente sein können; die Verschiedenheit zum gemäßigten Nominalismus besteht nur in der Vorstellung über den Ursprung der Universalia. Ein Nominalist der gemäßigten Form wird sich allerdings auch darüber Gedanken machen müssen, wie der Geist zu den Universalbegriffen kommt, und dabei kann es geschehen, daß ein Übergang zur gemäßigten Form des Hyperrealismus unvermeidbar wird.

So ergeht es auch Wilhelm von Ockham (ca. 1285–1347), einem der bedeutendsten Vertreter des Nominalismus der gemäßigten Form, für den es absurd ist, Universalien als Substanzen außerhalb des Geistes anzunehmen. Etwas Existierendes kann für ihn nur ein individuelles oder singuläres (einzelnes) Ding sein. Die Nominalisten waren mit ihrem Hauptvertreter William von Ockham davon überzeugt, daß nur das Einzelne eine eigene Existenz besitze und daß das Allgemeine nur in mente, im Verstande anzutreffen sei und zwar in Form von Namen für bestimmte Klassenbildungen einzelner Dinge.

Durch den Nominalismus, der schließlich den Sieg im Universalienstreit errang, wurde die Möglichkeit ausgeschlossen, etwas Allgemeines wahrnehmen zu können. Damit war es zugleich unmöglich, eine Erkenntnis, die stets aus einer Zuordnung von etwas Einzelnem zu etwas Allgemeinem besteht, mit den Sinnen wahrzunehmen. Erkenntnisse konnten nur durch das Denken gewonnen werden. Da aber das Denken nur in einzelnen Menschen stattfinden kann, war der Sieg des Nominalismus damit zugleich ein weiterer Schritt in Richtung der Individualisierungsbewegung, den später vor allem Nietzsche im Aufkommen des wissenschaftlichen Denkens gesehen hat. Das wissenschaftliche Denken wurde in unserem heutigen Sinne tatsächlich durch die Nominalisten angestoßen, die den Keim für die Einsicht legten, daß alles wissenschaftliche Denken einen subjektiven Kern besitzt. Bis es aber zu dieser Einsicht kommen konnte, bedurfte es noch eines enormen Relativierungsschrittes, der durch Luthers Schriftprinzip eingeleitet wurde.

Für Ockham entsteht ein Universalbegriff "durch den Vergleich zwischen abstrahierenden Begriffen oder Akten des Wissens von Einzeldingen".[213] Wenn aber die Universalbegriffe durch Abstraktion vom intuitiven Wissen über Einzeldinge gebildet werden, so

---

213 Vgl. F.C. Copleston, *Geschichte der Philosophie im Mittelalter*, aus dem Englischen übertragen von Wilhelm Blum, Originaltitel „*A History of Medieval Philosophy*", Verlag Methuen

ist fraglich ob dieser geistige Vorgang als ein Erfinden oder nur als ein Finden verstanden werden kann. Ist es ein Finden der Universalbegriffe, dann müssen sie schon vorher vorhanden sein, und es ist damit wenigstens die gemäßigte hyperrealistische Position erreicht. Werden die Universalien durch den Abstraktionsvorgang des Geistes jedoch erfunden, so fragt sich, wieso wir zu gleichen Allgemeinbegriffen kommen, wenn wir etwa die Begriffe "Tier", "Pflanze", "Hund" oder "Mensch" nehmen.

Will man dies durch gleiche Abstraktionsmuster und gleiche Abstraktionsschritte erklären, die dem Menschen in seinem Geist vorgegeben sind, so gibt es offenbar mit diesen Abstraktionsschemata wiederum Allgemeinbegriffe, die den Menschen auszeichnen und mithin in der Sache Mensch (in rebus) angelegt wären. Auch in diesem Fall führte der gemäßigte Nominalismus von Wilhelm von Ockham schließlich doch wieder auf den gemäßigten Hyperrealismus.

Nun könnte man noch meinen, daß die Universalien gar nicht erworben werden, sondern daß diese von vornherein dem Geist mitgegeben sind. Dies würde aber bedeuten, daß die Allgemeinbegriffe Universalbegriffe sind, dann müssen sie schon vorher vorhanden sein, und es ist damit wenigstens die gemäßigte hyperrealistische Position erreicht. Wenn die Universalien unabhängig von den Dingen, also ante res, vorhanden sind, dann würde und in dieser Interpretation der gemäßigte Nominalismus sogar auf den Platonismus zurückführen und damit hätte der Hauptvertreter des Nominalismus im Spätmittelalter dem Hyperrealismus wieder Tür und Tor geöffnet.

Wilhelm von Ockham hat jedoch die Frage, wie die Universalien in den menschlichen Geist kommen, nicht systematisch untersucht, und so kannte er diese Interpretationsschwierigkeiten nicht. Aber gerade diese Deutungsproblematik des gemäßigten Nominalismus war die Ausgangsfragestellung der drei erkenntnistheoretischen Hauptrichtungen des Rationalismus, des Empirismus und des Konstruktivismus, die bis heute die philosophische Landschaft gliedern, und nur insofern kann Ockhams Nominalismus ein mittelalterlicher Etappensieg im Universalienstreit zuerkannt werden; denn die Fragen des Porphyrios sind insbesondere in der philosophischen Grundlegung der Mathematik bis heute nicht ausdiskutiert.

Dennoch läßt sich festhalten, daß der Nominalismus Wilhelm von Ockhams das Werden der Wissenschaft in der Hinsicht vorangetrieben hat, daß durch ihn das für das Betreiben von Wissenschaft unerläßliche Individualitätsbewußtsein in seiner Entwicklung mächtigen Auftrieb bekam, wodurch die damals wie heute meist politisch bedingten Bestrebungen zur Ausbildung und zum Erhalt von Unterwürfigkeitsbewußtseinsformen nachhaltig zurückgedrängt wurden.

& Co Ltd., London 1972, deutsche Ausgabe bei H. Becksche Verlagsbuchhandlung, München 1976, S. 234.

4.5 Die Auswirkungen der Ergebnisse des Universalienstreits bis in unsere Zeit verfolgt

Als das wichtigste Ergebnis des mittelalterlichen Universalienstreites ist die Einsicht zu nennen, daß die Beantwortung der Fragen des Porphyrios von metaphysischen Positionen abhängt, die apriori zu treffen sind, so daß sich heute nicht abschließend entscheiden läßt, welcher der möglichen Antworten von einem neutralen Standpunkt aus gesehen der Vorzug zu geben ist, wenngleich eine jetzt tätige Forscherin oder ein Forscher aufgrund ihrer eigenen sinnstiftenden oder auch als religiös zu bezeichnenden Überzeugungen stets eine bestimmte Position in eigener Verantwortung vor der eigenen Wahrhaftigkeit einnehmen wird, so daß sie oder er eine definitive erkenntnistheoretische Grundlage für seine eigenen Forschungen besitzt. Es kommt darum heute keine Forscherin und kein Forscher darum herum, selbstverantwortlich eine sinnstiftende und damit eine religiöse Position für die Grundlegung der eigenen Wissenschaft einzunehmen, da wir inzwischen in einer Zeit leben, in der wir keine Diktatoren der Innenwelten mehr akzeptieren können, so daß jeder Einzelne nicht umhin kann, sein eigener Philosoph zu sein.

Dieser Feststellung liegt eine *subjektionale Festsetzung der grundsätzlichen erkenntnistheoretischen und damit nicht hintergehbaren Subjektivität aller Erkenntnisse* zugrunde, die ihren Anfang in den vor allem aristotelisch bestimmten Ergebnissen des mittelalterlichen Universalienstreits genommen hat und die sich über noch zu besprechenden Positionen in der erkenntnistheoretischen Entwicklung der Neuzeit bis hin zu Kant vollzogen hat. Nun ist aber ein Philosoph jemand, der selbständig philosophiert. Philosophieren bedeutet aber, gründlich nachzudenken, was heute jeder erwachsene Mensch können sollte, denn gründlich Nachdenken heißt, solange nachzudenken, bis man auf einen Grund stößt oder einen Grund für seine Handlungen findet. *Ein Grund ist etwas Stabiles*, worauf sich etwas aufbauen läßt, so daß das Aufgebaute nicht gleich wieder zusammenfällt, sondern eine genügend lange Existenzdauer besitzt. Dabei handelt es sich um Gedankengebäude, die auf die sinnlich wahrnehmbare Welt angewandt werden sollen. Damit dies aber möglich ist, müssen wenigstens intuitiv *objektionale Festsetzungen der gleichbleibenden Strukturiertheit der Sinnenwelt* von der Art getroffen werden, daß deren Strukturen wenigstens annäherungsweise von den Gedankengebäuden der philosophierenden Menschen beschrieben werden können. Und auch dazu geht vom mittelalterlichen Nominalismus des Engländers William von Ockham die empiristische Anregung zu der intuitiv getroffenen objektionalen Festsetzung aus, daß das in der Sinnenwelt Gegebene stets etwas Einzelnes ist, das wir mit Hilfe von Begriffen unseres Verstandes zusammenfassen, unterscheiden und ordnen können.

Dadurch aber ist die Vorstellung ins Hintertreffen geraten, daß wir in der Erscheinungswelt sehr wohl auch etwas Allgemeines wahrnehmen können, etwa wenn wir im Herbst unter einem Apfelbaum stehen und bemerken, daß all die Äpfel, die unter dem Baum liegen von dem Apfelbaum stammen, unter dem wir stehen, so daß wir schlicht feststellen, daß der Apfelbaum das Allgemeine ist zu den einzelnen Äpfeln, die unter ihm liegen, weil schon nach Aristoteles das Allgemeine dasjenige ist, was vielem gemeinsam zukommt, so wie die Äpfel das gemeinsam haben, alle von diesem Baum zu stammen. Wir können also in vielfältigen Hinsichten unter Einsatz unseres Verstandes etwas **Allgemeines** wahrnehmen. Diese Einsicht ist besonders wichtig für alle Wissenschaften vom Leben; denn die in ihnen vorhandenen und tätigen Überlebensfunktionen können und müssen als Allgemeines bezüglich ihrer einzelnen Aktionen wahrgenommen werden, um den Fortgang der spezifischen Lebenswissenschaften vorantreiben zu können, auch wenn es nur ein Allgemeines im Rahmen von Systemgesetzen darstellt, nach denen die Organismen funktionieren.

Die fatalen Folgen des angloamerikanischen Empirismus, die sich for allem in einem Anti-Kantianismus äußerten, wie wir ihn immernoch bei vielen Vertretern der Analytischen Philosophie wie etwa bei dem hochgelobten Logiker Willard van Orman Quine finden, sind auf den nominalistischen Ausgang des mittelalterlichen Universalienstreits zurückzuführen, aber gewiß auch die schon damals intuitiv tief sitzende Grundüberzeugung, daß die gesamte Welt von gleichen und gleichbleibenden Naturgesetzen regiert wird, die wir aber nur sehr allmählich und mühevoll auf dem empiristischen Wege zu erkennen vermögen. Auch dies ist eine weitreichende aber noch gänzlich unbewußt getroffene objektionale Festsetzung, die der bedeutende Kieler Astrophysiker Albrecht Unsöld in seinem Evolutionsbuch, in dem er die kosmische, die biologische und auch schon die Bewußtseinsevolution behandelt, für die geistige Situation der Zeit des im 16. Jahrhundert zu Ende gehenden mittelalterlichen Universalienstreits mit folgenden Worten beschreibt:

> „Die gesamte Welt, der Kosmos, die Erde und die Lebewesen bestehen aus wesentlich derselben Art von Materie. Diese ist überall und immer denselben Naturgesetzen unterworfen."[214]

Damit ist die Anfangssituation des Werdens der Wissenschaft in der Neuzeit beschrieben, das aber erst im einzelnen zu thematisieren ist, wenn im nächsten Abschnitt auf eine erstaunliche und oft übersehene Episode sehr bemerkenswerter wissenschaftlicher Leistungen muslimischer Gelehrter in der mittelalterlichen Entwicklungsphase des Islam etwas eingehender beschrieben worden ist.

---

214 Vgl. Albrecht Unsöld, *Evolution kosmischer, biologischer und geistiger Strukturen*, 2.Auflage, Wissenschaftliche Verlagsgesellschaft mbH, Stuttgart 1983, S. 93.

Kulturelles und wissenschaftliches Aufblühen im frühen Islam als erste Renaissance der griechischen Antike

Die wissenschaftliche Friedhofszeit im frühen Christentum, war wie eine Einladung an die muslimischen Gelehrten, die durch den christlichen Absolutismus entstandene wissenschaftliche Leere in Europa auszufüllen; denn das Aufkommen des Islam startet im 7. Jahrhundert, ein Jahrhundert nachdem die letzten bedeutenden römischen Philosophen noch gewirkt hatten. Mit der Hedschra begann im September 622 der Beginn der islamischen Zeitrechnung und auch die militärische Expansion, die den Islam schon zu Beginn des 8. Jahrhunderts bis nach Spanien und Südfrankreich führte. Das Besondere daran aber war, daß sie auf den Kamelrücken tausende von wertvollen antiken Werken auch von Aristoteles und Platon mitbrachten, mit denen sich islamische Gelehrte befaßten und die damit eine erste Renaissance der griechischen Antike herbeiführten.[215]

Es ist zweifellos eine gar nicht hoch genug einzuschätzende Rettungstat der geistigen Schätze des antiken Griechenlands und Italiens, die wir dem frühen militanten Islam zu verdanken haben, der eine eroberte Stadt dann von der Zerstörung ausnahm, wenn der Rat der Stadt ihnen die Bibliothek der Stadt überließ, die dann auf den Kamelrücken in die islamischen Zentren wie etwa in Cordoba in Spanien gebracht wurden. Es waren vor allem die Schriften von Platon und Aristoteles, die dadurch dem christlichen Vernichtungswillen entzogen und welche von den islamischen Gelehrten studiert wurden. Dadurch ist vor allem die griechische Philosophie von ungezählten muslimischen Gelehrten in dem großen islamischen Einflußbereich Europas wieder bekannt gemacht worden. An dieser Stelle

---

215 Nähere Ausführungen zu der im frühen Islam ausgebrochenen Bücher- und Lernbegeisterung finden sich besonders in dem vielfach ausgezeichneten Werk von Sigrid Hunke *Allahs Sonne über dem Abendland – Unser arabisches Erbe*, Fischer Taschenbuchverlag GmbH, Frankfurt am Main, Stuttgart 1960, vgl. etwa die Seiten 192ff.

© Springer Fachmedien Wiesbaden GmbH, ein Teil von Springer Nature 2019
W. Deppert, *Theorie der Wissenschaft*,
https://doi.org/10.1007/978-3-658-14043-4_6

können nur ganz wenige der wichtigsten Universalgelehrten, Mathematiker, Astronomen, Mediziner und auch Dichter genannt werden, wobei sie alle auch Philosophen waren und außerdem weit über ihr Fachgebiet hinaus gut in den Wissenschaften Bescheid wußten:

1. Universalgelehrte: Ibn Firnas (~810 – ~888),

    Thabit ibn Qurra (836–901),

    Abū Nasr Muhammad al-Fārābī (~872–950),

    Alhazen im arabischen Raum Ibn al-Heithem oder Ibn al Haytam (965–1039) genannt, der vor allem die Optik aus den griechischen Quellen so weit zusammenfaßte, daß er die Brennpunkte von Hohlspiegeln berechnen und sogar das optische Funktionieren der Augen erklären konnte[216],

    al-Biruni (4.9.973–9.12.1048),

2. Mathematiker: Ibn Musa al-Chwarizmi (~780–~845),

    Nasir ad-Din at-Tusi (1201–1274),

3. Mediziner: Abū Bakr Muhammad ibn Zakarīyā ar-Rāzī (~850–925) in Europa Rhases genannt,

    Abulcasis oder Abu l-Qasim Chalaf ibn al-Abbas az-Zahrawi (936–1013) genannt,

    Avicenna oder Ibn Sina (980–1037), der das in Europa über Jahrhunderte anerkannte Lehrbuch der Medizin geschrieben hat.

4. Mathematiker
   und Astronomen: Al-Battani (~860–929) führte von den Indern die Ziffern, die Null, von den Arabern die vier Winkelfunktionen ein und bewies den Sinussatz,

5. Mediziner und
   Botaniker: Abu Muhammad ibn al-Baitar (1197–1248).

Diese kleine Auswahl von islamischen Gelehrten des Mittelalters kann nur einen sehr minimalen Eindruck von der bislang immer noch kaum erforschten wahrhaft übergroßen Menge von mittelalterlicher muslimischer Gelehrsamkeit in den islamischen Einflußgebieten wiedergeben, die wesentlich auch dadurch entstehen konnte, weil dieses Einflußgebiet weitgehend mit dem Riesenreich, das im Osten durch die Eroberungszüge des mazedonischen Königs Alexanders des Großen entstanden war, übereinstimmte. Nun war der junge Alexander von Aristoteles erzogen und mit der antiken griechischen Philosophie vertraut gemacht worden, so daß der spätere Alexander der Große auch für die Verbreitung der entsprechenden Schriften insbesondere der aristotelischen in seinem Riesenreich Sorge getragen hat, so daß auch der in Usbekistan nahe Buchara geborene Avicenna dort die Schriften des Aristoteles sogar im Selbststudium erarbeiten konnte.

---

216 Vgl. E. J. Dijksterhuis, *Die Mechanisierung des Weltbildes*, Springer Verlag, Berlin, Heidelberg, New York 1983. S. 124.

Obwohl an dem hohen Niveau der mittelalterlichen muslimischen Gelehrsamkeit nicht zu zweifeln ist, so ist durch sie an den durch die Griechen und Römer gelegten Grundlagen der erkenntnis-theoretischen Konzepte zum Werden der Wissenschaft wohl nichts geändert worden. Es gab aber in vielen Gebieten, in denen sich die menschliche Erkenntnisfähigkeit entwickeln kann, vor allem auf den Gebieten der Mathematik, der Physik, der Astronomie, der Biologie und insbesondere auch in der Medizin einen – wie Thomas S. Kuhn heute sagen würde, *normalwissenschaftlichen Fortschritt*[217]. So konstruierte al-Biruni den ersten *Pyknometer* zu Bestimmung der Dichte und Wichte verschiedenster Materialien oder er übersetzte griechische oder arabische Werke ins indische Sanskrit, was durchaus auch einen normalwissenschaftlichen Fortschritt im indischen Sprachraum ergab. Überhaupt haben sich die muslimischen Gelehrten allergrößte Verdienste in ihrer Übersetzungstätigkeit von antiken Schriften erworben. Aber auch in den praktischen Wissenschaften wurde erheblicher normalwissenschaftlicher Fortschritt erzielt, so trieb Abulcasis (936–1013) den Fortschritt in der Chirurgie so weit, daß man ihn als den *Vater der europäischen Chirurgie* bezeichnet hat.

Als besonders herausragendes Beispiel für eine Fülle von normalwissenschaftlichen Fortschritten, gerade auch in der Medizin, sei Avicenna (980–1037) genannt, der bei den Arabern Ibn Sina heißt. Er galt schon früh als Wunderkind, da er schon im Alter von nur 10 Jahren, nach eigenen Angaben „den Koran und viel von der schönen Literatur beherrschte"[218]. Sein medizinisches Hauptwerk besteht aus fünf Büchern, in denen (1) die allgemeinen Prinzipien der Medizin, (2) die Arzneimittel und ihre Wirkungen, (3) die besonderen Krankheiten der Organe, (4) die Krankheiten des ganzen Körpers und mögliche chirurgische Eingriffes und (5) die Herstellung von Arzneimitteln behandelt werden. Dieses umfassende Lehrwerk der Medizin wurde bis ins 17. Jahrhundert hinein an allen europäischen Universitäten benutzt. Welch eine geradezu wegweisende medizinische Leistung durch einen mittelalterlichen muslimischen Arzt![219]

217 Vgl. Thomas S. Kuhn, *The Structure of Scientific Re*volutions, Chicago 1962 oder in der Übersetzung von Kurt Simon *Die Struktur wissenschaftlicher Revolutionen*, Suhrkamp Verlag, Frankfurt/Main 1973.

218 Vgl. Gotthard Strohmaier, *Avicenna*, becksche reihe denker, 2. Auflage, München 2006, S. 18.

219 Über dieses in seiner Entstehung kaum begreifbare fachlich so hervorragende medizin-historische Dokument der fünf Bücher des Canons von Avicenna mögen hier einige Mediziner des 20. Jahrhunderts zu Worte kommen. Der Sexualforscher Eberhard Kirsch zitiert in seinem Werk *Avicennas Lehren von der Sexualmedizin* (Edition Avicenna, München 2005) im einleitenden Abschnitt über „die Bedeutung Avicennas in der abendländischen Medizin" die Kollegen E. H. Hoops, J. Hirschberg und J. Lippert mit folgenden Sätzen über den Canon Avicennas: „*H. Hoops nennt den Canon die Grundlage der abendländischen Medizin bis in das frühe 18. Jahrhundert, und J. Hirschberg und J. Lippert halten ihn für ein durch Ordnung und Genauigkeit ausgezeichnetes, vollständiges Lehrgebäude der gesamten Heilkunde, einschließlich der Chirurgie, fast ohne Gleichen.*" Vgl. E.H. Hoops, Über die Sexualbiologie und -pathologie des Mannes. Eine medizinhistorische Studie über den arabischen Arzt Avicenna. Aus: >>Der Hautarzt<< 3: 420–423, Sept.

Fragt man sich, wie es möglich gewesen ist, daß „die islamische Welt nach einer Zeit geistiger und materieller Blüte in eine Periode der Stagnation hineingeraten ist",[220] so gibt es auf diese gerade heute im Jahre 2016 besonders aktuelle Fragestellung noch keine befriedigende Antwort. Auch Prof. Dr. Strohmaier findet auf diese Frage keine überzeugende Antwort. Darum ist nun zu versuchen mit Hilfe der Bewußtseinsgenetik eine wenigstens plausible Antwort zu finden. Danach scheint der Grund für die kulturelle Stagnation im grundsätzlichen Verständnis des Islam selbst zu liegen, das erst mit der Zeit immer deutlicher von den geistigen Führern des Islam herausgearbeitet und sich bis heute zum Teil sogar zu einem fundamentalistischen Islam-Verständnis entwickelt hat.

Diese Entwicklung nimmt bereits ihren Anfang in der ursprünglichen Bedeutung des reinen Wortes 'Islam', das dem arabischen Verb 'aslama' entstammt, welches die Bedeutung von 'sich ergeben' oder 'sich hingeben' besitzt. Die Substantivierung des Verbs 'aslama' in Form des Wortes 'Islam' bedeutet demnach 'Unterwerfung' oder 'völlige Hingabe', und das Wort 'muslim' ist die Substantivierung des Partizips von 'aslama' und bedeutet diejenige oder denjenigen, die oder der sich unterworfen hat. Die Muslime haben schon nach der heiligen Schrift des Koran ihre Unterwürfigkeit in täglichen rituellen Gebeten zu bezeugen, einerlei, ob diese Gebetsrituale nach dem Betreten einer Moschee zu Hause oder an anderen Orten vollzogen werden. Wieviele tägliche Gebete der Koran ursprünglich vorgeschrieben hat, ist selbst für Gelehrten unserer Zeit noch unklar. Seit langem aber gilt bis heute unter den Muslimen die Regel, daß täglich fünf Gebete zu verrichten sind, die sich in ihrer Terminierung nach dem Sonnenstand zu richten haben. Die Reihenfolge der Körperhaltungen sieht immer eine die innere Unterwürfigkeitshaltung demonstrierende äußere Körperhaltung vor, in der die betende Person ihre Stirn auf den Boden legt. Diese Rituale werden von klein auf auch von Kindern eingeübt und werden für alle erwachsenen Muslime bis ins Greisenalter hinein zur heiligen täglichen Pflicht.

In welchen Zeiträumen sich diese Traditionen entwickelt haben, mit denen der Tagesablauf der Muslime durch vorgeschriebene Gebetsformen bestimmt wird, ist noch ein weitgehend offenes Forschungsfeld. Eines aber scheint klar zu sein, daß in der Zeit der mittelalterlichen islamischen Hochkultur die muslimischen Gelehrten in ihrer Entwicklung zu individualistischen Bewußtseinsformen wie sie in den Schriften der griechischen Philosophen und besonders bei Aristoteles nachzuweisen sind, noch gar nicht durch die Forderung zur Einhaltung von Gebetsritualen eingeschränkt waren, sonst wären sie intellektuell gar nicht in der Lage gewesen, die Inhalte der antiken philosophischen oder mathematischen Texte zu begreifen oder gar weiter zu denken, wie es aber besonders die persischen Mathematiker, Astronomen und Mediziner getan haben. Nun hat sich mit diesen knappen Untersuchungen über die Entwicklung der Bewußtseinsformen bis hin zu solchen Formen, die begriffliches Denken möglich machen, deutlich gezeigt, daß in diesen Be-

---

1952 und ders. in >>Der Hautarzt<< 4: 225–227, Mai 1953, Hirschberg, J. Und Lippert, J.: Die Augenheilkunde des Ibn Sina, aus dem Arabischen übersetzt, Leipzig 1902.

220 Vgl. Gotthard Strohmaier, *Avicenna*, 2. überarbeitete Auflage im C.H. Beck Verlag München 2006, S. 11.

wußtseinsformen das mythische Unterwürfigkeitsbewußtsein überformt und im wachen Bewußtsein ganz überwunden sein muß. Zu diesen Bewußtseinsformen haben sich die frühen islamischen Gelehrten vermutlich sogar durch die islamische Aufbruchstimmung zu mehr und mehr Wissen im ersten Islamverständnis hin entwickelt, so daß ihnen ihr islamisches Pflichtgefühl, sich möglichst viel vom Wissen der antiken Welt anzueignen[221], in ihnen Bewußtseinsformen entstehen ließ, durch die sie in der Lage waren, begrifflich zu denken und ein Individualitätsbewußtsein aufzubauen. Die damit verbundene relativistische Weltsicht, wie sie schon in Sokrates lebendig wurde, stand dann allerdings in krassem Gegensatz zum absolutistischen Geist des Koran[222], so daß mit dem Aufblühen der islamischen Kultur besonders durch die Weiterentwicklung des aristotelischen Denkens bei Averroes und Avicenna Rückwendungsbestrebungen zu mehr Sicherheit, als sie das relativistische aristotelische Begriffsdenken bieten kann, eingetreten sein mögen, wie sie hier bereits in der Darstellung der geistigen Entwicklung Platons als eine Rückwendung zu mythischen Denkformen beschrieben worden sind, die offensichtlich auch im Islam mit der Einführung der täglich zu verrichtenden strengen Gebetsrituale stattgefunden hat.

Das mit den mythischen Denkformen notwendig verbundene Unterwürfigkeitsbewußtsein hat in der Bewußtseinsbildung der Muslime mit der Einführung der täglich aufs Genaueste einzuhaltenden Gebetsrituale eine unbewegliche Starre der Unveränderlichkeit angenommen, zumal die Gebetsformen die Funktion von Unterwürfigkeits-Ritualen besitzen, so daß eine natürliche Weiterentwicklung der Bewußtseinsformen zu solchen neuronalen Verschaltungen unmöglich wird, welche eine Entwicklung zu Individualitätsbewußtseinsformen überhaupt erst erlaubt. Diese Entwicklung ist aber die Voraussetzung für die Entfaltung von Kultur in einem Volk und insbesondere für jeglichen Fortschritt in den Wissenschaften. Und so ist es begreiflich, warum im Islam bis heute evolutionäre Wissenschaften in der Biologie oder in der Gehirnforschung nicht stattfinden, weil das dazu nötige Bewußtsein nicht ausgebildet ist. Schon das Wissen, daß die Menschen in ihren mythischen Denkformen aller mythischen Kulturen der Menschheitsentwicklung, stets davon überzeugt waren, daß die Gedanken, die sie in ihrem Denken vorfinden, nicht von ihnen selbst stammen, sondern daß es Mitteilungen von Gottheiten sind, die sie zu beachten haben. Und da das Denken in der Zeit und in dem Land, in dem Mohammed aufwuchs, noch wesentlich durch mythische Denkformen bestimmt war, so hat auch er seine Gedanken als Mitteilungen seines Gottes Allah verstanden und sie aufgeschrieben, wodurch der Koran entstanden ist. Der Stil, mit dem er seine Gedanken im Koran zu Papier gebracht hat, zeugt davon, daß es seine Gedanken sind, die er nun im Auftrag Allahs den Menschen mitzuteilen hat, weil Allah seine Gedankenquelle ist. Allah selbst kommt in

---

221 Vgl. dazu noch einmal Sigrid Hunkes *Allahs Sonne über dem Abendland – Unser arabisches Erbe*, Fischer Taschenbuchverlag GmbH, Frankfurt am Main, Stuttgart 1960, die darin in ihrem 5. Kapitel einen ganzen Abschnitt mit dem islamischen Zitat überschreibt „Wer nach Wissen strebt, betet Gott an", S. 188ff.

222 Vgl. etwa Der Koran. Das heilige Buch des Islam, nach der Übertragung von Ludwig Ullmann neu bearbeitet und erläutert von W.-Winter, Wilhelm Goldmann Verlag, München 1959.

den Suren ja nicht zu Worte, sondern Mohammed macht sich zu seinem Sprecher, denn es sind Mohammeds Gedanken, die er von der ersten Sure an bis zur letzten weiterreicht. Tatsächlich wissen wir bis heute nicht, woher unsere Gedanken kommen, wenn wir einen Einfall haben. Das Wort 'Einfall' weist sogar darauf hin, daß wir die Gedanken, die uns einfallen, etwa so wie Enten verstehen können, die in einen Teich einfallen, von denen man auch nicht weiß, woher sie kommen. Im Vergleich zu der platonischen Umwendungs-these, läßt sich mit der Umwendung zu mythischen Denkformen nur Sicherheit erreichen, wenn die Quelle der Gedanken ein absoluter Gott ist, wie es Mohammed geglaubt hat und wovon bis heute die Muslime zutiefst überzeugt sind.

Demnach scheint es plausibel zu sein, daß das **weltgeschichtliche Drama** der Über-windung des Relativismus durch Absolutismus, das in der Auseinandersetzung Platons mit seinem Lehrer Sokrates begann und für viele Diktatoren der Weltgeschichte vorbildhaft wurde, noch einmal in viel längeren Zeiträumen zwischen den verschiedenen Varianten des Aristotelismus bis hin zum Nominalismus auf der einen Seite und dem islamischen Absolutismus auf der anderen Seite zu Beginn der Neuzeit fortgeführt wurde, die „Periode der Stagnation" einläutete und in jüngster Zeit sogar noch einmal – aber nicht so fröhliche Urständ feiert.

Das Wundern über die zum Ende des Mittelalters beginnende kulturelle Stagnation in den islamischen Gebieten ist verbunden mit dem Wundern über das Musikverbot im Islam. Auch dies läßt sich nur mit einem gewissem interpretativen Zwang auf den Koran zurückführen.[223] Aber die Praktizierung des Musikverbots scheint in der gleichen Zeit begonnen zu haben, in der die kulturelle Stagnation in den islamischen Gebieten ange-fangen hat. Dieser Zusammenhang ist ebenfalls aus einer bewußtseins-genetischen Sicht verständlich; denn die Musik ist die abstrakteste Kunst und schult darum das abstrakte Denkvermögen. Sie wurde darum auch in Europa vor allem in der Barockzeit als reine Gefühlskunst mißverstanden, die lediglich Gefühle transportiere[224], was für islamische Prediger unheimlich war, die lediglich das Wort des Korans vermitteln wollten. Da aber die Musik durch ihre Abstraktheit die komplexen abstrakten Denkvorgänge trainiert und damit vor allem das intellektuelle und kreative Denkvermögen, fand in den künftigen Generationen seit dem Musikverbot die gehirnphysiologische Entwicklung zu abstrakter Denkfähigkeit im Islam nicht mehr statt. Es ist aber mannigfaltig verbürgt, daß in der Zeit

---

223 Der indische Großmogul Aurangzeb (1618–1707) spielte da eine besonders traurige Rolle, in-dem er Musik an seinem Hof verbot. Vgl. Stephan Conermann: *Das Mogulreich. Geschich-te und Kultur des muslimischen Indien*. Beck'sche Reihe 2403, C.H. Beck Verlag, München 2006.

224 Vgl. dazu Eduard Hanslick, *Vom Musikalisch-Schönen. Ein Beitrag zur Revision der Ton-kunst*, 4. Aufl., J.A.Barth Verlag, Leipzig 1874. Hanslick stellt darin dar, daß wir in der Mu-sik mit musikalischen Gedanken denken können. Damit widerlegt Hanslick bereits den viel späteren Wittgenstein, der in seinen *Philosophischen Untersuchungen* meint, man könne nur im Rahmen der Sprechsprache denken. Daß gerade besondere Denkleistungen von Menschen hervorgebracht worden sind, die im musikalischen Denken geübt waren, ist eine längst bestä-tigte Tatsache.

der kulturellen Blüte des Islam im Mittelalter, von der islamischen gelehrten Welt ganz enorme musikalische Aktivitäten ausgegangen sind. Um nur einen kleinen Eindruck von der musikalischen Wirkmächtigkeit der frühen islamischen Welt zu vermitteln, möchte ich Sigrid Hunke aus ihrem Abschnitt „Tonkunst" des 7. Kapitels ihres eben genannten Buches „Allahs Sonne über dem Abendland" direkt zu Worte kommen lassen (S. 286):

„Der Philosoph al Farabi, der auch ein großer Musiktheoretiker war, hatte in der ersten Hälfte des 10. Jahrhunderts die Rabab und die Canun, die Vorläuferin unseres Klaviers, erfunden... .

Während noch die abendländischen Spielleute sich beim Stimmen ihrer Zithern und Harfen auf das Ohr verlassen mußten, lernte in Sirjabs Musikschule der Schüler auf dem Griffbrett der Lauten, Pandoren und Guitarren spielen, auf dem die Höhe der Töne nach genauen Messungen durch Bünde festgelegt war. Ein großer Vorteil, der die arabischen Musikinstrumente, besonders die Laute, im Abendland so beliebt machte.

Wahrscheinlich haben sie das Abendland auch zur Harmonik verführt. Vielleicht hat das gleichzeitige Anreißen oder Streichen mehrerer Saiten im Quart-, Quint- oder Oktavakkord den in allem zum Vertikalen neigenden Europäer zur harmonischen Musik angeregt, eine Versuchung, die das Arabertum seiner Veranlagung entsprechend nicht gefühlt hat. ...

Avicenna galt noch dem Engländer Walter Odington als musikalische Autorität ersten Ranges. Die Schriften Alfaribis zogen ununterbrochen sogar ins 17. Jahrhundert die Aufmerksamkeit der Musikwissenschaft auf sich. Von Avicenna und Alfarabi lernte das Abendland das Verhältnis 5:4 für die große und 6:5 für die kleine Terz. Sie nahmen der Terz den bisherigen Charakter der Dissonanz und machten sie zu der unserem Ohr gewohnten harmonischen Klangeinheit."

Und Frau Hunke hat darüber hinaus noch vieles über Musikinstrumente und über musikalische Formen zu berichten, die das europäische Abendland aus der Zeit der muslimischen Hochkultur von den muslimischen Persern und Arabern übernommen hat. Wenn die muslimischen Staaten allmählich wieder kulturell an die großen und bedeutenden Zeiten des Islam während der Zeit des europäischen Mittelalters anschließen möchten, dann wird dies nur durch eine versöhnliche Befreiungsbewegung in der islamischen Bevölkerung möglich sein, welche ihren heranwachsenden Nachkommen eine freie Entwicklung ihrer Bewußtseinsformen ermöglicht, und das bedeutet einen allmählichen Abschied von der muslimischen Gebetspflicht und das Pflegen der alten musikalischen Traditionen. Einen erstaunlich guten Ansatz haben dazu muslimisch geprägte Menschen in Florida 2007 in St. Petersburg/Florida mit ihrer „The St. Petersburg Declaration" gewagt, an die in diesem Jahr in Form von 10-Jahresfeiern in Europa festlich angeknüpft werden könnte.

Erste Anläufe zum Werden der Wissenschaft zu Beginn der europäischen Neuzeit

6.0 Vorbemerkungen

Der Beginn der Neuzeit ist kein eindeutiges Datum. Die Geschichts- und Gesellschafts-wissenschaftler haben den Beginn der Neuzeit in den Übergang vom 15. zum 16. Jahr-hundert hineingelegt, da 1473 Kopernikus geboren wird, der das geozentrische mit dem heliozentrischen Weltbild ablöst, 1492 das markante Ereignis der Entdeckung Amerikas auf dem Wasserwege durch Columbus stattfindet und die Kugelgestalt der Erde endgültig bewiesen wird und schließlich im Jahre 1517 von Martin Luther die Reformation einge-läutet wird, welche nicht nur den Anfang für das Entstehen der evangelischen Kirche setzt, sondern ebenfalls den Anfang einer Neubesinnung in der katholischen Kirche. Gewiß liegt zeitlich vor der Neuzeit das Hochmittelalter, in dem sich die erste Renaissance der griechischen Kultur in den islamischen Gebieten abspielt, welche erhebliche Einflüsse auf die nicht islamischen Teile von Europa und Asien sowie auf Nordafrika ausübte. Da der Islam viel geistige Anregung der griechischen und römischen Antike entnahm, so konnte es nicht ausbleiben, daß das Christentum Kulturquellen auch für sich entdeckte und eben-so auszuschöpfen trachtete. Dadurch entstand die später sogenannte Scholastik, die heute stets mit wenigstens einem Naserümpfen verbunden ist, die aber dennoch den Weg in die Neuzeit gebahnt hat, wovon nun zu berichten ist.

© Springer Fachmedien Wiesbaden GmbH, ein Teil von Springer Nature 2019
W. Deppert, *Theorie der Wissenschaft*,
https://doi.org/10.1007/978-3-658-14043-4_7

6.1   Die ersten wissenschaftlichen Gehversuche in Europa: Die Scholastik

Wissenschaftliches Denken ist schon immer auch gemeinschaftliches Denken gewesen, und wenn die Gemeinschaftsfähigkeit der gemeinsamen wissenschaftlichen Sprache verloren zu gehen droht, dann ist die Wissenschaft selbst in höchster Existenznot, wie es der erste Präsident der Christian-Albrechts-Universität zu Kiel Prof. Dr. Gerhard Fouquet so eindrucksvoll dargestellt hat, so daß aus seiner Anregung eine Vorlesungsreihe entstand, deren zweite Vorlesung die Vorlage zu diesem 2. Band der Theorie der Wissenschaft „Das Werden der Wissenschaft" wurde. Für das Pflegen des gemeinschaftlichen Denkens wurden schon sehr früh aber vereinzelt und dennoch überall auf unserer Erde Räumlichkeiten geschaffen, die wir als Klöster bezeichnen. Auch sie stehen seit der Reformationszeit wegen ihrer autoritativen Strukturen in keinem guten Ruf. Sie spielen aber aus guten Gründen für das Werden der Wissenschaft in Europa eine maßgebliche Rolle, die nicht übergangen werden darf. Denn in den Klöstern wurden Sammlungen von antiken Schriften angelegt und beschützt aufbewahrt. Die so in den Klöstern entstandenen Bibliotheken waren nicht nur die Anregungsorte für gemeinschaftliche geistige Auseinandersetzungen, sondern auch die Pflegstätten der Schriftsprache, denn in den Lesesälen der Bibliotheken wurde das Gelesene abgeschrieben, wenn es bedeutsam erschien und neu Gedachtes dazu geschrieben, wenn das Gelesene zu neuen Gedanken angeregt hatte. Das Ordnen solcher Gedanken konnte man von den griechischen Philosophen lernen, etwa aus der Kategorienschrift von Aristoteles oder allgemeiner aus seinem Lehrwerk, das er das *Organon* nannte. Und wenn man diese gedanklichen Ordnungsverfahren und insbesondere auch die aristotelische Syllogistik auf die heiligen Schriften der christlichen Theologie, die ebenso in den Klöstern aufbewahrt wurden, in aller Gemütsruhe anwandte, sprach man von scholastischem Arbeiten; denn das altgriechische Wort σχολή bedeutet Muße und das Wort 'σχολαστικός' (gesprochen: *scholastikós*) wurde verstanden als '*seine Muße den Wissenschaften widmend*'. Da freilich die Anwendung der Logik auf einen Text, grundsätzlich keine neuen Erkenntnisse zu Tage fördern kann, haben viele der in der Scholastik geschriebenen Texte keinerlei Erkenntniswert, so daß sie auch als reine Sophisterei verspottet wurden. Dennoch gehören zu den Scholastikern sehr bedeutende christliche und jüdische Gelehrte, welche tatsächlich das „neue Denken" der Neuzeit mit auf den Weg gebracht haben.

Wenn im Folgenden nun 12 Namen von bedeutenden Scholastikern genannt werden, dann ist dies nur eine sehr kleine Zahl von den ungezählten vielen wichtigen Mitdenkern, die am Übergang vom Hochmittelalter zur Neuzeit stehen[225]:

---

225 Viele lesenswerte Nachweise der Leistungen der Scholastiker finden sich im Geschichtswerk von F. C. Copleston, *Geschichte der Philosophie im Mittelalter*, C.H.Beck Verlag, München 1976 und im Wissenschaftsgeschichtswerk von E. J. Dijksterhuis, *Die Mechanisierung des Weltbildes*, Springer Verlag, Berlin, Heidelberg, New York 1983.

Johannes Scottus Eriugena (im 9. Jahrhundert), der erste pantheistische Gedanken vorweg nahm,

Anselm von Canterbury (1033–1109) der Erfinder der Gottesbeweise gilt als Vater der Scholastik,

Peter Abaelardus (1079–1142), der am Universalienstreit in Richtung des Nominalismus persönlich sogar sehr leidvoll beteiligt war,

Albertus Magnus (~1200–1280), der ein sehr sorgfältiger Aristoteles-Interpret war aber mehr noch

Thomas von Aquin (~1225–1274), der den Aristotelismus im katholischen Christentum bis heute lebendig machte,

Meister Eckart (1260–1328), für den das Göttliche in jeder Seele existierte,

Johannes Duns Scotus (~1266–1308), der in der Schwere bereits eine bewegende Kraft erkennt.

William von Ockham (ca. 1285–1347) bekannt durch sein Rasiermesser, durch welches allzu Scholastisches abrasiert wird, hat den Universalienstreit mit dem Nominalismus beendet,

Johannes Buridanus (~1300–1358) entwickelt die Impetuslehre zum Vorläufer des Impulsbegriffs und von dem die Geschichte vom buridanischen Esel erzählt wird,

Nikolaus von Autrecourt (~1300–1369), der den Satz vom verbotenen Widerspruch als das einzige erkenntnisleitende Prinzip anerkennt und Anhänger der Atomlehre des Demokrit ist,

Nikolaus von Oresme (1330–1382), von dessen mathematischen und graphischen Methoden noch zu berichten ist,

Richard Swineshead (etwa gelebt zwischen 1315 und 1380), dessen Lebensdaten hier erfunden wurden, von dem aber ganz hervorragende Einsichten in Logik und Mathematik stammen.

Wesentlich durch die Aristoteles-Interpretationen von Albertus Magnus und von Thomas von Aquin wurde in der Scholastik eine ausgefeilte Erkenntnis-Methodik entwickelt, welche in den Schulen der Klöster und Mönchsorden gelehrt wurde, so daß schon ein scholastisches Schulwesen entstand und mit ihm das Bedürfnis, die in den Klöstern entwickelten scholastischen Denkmethoden öffentlich bekannt zu machen. Die ersten Universitäten wurden gegründet, in denen anfangs nur Theologie betrieben wurde. In den Jahren von 1100 bis 1500 ist es im europäischen Kulturraum zu 55 Universitätsgründungen gekommen, was vielleicht das deutlichste Anzeichen für den Beginn der Neuzeit darstellt; denn an den Universitäten wurden das Wissen und die erkenntnistheoretischen Erfahrungen entwickelt und weitergereicht, welche das Werden der Wissenschaft bewirkten.

6.1.1   Zum methodischen Vorgehen der Scholastiker

Das scholastische durch Aristoteles inspirierte methodische Vorgehen zum Gewinnen von Erkenntnissen war bestimmt durch die Annahme eines für wahr gehaltenen Obersatzes, um aus ihm einzelne Aussagen zu deduzieren; denn die Deduktion galt für die Scholastiker als das logisch sicherste Mittel zum Gewinnen von wahren Sätzen. Diese Sicht läßt sich nicht bestreiten, nur ist – wie bereits erwähnt – hinzuzufügen, daß die Wahrheit der durch logische Deduktion abgeleiteten Sätze von der Wahrheit des Obersatzes ererbt ist, und daß durch Deduktion kein neues Wissen erworben werden kann, weil aus dem Obersatz nur das deduziert werden kann, was in ihm bereits enthalten war. Der bei den Scholastikern durchaus mögliche Fortschritt liegt darum nur in einem gesteigerten Einsichtsvermögen, durch das die Scholastiker ihre Obersätze gewinnen, verändern und weiterentwickeln. Denn auch in ihnen vollzieht sich die kulturelle Evolution, die – so wie die biologische Evolution – Optimierungen der Gedankengebäude in bezug auf ihre Überlebensstabilität hervorbringt.

Und dadurch ist zu verstehen, daß der Scholastik – trotz aller berechtigten späteren Kritik wegen ihrer strikten Anbindung an katholische Glaubensautoritäten – das Verdienst zuzurechnen ist, mit ihren Versuchen, die Theologie des katholischen Christentums mit Hilfe der erkenntnistheoretischen Ansätze der griechischen Philosophen zu rechtfertigen – zuerst mit denjenigen von Platon und danach in verstärktem Maße von Aristoteles vor allem durch Thomas von Aquin – mit wissenschaftlichen Denkmethoden den Übergang vom Hochmittelalter in die Neuzeit betrieben zu haben.

6.1.2   Zur inhaltlichen Problemlage in der Scholastik

Mit der kategorialen Unterscheidung des Aristoteles von Qualitäten und Quantitäten verband sich sehr schnell die Frage nach der Beschreibung und Begründung ihrer möglichen Veränderungen, wobei ein wesentlicher Unterschied zwischen dem Zu- oder Abnehmen von qualitativen und quantitativen Bestimmungen zu beachten ist. Wie ist da z.B. die Veränderung der Intensität einer Qualität zu verstehen, wie die der Wärme, der Bewegung, der Schwere oder auch der Helligkeit oder auch beim Menschen die Qualität der Weisheit. Die quantitative Vermehrung der Objekte bewirkt im Allgemeinen nicht die Veränderung ihrer Qualitäten, so steigert die Zusammenfügung von gleich warmen Körpern keine zusätzliche Erwärmung, so wie dies etwa bei der Quantität der Anzahl, des Gesamtvolumens oder des Gesamtgewichtes der Fall ist oder von Dijksterhuis süffisant von der Weisheit gesagt wird: „aus der Zusammenarbeit einer Anzahl von Dummköpfen entsteht keine Weisheit"[226].

Mir scheint es derweilen sinnvoll zu sein, den Anfang der Neuzeit durch Persönlichkeiten zu kennzeichnen, die im Bannkreis der Scholastiker standen und dennoch unter

---

226 Vgl. ebenda S. 209.

den kontroversen Positionen des Universalienstreits nach Versöhnung durch eine welt- und menschheitsumspannende Wissenschaft strebten, wie dies etwa von Nikolaus von Oresme (~1320–1382), Nikolaus von Kues (1401–1464) und Johannes Müller (1436–1476) gilt. Sie bereiteten zudem wesentlich die sogenannte Kopernikanische Wende vom geozentrischen zum heliozentrischen Weltbild vor, welche von Nikolaus Kopernikus (19.2.1473–24.5.1543) schließlich herbeigeführt wurde, mit der gern der Anfang der Neuzeit markiert wird.

6.1.3   Nikolaus von Oresme, Nikolaus von Kues und Johannes Müller

Nikolaus von Oresme (~1320–1382), der schlicht nach dem Namen seines Geburtsortes in Frankreich benannt wurde, gehört zu den mathematisch orientierten Scholastikern. Er bringt den rechnenden Scholastikern zu ihren *Calculationes* das gänzlich neue Element der graphischen Darstellung der sogenannten *Latitudines* hinzu, indem er erstmalig Veränderungen von Qualitäten, etwa die von Bewegungen durch Linien darstellt, deren Punkte die veränderlichen Werte der Qualitätsintensität in Verbindung mit den Zeitpunkten bringt, zu denen die Veränderungen stattfinden. Er zeichnet damit die ersten Raum-Zeit-Diagramme, mit denen später alle mathematisch beschriebene Mechanik ihren Anfang nimmt, etwa in Geschwindigkeits-Zeitdiagrammen, die es gestatten, mit der Fläche unter der Geschwindigkeitslinie den in einer bestimmten Zeit zurückgelegten Weg abzugreifen.[227] Damit versucht Oresme nicht nur für Qualitäten eine quantitativ angebbare Gestalt anzugeben, sondern auch die Zeit zu geometrisieren, was schon bald für die astronomische Wissenschaft insbesondere für Kopernikus von besonderer Bedeutung geworden ist. Diese Zusammenhänge hat vor allem *Pierre Duhem* (10.6.1861–14.9.1916) durch seine Oresme-Forschung schon im Jahre 1909 herausgearbeitet[228], so daß E. J. Dijksterhuis die Leistungen Osremes für das Werden der Wissenschaft entsprechend würdigen konnte.[229]

Nikolaus von Kues (1401–1464) trägt seinen Namen auch von seinem Geburtsort Kues an der Mosel. Er ist gewiß kein typischer Scholastiker mehr, wenngleich er in seinem Denken vor allem von den akribischen Denkmethoden der Scholastik noch stark beeinflußt worden ist; denn für ihn gilt, wie für die anderen Scholastiker, daß die mathematischen Denkmethoden die zuverlässigsten sind und daß ihre Denkergebnisse deshalb auch zu akzeptieren sind. Das im Mathematischen denkbare Unendliche ist für endliche Wesen nicht erfahrbar. Ein unendlicher Kreis bekommt im Unendlichen eine Peripherie aus Geraden, so daß im Unendlichen der Zusammenfall der Gegensätze stattfindet (coincidentia oppositorum). Damit bringt sich Nikolaus von Kues ganz bewußt in Gegensatz zu

---

227 Vgl. ebenda S. 217ff.

228 Vgl. Pierre Duhem, Un précurseur francais des Copernic: Nicole Oresme (1377), in: *Revue générale des sciences pures et appliquées XX (1909)*, 866–873.

229 Vgl. FN 226.

Aristoteles und seinem Vernunftprinzip des verbotenen Widerspruchs. In seinem Denken haben die Bemühungen um die Unterscheidungsschwierigkeiten zwischen den aristotelischen Kategorien des Quantitativen und des Qualitativen dazu geführt, deutlich die beiden Erkenntnisvermögen des Verstandes (ratio) und der Vernunft (intellectus) voneinander zu trennen. Dem Verstand kommt das Quantitative zu und damit auch das Messen, worum sich Nikolaus von Kues besonders bemüht hat, und der Vernunft kommt die Bestimmung und Beurteilung der Qualitäten zu. Das Quantitative ist stets durch Verhältnisse, durch Vergleiche bestimmt, wie sie etwa durch komparative Begriffe des Mehr oder Weniger, des Größeren oder Kleineren oder auch des Schwereren oder Leichteren ausgedrückt werden. Der aristotelische Satz vom Widerspruchsverbot gilt für Nikolaus von Kues nur für den Verstand aber nicht für die Vernunft.

Die einzelnen Gegenstände der Erscheinungswelt, die durch die verallgemeinernde Fähigkeit der Vernunft mit Hilfe von Qualitätsbegriffen geordnet werden, können mit den vergleichenden Fähigkeiten des Verstandes quantitativ durch Messen erfaßt werden. Messen bedeutet für Nikolaus von Kues nichts anderes als ein Vergleichen mit festgesetzten Einheitsmaßstäben. Er bringt damit das Entstehen der Naturwissenschaften ein kräftiges Stück voran, indem er eine erste Meßtheorie entwirft und insbesondere die Theorie des Wiegens, wodurch für die Qualität der Schwere eine quantitative Erfassung möglich wird und die Impetus-Theorie des Freien Falls eine viel genauere Darstellung erfährt; denn für die Massen konkreter Gegenstände können für die Fallexperimente nun genaue Zahlenangaben gemacht werden. Der Verstand denkt das Bedingte, das Relative. Er kann nichts Unendliches denken, weil das Unendliche beziehungslos ist. Darum ist es für Nikolaus von Kues unmöglich, die endliche Erde als den Mittelpunkt des unendichen Weltalls, wie es das geozentrische Weltbild verlangt, zu begreifen. Die von der Vernunft im Unendlichen gedachte Koinzidenz der Gegensätze gestattet es der Vernunft aber, das Göttliche als pantheistische Einheit Gottes mit seiner Schöpfung und allen seinen Widersprüchen zu begreifen. Die Vernunft des Nikolaus von Kues ahnt schon das alles durchdringende unpersönliche unitarische Göttliche.

Johannes Müller (6.6.1436–6.7.1476) wurde von anderen und zuerst 1531 von Philipp Melanchthon *Regiomontanus* genannt, da er im bayerischen Königsberg geboren wurde. Er machte schon als Wunderkind von sich reden, da er sich schon mit 11 Jahren in die Leipziger Universität einschrieb und schon im Alter von nur 12 Jahren die Berechnungen für ein astronomisches Jahrbuch geliefert hat, die zum Erstellen von Horoskopen nötig sind, wozu die Angabe der Planetenstände sowie des Aszendenten zum Zeitpunkt der Geburt gehören. Mit 14 Jahren immatrikulierte er sich an der Wiener Universität und wurde dort bereits mit 16 Jahren Baccalaureus und mit 21 Jahren Magister. Im Rahmen des Studiums des Quadriviums der artes liberales eignete sich Müller eine Fülle von Kenntnissen in der Arithmetik, der Geometrie, der Musiktheorie und der Astronomie an, die damals wesentlich aus Astrologie bestand. Dabei lernte er eine Menge zum Teil sehr alte Literatur kennen, die er oft übersetzte und diese Übersetzungen auch publizierte, so daß Johannes eine sehr wichtige Rolle als Multiplikator von wichtigen Ideen war, wie etwa die des noch im zehnten Jahrhundert tätig gewesenen Thabit ibn Qurra, der in seinem Kreis schon Hermes Trismegistos als Heiligen verehrte, welcher für Kopernikus durch seine göttliche Sonnenverehrung eine so große Bedeutung gewonnen hatte, wovon noch kurz die Rede sein wird. Womöglich hat auch schon Johannes Müller einige der sogenannten hermetischen Schriften des Hermes Trismegistos gekannt und dadurch den Sturz des geozentrischen Weltbildes mit vorbereitet. Wenngleich diese Zusammenhänge noch reichlich Stoff für genauere historische Forschung bieten, gibt es auch ganz klar angebbare astronomische Rechenleistungen des Regiomontanus, durch die er die kopernikanische Wende mit vorbereitet hat. Dies waren vor allem seine genauen Berechnungen der Ephimeriden[230], die zur genauen Bestimmung der Planetenbahnen für Kopernikus von größter Bedeutung waren und seine mathematisch sehr genaue Analyse des als Hauptwerk von Claudius Ptolemäus bekannt gewordenen Almagest, wodurch für Kopernikus Vergleiche möglich waren zwischen den ptolemäischen Berechnungen der Planetenbahnen mit Hilfe von sehr vielen sogenannten Epizyklen[231] und seinen Berechnungen, die mit deutlich weniger Epizyklen auskamen.[232]

6.2 Die Entstehung der drei Hauptrichtungen der neuzeitlichen Philosophie

6.2.0 Vorbemerkungen

Aus den philosophischen Auseinandersetzungen des Mittelalters, die sich vor allem während des Universalienstreits und in Rahmen der Scholastik im Mittelalter zugetragen haben, sind die drei großen Richtungen der neuzeitlicher Philosophie hervorgegangen:

1. **der Empirismus,**
2. **der Rationalismus und**

---

230 Ephimeriden sind die täglichen Angaben über die Positionen der beweglichen Himmelsobjekte, wie es die Planeten, der Mond und auch die Sonne sind. Die Ephimeriden wurden in den astronomischen Jahrbüchern für alle Tage eines ganzen Jahres angegeben. Nach den Ephimeriden-Berechungen des Johannes Müller haben sich die Seefahrer gerichtet und auch Kopernikus auf seiner Seereise.

231 Für Ptolemäus wie für Kopernikus galt das sogenannte platonische Axiom, daß die himmlischen Bewegungen der Planeten der göttlichen Form des Kreises zu folgen hatten, wobei es einerlei war, ob der Mittelpunkt dieser Bewegungen der Mittelpunkt der Erde oder der der Sonne ist. Da im ptolemäischen System die Planetenbahnen deutlich von Kreisen abwichen, mußten sogenannte Epizyklen eingeführt werden, welches Kreisbewegungen mit kleineren Radien innerhalb der ursprünglichen Kreisbahn sind, die innerhalb der jeweils größeren Kreisbahn ablaufen, wobei diese Bewegungen immer weiter geschachtelt werden, so daß dadurch prinzipiell beliebige Bewegungsformen dargestellt werden können, weil die Schachtelung der Epizyklen mathematisch auf eine Fourieranalyse hinausläuft.

232 Vgl. Kurt Hübner, *Kritik der wissenschaftlichen Vernunft*, Alber Verlag, Freiburg/München ¹1978, ⁴1993, S. 82.

3. **der Operationalismus.**

Die wichtigsten Begründer dieser Richtungen lebten fast zu gleicher Zeit: der Empirist Francis Bacon (1561–1626) in England, der Rationalist René Descartes (1596–1650) aus Frankreich und der Operationalist Thomas Hobbes (1588–1679) wiederum in England.

Der *Empirismus* steht weitgehend in der Tradition des aristotelischen Nominalismus. Die scholastischen Theorienkonstruktionen haben zwar auch starke aristotelische Wurzeln, aber in ihren Verabsolutierungstendenzen mischen sich ebenso Einflüsse des Neuplatonismus ein, und dadurch werden sie in dem neu entstehenden Empirismus bisweilen ziemlich scharf kritisiert. Dagegen zeigt der sich etablierende *Rationalismus* mehr Platon-freundliche Einstellungen und neigt zu einer kritischen Haltung gegenüber der Philosophie des Aristoteles. Der *Konstruktivismus* des Thomas Hobbes scheint eine Erfindung von Hobbes selbst zu sein, wenngleich es sich womöglich noch zeigen läßt, daß er in der Tradition einer sokratischen individualistischen Bewußtseinsform steht.

6.2.1 Die ersten Begründungen des Empirismus in der Neuzeit

Für Francis Bacon (1561–1626) war die Methode der Induktion der Weg, um zu allgemeingültigen Erkenntnissen zu kommen, d.h. von einzelnen Sinneswahrnehmungen ausgehend sollten über die vorherrschenden Gemeinsamkeiten (die Prärogative) auf die Allgemeinheit geschlossen werden. Damit erweist er sich als scharfer Gegner der Scholastiker, die erklärte Deduktivisten waren, was Bacon auch treffend kritisiert hat. Und der Empirismus entpuppt sich in seinem Anfang als ein gemäßigter Nominalismus, der auf den gemäßigten Hyperrealismus, also einen ursprünglichen Aristotelismus zurückführt. Dieser Zusammenhang gilt auch für die späteren englischen Empiristen, wie John Locke (1632–1704), David Hume (1711–1776) oder sogar auch noch für John Stuart Mill (1806–1873). Aufgrund seiner eigenwilligen religiösen Vorstellungen macht der irische Empirist George Berkeley (1684–1753) in dieser Hinsicht eine Ausnahme. Denn für Berkeley gibt es nur eine Existenzform, die der geistigen Urheberschaft, die er schon im §6 seiner Prinzipien wie folgt darlegt und nur scheinbar begründet:

> „Einige Wahrheiten liegen so nahe und sind so einleuchtend, daß man nur die Augen des Geistes zu öffnen braucht, um sie zu erkennen. Zu diesen rechne ich die wichtige Wahrheit, daß der ganze himmlische Chor und die Fülle der irdischen Objekte, mit einem Wort alle die Dinge, die das große Weltgebäude ausmachen, keine Subsistenz außerhalb des Geistes haben, daß ihr Sein ihr Perzipiertwerden oder Erkanntwerden ist, daß sie also, so lange sie nicht wirklich durch mich erkannt sind oder in meinem Geist oder im Geist irgend eines anderen geschaffenen Wesens existieren, entweder überhaupt keine Existenz haben oder im Geist eines ewigen Wesens existieren müssen, da es etwas völlig Undenkbares ist und alle

Verkehrtheit der Abstraktion in sich schließt, wenn irgend einem ihrer Teile eine vom Geist unabhängige Existenz zugeschrieben wird."[233]

Danach läßt sich Berkeleys Denkweise zu keiner der angegebenen Denk-Formen des Universalienstreits zuordnen; denn die Denkmöglichkeit, daß Dinge vor den Universalien existieren, welche ja stets Produkte des Geistes sind, gibt es für Berkeley nicht, aber die Möglichkeit, daß die Universalien vor den Dingen existieren wohl auch nicht, weil sie immer mit den Dingen gegeben sind. Weil sich der Geist nicht von den Dingen trennen läßt, so daß die Dinge nicht ohne Geist existieren können, so scheint das Umgekehrte auch nicht denkbar zu sein, daß es den Geist ohne die Dinge gibt; denn dann müßte es ja etwas geben, das von außen in den Geist eindringt, um in ihm die Existenz der Dinge zu erzeugen, aber gerade dies soll es nach Berkeley nicht geben. Für mein Dafürhalten liefert die Position Berkeleys noch keine in sich stimmige Erkenntnistheorie, im Gegensatz zum Empirismus der anderen Empiristen, obwohl er mit seinem berühmten Satz *„esse est percipi"* „Sein heißt wahrgenommen werden" viel zur Etablierung des Empirismus beigetragen hat.

Es muß für den Empirismus noch kritisch bemerkt werden, daß für das Werden der Wissenschaft, das Verhältnis von Theologie, Philosophie und Wissenschaft noch genauer zu klären ist, weil im Mittelalter die Philosophie noch als Magd der Theologie angesehen wurde, so daß auch für die Wissenschaft, die ja aus den erkenntnistheoretischen Einsichten der Philosophie entsteht, es nicht ausbleiben konnte, daß die Theologie auch im Prozeß des Werdens der Wissenschaft eine wesentliche Rolle mitgespielt hat.[234] Und ganz gewiß hatte der Empirismus in der theologischen Auffassung, daß die vorfindliche Welt eine Schöpfung Gottes sei, eine starke Stütze; denn dadurch betrieben die Empiristen mit ihrem Unternehmen, die Naturgesetze durch ihre Sinneswahrnehmungen herauszufinden einen sehr subtilen Gottesdienst; denn das Auffinden der Naturgesetze mit Hilfe der Wahrnehmungen von Gottes Schöpfungswerk war dann nichts anderes als das Nachdenken der Gedanken Gottes bei der Schöpfung.

Für die Empiristen liegt darum das Allgemeine ausschließlich in den Naturgesetzen einer objektiven von Gott gegebenen Welt, die selbst aber nur aus für sich existierenden einzelnen Dingen aufgebaut ist, wobei die Naturgesetze nur den Möglichkeitsraum für die einzelnen Dinge aufspannen, so daß die Existenz der Naturgesetze nicht an die Existenz von einzelnen Dingen gebunden ist. Darum kann das Allgemeine nur induktiv gefunden werden, durch vieles Gemeinsames, welches an vielen einzelnen Dingen zu beobachten ist. Die Existenz der Naturgesetze ist eine intuitive objektionale Festsetzung der Empiristen, während sie subjektional festsetzen: Menschen haben die Fähigkeit, durch ihre

---

233 Vgl. George Berkeley, *Prinzipien der menschlichen Erkenntnis*, nach der Übersetzung von Friedrich Überweg herausgg. Von Alfred Klemmt, Felix Meiner Verlag Hamburg, 1957, S. 28.

234 Auf das Verhältnis von Theologie, Philosophie und Wissenschaft wird mit dem neuzeitlichen Start der Wissenschaft durch René Descartes im Einzelnen eingegangen werden.

Sinneswahrnehmungen das den Objekten anhaftende Verallgemeinerungsfähige wahrnehmen zu können.

6.2.2 Die frühen Begründungen des neuzeitlichen Rationalismus

Für den Rationalisten René Descartes (1596–1650) sind die grundlegenden Allgemeinbegriffe in Form von *angeborenen Ideen in jedem Vernunftwesen* von vornherein vorhanden. Sie brauchen also nicht erst erworben zu werden. Solche Ideen sind: die *Idee vom Ding*, die *Idee von der Wahrheit*, oder auch die logischen und mathematischen Ideen. Da diese Ideen für Descartes in allen Vernunftwesen eine eigene von den Dingen unabhängige Existenz besitzen, gehören sie einer von der materiellen Welt unabhängigen Substanz an, der denkenden Substanz, der *res cogitans*.

Aus der Möglichkeit des Zweifelns erschloß Descartes die Sicherheit über seine eigene Existenz: *„Ich zweifle, also bin ich"*[235]. Da aber das Zweifeln eine besondere Form des Denkens ist, konnte er daraus weiter schließen: *„Ich denke, also bin ich"* (*cogito ergo sum*). Außerdem erschloß er aus seiner eigenen Existenz, für die er selbst nicht die Ursache sein könne, die notwendige Idee der Existenz Gottes[236]. Da aber Gott das Prädikat des allervollkommensten Wesens zukomme, folgerte er daraus noch seinen Gottesbeweis; denn wenn Gott die Existenz fehlte, dann wäre er ja nicht vollkommen, da es ihm an der Existenz mangelte.

Diese Art der Gottesbeweise, bei denen aus dem Prädikat Gottes auf seine Existenz geschlossen wird, werden *ontologische Gottesbeweise* genannt. Sie sind etwa 150 Jahre später von Immanuel Kant in seiner *„Kritik der reinen Vernunft" (KrV)* grundlegend widerlegt worden.

Da ich tatsächlich schon vor 36 Jahren – wie ich meine – heute noch sehr aktuelle Ausführungen zur wegweisenden Philosophie Descartes gemacht habe, sei mir gestattet, mich selbst aus dieser Arbeit zu zitieren:

> „Mit seinen Gottesbeweisen verschafft sich Descartes die Gewißheit, daß alles, was ihm klar und deutlich einleuchtet, auch wahr sein muß; denn Gott wäre ein Betrüger, wenn das, was dem Menschen klar und deutlich als wahr einleuchtet, falsch wäre. Da ein Betrüger aber Mangel leidet, Gott es jedoch an nichts fehlt, da er vollkommen ist, so kann Gott auch kein Betrüger sein. Und deshalb muß für Descartes alles das wahr sein, was ihm klar und deutlich einleuchtet, und das waren für ihn vor allem die mathematischen Erkenntnisse, wie etwa 5-2=3. Zur Vollkommenheit Gottes gehört aber auch seine Güte, denn jemand, der nicht gütig ist, leidet an etwas. Also wird Gott auch gütig sein und in seiner Güte die Welt so er-

---

235 Vgl. Descartes, *Meditationes de prima philosophia – Meditationen über die Grundlagen der Philosophie*, nach der Übersetzung von Artur Buchenau neu herausgg. von Lüder Gäbe und nochmals durchgesehen von Hans Günter Zekl, Felix Meiner Verlag Hamburg 1977, Meditation III, Nr. 7 und Nr. 9.

236 Vgl. ebenda III Nr. 22

schaffen haben, daß sie dem Menschen erkennbar ist. Da die mathematischen Erkenntnisse nach Descartes dem Menschen am deutlichsten einleuchten, schreibt er in einem Brief an seinen Freund Mersenne: „Nach meiner Ansicht geschieht alles in der Natur auf mathematische Art.""[237]

Aus dieser erkenntnistheoretischen Sicherheit, wichtige Grundsätze zur Beschreibung der physikalischen Wirklichkeit mit Hilfe der Mathematik erschließen zu können, leitet René Descartes als erster das Trägheitsprinzip ab:

„Das Trägheitsprinzip besagt ja, daß ein Körper in der Ruhe oder in gleichförmig geradliniger Bewegung bleibt, wenn er nicht daran gehindert wird. Das war vor Descartes durchaus nicht selbstverständlich, weil die Aristoteliker meinten, daß ein Stein sich eigentlich nicht mehr bewegen dürfe, wenn man ihn losläßt.

Aus der Unvollkommenheit aller Dinge folgerte Descartes, daß der Grund für das Fortbestehen eines Dinges oder seiner Eigenschaften, nicht in dem Ding selbst liegen könne, sondern daß die Erhaltung zu jedem Zeitpunkt durch Gott geschieht. Da es für Descartes keinen Grund dafür gibt, daß Gott als vollkommenes Wesen etwas schaffen sollte, was er hinterher noch verändern müßte, so schließt Descartes, daß alle Dinge, wenn sie nicht von außen gestört werden, in dem Zustand verharren, in dem sie vorher waren. Die viereckigen Dinge bleiben viereckig, die Ruhenden bleiben in der Ruhe und die Bewegten in der Bewegung. Aber warum sollte die Bewegung geradlinig sein? Das liegt wiederum an Descartes Auffassung von der Bedeutung der Mathematik. Die einzige rein axiomatisch aufgebaute Theorie war zu dieser Zeit Euklids Geometrie der Ebene.

Für Descartes war es deshalb klar, daß die euklidische Geometrie der Ebene auch die Geometrie des Raumes sein mußte, und da in dieser euklidischen Geometrie der Ebene die Geraden die axiomatisch ausgezeichneten Linien sind, folgerte Descartes, daß ein sich frei bewegender Körper sich nur auf einer Geraden bewegen könne.

Die ersten beiden Gesetze der Natur waren für Descartes darum:

1. Das Gesetz von der Erhaltung freier Zustände und
2. Das Gesetz von der geradlinigen Bewegung freier Körper, die zusammengenommen stellen sie das Newtonsche Trägheitsprinzip dar."[238]

---

237 Vgl. Wolfgang Deppert, „Orientierungen – eine Studie über den Zusammenhang von Religion, Philosophie und Wissenschaft", in: Freie Akademie, *Perspektiven und Grenzen der Naturwissenschaft*, hrsgg. Von Jörg Albertz, Selbstverlag der Freien Akademie, Wiesbaden 1980, S. 123f.

238 Vgl. Ebenda S. 124f. Eine axiomatische Theorie ist auf wenigen Sätzen aufgebaut, den sogenannten Axiomen, die selbst unmittelbar einleuchtend sein sollen, z.B., daß zwei Geraden sich höchstens in einem Punkt schneiden. Ferner sind die Grundbegriffe in den Axiomen undefiniert. Man bezeichnet sie darum auch als undefinierte Grundbegriffe, zu denen in der euklidischen Geometrie die Begriffe 'Punkt' und 'Gerade' zählen. Die Axiome stellen aber Relationen zwischen ihnen dar, so daß aus den Axiomen weitere Ableitungen möglich sind, die dann auch zu einer Fülle von wohl definierten Begriffen des Axiomensystems wie etwa in der Euklidischen Geometrie führen.

Außerdem hat Descartes schon das bis heute benutzte Nahwirkungsprinzip durch seine Formulierung von Stoßgesetzen eingeführt und eine wegweisende Definition des Substanzbegriffs angegeben. *Substanz* bedeutet für ihn dasjenige, *was zu seiner Existenz keines anderen bedarf*. Demnach ist die eigentliche Substanz nur Gott allein, da die *res cogitans*, die denkende Substanz und die *res extensa*, die ausgedachte Substanz noch von ihm abhängig sind. Mit seinem Substanzbegriff liefert Descartes eine objekionale Festsetzung über die Existenz der Gegenstände in der Außenwelt, soweit sie der res extensa angehören und eine subjektionale Festsetzung für die Gegenstände der Innenwelt, die der res cogitans zugehörig sind, womit er viele der noch ungeklärten Problemstellungen des Universalienstreits mit einem Handstreich auflöst.

Allgemeinbegriffe sind für Descartes angeborene Ideen und gehören der denkenden Substanz, der *res cogitans*, an. Damit erweist sich der cartesianische Rationalismus als gemäßigter Nominalismus platonischer Art.

In seiner Argumentationsweise offenbart sich folgende von Descartes intuitiv vorausgesetzte Beziehung zwischen den Denkbereichen der Religion, der Philosophie und der Wissenschaft:

„Descartes *Religion* liefert die *Basis* für die *erkenntnistheoretische Methode* seiner *Philosophie*, die dann von seiner *Wissenschaft* angewandt wird."[239]

Dieser Zusammenhang von Religion, Philosophie und Wissenschaft, an dem Descartes sein systematisches Vorgehen orientierte, gilt entsprechend für die späteren Rationalisten wie Baruch de Spinoza (1632–1677), Gottfried Wilhelm Leibniz (1646–1716) und Christian Wolff (1679–1754). Er kann auch heute noch als wohlbegründet gelten, wenn **Religion** in dem von Cicero intendierten Sinne als **die Menge der Sinn stiftenden Überzeugungen** verstanden wird. Denn sie gehen auch den philosophischen Überlegungen zur Grundlegung des wissenschaftlichen Arbeitens voraus.

6.2.3   Zur Entstehung des neuzeitlichen Operationalismus bzw. Konstruktivismus

Die dritte Richtung der neuzeitlichen erkenntnistheoretischen Positionen, der Operationalismus (oder auch Operativismus) oder auch des Konstruktivismus wird meistens noch nicht von Beginn der Neuzeit an betrachtet, da ihr großer Einfluß erst im 20. Jahrhundert durch die Philosophen Percy W. Bridgman, Hugo Dingler, Hans Reichenbach und Paul Lorenzen deutlich wurde. Dennoch muß man Thomas Hobbes (1588–1679) – vor allem auch nach den Forschungen von Hans Fiebig[240] – als den Begründer des Operationalismus betrachten. Dieser philosophischen Richtung nach sollen Erkenntnisse weder durch In-

---

239 Vgl. ebenda S. 125.
240 Vgl. Fiebig 1973.

duktion noch durch Deduktion, sondern durch Konstruktion gewonnen werden, warum man diese Richtung später auch den Konstruktivismus genannt hat. Für Hobbes ist

"Philosophie die wahrhaft rationelle Erkenntnis der Erscheinungen oder Wirkungen aus der Kenntnis ihrer faktischen Erzeugung, die wir aus der Kenntnis der Wirkungen gewonnen haben"[241].

Hobbes läßt sich mit seinem Operativismus der bisher noch nicht diskutierten extremen Form des Nominalismus zuordnen, in dem die Existenz der Universalbegriffe überhaupt geleugnet wird. Auch dies ist ja zweifellos eine Möglichkeit, den Fragen des Porphyrios zu begegnen. Denn wenn es gar keine Existenz von Universalien gibt, so braucht man sich um die Fragen des Porphyrios nicht mehr zu kümmern, sie haben ihren Sinn verloren. Hobbes sagt:

"Dieses Wort universal bezeichnet weder ein in der Natur existierendes Ding noch eine im Geist auftretende Vorstellung oder ein Phantasma, sondern ist nur der Name eines Namens. Wenn also Lebewesen, Stein, Geist oder sonst etwas universal genannt werden, so darf darunter nicht verstanden werden, daß etwa der Mensch oder der Stein ein Universale wären, sondern nur, daß diese Worte (Lebewesen, Stein, usw.) universale, d.h. vielen Dingen gemeinsame Namen sind"[242].

Weiter sagt Hobbes von den Namen: "Namen gründen sich nicht auf das Wesen der Dinge selbst, sondern auf den Willen und die Übereinkunft der Menschen."[243] Wenn Hobbes also von Universalien spricht, dann meint er damit stets etwas willkürlich Konstruiertes. Und dies gilt auch für eine zweite Art von Universalien, die Hobbes noch kennt und die sich nicht als Namen verstehen lassen, da sie selbst die Grundlage der Namensgebung sind, etwa die Begriffe der "Erzeugung oder Vernichtung eines Akzidenz an einem Körper" oder der "Veränderung in Raum und Zeit". Derartige Universalien, die Hobbes auch Prinzipien nennt, will er lediglich dem Sprachgebrauch entnommen wissen. "Alle Definitionen entstammen dem gemeinsamen alltagsprachlichen Verständnis, ..., das nicht auf Argumenten beruht, sondern durch das Verständnis der Sprache begriffen wird, in der sie gegeben sind."[244], sagt Hobbes. Und wenn eine explizite Definition eines Begriffes nicht vorliege, so schlägt Hobbes vor: "Erschließe die Definition durch die Beobachtung dessen, wie das zu definierende Wort am häufigsten in der Alltagssprache gebraucht wird."[245].

---

241 Vgl. Hobbes 1655, VI, 1.

242 Vgl. ebenda, II, 6.

243 Vgl. ebenda, V, 1.

244 Vgl. ebenda, S. 110: „*All definitions proceed from common speec.... not to be demonstrated by argument, but to be understood in understanding the language wherein it is set down.*"

245 „gather the definitions from observing how the word to be defined is most constantly used in common speech."

Hobbes kennt offenbar in seinem Operativismus bereits das, was wir heute die implizite Definition eines Begriffs durch seinen Sprachgebrauch nennen.

Nach Hobbes sollen alle Universalien, die als Namen von Namen aufzufassen sind, aus den grundlegenden Universalien, den aus der Sprache entnommenen Prinzipien, konstruierbar sein. Dies sei an den Universalien Linie und Fläche beispielhaft beschrieben. Hobbes konstruiert sie aus den prinzipiellen Universalien Ort und Bewegung. Er sagt: "so ergibt sich etwa, daß eine Linie aus der Bewegung eines Punktes, eine Fläche aus der Bewegung einer Linie, eine Bewegung aus einer anderen entsteht usw."[246] Auf diese Weise möchte er alle nicht prinzipiellen Universalien durch Operationen konstruiert wissen, Universalien, die von den Allgemeinbegriffen der Naturlehre bis hin zu den Ideen der Staatsbildung und der Ethik reichen; ein umfangreiches Programm, das Hobbes nur in den ersten Ansätzen andeuten konnte, und das wohl seiner schwierigen Durchführbarkeit wegen erst in unserem Jahrhundert wieder von Hugo Dingler, Hans Reichenbach und Paul Lorenzen aufgenommen wurde.

Nur hinsichtlich seiner sprachtheoretischen Auffassungen fand Hobbes in George Berkeley (1684–1753) einen Nachfolger, obwohl Berkeley stets in die Richtung der englischen Empiristen eingeordnet wird. Berkeley vertrat jedoch eine empiristische Richtung, indem er ganz ohne abstrakte Ideen auskommen wollte. für ihn sollte nur das als existent angesehen werden, was direkt wahrgenommen wurde: esse est percipi, Sein ist wahrgenommen werden, war sein philosophisches Prinzip.[247] Darum lehnte er die abstrakten Ideen John Lockes und Francis Bacons ebenso ab, wie die angeborenen Ideen Descartes' oder Spinozas. Sein Argument war hauptsächlich folgender Art: Die sogenannten abstrakten Begriffe können stets nur von konkreten Gegenständen ausgesagt werden, und wollte man einen abstrakten Begriff, etwa den Begriff Mensch, durch Abstraktion gewinnen, dann würde gar nichts übrigbleiben; denn wenn man bei einem Menschen von seiner Gestalt, seiner Größe, seiner Farbe usw. abstrahiere, so bliebe schließlich nichts mehr übrig. Die Allgemeingültigkeit von naturgesetzlichen Vorgängen rettete Berkeley dadurch, daß er meinte, daß die Natur von Gott wahrgenommen würde und daß dadurch die lückenlose Kontinuität der Naturvorgänge gesichert sei.[248] Stegmüller formuliert Berkeleys wichtigen sprachtheoretischen Schritt folgendermaßen:

„Wenn wir sagen, daß ein Wort generell ist, dann geben wir damit nicht an, was für eine Art von Gegenständen es benennt, sondern wir sagen damit nur, in welcher Weise dieses Wort in der Alltagssprache benutzt wird."[249]

Es gibt heute Philosophen, die meinen, daß der extreme Nominalismus in Form des sprachlichen Operativismus, in dem die Bedeutung der Worte durch Gebrauchsregeln

---

246 Vgl. Hobbes 1655, VI, 6.
247 Vgl. Berkely 1710, S. 3.
248 Vgl. Berkeley 1710, S. 6.
249 Vgl. Stegmüller 1956, S. 218.

festgelegt ist, den endgültigen Sieg im Universalienstreit davongetragen hat. Aber dem ist nicht so, denn auch der Nominalismus der extremen Form läßt sich nicht konsequent durchhalten, selbst nicht in dem von Stegmüller angegebenen Formalismus. Dies liegt vor allem daran, daß bei den Operativisten die zu den Operationen erforderlichen Handlungsregeln den Status von abstrakten Gegenständen haben müssen, um über sie reden zu können. Im System von Stegmüller sind außerdem die Sprachformen seiner logischen Sprache selbst abstrakte Gegenstände, so etwa das, was eine Individuenvariable, ein genereller Prädikatausdruck oder eine logische Konstante ist.[250] Wenn es aber im extremen Nominalismus generelle, d.h. universale Gegenstände geben muß, so tauchen auch hier die Fragen des Porphyrios von Neuem wieder auf. Demnach scheint es so zu sein, daß keine der vier genannten Positionen des extremen und gemäßigten Hyperrealismus sowie des extremen und gemäßigten Nominalismus, jede für sich genommen, zu einer in sich konsistenten Antwort auf die Porphyrios'schen Fragen fähig ist. Aus diesem Grund hatte sich der Empirismus bereits als eine Kombination von gemäßigtem Nominalismus und gemäßigtem Hyperrealismus darstellen lassen, und der Rationalismus als eine Verbindung von gemäßigtem Nominalismus mit dem extremen Hyperrealismus, dem Platonismus. Aber auch die drei Hauptströmungen der erkenntnis-theoretischen Philosophie der Neuzeit, der Rationalismus, der Empirismus und der Operativismus hatten mit Unstimmigkeiten zu kämpfen, die aus der eigentümlichen Stellung zu den Fragen des Porphyrios herrühren. So konnten die Rationalisten nicht den Zugang zum Einzelnen, zum Besonderen finden. Das Kontingente, das Zufällige des historischen Ablaufs blieb ihnen weitgehend verschlossen, da sie immer nur vom Allgemeinen ausgehen konnten. Die Empiristen hingegen fanden, indem sie konträr zu den Rationalisten von der einzelnen Wahrnehmung ausgingen, keinen durchgängig begründbaren Weg zum Allgemeinen. Hume hat dies selbst als Empirist in seiner Kritik am Induktionsprinzip erkannt. Die Operativisten schließlich mußten an dem Problem des Anfangs, d.h. an der Frage, woher die ersten Handlungsregeln zu nehmen sind und was sie bedeuten, scheitern und vor allem an dem übermächtigen Problem, das ungemein komplexe System der Wissenschaft aus wenigen Handlungsregeln aufzubauen. Von diesen zum Teil sehr verwickelten Zusammenhängen soll nun im folgenden Kapitel die Rede sein.

---

250 Vgl. Stegmüller 1956, S. 196.

Vereinzelte Starts zur neuzeitlichen Wissenschaft durch die Entwicklung der dazu nötigen Bewußtseinsformen bei Nikolaus Kopernikus, Giordano Bruno, Galileo Galilei, Johannes Kepler, René Descartes

7.0   Vorbemerkungen

Einerseits müssen diese fünf überaus wichtigen Personen der Wissenschaftsgeschichte in einer Abhandlung über das Werden der Wissenschaft gebührend mit ihren wichtigen Leistungen genannt werden, aber andererseits gibt es über sie derart viele sehr gründliche Darstellungen, daß es an dieser Stelle nur darum gehen kann, ganz spezifische Merkmale ihres Wirkens herauszuarbeiten, die für das Werden der Wissenschaft von besonderer Bedeutung waren und womöglich bis heute für das wissenschaftliche Arbeiten von Bedeutung sind.

Die Bewußtseinsformen des Mittelalters sind noch weitgehend mythisch geprägt, so daß ein Individualitätsbewußtsein, wie es für die in Freiheit aufgewachsenen Menschen heute ganz selbstverständlich ist, noch nicht erreicht war und somit auch kein Bewußtsein von Verantwortung sich selbst gegenüber. Im mythischen Bewußtsein sind die Gottheiten die einzigen Individuen, so daß der eigene Überlebenswille, der aufgrund der biologischen Evolution jedem Lebewesen zukommt, dem übergeordneten Willen der Gottheiten unterzuordnen war, von dem man aus den von Generation zu Generation tradierten Göttergeschichten wußte. Der Start von wissenschaftlichen Aktivitäten setzte voraus, daß die Menschen, welche ihn betrieben, eine individualistische Bewußtseinsform erreicht hatten. Aber wegen einer nahezu fehlenden Tradition dieser Bewußtseinsformen, etwa sogar eines relativen begrifflichen Denkens, war es notwendig, sich immer wieder über die Richtigkeit des eigenen Handelns zu vergewissern. Dies gilt bis heute vor allem auch für junge Wissenschaftler, da ja alle Menschen aus informationstechnischen Gründen die für bestimmte Bewußtseinsstufen nötigen neuronalen Verschaltungen durchlaufen haben müssen, so daß die kulturgeschichtlich in der Menschheitsentwicklung aufgetretenen Bewußtseinsformen des mythischen zyklischen Zeitbewußtseins und der Unterwürfigkeit gegenüber Autoritäten und die Bewußtseinsformen beginnender Selbstverantwortlichkeit in ihnen aufgetreten und auch prinzipiell noch gespeichert vorhanden sind. Davon wird über die ersten Starter neuzeitlicher Wissenschaft zu reden sein.

7.1   Nikolaus Kopernikus (19. Februar 1473 in Thorn – 24. Mai 1543 in Frauenburg)

Da Nikolaus schon mit 16 Jahren Vollwaise war, kam er mit seinen vier Geschwistern unter die Obhut des Bruders seiner Mutter Lucas Watzenrode, der seit 1489 Fürstbischof des Ermlandes war. Sein Leben zeigt kaum Ähnlichkeit zum Leben von Wissenschaftlern, wie wir sie heute kennen. Kopernikus zeigte eine Fülle von Interessen, und er bekam auch die Gelegenheit diese auch auszubilden und auszuleben. Seine erste Ausbildung war eine theologische zum Geistlichen an der Universität in Krakau, so daß er bereits mit mit 22 Jahren zum Kanoniker der Domschule in Frauenburg ernannt wurde. Darauf folgte ein Studium der Rechte, des Griechischen und der Astronomie in Bologna. Dort wurde er von Domenico Maria da Novara in den Platonismus eingeführt und lernte von ihm vermutlich die hermetischen Schriften des Hermes Trismegistos[251] kennen, von denen Kurt Hübner mich überzeugt hat, daß Kopernikus schon früh von diesen Schriften Kenntnis hatte; denn in ihnen wurde die Sonne als der „sichtbare Gott" bezeichnet[252], wonach das geozentrische Weltbild, in dem sich die Sonne um die Erde drehe, eine unverzeihliche Gotteslästerung war. Wahrscheinlich hat Kopernikus in Bologna auch die Schriften von Nikolaus von Kues und von Regiomontanus (Johannes Müller) in die Hände bekommen, so daß ihm bereits in Bologna deutlich wurde, daß es an der Zeit war, die Wende vom geozentrischen Weltbild zu einem heliozentrischen Weltbild zu vollziehen.

Aus Anlaß des heiligen Jahres 1500 war Kopernikus in Rom. Aber nach seiner Rückkehr nach Frauenburg ging er schon 1501 nach Padua, um dort Medizin zu studieren und sein Rechtsstudium fortzusetzen. Seinen Doktor in Kirchenrecht (doctor iuris canonici) erwarb er am 31. Mai 1503 an der Universität Ferrera, vermutlich deshalb, um seine Rechtslage möglichst gut zu kennen, wenn er den Abschied vom ptolemäischen Weltbild vollzog. Aus diesen Gründen wird er sich auch immer wieder bei der Curie in Rom als Bevollmächtiger des Frauenburger Domkapitels aufgehalten haben; denn für einen derart gewagten Schritt, der auf extreme Ablehnung der katholischen Kirche stoßen mußte, hatte

---

251 Vgl. Kurt Hübner, *Die Wahrheit des Mythos*, Verlag C.H. Beck, München 1985, S. 345.
252 Vgl. Kurt Hübner, *Glauben und Denken – Dimensionen der Wirklichkeit*, Mohr Siebeck Verlag, Tübingen 2001, S. 377 und 385.

er sich so gut wie eben möglich abzusichern. Darum ließ Kopernikus sein revolutionäres Hauptwerk *De revolutionibus orbium coelesticum* auch erst in seinem Todesjahr 1543 drucken.

Die Reaktion der Katholischen Kirche auf das Erscheinen von Kopernikus' Hauptschrift war, wie von ihm erwartet, extrem ablehnend, und dieser Ablehnung schloß sich sogar Martin Luther ausdrücklich an. Dabei drängt sich der Eindruck auf, daß es einer weiter 'geöffneten' Bewußtseinsform bedarf, um einen Umschwung im Weltbild, wie ihn Kopernikus vollzogen hat, nicht als Bedrohung des eigenen Geborgenheitsgefühls zu empfinden. Da sich die Weiterentwicklung der Bewußtseinsformen zuerst nur in wenigen herausragenden Menschen ereignet, dauert es immer geraume Zeit, bis sich diese Entwicklung auch in größeren Kreisen der allgemeinen Bevölkerung vollzogen hat. Zur Zeit des Kopernikus waren es nur wenige Freunde, bei denen ein entsprechender Wandel der Bewußtseinsformen stattgefunden hatte, so daß sie ihn schon lange dazu gedrängt hatten, seine astronomischen Arbeiten zu veröffentlichen, obwohl unter diesen Freunden sogar hochrangige Kirchenführer waren. In denen, die das revolutionäre Werk des Kopernikus nach seinem Tod in der wissenschaftlichen Öffentlichkeit vertraten, wie etwa Giordano Bruno oder Galileo Galilei in Italien, hatte sich die Entwicklung der Bewußtseinsformen bereits vollzogen, sie hatten aber unter der Macht der Kirchenfürsten schwer zu leiden, deren Bewußtseinsformen nicht so weit entwickelt waren, um das heliozentrische Weltbild ohne Angstgefühle verstehen zu können.

7.2   Giordano Bruno

(Nola 1548–Rom 1600) hat vermutlich aufgrund extrem hoher Intelligenz eine Entwicklung seiner Bewußtseinsformen durchlebt, die an die Bewußtseinsformen des Nikolaus von Kues anzuknüpfen scheinen, die aber weit über das Einsichtsvermögen des Kopernikus hinaus bis in unsere Zeit hinein weisen. Auch Kurt Hübner sieht die enorme geistesgeschichtliche Leistung des Giordano Bruno, da er für ihn der „herausragendste Denker dieser Epoche" ist[253], womit er in dem Zusammenhang dieses Zitats offenbar die Renaissance meint. Bruno, der wegen seines Geburtsortes auch der Nolaner genannt wird, entwickelte bereits ein unpersönliches Gottesbild, indem er an etwas Göttliches in Form einer Weltseele glaubte, welche die gesamte Welt durchpulst und belebt.[254] Dadurch hob

---

253 Vgl. Kurt Hübner, *Glauben und Denken, Dimensionen der Wirklichkeit*, Mohr Siebeck Verlag Tübingen 2001, S. 377.

254 Dazu läßt Bruno in seinem Dialog „Della causa, principio ed uno", auf S. 30 der deutschen Übersetzung von L. Kuhlenbeck seinen Teofilo, der seine Auffassung vertritt, sagen: „Die Weltseele ist also das formale Prinzip des Universums und dessen, was von diesem umschlossen wird; ich meine: wenn das Leben sich in allen Dingen findet, so ist die Seele die Form aller Dinge; sie ist überall die Lenkerin der Materie, sie bewirkt deren Zusammensetzungen und den Zusammenhalt ihrer Teile und herrscht in dem Zusammengesetzten." aus: *G. Bruno, Ges. Werke, Bd. 4*, Jena 1906.

er die noch aus der Antike stammende und später im aristotelisch verstandenen Christentum verabsolutierte *Trennung von translunarem und sublunarem Bereich* auf. Danach galten nur in der Sphäre über dem Mond die ewigen Naturgesetze, die nach der heiligen Sonnen- oder Sternzeit verliefen und im Bereich unter der Mondsphäre aber herrsche der „status corruptionis", in dem es überhaupt keine verläßliche Ordnung gäbe. Giordano Bruno schaffte nun sogar die Denknotwendigkeit, daß ebenso im irdischen Bereich ewige Gesetze das Geschehen bestimmen. Die zur Auffindung dieser Gesetze nötige Zeitmessung konnte nun mit Hilfe von irdischen Vorgängen wie etwa mit Pendeln erfolgen, und sie war fortan nicht mehr nur an die durch ungenaue Peilungen ermittelte Sonnen- oder Sternzeit gebunden.

Mit seinem grandiosen wissenschaftlichen Befreiungsschritt der Aufhebung der Trennung von trans- und sublunarem Bereich hat Giordano Bruno das Tor zur Erforschung der physikalischen Naturgesetze aufgestoßen, da es nun denkbar wurde, die irdischen materiellen Vorgänge ebenso wie das himmlische Geschehen durch Naturgesetze zu erklären und zu ihrem Auffinden irdische Vorgänge zu benutzen, wie etwa die Pendelbewegungen zur Messung der physikalischen Zeit.[255] Damit hat Giordano Bruno die Voraussetzungen für eine genau messende Naturwissenschaft überhaupt erst geschaffen, ein kulturelles und insbesondere wissenschaftliches Verdienst, das gar nicht hoch genug eingeschätzt werden kann.

Umso barbarischer ist das Schicksal, das ihm durch die katholische Kirche widerfahren ist, die ihn *am lebendigen Leibe am 17. Februar 1600 auf dem Marktplatz in Rom verbrennen ließ*. Diese grauenhaft unmenschliche Mordtat der katholischen Kirche ist in ihrer dummdreisten Kulturfeindlichkeit bis heute ungesühnt geblieben, und es hat 400 Jahre gedauert, bis sich erstmalig ein Papst[256] nach langen Beratungen dazu entschlossen hat, dieses kirchliche Verbrechen als kirchliches Unrecht zu bezeichnen, ohne aber damit Giordano Bruno vollständig zu rehabilitieren; denn sein *unchristlicher Pantheismus* wird ihm bis heute nicht verziehen, obwohl dieser längst in Form des *religiösen Unitarismus* zur ungenannten Grundlage der modernen Naturwissenschaften geworden ist. Eine späte Sühne der Kirchen für die christlich verbrämten Untaten, die der Verbrennung von Giordano Bruno noch in großer Zahl folgten, beginnt allmählich mit der zunehmenden

---

255 Vgl. dazu W. Deppert, *Zeit. Die Begründung des Zeitbegriffs, seine notwendige Spaltung und der ganzheitliche Charakter seiner Teile*, Franz Steiner Verlag, Wiesbaden 1989, insbesondere den Abschnitt: 3.3.7 *Vom himmlischen zum irdischen Maß der Zeit*, S. 160 bis 166.

256 Es war Johannes Paul II., der dies am 12. März 2000 nach Verhandlungen in einem theologischen Beratergremium und mit dem sogenannten päpstlichen Kulturrat vollbrachte, ohne damit aber Giordanio Bruno zu rehabilitieren; denn sein Pantheismus, sei mit dem Christentum unvereinbar, warum sich Kurt Hübner, der wohl im hohen Alter von seiner frühkindlichen katholischen Prägung heimgesucht wurde und sich nicht entblöden konnte, um in seinem Alterswerk *Glaube und Denken – Dimensionen der Wirklichkeit*, über Giordano Brunos unchristlichen Pantheismus zu bemerken: „Für solches vollendetes Heidentum büßte er mit dem Tode". Vgl. dazu ebenda S. 382, ferner auch: W. Deppert, „Ein großer Philosoph: Nachruf auf Kurt Hübner und Aufruf zu seinem Philosophieren" in: J Gen Philos Sci (2015) 46:251–268.

Kirchenaustrittsbewegung, die allerdings von der Kirchenführern immer noch nicht als solche verstanden wird. Denn was sich in der Entwicklung der Bewußtseinsformen schon im 16. Jahrhundert im Gehirn des Giordano Bruno vollzogen hat, das geschieht mit den Bewußtseinsformen jetzt in großen Teilen der Bevölkerung. Sie finden in ihrem Bewußtsein nicht mehr die Form der Unterwürfigkeit vor, die nötig ist, um an einen persönlichen Schöpfergott, wie es das Christentum verlangt, glauben zu können, warum sich Giordano Bruno vom christlichen Glauben in Bezug auf den Glauben an ein Jenseits, ein jüngstes Gericht sowie an die Schöpfung aus dem Nichts aus Gründen der Wahrung seiner inneren Wahrhaftigkeit verabschieden mußte.

7.3   Galileo Galilei (15.2.1564–8.1.1642)

Galileos Vater war ein verarmter Tuchhändler, der aber stark an Mathematik und sogar auch an Musiktheorie interessiert war. Mag sein, daß die Beschäftigung mit Mathematik und Musik die Bewußtseinsentwicklung Galileos schon früh vorantreibt, weil beides sehr abstrakte Denkformen benötigt, die nicht an die wahrnehmbaren Realitäten gebunden sind, sondern das freie Denken über Möglichkeiten herausfordert und damit Bewußtseinsformen des eigenen kreativen Denkens befördern. Jedenfalls wächst in Galileo Galilei ein Mensch heran, dessen Denken sich in seinem Leben immer weiter entwickelt hat, so daß viele Beurteilungen über Galileis Leistungen bisweilen sehr auseinanderfallen, da sie sich auf verschiedene Epochen seines Lebens beziehen.[257]

Was aber sein unbestrittenes großes Verdienst für das Werden der Wissenschaft bleibt, ist seine Verbindung von mathematisch formulierter Theorie und deren experimentell überprüfende Praxis und umgekehrt, durch Experimente gewonnene Erkenntnisse in eine mathematische Form zu bringen. Er hatte dieses Bestreben, weil er einer der ersten Wissenschaftler war, die ganz der Spur Giordano Brunos folgten. Galileo Galilei ersann mannigfaltige Experimente und führte sie durch, um solche Eigenschaften der auch im irdischen Bereich wirksamen Naturgesetze herauszufinden, für die sich eine dauerhaft beständige mathematische Form angeben ließ; denn er verstand mathematisch formulierte Naturgesetze als Realisierungen der platonischen ewigen Ideen. So versuchte er sich an den ersten mathematischen Formulierungen des freien Falls und anderer Bewegungsformen. Insbesondere schuf er den Begriff der Trägheit, um zu erklären, warum wir von der Bewegung der Erde auf der Erde nichts bemerken, wie etwa einen Wind, der entgegengesetzt zur Bewegungsrichtung der Erde bläst; denn dies war ein besonders schwerwiegendes Argument der Gegner der Lehre des Kopernikus von der Eigenbewegung der Erde. Dazu schuf Galilei den Begriff der Bewegung*zustände*, in denen sich nichts ändert,

---

257 Vgl. die Darstellung des intellektuellen Werdegangs Galileo Galileis in E. J. Dijksterhuis, *Die Mechanisierung des Weltbildes*, Springer Verlag, Berlin, Heidelberg, New York 1983, S. 371–399 und S. 399–406. Die vom katholischen Klerus betriebenen peinlichen Belästigungen Galileis bleiben hier unerwähnt, da sie ohnehin allseits bekannt sind.

obwohl sie selbst durch eine bestimmte Bewegungsform, wie etwa einer Kreisbewegung, definiert sind. Der Tradition Platons folgend war er der Meinung, daß es gerade die Kreisbewegung sei, durch welche derart stabile Bewegungszustände auftreten können, so daß Kreisbewegungen kräftefreie Bewegungen sind, was sich freilich erst später in der veränderten Form des Satzes von der Erhaltung des Drehimpulses beweisen ließ. Und der Gedanke, daß es kräftefreie Bewegungszustände geben müsse, durch welche die Trägheit der Körper verstehbar wird, so daß etwa die Luft um die Erde im gleichen Bewegungszustand verharrt, wie die Erde selbst, dieser Gedanke wird später von Descartes sehr erfolgreich verwendet. Galileis Trägheitsbegriff führt über eine Umdeutung des Impetusbegriffs in Newtons Mechanik zum Begriff des Impulses, einerlei, ob es sich dabei um den Dreh- oder den Linearimpuls handelt.

Im Laufe seines bewegten Lebens machte er einen ungemein wichtigen Schritt für das Werden der Wissenschaft, indem er bemerkte, daß die idealen mathematischen Formen durchaus nicht immer in Übereinstimmung mit der physikalischen Wirklichkeit zu bringen sind, vor allem dann, wenn auf aristotelische Weise nach den Ursachen bestimmter Bewegungserscheinungen gefragt wird, so daß er darauf verfiel, die reine Beschreibung von Bewegungsvorgängen von der Frage nach den Ursachen abzukoppeln und nur noch nach dem Wie einer Bewegung zu fragen und nicht mehr nach dem Warum. Dies ist ein bedeutender methodischer Schritt, um die Komplexität des wissenschaftlichen Vorgehens zu vereinfachen, indem ersteinmal – freilich auf mathematische Weise – beschrieben wird, was geschieht und erst dann, wenn dies gelungen ist, gefragt wird, warum das Geschehen so verläuft, wie es beschrieben wurde. Damit befreit sich Galilei von der aristotelisch bestimmten Methodik der Scholastik und eröffnet den Weg in die neuzeitliche Wissenschaft.

7.4 Johannes Kepler (27.12.1571 in Weil der Stadt–15.11.1630 in Regensburg)

(lateinisch Ioannes Keplerus, auch Keppler genannt)

So sehr, wie wir aus vielen Gründen unseren Aristoteles schätzen, so gab es doch mit dem Anbruch der Neuzeit viele ernst zu nehmende Gründe, um sich von seiner allzu stark gewordenen Autorität abzusetzen. Das hatte damit zu tun, daß die Einführung der aristotelischen erkenntnistheoretischen, ethischen und astronomischen Positionen durch Albertus Magnus und Thomas von Aquin in die katholische Welt so überzeugend eingeführt worden waren, daß man im Mittelalter, wenn von 'dem Philosophen' die Rede war, stets Aristoteles gemeint hat. Und durch den Absolutheitsanspruch der katholischen Lehre konnte es nicht ausbleiben, daß auch der Aristotelismus verabsolutiert wurde, was freilich jedem ernsthaften wissenschaftlichen Bemühen entgegensteht. Darum hatte sich schon Giordano Bruno von Aristoteles abgewandt, weil ja von ihm die Sphärenlehre stammt, aus der die Aufteilung der Welt in den translunaren und den sublunaren Bereich entstanden war, von der die wissenschaftliche Welt glücklicherweise von Bruno befreit worden ist.

Kepler schloß sich ganz bewußt in der Wissenschaft der Astronomie der methodischen Tradition des beschreibenden Vorgehens des Galilei an, die schon für Galilei einen überlebenswichtigen Grund hatte, indem er so die Kopernikanische Wende lediglich als eine methodische Wende beschreiben konnte, indem er das heliozentrische Weltbild als eine einfachere Beschreibungsweise der Planetenbewegungen deuten konnte, ohne damit eine Wirklichkeitsbehauptung aufstellen zu müssen. In dieser Tradition konnte es Kepler sogar wagen, den gesamten Kosmos als ein Uhrwerk zu begreifen und sogar, wie er es ausdrückt „die Natur nicht mehr als 'instar divini animalis' (als ein göttliches beseeltes Wesen), sondern 'instar horologii' (als ein Uhrwerk) sehen".[258]

Damit befand sich Kepler so wie vor ihm schon Galileo Galilei in der Tradition der Kritik an Aristoteles Sphären-Astronomie, wonach die Sphären von einem unbewegten Beweger von der äußersten Sphäre aus bewegt werden. Kepler war damit aber mit seinen Überlegungen über eine möglichst genaue Darstellung der Planetenbahnen auf sehr genaue Meßdaten von den Planetenbewegungen angewiesen. Denn aufgrund seiner Idee, den Kosmos als ein Uhrwerk begreifen zu können, müßte es grundsätzlich möglich sein, die Planetenbahnen sehr genau zu bestimmen, wenn sich seine Idee als vernünftig erweisen sollte. Darum mutet es wie ein Wunder der astronomischen Wissenschaft an, daß Kepler im Jahre 1600 in Prag Assistent von Tycho de Brahe wurde, der schon damals als einer der besten astronomischen Experimentatoren galt, der in der Lage war, die Planetenbahnen insbesondere die Marsbahn aufgrund von Meßwerten und Rechnungen, so genau wie eben möglich zu bestimmen. Aufgrund sehr sonderbarer Umstände starb Tycho schon ein Jahr später im Jahre 1601. Er legte aber testamentarisch noch fest, daß Kepler das Recht bekommt, alle seine Unterlagen und Daten zu sichten, um sie rechnerisch abzuschließen. Kepler tat dies sehr gewissenhaft und veröffentliche seine Datensammlung unter Tycho Brahes Namen. Die genaue Beachtung der Daten über die Marsbahn führten 1609 zur Veröffentlichung seiner *Astronomia Nova*, in der er seine Entdeckungen der ersten Keplerschen Gesetze beschrieb. Dazu äußert er sich im Schlußwort seines 19. Kapitels in rührender Weise:

> „Uns, denen die göttliche Güte in Tycho Brahe einen allersorgfältigsten Beobachter geschenkt hat, durch dessen Beobachtungen der Fehler der ptolemäischen Rechnung im Betrag von 8' ans Licht gebracht gebracht wird, geziemt es, mit einem dankbaren Gemüt diese Wohltat Gottes anzunehmen und zu gebrauchen. Wir wollen uns also Mühe geben, unterstützt durch die Beweisgründe für die Unrichtigkeit der gemachten Annahmen endlich die richtige Form der Himmelsbewegungen zu ergründen. Diesen Weg will ich im folgenden selber, nach meiner Weise, anderen vorangehe... . Diese acht Bogenminuten allein haben also den Weg gewiesen zur

---

258 Vgl. Ebenda S. 345, insbesondere in *Kepler, Gesammelte Werke*, hrsg. Walter von Dyck und Max Caspar, München 1937–1953, Bd. XV, S. 146.

Erneuerung der ganzen Astronomie; sie sind der Baustoff für einen großen Teil dieses Werkes geworden."[259]

Auf diesem Weg leitete Kepler nach sehr vielen mathematischen Bemühungen sein drittes Gesetz von den Ellipsenbahnen der Planeten ab, das erst durch die Auswertung von Tychos Daten möglich wurde. Damit hat Kepler auch mit dem sogenannten *platonischen Axiom* der Heiligkeit der Kreisbahnen gebrochen, wozu auch für andere Astronomen schon seit längerer Zeit Anlaß gewesen wäre, was sie sich nicht getraut haben. Zu dem durchaus noch immer etwas rätselhaften Entdeckungszusammenhang seines dritten Gesetzes und dessen enormer Bedeutung schreibt Dijksterhuis:

„Für die Astronomie war die Entdeckung des dritten Gesetzes eine Tatsache von großer historischer Bedeutung, und für *Keplers* Leben war sie äußerst wichtig, da sie die endgültige Bestätigung seiner Vermutung erbrachte, daß es eine mathematisch ausdrückbare Struktur des Planetensystems geben muß. Schon im Mysterium Cosmographicum hatte er sich mit der Frage nach dem Zusammenhang zwischen Umlaufzeit und Abstand zur Sonne beschäftigt, und in den fast zwanzig Jahren, die seitdem vergangen waren, hatte diese Frage ihn nie losgelassen. Auch jetzt wieder – wie schon bei früheren Gelegenheiten – versetzte die neue Einsicht ihn in einen Zustand der Ekstase. Er spricht von heiliger Raserei und von einer unsagbaren Verzückung über den Anblick der himmlischen Harmonien."[260]

Diese Aussagen Keplers geben Anlaß über die Bewußtseinsformen nachzudenken, die sich inzwischen bei ihm eingestellt haben. Wir haben davon auszugehen, daß die Verschaltungen der Überlebensfunktionen unseres Gehirns, die unser Bewußtsein mit seinen Formen bestimmen, aufeinander aufbauen, so daß in uns stufenweise die verschiedenen Bewußtseinsformen der kulturellen Menschheitsgeschichte von unserer Kindheit an oder schon im embryonalen Zustand, soweit in ihm bereits Überlebensfunktionen aufgebaut sind bis hin zu unserem gegenwärtigen Bewußtsein stufenförmig angelegt sind, so daß frühere Bewußtseinsformen in uns auch noch enthalten sind, wie auch die mythischen Bewußtseinsformen eines weitreichenden Unterwürfigkeits-Bewußtseins. Diese Formen waren auch noch in Keplers Bewußtseinsstruktur enthalten, nur mit dem Unterschied, daß sich aufgrund von Verallgemeinerungen, die das Gehirn nach Möglichkeit zu vollziehen sucht, sich das Unterwürfigkeitsbewußtsein kaum noch auf Identitäten mit personalen Merkmalen bezieht, sondern auf sehr viel allgemeinere Identitäten, wie etwa eine absolute Wahrheit im mathematischen Gewand. Dieses Unterwürfigkeitsbewußtsein scheint sich

---

259 Vgl. ebenda S. 342 und Kurt Hübner, *Kritik der wissenschaftlichen Vernunft*, Karl Alber Verlag, Freiburg/München 1978, ⁴1993 S. 97ff.

260 Vgl. Dijksterhuis a.a.O. S. 359. Die Harmonien, die hier gemeint sind, haben ihren Ursprung in den musikalischen Harmonien, die durch die Obertonreihe eines Tones zustandekommen und welche Kepler versuchte, über die Reihenfolge der Planeten mit den Halbachsen ihrer elliptischen Planetenbahnen zu korrelieren.

bei Kepler schon relativ früh eingestellt zu haben, woher seine frühe Begeisterung für Mathematik zu erklären ist. Das Unterwürfigkeitsbewußtsein Keplers einem personalen Gott gegenüber hat sich offenbar weitgehend auf die scheinbar zufälligen Geschehnisse beschränkt, wie etwa das Zusammentreffen und die nachfolgende Zusammenarbeit mit Tycho de Brahe, warum er sich dafür in dem angegebenen Zitat auch bei seinem Gott bedankt. Ähnlich wird dies auch bei Galileo Galilei gewesen sein. Und es fragt sich, wie sich die Entwicklung der Bewußtseinsformen bei René Descartes fortsetzt.

Bevor aber diese Frage in Bezug auf Descartes behandelt wird, ist es ratsam noch auf eine Besonderheit der Bewußtseinsform bei Johannes Kepler einzugehen, die sich daraus ergibt, daß er den christlichen Trinitätsglauben des Athanasius auf die von ihm untersuchten Himmelserscheinungen im Ganzen anwendet. Über diese besondere Keplersche Gläubigkeit führt Dijksterhuis aus:

> „Die Sonne ist für ihn nicht nur Licht-, sondern auch Kraftquelle der Welt; die Bewegungen der Planeten finden nicht nur um sie und in ihrem Lichte statt, sondern auch durch ihr Zutun. Er drückt dies in einer mystischen Form aus, indem er die Dreiheit von Sonne, Sternsphäre und dazwischen liegendem Weltraum vergleicht mit der Heiligen Dreifaltigkeit; dabei entspricht die Sonne als ruhendes Zentrum und Kraftquelle dem Vater, die Sphäre der Fixsterne, die durch ihre Ruhe den Planetenbewegungen Raum gibt, dem Sohn, der ja auch die Schöpfung erzeugt und erhält, und die bewegende Kraft der Sonne, die sich im Innern des Weltraumes ausbreitet, dem Heiligen Geist.

Das mag vielleicht gesucht, unfruchtbar und unwichtig erscheinen. Aber es geht hier nicht so sehr darum, was eine Betrachtung wie diese dem modernen Leser sagt, als vielmehr darum, was sie für *Kepler* selbst bedeutet haben kann. In seinem Geist liegen Mystik, Mathematik, Astronomie und Physik nahe beieinander, ja durcheinander. Den Übergang vom Weltbild zur Heiligen Dreifaltigkeit vollzieht er ohne die geringste Mühe, und es ist keineswegs von der Hand zu weisen, daß die Ähnlichkeit, welche er zwischen beiden sieht, ihn zu einer seiner fruchtbarsten Ideen, der Auffassung der Sonne als *causa efficiens* der Planetenbewegung, mit inspiriert hat.“[261]

Kepler benutzt hier eindeutig bereits eine Verallgemeinerung der Trinitätsidee des Athanasius, die nun aber wieder auf den aristotelischen Ursprung zurückführt, welcher von Athanasius in der Aufstellung seiner Trinitätslehre verstümmelt wurde. Denn für Aristoteles besitzen wir in unserem Denken die Dreigliederung von Allgemeinem, Einzelnem und dem Verbindenden von beiden, der von ihm bezeichneten Hypolepsis[262], welches in einer Erkenntnis zu einer Ganzheit führt und wie es Aristoteles vermutlich aus dem bereits viel beschriebenen Urtripel des Hesiod entnommen ist. Die neuronale Verschaltungstruktur, die schon bei Hesiod auf sein begriffliches Ganzheitskonstrukt des Urtripels führt und bei Aristoteles auf seine Dreigliederungsstruktur ist wiederum auch bei Kepler

---

261 Vgl. ebenda S. 340.

262 Zum aristotelischen Begriff der Hypolepsis vgl. die sehr erhellende Arbeit von Werner Theobald, *Hypolepsis – Mythische Spuren bei Aristoteles*, Academia Verlag, Sankt Augustin 1999.

nachweisbar.[263] Und auch bei Kepler ist die Unterscheidungsfähigkeit von Einzelnem, Allgemeinem und dem Verbindenden ein deutlicher Hinweis auf den Verlust des umfassenden Unterwürfigkeitsbewußtseins zumal er die Dreifaltigkeitsstruktur verallgemeinernd
auf den von ihm untersuchten Kosmos anzuwenden weiß. Diese Verallgemeinerungsfähigkeit des sich herausbildenden Verstandes und der sich davon allmählich abkoppelnden
Vernunft, läßt sich der Argumentationsstruktur von René Descartes schon deutlicher entnehmen, was nun im folgenden Abschnitt gezeigt wird.

7.5   René Descartes (1596–1650)

Von Descartes war bereits die Rede, als es um die Darstellung der ersten Begründungen
des neuzeitlichen Rationalismus ging. Hier wird es nun um die Klärung der Fragen gehen,
aus welchen seiner Argumentationen sich eine Weiterentwicklung seiner Bewußtseinsform erkennen läßt, welche für das Werden der Wissenschaft von Bedeutung ist.

Es ist bereits ausgeführt worden, daß Descartes Gott als das allervollkommenste Wesen
definiert und daß er daraus mannigfaltige Schlüsse und sogar Beweise ableitet. Dadurch
gibt Descartes erstmalig einen Begriff von Gott an, was freilich nur möglich ist, wenn
sich sein Denkvermögen über die Gottesvorstellungen anderer Denker erhebt, welche
die Gottesvorstellungen erst aus Sicherheitsgründen erfunden haben. Genaugenommen
wird dadurch überhaupt erst eine Theologie möglich, wenn über Gott begrifflich gesprochen werden kann, so daß ihm bestimmte Eigenschaften zugeordnet werden können, wie
Descartes es etwa mit seiner Eigenschaft der Güte tut. Sein Verstand ist dazu in der Lage,
weil in ihm die denkende Substanz, die *res cogitans* wirksam ist. Dabei gerät er allerdings
in eine Zirkularität oder gar Widersprüchlichkeit, die er nicht bemerkt. Für ihn bedeutet
eine Substanz etwas, was zu seiner Existenz keines anderen bedarf, und wir als denkende
Wesen gehören der denkenden Substanz an, der res cogitans. Nun ist aber nur Gott die
wahre Substanz, weil alles andere in seiner Existenz von Gott abhängt. Indem Descartes
aber Gott als das allervollkommenste Wesen definiert, so tut er dies einerseits in seiner
Zugehörigkeit zur denkenden Substanz andererseits aber behandelt er Gott als eine Sache, über die er in seinem Denken zum Zwecke des Definierens verfügen kann. Durch
die Freiheit des Definierens, die wesentlich zur wissenschaftlichen Arbeit gehört, wird
aber das Definierte vom Definierenden abhängig, was ihm aber seine res cogitans, der er
als Denkender angehört, nicht erlauben dürfte, weil er, Descartes, von Gott abhängt aber
nicht Gott von ihm. Dies ist ein unbemerkter Widerspruch im cartesianischen System, der
jedoch eine Tendenz der Ablösung vom persönlichen Gottesglauben anzeigt; denn dieser

---

263 Freilich hat auch Rudolf Steiner und seine Epigonen sein Dreigliederungskonzept von
   Aristoteles übernehmen können, weil dies auch von seiner neuronalen Verschaltungsstruktur
   nicht nur ermöglicht, sondern sogar erzwungen wurde. In welcher Weise diese neuronalen
   Verschaltungsstrukturen durch die biologische Evolution bedingt sind, wird noch im Verlaufe
   des Textes erläutert werden.

Widerspruch läßt sich nur mit dem Ansatz von Giordano Bruno lösen, daß Gott mit dem unpersönlichen Göttlichen identifiziert wird, so daß dieses Göttliche in Descartes über die denkende Substanz enthalten ist, ohne daß sich Descartes mit einem persönlichen Gott identifizieren müßte, was freilich für ihn undenkbar wäre. Aber Descartes kann diesen Widerspruch auch nicht über ein unpersönliches Göttliches lösen, da er den persönlichen Gott als Garant für alles das, was klar und deutlich (*clare et distincte*) eingesehen werden kann, von Gott sicherzustellen ist, daß dies auch wahr ist; denn da er den Menschen mit seinen Erkenntnisvermögen ausgestattet hat, muß aufgrund seiner Güte, die er als vollkommenstes Wesen besitzen muß, weil es sonst nicht vollkommen wäre, auch die Wahrheit dessen, was aufgrund der von ihm verliehenen Erkenntniswerkzeuge als klar und deutlich erkannt wird, garantieren. Damit aber legt Descartes für alle Wissenschaften den Startpunkt fest: ein Wissenschaftler hat eine Wissenschaft damit zu beginnen, was ihm klar und deutlich einleuchtet, und das ist stets das Einfachste, was es in einem Erkenntnisbereich zu erkennen gibt. Und so gehen die Wissenschaftler bis heute zum Nutzen der Wissenschaft vor.

Die Problematik der Begründungsanfänge und der Begründungsendpunkte ist schon im ersten Band der Systematik ausführlich besprochen worden. Dabei zeigte sich die Lösung an, indem als Begründungsanfangs- oder Begründungsendpunkte mythogene Ideen gewählt werden, die dadurch definiert sind, daß in ihnen Allgemeines und Einzelnes in einer Vorstellungseinheit gedacht werden kann. Beispiele dafür sind etwa in der Astrophysik der eine kosmische Raum, welcher ein Eines ist und zugleich das Allgemeinste aller denkbaren physikalischen Räume oder entsprechend die eine kosmische Zeit, welche auch nur eine ist aber zugleich alle denkbaren physikalischen einzelnen Zeiten enthält. Das Zusammenhangstiftende zwischen der Allgemeinheits- und der Einheits-Vorstellung in einer mythogenen Idee ist dann das Zusammenhangstiftende, das jedem einzelnen Menschen durchaus auf geheimnisvolle Weise innewohnt und das auch ich gern als das Göttliche bezeichne, so wie es bereits Giordano Bruno getan hat.

Da die Vorstellung einer mythogenen Idee eine Leistung unserer Gehirne ist, dürfen wir annehmen, daß schon die Menschen zum Beginn der Wissenschaft Begründungsanfangs- und -endpunkte gehabt haben und daß auch diese von der Struktur mythogener Ideen waren, welche ja eine ganzheitliche Kurzform einer aristotelischen Dreiheit ist: Allgemeines, Einzelnes und das Verbindende von beidem in einer Vorstellungseinheit. Und natürlich denken Descartes und Galilei und vor ihnen auch schon Nikolaus von Kues und Kopernikus mit ihren Gottesvorstellungen solche mythogenen Ideen von der Einheit des Allerallgemeinsten, welches zugleich ein Einzelnes ist, was freilich leichter für die Vorstellung ist, wenn dieses göttliche Einzelne eine einzelne Person ist. Aber auch das Göttliche des Giordano Bruno ist, wie er immer wieder betont, auch als ein allerallgemeinstes Einzelnes zu denken, eine unitas, woraus später der Name der Unitarier geworden ist.

Wir können demnach feststellen, daß am Anfang der neuzeitlichen Wissenschaften die Bewußtseinsformen der Wissenschaftler so weit entwickelt waren, daß sie mythogene Ideen bilden konnten, womit die Wissenschaft schon mit dem 13. Jahrhundert beginnend, ihren Lauf nehmen konnte und sich im 17., 18. und 19. Jahrhundert zu einer erstaunlichen Blüte entwickelte.

Das Werden der Wissenschaft im 15., 16., 17. und 18. Jahrhundert und der wissenschaftliche Aufschwung vom 19. bis ins 21. Jahrhundert hinein

8

8.0 Einführende Vorbemerkungen

Die Neugierde des Menschen und sein mit ihr verbundenes Streben nach Verständnis und Verstehen von rätselhaften Vorgängen und Ereignissen, ist schon für Aristoteles der Anfang aller Philosophie, die durch gründliches Nachdenken erste Klärungen und Antworten auf ungeklärte Fragestellungen erhoffen läßt. Das haben die antiken griechischen Philosophen trefflich vorgemacht und die römischen waren bemüht, ihnen nachzueifern mit durchaus beachtlichen Erfolgen. Da sich die Neugier stets auf einen bestimmten Lebensbereich bezieht, ist sie zugleich der Entstehungsgrund aller Wissenschaften, weil sie sich stets aus dem Wissensstreben in bezug auf ganz bestimmte Lebensbereiche entwickelt haben, und tatsächlich sind darum alle Wissenschaften ohne Ausnahme aus dem philosophischen Fragen entstanden. Darum stehen am Anfang des Werdens der Wissenschaften stets Menschen, in dessen Denken und Trachten Philosophie, Wissenschaft und Theologie aufs Innigste miteinander verbunden waren, wenn Theologie verstanden wird als das systematische Bemühen, die Sinnfragen des menschlichen Handelns zu beantworten. Darum ist es – nebenbei bemerkt – erforderlich, den Namen 'Theologie' aufzugeben, weil der Theismus die ideologische Festlegung auf einen persönlichen Gottesglauben beinhaltet. Stattdessen wäre die Möglichkeit der Wissenschaftlichkeit gewahrt, wenn wir das Fach, das sich mit den Sinnstiftungsfragen oder – anders ausgedrückt – mit den religiösen Fragen wissenschaftlich beschäftigt, als *Religiologie* bezeichnen.

© Springer Fachmedien Wiesbaden GmbH, ein Teil von Springer Nature 2019
W. Deppert, *Theorie der Wissenschaft*,
https://doi.org/10.1007/978-3-658-14043-4_9

Vor allem durch die Tätigkeit der römischen Philosophen gewannen die im römischen Weltreich aufkommenden Offenbarungsreligionen Interesse an philosophischer argumentativer Unterstützung.

Die Offenbarungsreligionen tragen aber seit ihrer Entstehung ihren Absolutheitsanspruch wie selbstverständlich vor sich her. Darum entstand schon früh eine Spannung zwischen den Theologen der Offenbarungsreligionen und den aristotelischen fortgeschrittenen Philosophen, die mit ihrem begrifflichen Denken nicht mehr das Unterwürfigkeitsbewußtsein in sich vorfanden, welches aber nötig ist, um – ohne den eigenen philosophischen Wahrhaftigkeitsanspruch zu verletzen – den Absolutheitsansprüchen der Offenbarungsreligionen Folge leisten zu können. Diese Spannungen wurden durch massiven politischen Druck im Zaum gehalten, und die Theologen erfrechten sich während des Mittelalters sogar dazu, sich als die geistigen Herren aufzuspielen und der Philosophie nur die Rolle einer Magd der Theologie zuzubilligen.

Im Zuge der europäischen Aufklärung, die mit einer inneren Notwendigkeit mit der Wiedergeburt der antiken griechischen Kultur einsetzte, gewannen die Philosophen allmählich wieder ihr Selbstbewußtsein zurück und konnten sich nun auch aufklärerisch intensiv mit der Theologie befassen. Dadurch entstanden auch von theologischer Seite naturwissenschaftliche Arbeiten, welche als „Natürliche Theologie" verstanden wurden. Durch diese Überlagerung von theologischen, philosophischen und auch praktischen Interessen traten im 17. Jahrhundert in Europa hochgebildete Gelehrte auf, die dem Start der Wissenschaft einen Schwung versetzten, der bis heute anhält. Die Anstöße dazu kamen von philosophischer Seite aus Italien mit Giordano Bruno (1548–1600) und Galileo Galilei (1564–1642), aus Spanien mit Michael Servet (1511–1553), aus Frankreich mit Descartes (1596–1650), aus Holland mit Baruch de Spinoza (1632–1677) und Christiaan Huygens (1629–1695), aus Irland mit George Berkeley (1685–1752), aus England mit John Locke (1632–1704) und Isaac Newton (1642–1727), aus Deutschland mit Nikolaus von Kues (1401–1464) und Gottfried Wilhelm Leibniz (1646–1716), und schon früh aus Polen mit Nikolaus Kopernikus (1473–1543). Diesen Ländern entstammen noch weitere Persönlichkeiten, die zusammen mit den hier genannten den Start der Wissenschaft im 15., 16. und 17. Jh. nachhaltig in Schwung gebracht haben.

8.1   Zu den wichtigsten Pionieren der Wissenschaft des 17. und 18. Jahrhunderts

Den Reigen der vielseitigen Multitalente des 17. Jahrtunderts führt der im Jahre 1602 in Magdeburg geborene *Otto Guericke* an, der wegen seiner beeindruckenden Erfindungen vom Kaiser Leopold I. 1666 geadelt wurde. Als früher Anhänger der Alchemie gilt er dennoch als Vater der Chemie, obwohl er sich seinen größten Ruhm durch physikalisch ermöglichte Technik erwarb, indem er – angeregt durch den Franzosen *Blaise Pascal* (1623–1662) – durch seine Magdeburger Halbkugeln zeigte, wie das vorher in seiner Existenz bestrittene oder und später sogar gefürchtete Vakuum durch den Menschen beherrschbar und für technische Zwecke einsetzbar ist. Dazu pumpte er das erste Mal 1654 während der Reichstages zu Regensburg aus zwei aufeinander gelegten aber von einem präparierten ledernen Dichtungsring getrennten kupfernen Halbkugeln mit einem Radius von 21 cm über ein von ihm entwickelten Ventil mit einer ebenso von ihm entwickeltes Kolbenpumpe die Luft heraus. In Regensburg gelang es zwei Pferdegespannen von je 15 Pferden, die an die Halbkugeln senkrecht zu deren Verbindungsfläche angekettet waren, nicht, die Halbkugeln auseinanderzuziehen, aber nach der Öffnung des Ventils fielen sie von allein auseinander. Dieser Versuch wurde in Magdeburg mit entsprechendem Erfolg wiederholt und die Halbkugeln tragen seitdem den Namen dieser Stadt. Die Erfahrung des Luftdrucks, durch welchen die Widerstandskraft gegen das Auseinanderziehen allein erklärt werden konnte, lieferte ebenso bis heute die Erklärung dafür, warum wir bei jedem Atemzug die Luft dazu überreden können, in unsere Lunge zu kommen, damit unser Gehirn und unsere Muskeln mit Sauerstoff funktionsfähig gehalten werden können.

Den theoretischen Hintergrund für Guerickes Luftdruck-Experimente, von denen er noch eine ganze Reihe anderer Art vorgeführt hat, lieferte der 21 Jahre jüngere in Clermont-Ferrand geborene mathematisch hochbegabte *Blaise Pascal*, der dazu von dem 1608 geborenen Norditaliener *Evangelista Torricelli*, dem Erfinder des Quecksilberbarometers und ersten Entdeckers des Luftdrucks, angeregt wurde. Pascal hatte durch Torricellis Entdeckung des Luftdrucks 1647 eine Abhandlung über das Vakuum und den Luftdruck geschrieben (*Traité sur le vide*), von der Guericke Kenntnis bekommen hatte. Leider wurde Pascal durch eine früh aufgetretene und sehr schmerzhafte mit Lähmungserscheinungen verbundene Erkrankung seiner Beine wegen seiner ausgeprägten Rationalität in eine gänzlich irrationale augustinische Christentumsinterpretation der eigenen Erbsündigkeit hineingetrieben, so daß uns als seine Leistung im wesentlichen nur sein Pascalsches Dreieck zur Bestimmung beliebiger Binomialkoeffizienten und ihre Funktion in der Wahrscheinlichkeitsrechnung bleibt, sowie die Erfindung einer der ersten Additions- und Subtraktionsrechenmaschinen, die er zur Unterstützung der Arbeit seines Vaters als Steuereintreiber erfand und baute.

Die Reihe der multitalentierten Pioniere der werdenden Wissenschaft im 17. Jahrhundert, die wir hier mit Guericke, Pascal und Torricelli begonnen haben, läßt sich durch den Iren *Robert Boyle* (1623–1692) fortsetzen, der früh damit begann, – möglicherweise angeregt durch die physikalischen Eigenschaften von Gasen, die den Luftdruck hervorbringen – sich für weitere Eigenschaften der Gase zu interessieren, die wir heute in der Wissenschaft der Thermodynamik zusammenfassen und welche von Boyle zusammen mit dem Franzosen *Edme Mariotte* (um 1620–1684) mit dem Boyle-Mariotteschen Gesetz von der Konstanz des Produkts von Druck und Volumen begonnen wurde. Erst Anfang des 19. Jahrhunderts gelang es dem *Franzosen Gay-Lussac* (1778–1850) die Thermodynamik mit seinem Gesetz abzurunden, wonach bei einer konstanten Gasmenge eine neue Konstanz auftritt, wenn das Produkt aus Druck und Volumen noch durch die absolute Temperatur dividiert wird. Diese Entdeckung im Rahmen der sogenannten kinetischen Gastheorie, die Gay-Lussac mit seinem nach ihm benannten Gesetz außerordentlich bereichert hat, wurde aber erst möglich durch den weitaus bedeutendsten aller Multitalente des 17. und 18. Jahrhunderts, durch den Engländer *Isaac Newton* (1643–1727). Bevor ich aber auf dieses größte Genie unter den Wissenschaftlern des 17. Jahrhunderts und womöglich sogar aller Zeiten zu sprechen komme, möchte ich noch die Liste der wissenschaftlichen Multitalente des 17. Jahrhunderts mit dem Niederländer *Christiaan Huygens* (1619–1695) ergänzen. Er war ein begnadeter Mathematiker, der die Fähigkeit besaß, die Anwendbarkeit seiner mathematischen Ideen auf die Beschreibung der physikalischen Welt vorzubereiten oder bereits zu realisieren. So gelang ihm die mathematische Darstellung von Wellen, wodurch er die Wellentheorie des Lichts aufstellen konnte. Insbesondere entwickelte er das nach ihm benannte Prinzip (das Huygenssche Prinzip) der Überlagerung von kontinuierlich verteilten kugel- oder kreisförmigen Elementarwellen, deren Wellenfront, den Bewegungsvorgang der Welle darstellt. Durch seine Wellentheorie des Lichts gelang es ihm sehr viel bessere Teleskope mit sehr viel weniger Abbildungsfehlern zu bauen, so daß er mit einem selbstgebauten Teleskop als erster den Saturnmond Titan entdecken konnte. Durch seine vielfältigen astronomischen Beobachtungen und Entdeckungen kam er bereits zu der Überzeugung, daß es im Weltall viele Sonnensysteme mit Planeten, die selber wieder Monde besitzen, geben müßte. Er spekulierte sogar darüber, daß es auf diesen Planeten auch Leben geben könnte.

Durch sein großes Interesse an jeglichen Schwingungsvorgängen gelang es Christiaan Huygens, eine erste genau gehende Pendeluhr zu bauen, mit der sich auch auf See die Längengrade sehr genau bestimmen lassen. Ferner blieb es ihm nicht verborgen, daß alle Töne durch Luftschwingungen zu standekommen, und er bemühte sich in der Musik-Theorie darum, die tonlichen Ungenauigkeiten, die aufgrund des pythagoreischen Kommas beim Tonartwechsel auf Tasteninstrumenten zustandekommen, mit Hilfe einer 31-stufig geteilten Oktave zu vermeiden.

Vielleicht weil der Engländer **Isaac Newton** die Einheit von Theologie, Philosophie, Wissenschaft und Technik in besonders konzentrierter Form repräsentierte, konnte er sein überragendes Werk schaffen, das in Form der **newtonschen Mechanik** nicht nur noch seinen Namen trägt, sondern das vor allem in den technischen Wissenschaften noch immer die wichtigste Berechnungsgrundlage für die Bewegungsvorgänge und insbesondere deren Dynamik liefert.

Newton beschäftigte sich aufgrund seiner Neigung zum Auffinden von möglichst gesicherten Grundlagen des Denkens früh mit Theologie. Durch gründliches Nachdenken – das wir seit Kant mit der Tätigkeit des Philosophierens gleichsetzen – entdeckte er in und für sich das unitarische Weltverständnis. Außerdem interessierte er sich für die Arbeiten des Philosophen Descartes und wurde dadurch zu seinem eigenen Philosophen. Als unitarischer Theologe[264] war es für ihn selbstverständlich, den ganzen Weltenraum und die

---

[264] Warum die Tatsache, daß sich Isaac Newton ausdrücklich als Unitarier verstand, solange unbekannt geblieben ist, läßt sich einerseits auf die damalige Verfolgung der Unitarier in England zurückführen, warum sich Newton nicht öffentlich als Unitarier bekennen konnte, und andererseits auf die bis heute im englischen und auch im deutschen Raum bestehende Tendenz über die unitarische Bewegung einen Mantel des Schweigens auszubreiten. Vgl. etwa K.-D. Buchholtz, *Isaac Newton als Theologe*, Luther-Verlag, Witten 1965, S. 60 f., der darauf

Weltzeit als das Sensorium Gottes zu begreifen, wie er sich selber ausdrückte, weil Gott nach dem pantheistischen unitarischen Verständnis über den Raum und die Zeit an allen Orten und zu jeder Zeit zugleich sein und auch wahrnehmen konnte, was dort geschieht, womit für Newton die Anwendung der Naturgesetze an allen Orten und zu allen Zeiten in Form von Nahwirkungsgesetzen für den ganzen Kosmos gesichert war. Daraus entstammt die Selbstverständlichkeit seiner Auffassung, daß Naturgesetze stets auch kosmische Gesetze sind, auch wenn sie nur auf der Erde gefunden wurden, seiner religiösen Überzeugung.

Trotz oder vielleicht wegen seiner äußerst schwierigen Kindheit und Jugendzeit hat Newton sich schon früh um Verläßlichkeit im Denken und Handeln bemüht und die Grundlagen in der theologischen, philosophischen und wissenschaftlichen Weltbetrachtung gründlich studiert. Darum kannte er das philosophischreligiöse Vorgehen des René Descartes, und von ihm hat er das wissenschaftstheoretische Verfahren übernommen, seine religiösen unitarischen Überzeugungen zur Grundlage seiner Wissenschaft zu machen, weil davon für ihn die größte Sicherheit ausging. Von ihm hat er auch das *Trägheitsprinzip* in seinem Hauptwerk „Philosophiae Naturalis Principia Mathematica" als sein erstes Axiom übernommen, das in der deutschen Übersetzung das 1. Gesetz ist und wie folgt lautet:

> „Jeder Körper beharrt in seinem Zustand der Ruhe oder der gleichförmigen geradlinigen Bewegung, wenn er nicht durch einwirkende Kräfte gezwungen wird, seinen Zustand zu ändern."[265]

Damit befindet sich Newton in der platonischen Tradition, die Galileo Galilei dazu inspiriert hat, Bewegungszustände einzuführen, die einerseits eine Bewegungsform beinhalten, die aber dennoch die *Bewegungsform* konstant halten, welches im Trägheitsprinzip die Bewegungsform der geradlinig gleichförmigen Bewegung darstellt. Dieses Prinzip hat Newton nahezu wörtlich von Descartes übernommen, welcher es noch ganz theologisch begründet hatte. Denn Descartes war ja der Meinung, daß nur die Überzeugungen wahr sein können, die *klar und deutlich* einsehbar sind. Zu den klar und deutlichen Überzeugungen gehörten zu dieser Zeit das Axiomensystem der euklidischen Geometrie. In ihr aber waren nur der Punkt und die Gerade die ausgezeichneten Grundbegriffe, also müßten diese Begriffe zur Beschreibung der physikalischen Wirklichkeit tauglich sein. Wenn das nicht so wäre, dann wäre Gott ein Betrüger, der uns zwar klar und deutliche Vorstellungen als wahre Vorstellungen zur Beschreibung der Wirklichkeit eingibt, sich aber in der Konstruktion seiner Schöpfung nicht an diese begrifflichen Grundlagen gehalten hat. Da

---

hinweist, daß in England noch bis 1813 auf die Leugnung der Trinitätslehre die Todesstrafe stand.

265 Vgl. Isaac Newton, *Mathematische Prinzipien der Naturlehre*, ins Deutsche übertragen und *mit Bemerkungen und Erläuterungen* versehen von J. Ph. Wolfers, Wissenschaftliche Buchgesellschaft, Darmstadt 1963, S. 32.

aber für Descartes Gott *das allervollkommenste Wesen* ist, kann es ihm an nichts mangeln und auch nicht an der Güte, die Welt und den Menschen so geschaffen zu haben, daß der Mensch mit seinen von Gott verliehenen Erkenntnisfähigkeiten auch in der Lage ist, die Welt zu erkennen. Diese Begründung für das Trägheitsprinzip war auch für den Unitarier Newton akzeptabel, und darum hat er es auch nahezu wörtlich übernommen. Wie aber steht es heute mit der Begründung der grundlegenden Prinzipien der Weltbetrachtung? Nicht nur für die Unitarier ist heute eine persönliche Gottesvorstellung gar nicht mehr möglich. Dadurch sind gegenwärtig Orientierungsprobleme auch für die Wissenschaft entstanden, von denen noch ausführlich zu reden sein wird, wenn es um die Frage des Werdens der Wissenschaft in der Zukunft gehen wird.

Newton konnte mit dem für ihn gut gesicherten Trägheitsprinzip endlich eine argumentative Basis gewinnen, um einen klar bestimmten Kraftbegriff anzugeben, was er bereits mit seinem zweiten Gesetz vollzieht:

„Die Änderung der Bewegung ist der Einwirkung der bewegenden Kraft proportional und geschieht nach der Richtung derjenigen geraden Linie, nach welcher jene Kraft wirkt."[266]

Der sonst so umsichtige Dijksterhuis bemängelt an diesem Gesetz, das Newton auch als sein zweites Axiom ansieht, und am gesamten Werk „Mathematische Prinzipien der Naturlehre", daß nirgendwo die berühmte Formel:

„Kraft ist gleich der Masse multipliziert mit der Beschleunigung", $F = m \times a$

auftritt und daß dies so zu erklären sei, weil es für Newton bereits eine nicht mehr zu nennende Trivialität gewesen sei. Dazu kann man nur sagen: *„Auch Sie, verehrter Herr Dijksterhuis haben nicht gesehen, daß diese Trivialität schon im 2. Gesetz ganz deutlich ausgesprochen wird."* Denn „Die Änderung der Bewegung" ist bis heute in der Physik als Beschleunigung definiert, und Newton hat in seiner 2. Erklärung die „Größe der Bewegung" so definiert; daß mit ihr „die Geschwindigkeit und die Größe der Materie vereint gemessen" wird, was so viel bedeutet, daß die Bewegungsgröße, die wir heute als Impuls bezeichnen, das Produkt aus Masse und Geschwindigkeit darstellt. Da aber die Masse nicht durch eine Kraft (f steht im Englischen für 'force') verändert werden kann, bedeutet die Veränderung der Bewegungsgröße stets die Beschleunigung der Masse, was in der englischen Konvention 'mxa' bedeutet, weil 'm' die Abkürzung von 'mass' und 'a' die Abkürzung von 'acceleration' ist, wobei 'x' für das Multiplikationszeichen steht. Das zweite Gesetz ist also gar nicht anders zu deuten als:

$f = m \times a$ oder in der deutschen Schreibung $K = m \times b$

---

266 Vgl. Ebenda S. 32.

Damit ist die Kraft die zustandsverändernde Größe, die in ihrer skalaren Größe proportional zur Beschleunigung und zur Masse eines Körpers ist, während die vektorielle Kraft die gleiche Richtung besitzt, wie die vektorielle Richtung der Beschleunigung.

Diese sehr genaue Bestimmung des Kraftbegriffs ist eine der bedeutendsten Leistungen Newtons, die noch nichts von ihrer Bedeutung eingebüßt hat. Diese Leistung korrespondiert mit der zweiten ganz großen Leistung Newtons, der *Bestimmung des Gravitationsgesetzes*.

Diese Leistung ist sehr viel schwieriger aus Newtons Hauptwerk zu entnehmen; denn sie ergibt sich als eine mathematisch ziemlich komplizierte Herausarbeitung der Gründe für die Keplerschen Gesetze. Wenn die Keplerschen Gesetze die Wirklichkeit korrekt beschreiben, dann ist dies nur denkbar, wenn ein Massenanziehungsgesetz wirksam ist, wonach *die anziehende Kraft proportional zu den sich anziehenden Massen und umgekehrt proportional zum Quadrat ihrer Entfernung* ist.

Um diese direkten und umgekehrten Proportionalitäten von Massen und einer Länge auf die Dimension einer Kraft zu bringen, bedarf es noch einer Proportionalitätskonstanten, die wir als Gravitationskonstante γ kennen, und aus der wir die sogenannte Erdbeschleunigung g=9,81 m/s² berechnen können. Die berühmte newtonische Formel für die Gravitationskraft K der sich gegenseitig anziehenden Massen M_1 und M_2 mit dem Schwerpunktsabstand r lautet dann:

$$K = \gamma \times M_1 \times M_2/r^2$$

Als ganz ausgezeichneter Mathematiker hat Newton für seine komplizierten Rechnungen die Infinitesimal-Rechnung erfunden, aber unabhängig von ihm auch Gottfried Wilhelm Leibniz, so daß bald ein Streit zwischen beiden über die Erstlingsrechte entstand, zu dem ich mich hier nicht äußern möchte, da der Streit über die Erfindungspriorität der Differentialrechnung die Wissenschaft gewiß nicht voran gebracht hat.

Newton konnte mit seinem Gravitationsgesetz nicht nur die Bewegungen und deren Formen in der Form von Kegelschnitten aufs genaueste berechnen, sondern auch die gravitativen Wirkungen des Mondes auf das Wasser unserer Meere.

Während Newton in Leibniz sogar in verschiedenen Hinsichten seiner Theorie von den anziehenden Kräften einen Gegner fand, erstand ihm in Kant ein glühender Verehrer seiner Gravitationstheorie, so daß Kant in seinem ersten großen Werk des Jahres 1755

„*Allgemeine Naturgeschichte und Theorie des Himmels, oder Versuch von der Verfassung und dem mechanischen Ursprunge des ganzen Weltgebäudes nach newtonischen Grundsätzen abgehandelt*“

den ausdrücklichen Bezug auf Newton sogar im Titel erwähnt. Bevor ich aber auf die besondere Verwandtschaft zwischen Newton und Kant in ihrem naturwissenschaftlichen Vorgehen genauer zu sprechen komme, möchte ich noch auf eine ganz besondere Leistung des Philosophen Gottfried Wilhelm Leibniz (1646–1716) eingehen, welche das Werden der Wissenschaft wesentlich vorangebracht hat. Diese Leistung entsteht durch Verfolgung des grundsätzlichen Vorgehens von René Descartes für das Aufsuchen der Grundlagen von stabilen Gedankengebäuden. So wie Descartes hat auch Leibniz sich zuerst Klarheit in Religionsfragen verschafft. Und dabei mußte das altbekannte Problem einer Lösung zugeführt werden, das mit einem Schöpfergott verbunden ist: Die Frage danach, warum in der von Gott geschaffenen Welt vielfältige Übel mitgeschaffen worden sind. Dazu hat Leibniz 1710 seine *Theodizee* geschrieben, die als eine Rechtfertigung Gottes zu verstehen ist, warum es für Gott nötig war, in seiner Schöpfung so viele Übel zulassen zu müssen. Leibniz findet neben vielen einzelnen Erklärungen dazu eine sehr allgemeine Lösung, indem er herausarbeitet, daß Gott *die Beste aller möglichen Welten geschaffen* habe. Und daraus ist für die Mathematiker unter den Naturwissenschaftlern, die Idee entstanden, die Grundgleichungen zur Beschreibung der physikalischen Welt mit Hilfe von **Extremalprinzipien** zu formulieren. Denn die Beste aller möglichen Welten müsse durch Extremalprinzipien zu bestimmen sein, wie etwa durch das *Prinzip der kleinsten Wirkung*, das wohl als erster **Pierre Louis Moreau de Maupertuis** (1698–1759) aufgrund des Studiums der Leibnizschen Schriften aufgestellt hat. Ein allgemeineres Extremalprinzip für die Beschreibung physikalischer Vorgänge ist von **William Rowan Hamilton** (1805–1865) in seiner theoretischen Darstellung der Newtonschen Mechanik benutzt worden, das zu seinen Ehren heute auch als Hamilton-Prinzip bezeichnet wird, allerdings oft nur in der verkürzten Form des *Prinzips der kleinsten Wirkung*, das ja bereits von Maupertius eingeführt wurde. Auch das *Fermatsche Prinzip* der kürzesten Verbindungszeiten von Lichtstrahlen ist ein durch Leibniz angeregtes Extremalprinzip. Diese Extremalprinzipien werden bis heute auch in der Quantenphysik oder der Relativitätstheorie angewandt. Außerdem hat die Denkform von möglichen Welten zu einer Fülle von Problemlösungsansätzen in der gegenwärtigen theoretischen Physik geführt, etwa in der Schule von John Archibald Wheeler (1911–2008).

Im Gegensatz zu Leibniz verfolgt Kant ganz den unitarischen Weg von der *einen Welt* (der unitas), den Newton ganz bewußt gegangen ist. Und mit dem soeben genannten Werk Kants in der bewußten Nachfolge Newtons betätigt er sich sogar selbst als Wissenschaftler, der die Astrophysik ein kräftiges Stück vorangebracht hat, indem er eine erste Theorie der Planeten-Entstehung ausarbeitet, die später von Helmholtz nach den weiterführenden Arbeiten von Laplace aus dem Jahre 1799 als die bis heute anerkannte Theorie der *Kant-Laplaceschen Theorie der Planetenentstehung* bezeichnet worden ist. Und mit seiner *Kritik der reinen Vernunft* (KrV) 1781 stellt Kant mit seinen reinen Formen des Verstandes und der Sinnlichkeit die Grundlagen einer theoretischen Physik zusammen, die er in seinem 1786 erschienenen Werk „*Metaphysische Anfangsgründe der Naturwissenschaft*" noch weiter spezifiziert. Er gibt damit der Newtonschen Physik den notwendigen theoretischen Unterbau; denn in der Vorrede zu diesem letzten Werk stellt er dar, „daß in jeder besonderen Naturlehre nur so viel *eigentliche* Wissenschaft angetroffen werden könne, als darin *Mathematik* anzutreffen ist." Mathematik bedeutet aber für Kant, daß ihre Begriffe aus der Anschauung konstruiert werden, und darum

„wird, um die Möglichkeit bestimmter Naturdinge, mithin um diese a priori zu erkennen, noch erfordert, daß die dem Begriffe korrespondierende Anschauung a priori gegeben werde, d. i. daß der Begriff konstruiert werde. Nun ist die Vernunfterkenntnis durch Konstruktion der Begriffe mathematisch."[267]

Darum ist Kant nicht nur sehr damit einverstanden, daß Newton sein Hauptwerk als „Mathematische Prinzipien der Naturlehre" überschrieb, sondern er ist sogar bemüht, die erkenntnistheoretischen Gründe dafür zu liefern, daß Newton zugleich auch die *reine Wissenschaft der Naturlehre* mitgeliefert hat, die wir heute als theoretische Physik bezeichnen. Mit Kants erkenntnistheoretischer Fundierung der newtonschen Physik geht aber auch die Dogmatisierung der rein kausalistisch zu verstehenden Physik einher, die bis heute in vielen Köpfen von Naturwissenschaftlern noch immer haust, obwohl sie mit dem Pauli-Prinzip der Quantentheorie unverträglich ist.[268]

Mit Kants erkenntnistheoretischer Begründung der theoretischen Physik des 18. und 19. Jahrhunderts entstand besonders im 19. Jahrhundert ein Wissenschaftsglaube, der sich durch Kants Kausalitätsdogma mit dem Glauben an ein mechanistisches Dogma des Weltbildes verband, warum Eduard Jan Dijksterhuis (1892–1965) seinem großartigen Werk zur Wissenschaftsgeschichte den Titel gab „*Die Mechanisierung des Weltbildes*", ohne allerdings zu bemerken, daß erst Kant diese Mechanisierung mit seinem Kausalitätsdogma vollendet hat. Immerhin weiß auch Dijksterhuis ebenso wie Kant, daß es die Mathematisierung der Wissenschaft ist, welche die mechanistischen Vorstellungen von der Welt als die von einer gewaltigen von Naturgesetzen beherrschten Maschine bewirkt, was Dijksterhuis im Schlußwort seines Werkes so zum Ausdruck bringt:

„Die Mechanisierung, die das Weltbild beim Übergang von antiker zu klassischer Naturwissenschaft erfahren hat, besteht in der Einführung einer Naturbeschreibung mittels der mathematischen Begriffe der klassischen Mechanik; sie bedeutet den Beginn der Mathematisierung der Naturwissenschaft, die in der Physik des zwanzigsten Jahrhunderts ihre Vollendung findet."[269]

Immerhin trifft Eduard Jan Dijksterhuis damit genau Kants Position über erfolgreiche Naturwissenschaften, aber leider sind bei weitem noch nicht alle für die Wissenschaft erforderlichen Denkformen mathematisiert. Dies gilt besonders für die *ganzheitlichen Be-*

---

267 Vgl. I. Kant, *Metaphysische Anfangsgründe der Naturwissenschaft*, AIX, Wilhelm Weischedel, *I. Kant, Werke in zehn Bänden*, Bd.8, Insel Verlag Wiesbaden 1957, S. 14f.

268 Vgl. dazu die Ausführungen im Band I der *Theorie der Wissenschaft* zur Entstehung des Willens, der ja ein finalistischer Begriff ist, und darum aufgrund der Kausalitätsdogmas der Kantschen Naturwissenschaft nicht naturwissenschaftlich erklärbar ist.

269 Vgl. E.J. Dijksterhuis, *Die Mechanisierung des Weltbildes, Mit einem Geleitwort von Heinz Maier-Leibniz*, Reprint, Springer Verlag Berlin, Heidelberg, New York 1983, S. 557.

griffssysteme[270], ohne die eine erfolgreiche Theoretisierung der Biologie und der Medizin und insbesondere der Gehirnphysiologie gar nicht durchgeführt werden kann. Denn die wichtigsten ganzheitlichen Lebensformen der Organismen, die schon Kant in seiner *Kritik der teleologischen Urteilskraft* eindrucksvoll beschrieben hat, sind nur durch ganzheitliche Begriffssysteme beschreibbar, deren Mathematisierung meines Wissens bislang nicht gelungen ist.[271] Gewiß behauptet Dijksterhuis zu Recht, Newton habe mit seinem Hauptwerk *das Werden der Wissenschaft* dadurch vorangetrieben, daß er mit seiner mathematischen Naturwissenschaft „im Prinzip die Sprache" schuf,

> „die notwendig war und sich auch beinahe zwei Jahrhunderte lang als hinreichend erweisen sollte, um den ganzen Reichtum der physikalischen Erfahrung, den die sich entwickelnde experimentelle Naturforschung ans Licht brachte, zu systematisieren und dadurch zu beschreiben."[272]

Dennoch aber ist der damit verbundene enorme Aufschwung der Wissenschaft im 19. und 20. Jahrhundert nur durch die theoretische Fundierung der newtonschen Physik durch Immanuel Kant möglich geworden. Denn auch für die schon zu Kants Lebzeiten von **Charles Augustin de Coulomb** (1736–1806) begründete Elektro- und Magnetostatik erwies sich Kants grundsätzlicher Mathematisierungsanspruch als außerordentlich erfolgreich. Das von Coulomb 1784 gefundene elektrostatische Anziehungsgesetz verschiedener elektrischer Ladungen, das heute noch als das *Coulombsche Gesetz* bezeichnet wird, hat mathematisch die gleiche Form wie das newtonsche Gravitationsgesetz, indem die zwischen den Ladungen entstehenden Anziehungs- oder Abstoßungskräfte sich proportional zu den Ladungsstärken und umgekehrt proportional zum Quadrat der Entfernung der Ladungen verhalten, wobei es anders als bei der Gravitation, positive und negative Ladungen gibt, und ungleichnamige Ladungen sich anziehen aber gleichnamige sich abstoßen. Obwohl das Kraftgesetz der Magnetostatik dazu mathematisch ganz analog aufgebaut ist, wurde es doch erst 1820 von den französischen Mathematikern **Jean-Baptiste Biot** (1774–1862) und **Félix Sawart** (1791–1841) veröffentlicht. Möglicherweise aber hat Coulomb diesen Zusammenhang schon erahnt, da er auch viel über den Magnetismus gearbeitet hat, so daß er als der Vater der Elektro- und Magnetostatik gilt. Diese beiden Wissenschaftler gehören mit ihrer Wirksamkeit bereits ins 19. Jahrhundert, von dem im nächsten Abschnitt die Rede sein soll, nachdem ich noch auf die besonders bedeutenden Gelehrten der Entdecker-Aktivität des Äußeren und des Inneren die Brüder **Wilhelm**

---

270   Zur Einführung ganzheitlicher Begriffssysteme vergl. etwa W. Deppert, *ZEIT. Die Begründung des Zeitbegriffs, seine notwendige Spaltung und der ganzheitliche Charakter seiner Teile*, Franz Steiner Verlag Wiesbaden GmbH, Stuttgart 1989, S. 16f., 20, 71, 223f., 248.

271   Zur begriffstheoretischen Einführung der *ganzheitlichen Begriffssysteme* vgl. W. Deppert, *Die Systematik der Wissenschaft, Band I der Theorie der Wissenschaft*, Springer Verlag, Berlin, Heidelberg, Wiesbaden 2017.

272   Vgl. Dijksterhuis S. 556.

(1767–1835) und **Alexander** (1769–1859) **von Humboldt** zu sprechen gekommen bin, die mit ihrer Wirksamkeit auch schon weit ins 19. Jahrhundert hineinreichen, wenngleich sie ihre Wirkungsmächtigkeit noch stark aus dem 18. Jahrhundert schöpfen konnten.

Die Brüder **Wilhelm und Alexander** wuchsen im Berliner Schloß Tegel ihrer im preußischen Königshaus einflußreichen Eltern auf und erhielten ihre Bildung durch Privatvorlesungen von hochangesehenen Privatlehrern der Aufklärung wie **Joachim Heinrich Campe** (1746–1818), **Johann Jacob Engel** (1741–1802) und **Gottlob Johann Christian Kunth** (1757–1829) auf den Gebieten der Nationalökonomie, Mathematik, Naturrecht und Philosophie. Insbesondere lernten sie durch Johann Engel die Schriften von **John Locke** (1632–1704) und **David Hume** (1711–1776) kennen. Mit 13 Jahren beherrschte Wilhelm schon fließend die Sprachen Griechisch, Latein und Französisch. Im Jahre 1785 kamen die Humboldt-Brüder im Hause des Kant-Schülers und philosophisch hochgebildeten Arztes **Marcus Herz** (1747–1803) in die Kreise der *Berliner Aufklärung*, lernten dort **Moses Mendelssohn** (1729–1786) kennen und begannen selbstständig mit dem Studium der Werke Kants.

In der geistigseelischen Entwicklung dieser beiden jungen Männer scheint sich eine besondere Weiterentwicklung ihrer Bewußtseinsformen ereignet zu haben, welche von der Aufklärung im 19. Jahrhundert geprägt sind und in denen das Unterwürfigkeitsbewußtsein gegenüber Personen und auch gegenüber einem persönlichen Gott zugunsten eines unpersönlichen Unterwürfigkeitsbewußtseins verlorengegangen ist, das aus dem Pflichtgefühl erwächst, der Ermöglichung der Aufdeckung von wissenschaftlicher Wahrheit dienen zu wollen. Mit diesen neuen Bewußtseinsformen läuten sie die wissenschaftliche Weiterentwicklung des 19. Jahrhunderts ein. Sie wirken sich bei ihnen so aus, daß sie beide in ihrem späteren Leben zu begeisterten und begeisternden Entdeckern geworden sind, Wilhelm zur Ermöglichung von weiteren Entdeckungen im Inneren der Menschen und Alexander zu äußeren Entdeckungen auf unserer in vielen Hinsichten noch immer geheimnisvollen Erde.

8.2   Der wissenschaftliche Aufschwung des 19. Jahrhunderts

Es bietet sich nun an, dieses Unterkapitel mit den Entdeckungen der Humboldt-Brüder zu beginnen; denn sie stellen geradezu Inkorporationen des phantastischen wissenschaftlichen Aufschwungs im 19. Jahrhundert dar. Ihre gemeinsame Entdecker-Mentalität hat sie beide schon früh dazu geführt, möglichst viele Sprachen fließend zu beherrschen, jeder von ihnen sprach wohl über 20 Sprachen, und Wilhelm war darüber hinaus daran interessiert, auch noch dazu das Wesen der Sprachen und insbesondere die Sprachen von Eingeborenen zu ergründen, die sein Bruder Alexander vor allem in Südamerika entdeckt hatte. Dadurch hat Wilhelm von Humboldt die Sprachwissenschaft als eigenständige Wissenschaft etabliert. Sein Bruder Alexander begeisterte sich dagegen für die Wissenschaften zur Beschreibung der äußeren Welt und für deren technische Beherrschbarkeit.

Er versuchte sogar durch Selbstversuche das Funktionieren seiner Muskeln und Nervenstränge an sich selbst zu erforschen. Aufgrund ungezählter Entdeckungen und Erfindungen hat Alexander von Humboldt den gesamten fränkischen Bergbau in kürzester Zeit revolutioniert und gewissermaßen neu konzipiert, selbst was die Schulung der Bergleute anging und die Sicherung ihrer sozialen Befindlichkeit; denn als Aufklärer trat er bereits für die Menschenrechte ein und schaffte Institutionen, um sie zu verwirklichen. Aber seine ganz große Begeisterung entzündete sich daran, durch Forschungsreisen, die ganze Welt zu erforschen, wozu er durch sein Erbe nach dem Tod der Mutter auch über die nötigen finanziellen Mittel verfügte. Ganz besonders war er nahezu davon besessen, Süd- und Mittelamerika und deren Urbevölkerung zu erforschen, so daß er bis heute, zu den bekanntesten und geachtetsten Persönlichkeiten in diesen Ländern gehört. Es gibt wohl keine Naturwissenschaft im 19. Jahrhundert, an der sich Alexander von Humboldt nicht mit neuen Entwürfen, Entdeckungen und detaillierten Untersuchungen beteiligt hat. So hat er z.B. das Vorkommen und das Wachstum von Pflanzen danach klassifiziert, wie weit ihr Standort vom Äquator und in der Höhe vom Meeresspiegel entfernt ist, da er dadurch die mittlere Umgebungstemperatur der jeweiligen Pflanzenwelt bestimmte, welche ja wesentlich für ihr Wachstum ist.

Sein über ein halbes Jahrhundert durch Entdeckungen, Selbstversuche, Weltreisen und Literaturstudium angesammeltes Wissen über die *kosmische* und über die *irdische Welt* und in ihr insbesondere über die mikrobische Welt, die Pflanzen-, die Tier- und die Menschenwelt in der Gegenwart und in ihrer Historie hat er in einem von seinem Umfang und seinem Inhalt her überwältigenden schriftlichen Lebenswerk zusammengefaßt. Er hat es nach zweijähriger Arbeit 1844 in Potsdam vollendet, ihm den Titel **KOSMOS – ENTWURF einer physischen Weltbeschreibung** gegeben und nicht unterwürfig, sondern in „tiefer Ehrfurcht und mit herzlichem Dankgefühl" „Seiner Majestät dem König Friedrich Wilhelm IV." gewidmet.[273] Diese Dankbarkeit dem preußischen König gegenüber läßt sich aus folgender Bemerkung Alexanders herausspüren:

> „Ich bin ja selbst eine mißliebige Person geworden; und würde längst als Revolutionär und Autor des gottlosen *Kosmos* ausgewiesen sein, verhinderte dies nicht meine Stellung beim König."[274]

---

273 Vgl. Alexander von Humboldt, *KOSMOS. Entwurf einer physischen Weltbeschreibung*, in: DIE ANDERE BIBLIOTHEK, herausgegeben von Hans Magnus Enzensberger, Ediert und mit einem Nachwort versehen von Ottmar Ette und Oliver Lubrich, Eichborn Verlag, Frankfurt am Main 2004, S. VIII. Dem Eichborn Verlag sei an dieser Stelle größtmöglicher Dank für die Wiederauflage dieses monumentalen und bis heute höchst bedeutsamen Werkes von Alexander von Humboldt ausgesprochen. Ich kann nur allen meinen Lesern, meinen Kollegen und meinen Studenten wärmstens und mit Nachdruck empfehlen, dieses Werk zur Hand zu nehmen und hin und wieder einen gründlichen Blick zu riskieren, um die Bedeutung dieses Werkes für das Werden der Wissenschaft auch für seine Zukunft ein wenig ermessen zu können. Mir stockte bisweilen der Atem bei seinem gründlichen Studium.

274 Vgl. ebenda S. VII.

Schaut man nun in seinen „gottlosen Kosmos" hinein, dann zielt alles immer wieder auf die Darstellung der Natur als einem Ganzen, und er kümmert sich in den ersten Teilen wesentlich darum, wodurch die Menschen sich allmählich dahin entwickelt haben, die Natur als ein Ganzes zu empfinden und darum erforschen zu wollen, so wie es von den Brüdern von Humboldt wie selbstverständlich erlebt und vorausgesetzt wird. Alexander von Humboldt beschreibt darum die einzelnen Kulturstufen der Menschheitsgeschichte durch Leistungen, von denen er meint, daß sie dazu dienlich waren, die „Liebe zum Naturstudium"[275] schrittweise hervorzubringen. Den zweiten großen Teil seine Kosmos-Werkes überschreibt er darum als

> *„Anregungsmittel zum Naturstudium.*
> *Reflex der Außenwelt auf die Einbildungskraft: Dichterische Naturbeschreibung. – Landschaftsmalerei. – Cultur exotischer Gewächse, den physiognomischen Charakter der Pflanzendecke auf der Erde bezeichnend."*

Alexander von Humboldt war wie der gleichzeitig in Berlin lebende **Georg Wilhelm Friedrich Hegel** (1770–1831) trotz seiner kausalistischen Beeinflussung durch Kant noch von der Vorstellung durchdrungen, daß sich jedenfalls in der Menschenwelt alles zielgerichtet vollzieht, so daß das hier zu beschreibende Werden der Wissenschaft einem zielgerichteten Werden der „Liebe zum Naturstudium" gleichkommt, welches Alexander von Humboldt mit einer bewundernswerten Kenntnis der allmählichen Entwicklung der *Naturdichtungen* und der *Natur-Darstellungen* in der Entwicklung der darstellenden Künste von der Antike an bis in seine Zeit hinein verfolgt. Nicht nur, daß für die Wissenschaft der Bewußtseinsgenetik er selbst zu einem hochdifferenzierten Studienobjekt wird, sondern auch seine detaillierten Darstellungen der Kulturgeschichte Europas und der ganzen Welt.

Auch Alexanders Bruder Wilhelm von Humboldt führte ein bewegtes Leben. Sein Studium begann er an der Brandenburgischen Universität Frankfurt, aber schon nach einem Semester wechselte er 1788 an die Universität Göttingen, wo er ganz seinen eigenen Interessen folgte, die sich vor allem für die alten Sprachen ausbildeten, aber auch für Jura, die Naturwissenschaften und die Philosophie Und schon früh entwickelte er eine Neigung zur Erfassung von Ganzheiten, warum er unter Kants Werken besonders die Kritik der Urteilskraft studierte, in der Kant in der 'Kritik der teleologischen Urteilskraft' bereits seine Vorstellungen von einer selbstschöpferischen Ganzheit der Organismen ausgearbeitet hat. In Göttingen lernte er Caroline von Dacheröden kennen, die er drei Jahre später in Erfurt heiratete und mit der er eine harmonische „offene Ehe" führte, welche bis heute von nicht wenigen Paaren als Vorbild genommen worden ist.

Im Revolutionsjahr 1789 besuchte er aus seiner aufklärerischen Gesinnung heraus das revolutionierende Paris, und danach fuhr er nach Weimar, um dort eine dauerhafte Freundschaft mit Friedrich Schiller und Johann Wolfgang von Goethe zu knüpfen. Der Gedankenaustausch mit diesen neuen Freiheitsfreunden und seine Erlebnisse mit der fran-

---

275 Vgl. ebenda S. 225.

zösischen Revolution regten ihn 1792 dazu an, sein grundlegendes Werk über das Verhältnis zwischen den Bürgern und ihrem Staat zu schreiben *„Ideen zu einem Versuch, die Grenzen der Wirksamkeit des Staates zu bestimmen"*[276], das ganz im Sinne Kants als das Hohelied der bürgerlichen Freiheit zu verstehen ist und durch das er von dem preußischen Politiker Heinrich Friedrich Karl Reichsfreiherr vom und zum Stein (1757–1831) für politische Aufgaben im Zuge einer freiheitlichen Staatsreform überaus geeignet erschien. Das Darniederliegens der preußischen Staatsmacht nutzte der Freiherr vom Stein, um den durch die französische Revolution auch in Preußen erwachten Freiheitswillen eine bildungpolitische Gestalt zu geben. Zu dieser Zeit befand sich Wilhelm von Humboldt in königlichem diplomatischen Auftrag beim Papst in Rom. Er wurde vor allem durch den Einsatz des Freiherrn vom Stein schließlich auf königliches Geheiß wieder nach Berlin beordert, um das inzwischen auch darniederliegende gesamte Bildungswesen neu aufzubauen. Darin erkannte Wilhelm von Humboldt die ihm angemessene große Lebensaufgabe, die Bedingungen dafür zu schaffen, daß im preußischen Staat Bürgerinnen und Bürger heranwachsen, welche fähig und willens sind, die Entdeckerfreude in der Bildung und in allen Wissenschaften im ganzen Volke zu entfachen, was eine der wichtigsten Voraussetzungen für das tatsächliche Aufblühen der Wissenschaft im 19. Jht. nicht nur in Deutschland war. Dazu führte er das dreigliedrige Schulsystem ein, welches er in Schulplänen (*Königsberger* und *Litauischer Schulplan*) im Einzelnen beschrieb. Das Gymnasium mit dem abschließenden Abitur sollte auf das Studium an den Universitäten vorbereiten, welche nach dem berühmt gewordenen *Humboldtschen Bildungsideal* der *Einheit von Forschung und Lehre* zu organisieren waren.[277] Den Höhepunkt seiner Bildungsreformen erreichte Wilhelm von Humboldt 1809 mit der Gründung der Berliner Universität, welche heute *Humboldt-Universität* (HU) heißt.

Einer der bedeutendsten Wissenschaftler des 19. Jahrhunderts **Hermann Ludwig Ferdinand von Helmholtz** (1821–1894) ist bereits in dem von Wilhelm von Humboldt konzipierten Bildungssystem in Potsdam und Berlin aufgewachsen und vermutlich auch durch diese hervorragende schulische und universitäre Bildung nach Alexander von Humboldt zu einem der bedeutendsten Universalgelehrten des 19. Jahrhunderts geworden. Durch sein frühes Interesse an Physik und Medizin hat er die medizinische Physiologie auf physikalisch-chemische Beine gestellt, wie keiner vor ihm. Durch seine akustischen Forschungen und seinen Forschungen am Gehörgang stellte er die Theorie der Obertöne und damit die Theorie der Klangfarben auf. Den Zusammenhang dazu mit unserem musikalischen Gehörvermögen klärte er in seinem Aufsatz *Die Lehre von den Tonempfindungen als physiologische Grundlage für die Theorie der Musik* (1863) auf. Entsprechendes dazu hat er mit seiner Theorie der Farbwahrnehmung für die Theorie der Nervenzellen im menschlichen Auge geleistet und mit seiner Theorie der *unbewußten Schlüsse* hat er

---

276 Vgl. *Wilhelm von Humboldt, Auswahl und Einleitung: Heinrich Weinstock*, Fischer Bücherei, Frankfurt am Main 1957, S. 21ff.

277 Vgl. Wilhelm von Humboldt, „Über die innere und äußere Organisation der höheren wissenschaftlichen Anstalten in Berlin" (1810), in: ebenda S. 126ff.

physiologische Vorarbeit für die hier viel benutzte Theorie der Zusammenhangserlebnisse geleistet.

Insbesondere hat Hermann von Helmholtz der Newtonschen Mechanik den Elektromagnetismus beigesellt und dazu den wissenschaftlichen Fortschritt mit vielen Entdeckungen und Erfindungen vorangetrieben. Der aus Hamburg stammende **Heinrich Rudolf Hertz** (1857–1894) konnte den Elektromagnetismus des Hermann von Helmholtz mit der Entdeckung, dem Nachweis und der Erzeugung von *elektromagnetischen Wellen* krönen, wodurch die moderne Nachrichtentechnik des Hörfunks und des Fernsehens und der gesamten drahtlosen Telekommunikation erst möglich wurde.

Nach Kants Vorstellungen über den möglichen Fortschritt in den Wissenschaften, gehört zu jeder Naturwissenschaft eine theoretische Wissenschaft, und so versteht es sich auch ganz im Sinne Kants, daß der wissenschaftliche Fortschritt im 19. Jahrhundert in der Physik auch nur möglich war, weil es auch besonders herausragende theoretische Physiker gab. Das Universitäts-Fach der theoretischen Physik hat sich überhaupt erst zum Ende des 19. Jahrhunderts herausgebildet. Bis dahin wurde dieses Fach von Mathematikern und Physikern vertreten, wie z.B. durch den Iren Sir **William Rowan Hamilton** (1805–1865), von dem hier schon über das nach ihm benannte *Extremal-Prinzip* die Rede war, welches oft als *Prinzip der kleinsten Wirkung* verkürzt wird und welches auch von Helmholtz angewandt wurde.

Hamilton hat sich besonders in der Funktionentheorie hervorgetan, indem er zeigte, daß sich komplexe Zahlen als geordnete Paare reeller Zahlen darstellen lassen. Insbesondere entwickelte er die Theorie der Quaternionen, die möglicherweise immer noch in einer noch zu entwickelnden Mathematik zur Beschreibung der gesamten Quantenphysik einer erfolgreichen Anwendung harrt.

Zu den ersten erfolgreichen theoretischen Physikern gehörte auch der Schotte **James Clerk Maxwell** (1831–1879) der die gesamte Theorie des Elektro-Magnetismus mit seinen Differential-Gleichungen, den sogenannten Maxwellschen Gleichungen eindeutig mathematisierte. Er fand auch heraus, daß sich alle elektromagnetischen Wellen mit der konstanten Lichtgeschwindigkeit von ca. $3 \cdot 10^8$ m/s, eine Entdeckung, die Albert Einstein zur Grundlage seiner *Speziellen Relativitätstheorie (SRT)* machte. Ferner entwickelte Maxwell die mathematische Darstellung der sogenannten kinetischen Gastheorie, welches die mathematische Grundlage für die Thermodynamik wurde. Ob Maxwell damit den Startschuß für die Entwicklung der Theorie der Thermodynamik und ihrer Anwendung auf makroskopische Verhältnisse durch den Österreicher **Ludwig Eduard Boltzmann** (1844–1906) gab, das wissen wir nicht. Ludwig Boltzmann war wie Isaac Newton auch tiefdenkender Philosoph. Er hat die wichtigsten temperaturabhängigen Geschwindigkeitsverteilungen der Gasmolekel angeben können, von denen die *Maxwellschen Verteilungen* nur einige Beispiele sind. Mit seinem H-Theorem gelang es ihm sogar Nichtgleichgewichtszustände von Gasen zu beschreiben, und insbesondere konnte er der Entropie des Zustandes eines Gases eine wahrscheinlichkeitstheoretische Deutung geben. Ludwig Boltzmann hat damit den atomistischen Abschluß der Newtonschen Mechanik geliefert. An den wissenschaftlichen Revolutionen des 20. Jahrhunderts war er nicht direkt beteiligt;

er hat aber für das Verständnis ihres Auftretens wichtige Beiträge geliefert. Bevor ich nun auf diese aufregenden Ereignisse in der Physik des 20. Jahrhunderts zu sprechen komme, ist noch von einer wissenschaftlichen Revolution in der Biologie zu berichten, die sich noch im 19. Jahrhundert ereignete und deren revolutionäre Energie lange Zeit kaum erkannt wurde und die schließlich zu der religiösen Krise des 21. Jahrhunderts geführt hat, von der *Evolutionstheorie* des Engländers **Charles Darwin** (1809–1882). Charles Darwin war wie Isaac Newton Unitarier, da er schon von seiner Mutter auf eine unitarische Schule geschickt worden war, in der ihm schon von früh auf klar wurde, daß wir in *einer* Welt leben, die nicht durch ein Diesseits und ein Jenseits etwa sogar noch trinitarisch geteilt ist.[278], so daß alle Wunder, die wir wie das Lebens selbst, erleben, nur im Rahmen dieser einen Welt erklärbar sein können. Wesentlich aufgrund dieser Überzeugung hat sich Charles Darwin schon mit 22 Jahren auf der HMS Beagle auf eine Weltumseglungstour gemacht, die 5 Jahre dauerte und während der er wichtigste Aufzeichnungen für seine später ausgearbeitete und 1858 fertiggestellte Evolutionstheorie gemacht hat. Das 1859 von John Murray herausgegebene revolutonäre Werk erhielt den Titel: *On the origin of species by means of natural selection, or the preservation of favoured races in the struggle for life*. Oft wird für dieses Werk der verkürzte Titel verwendet: *On the Origin of Species (Über die Entstehung der Arten)*. Mit dieser Arbeit ist der Glaube an einen Schöpfergott unverträglich, und das gilt für alle Offenbarungsreligionen. Darum wurde von deren Vertretern versucht, entweder Darwins Arbeiten totzuschweigen, ihn für unzurechnungsfähig auszugeben oder wenigstens die wissenschaftliche Ernsthaftigkeit seiner Arbeiten anzuzweifeln oder gar lächerlich zu machen. Diese Versuche sind vor allem in den USA noch immer in vollem Gange, freilich auch bei den orthodoxen Juden in Israel und neuerdings bei den aggressiven Vertretern des Islam. Damit aber versuchen diese orthodoxen Vertreter der Offenbarungsreligionen sich von jeglicher Wissenschaftlichkeit loszusagen, weil es inzwischen viel zu viel Belege für die wissenschaftliche Ernsthaftigkeit der Evolutionstheorie gibt. Es ist sogar nicht mehr zu leugnen, daß das Werden der Wissenschaft heute die wissenschaftliche Anerkennung der Evolutionstheorie voraussetzt, womit auch die *Überzeugung von der einen Welt* verbunden ist.

Die Evolutionstheorie war gewiß eine der bedeutendsten wissenschaftlichen Revolutionen, welche es unmöglich machte, den Absolutheitsanspruch weiterhin aufrechtzuerhalten, den die Vertreter der Offenbarungsreligionen zuvor für ihr scheinbar von Gott geoffenbartes Weltbild stellten.

---

278 Die englischen Unitarier sind schon seit der Reformationszeit Antitrinitarier, die sich angeregt durch die *polnischen Sozzinianer* in der Zeit der Gegenreformation durch John Biddle (1615–1662) gebildet haben. Schon Newton hatte Athanasius, den frühen Vertreter der Trinität, der "corruption of doctrine" beschuldigt, worauf bald danach die allgemeine Korruption des Christentums gefolgt sei: "a universal corruption of Christianity had followed the central corruption of doctrine". Newtons diesbezüglichen Schriften (darunter *Observations Upon the Prophecies of Daniel and the Apocalypse of St. John.*) konnten nur postum veröffentlicht werden. Vgl. dazu R. S. Westfall: *Never at Rest. A Biography of Isaac Newton.* Cambridge University Press, Cambridge 1984, S. 315.

Nun kommt aber mit den wissenschaftlichen Revolutionen des 20. Jahrhunderts die bange Frage auf, ob nun nicht auch die Evolutionstheorie ihren wissenschaftlichen Anspruch aufrecht erhalten kann. Darum ist gerade auch für das künftige Werden der Wissenschaft nun der Problematik der wissenschaftlichen Revolutionen nachzugehen.

Die wissenschaftlichen Revolutionen des 20. Jahrhunderts

9

Obwohl die drei erkenntnistheoretischen Hauptrichtungen der Neuzeit voller ungelöster Grundlagenprobleme stecken, hat sich aus ihnen die neuzeitliche Wissenschaft im 18., 19. und 20. Jahrhundert vor allem in ihren technischen Anwendungen beträchtlich entwickelt, und es schien so, als ob dies so beliebig weitergehen konnte. Aber gleich zu Beginn des 20. Jahrhunderts hatte **Max Planck (1858–1947)** im Jahre 1900 in Berlin eine aufregende Entdeckung gemacht, durch die bestimmte Grundfesten der Physik ins Wanken gerieten. Max Planck hatte mit seiner Strahlungsformel für schwarze Strahler zeigen können, daß diese Formel nur verstehbar ist, wenn davon ausgegangen wird, daß sich die Strahlung in Form von Energiequanten vollzieht, die sich als das Produkt der von Planck eingeführten Wirkungskonstanten, die wir heute als das *Plancksche Wirkungsquantum h* bezeichnen, mit der Frequenz v ergibt. Diese Deutung Plancks wurde 1905 durch Einsteins Lichtquantenhypothese glänzend bestätigt.

Das mathematische Raum-Zeit-Kontinuums ließ sich demnach nicht mehr auf die physikalische Welt anwenden, und es schien so, als ob die Vision eines Immanuel Kant von der mathematischen Beschreibbarkeit der physikalischen Welt eine Fiktion war. Aber **Albert Einstein (1879–1955)** hatte 1905 nicht nur die *Lichtquantenhypothese* im Koffer, sondern auch schon seine *spezielle Relativitätstheorie*, nach der die Abstände und Verlaufszeiten, in ihren zahlenmäßigen Bestimmungen von den Geschwindigkeiten abhängig sind, welche die betreffenden Gegenstände in Bezug auf ein festes Bezugssystem besitzen. Damit ließen sich nun auch nicht mehr die Abstandsbestimmungen durch die euklidische Geometrie verwenden. Dazu hatte aber der Mathematiker **Georg Friedrich Bernhard Riemann (1826–1868)** bereits 1868 mit seiner Habilitationsschrift in Göttingen eine Erweiterung der mathematischen Geometrie vorgenommen, indem er die nicht-euklidischen Geometrien beschrieb, die später zu Riemanns Ehren auch als *Riemannsche Geometrien*

© Springer Fachmedien Wiesbaden GmbH, ein Teil von Springer Nature 2019
W. Deppert, *Theorie der Wissenschaft*,
https://doi.org/10.1007/978-3-658-14043-4_10

bezeichnet worden sind.[279] In Bezug auf die geometrischen Verhältnisse ließ sich demnach das mathematische Handwerkszeug zur Ehrenrettung der Mathematik erweitern.

Inwieweit dies aber in Bezug auf die mathematischen Beschreibungsschwierigkeiten der von Max Planck begonnenen und später von Ernest Rutherford (1871–1937), Niels Henrik David Bohr (1885–1962), Louis de Broglie (1892–1987), Erwin Schrödinger (1887–1961), Wolfgang Pauli (1900–1958), Werner Heisenberg (1901–1976), Paul Dirac (1902–1984), Eugene Paul Wigner (1902–1995), David Joseph Bohm (1917–1992) und John Archibald Wheeler (1911–2008) und seinen Schülern fortgeführten und weiter ausgearbeiteten Quantentheorie gelungen ist, läßt sich zur Zeit nicht definitiv beantworten. Sicher ist nur, daß die wissenschaftliche Revolution der Quantentheorie in ihren verschiedenen Variationen und Auslegungen bis heute erhebliche weltanschauliche Irritationen mit sich gebracht hat, die bis heute noch nicht überwunden sind. Mit der Quantentheorie einher geht auch die Theorie der Elementarteilchen, die dazu geführt hat, daß sich der alte Wunschtraum der Alchemisten realisieren ließ, chemische Elemente in andere chemische Elemente etwa durch Neutronenanreicherung zu verwandeln. Die Theorie der Elementarteilchen ist auch im Rahmen der Quantenfeldtheorie mathematisch bei weitem noch nicht abgeschlossen.

Auch die von Albert Einstein nahezu allein vollzogene wissenschaftliche Revolution der speziellen und der Allgemeinen Relativitätstheorie hat viele Köpfe, auch die von Wissenschaftlern ziemlich verwirrt, wenngleich die mathematischen Problemstellungen schon weitgehend von Bernhard Riemann gelöst wurden. Später lieferte besonders John Archibald Wheeler die Mathematik für mehrdimensionale Verallgemeinerungen in Superräumen bis hin zu *Wurmlöchern* in der Raum-Zeit.

Es war der amerikanische Philosoph **Thomas S. Kuhn (1922–1996)** der mit seinem Werk *The Structure of Scientific Revolutions,* University of Chicago Press, Chicago 1962 die wissenschaftliche Welt mit der Erkenntnis aufschreckte, daß es nicht nur die wissenschaftlichen Revolutionen der Quantentheorie und der Relativitätstheorien im 20. Jahrhundert gab, sondern, daß die Entwicklung oder auch das Werden der Wissenschaft immer schon und immer wieder aber kaum oder gar nicht vorhersehbar von wissenschaftlichen Revolutionen erschüttert wird, durch die sich die Begrifflichkeiten bis hin zur scheinbaren Unkenntlichkeit veränderten. Damit verlor das Unternehmen Wissenschaft seine Ernsthaftigkeit in Bezug auf die Produktion von verläßlich wahren Erkenntnissen über unsere Welt, ein tief sitzender Schock zumindest für alle Wissenschaftsgläubigen. Der nächste Abschnitt wird darum nun die Problematik und ihre Lösungsmöglichkeiten behandeln, die sich aus der Einsicht über die Beschränktheit der menschlichen Erkenntnis ergibt.

---

279 Vgl. Bernhard Riemann, „*Über die Hypothesen, welche der Geometrie zugrunde liegen.*" Abh. Kgl. Ges. Wiss., Göttingen 1868.

Neuzeitliche Einsichten, in die Beschränktheit menschlicher Erkenntnis und ihre erkenntnistheoretischen Konsequenzen

10.1 Aufkommende Grundlagenskepsis von Hume bis Kant

Es war der schottische Philosoph David Hume (1711–1776), der dem unbändigen Erkenntnisstreben der neuzeitlichen Menschen einen ersten Schock versetzte, indem er zeigte, daß das Induktionsprinzip, insbesondere der Schluß von der Vergangenheit auf die Zukunft, auf dem bis dahin alle empirische Forschung fußte, grundsätzlich nicht begründbar ist. Es könne nicht auf rein logische Weise abgeleitet werden, da in einem Induktionsschluß stets auf etwas geschlossen wird, was in den Prämissen nicht enthalten sei. Das Induktionsprinzip hingegen auf Erfahrung zurückführen zu wollen, scheitert daran, daß man bei diesem Versuch notwendig in einen unendlichen Regress oder in einen Zirkel hineingerät. Denn wenn man sagt, man habe die Erfahrung gemacht, daß sich das Induktionsprinzip anwenden lasse, und wenn man daraus auf die Gültigkeit des Induktionsprinzips schließen will, dann macht man dabei wieder einen Schluß von der vergangenen Erfahrung mit dem Induktionsprinzip auf alle zukünftigen Erfahrungen mit ihm. Der Schluß von der Vergangenheit auf die Zukunft ist aber nur erlaubt, wenn das Induktionsprinzip gilt, d.h., ich setze bei einer derartigen Argumentation das voraus, was ich erst beweisen will. Dies ist ein Argumentationszirkel, der sich in einen unendlichen Regress verwandelt, wenn man behaupten wollte, daß das für die Argumentation benutzte Induktionsprinzip ein Prinzip höherer Stufe sei. Um das Induktionsprinzip höherer Stufe zu begründen, bräuchte man eines von noch höherer Stufe, u.s.f.

Hume hat versucht, dieses erkenntnistheoretische Dilemma durch das psychologische Argument der Gewohnheit zu lösen. Freilich ist dies überhaupt keine Lösung, da durch den Hinweis auf die Gewohnheit kein erkenntnistheoretisches Prinzip fundiert werden kann, das die Verläßlichkeit der Erkenntnis garantieren könnte. Denn wie oft haben sich

© Springer Fachmedien Wiesbaden GmbH, ein Teil von Springer Nature 2019
W. Deppert, *Theorie der Wissenschaft*,
https://doi.org/10.1007/978-3-658-14043-4_11

Gewohnheiten herausgebildet, die den Menschen in die Irre geführt haben. David Hume ist sich darum darüber im klaren, daß es schließlich ein Glaube sei, der den Menschen auf die Existenz von Naturgesetzen und deren Erkenntnis vertrauen läßt.

Kant behandelt das Problem der Erkenntnisbegründung, indem er versucht, die beschriebenen drei verschiedenen erkenntnistheoretischen Richtungen des Empirismus, Rationalismus und Operativismus in einem System miteinander zu vereinigen. Daß man ihn dennoch einen Rationalisten nennt, hat damit zu tun, daß der Begriff der Vernunft von Kant eine neue, und zwar transzendental-philosophische Deutung erhält. Diese Vernunft ist es nämlich, die durch ihr Vermögen zum Aufstellen von Prinzipien den Empirismus, den Rationalismus alter Prägung und den Operativismus miteinander vereinigt. Kant erreicht diese Synthese, indem er das Identitätsbewußtsein des Menschen durch das Zusammenwirken verschiedener Erkenntnisvermögen im Gemütsganzen des Menschen erklärt. Und da die bisherigen philosophischen Richtungen nur durch die Hervorhebung eines bestimmten Erkenntnisvermögens gekennzeichnet wurden, interpretiert Kant die philosophischen Hauptrichtungen als Überbetonungen bestimmter Erkenntnisvermögen des menschlichen Gemüts:

Der Empirismus setzt auf das rezeptive Vermögen zur Aufnahme von Wahrnehmungen, das für Kant das Vermögen der Sinnlichkeit ist, und der Rationalismus vertraut nur auf das Vermögen zu denken, das Kant mit dem Verstand identifiziert.

Neben der Sinnlichkeit und dem Verstand ist das Gemütsganze nach Kant noch aus der Vernunft und den beiden zwischen Sinnlichkeit und Verstand bzw. Vernunft vermittelnden Vermögen aufgebaut, der Einbildungskraft und der Urteilskraft.[280]

Von diesen gibt es jeweils zwei Formen. Die Einbildungskraft unterteilt sich in die rezeptive und die produktive Einbildungskraft, die Urteilskraft hingegen wird von Kant in die bestimmende und die reflektierende Urteilskraft aufgegliedert.

Im Gegensatz zum Empirismus und zum Rationalismus erwähnt Kant den Operativismus Thomas Hobbes' nicht, dennoch entspricht in Kants Erkenntnissystem auch dieser philosophischen Richtung ein besonderes Erkenntnisvermögen, es ist die Einbildungskraft und im besonderen die konstruktive Einbildungskraft, der wir nach Kant die Fähigkeit zu mathematischen Konstruktionen verdanken, die aber auch für die Bildung der sog. Schemate, die besondere Kopplungsglieder zwischen Sinnlichkeit und Verstand darstellen, verantwortlich ist.

Wie aber läßt sich nach Kant mit Hilfe seiner Erkenntnisvermögen Erkenntnisgewißheit gewinnen?

---

280 Kant hebt diese Überbetonungen des Verstandes oder der Sinnlichkeit in einer Anmerkung zur Amphibolie der Reflexionsbegriffe in der 'Kritik der reinen Vernunft' hervor, indem er über Leibniz, dem Rationalisten alter Prägung, und Locke, dem Empiristen, Folgendes schreibt: „Anstatt im Verstande und der Sinnlichkeit zwei ganz verschiedene Quellen von Vorstellungen zu suchen, die aber nur in Verknüpfung objektiv gültig von Dingen urteilen können, hielt sich ein jeder dieser großen Männer nur an eine von beiden,… ." (A271, B327).

10.2 Grundlagensicherung durch die Transzendentalphilosophie Immanuel Kants

Das *Selbstbewußtsein* des Menschen tritt nach Kant erst dann auf, wenn Sinnlichkeit, Einbildungskraft und Verstand in einer *Objektkonstitution* zusammenarbeiten. Damit werden die Funktionen dieser Vermögen notwendig, um überhaupt Erfahrung machen zu können. In dieser Konstruktion sind somit die empiristische und die rationalistische Sicht als zwei notwendige Seiten des menschlichen Selbstbewußtseins enthalten.

Die Formen, in denen sich für Kant wissenschaftliches Arbeiten vollzieht, richten sich nach den beteiligten Erkenntnisvermögen. So gibt es für alle Erkenntnisvermögen reine Formen, das sind solche, die unabhängig von aller Erfahrung sind, darum heißen sie auch apriorische Formen; und sofern sie Erfahrung ermöglichen, heißen sie transzendental. Die reinen Formen der Sinnlichkeit teilen sich auf in die reine Form der inneren Anschauung, die Kant als die Zeit definiert, und die reine Form der äußeren Anschauung, die dem Raum zugeordnet wird. Die Worte innen und außen sind daher nicht als räumliche Bezeichnungen aufzufassen, sondern als Selbst- und Fremdaffektion, d.h., die innere Anschauung ist durch das Gemüt selbst bedingt, während die äußere Anschauung noch von etwas anderem, etwas Fremden abhängt. Die reinen Formen des Verstandes sind die reinen Verstandesbegriffe oder auch Kategorien. Diese sind in vier Dreier-Gruppen aufgeteilt:[281]

Quantität	Qualität	Relation	Modalität	
Einheit	Realität	Inhärenz u. Subsistenz (substantio et accidens)	Möglichkeit	Unmöglichkeit
Vielheit	Negation	Kausalität u. Dependenz (Ursache und Wirkung)	Dasein	Nichtsein
Allheit	Limitation	Gemeinschaft (Wechselwirkung zwischen dem Handelnden u. dem Leidenden)	Notwendigkeit	Zufälligkeit

Für Kant ist alle sinnliche Erkenntnis geformt durch die reinen Formen der Sinnlichkeit, Raum und Zeit und den reinen Formen des Verstandes, den 12 Kategorien. Eine empirische Erkenntnis über das Ansich-Sein der Dinge läßt sich darum über sinnliche Wahrnehmungen niemals erreichen. Die wahrgenommene Welt, mit der wir es zu tun haben, nennt Kant darum die *Erscheinungswelt*. Während die reinen Formen der Sinnlichkeit, Raum und Zeit, den ontologischen Rahmen der *Erscheinungswelt* abgeben, so sind die reinen Formen des Verstandes, die Kategorien, die ontologischen Bestimmungen der Gegenstände der Erscheinungswelt und außerdem auch die ontologischen Bestimmungen der Gegenstände der *intelligiblen Welt*, die ganz von der Vernunft aufgebaut wird und darum keine raum-zeitlichen Bestimmungen trägt.

Die reinen Formen der Vernunft sind nach Kant die transzendentalen Ideen, mit denen die Totalität der Bedingungen eines Bedingten gedacht wird. Diese sind:[282]

die absolute Einheit des denkenden Subjekts: *die Seele,*

---

281 Vgl. Kant (1781, 1787) A80, B106.
282 Vgl. Kant (1781, 1787) A334, B391.

die absolute Einheit der Reihe der Bedingungen der Erscheinungen: *die Welt* und die absolute Einheit der Bedingungen aller Gegenstände des Denkens überhaupt: *Gott*.

Kant macht einen wichtigen Unterschied zwischen Anschauung und Begriff. Für ihn ist Anschauung "*die Vorstellung, die nur durch einen einzigen Gegenstand gegeben werden kann.*" Und über den Begriff sagt er:

> "*Der Begriff ist der Anschauung entgegengesetzt; denn er ist eine allgemeine Vorstellung dessen, was mehreren Objecten gemein ist, also eine Vorstellung, sofern sie in verschiedenen enthalten sein kann.*"

Die Unterscheidung von Anschauung und Begriff entspricht der aristotelischen vom *erstem Wesen* und vom *Allgemeinem*. Aristoteles sagt:

> "Denn das erste Wesen eines jeden Einzelnen ist diesem Einzelnen eigentümlich und findet sich nicht noch in einem anderen, das Allgemeine aber ist mehreren gemeinsam; denn eben das heißt ja allgemein, was seiner Natur nach mehreren zukommt."[283]

Neben den reinen Anschauungen und Begriffen gibt es für Kant auch empirische Anschauungen und Begriffe, die stets über den Kanal der Sinnlichkeit gebildet werden müssen.

Kant hat mit seinem Erkenntnissystem die Einsicht in die Beschränktheit des menschlichen Erkenntnisvermögens gegenüber David Hume dahingehend verschärft, daß es dem Menschen unmöglich ist, die Dinge in ihrem Ansich-Sein zu erkennen. Die Menschen sind stets an ihre Erkenntnisformen, die ihrem Bewußtsein a priori anhaften, gebunden. Die Problematik des Induktionsprinzips löst er aber dadurch, daß der Mensch aufgrund der ihm apriorisch vorgegebenen reinen Verstandesform der Kausalität nicht anders kann, als zu einem gegebenen Ereignis ein anderes zu vermuten, das ihm vorausgeht und mit ihm durch eine Regel verbunden ist. Die regelhafte Verbindung der Ereignisse durch Kausalgesetze ist für Kant eine notwendige Denkform von bewußten Wesen, sie braucht darum nicht erst bewiesen zu werden. Dies ist nun freilich eine bestimmte Bewußtseinsform, die Kant mit seinem Denkvermögen erreicht hat, welche inzwischen ein Objekt der neuen Wissenschaft der Bewußtseinsgenetik geworden ist, welche allerdings zu seiner Zeit im ganzen angloamerikanischen Bereich bei den allermeisten Philosophen noch nicht erreicht war, warum sie gar nicht anders konnten, als die apriorischen Denkformen Kants abzulehnen.

Der Forschung mußte es nach Kant nur darum gehen, herauszufinden, welches im einzelnen die Kausalgesetze sind, durch die die tatsächlich stattfindenden Ereignisse miteinander verknüpft sind. Die Naturgesetze sind für Kant darum durch einen Rahmen bestimmt, der durch die reinen Formen der Sinnlichkeit, Raum und Zeit, und die reinen For-

---

283 Vgl. Aristoteles, Metaphysik 1039b10, übers. in: Bonitz 1980, S. 50f.

men des Verstandes, den Kategorien, vorgegebenen ist. Und wenn Kant davon spricht, daß der Mensch der Natur ihre Gesetze vorschreibe, so ist dies nicht in einem überheblichen Sinne mißzuverstehen, sondern im Gegenteil als die Beschränktheit der Menschen, nur das erkennen zu können, was ihnen ihre Erkenntnisformen an Erkenntnis ermöglichen.

Kant hat mit seinem apriorischen System der reinen Erkenntnisformen den Denkrahmen für Problemstellungen und Problemhorizonte angegeben, an denen sich die Wissenschaft selbst in ihren modernen Entwicklungen weitgehend orientiert hat, wenn dies auch oft nicht bewußt geschah. Dies gilt z.B. für Kants Einsicht der Bedingtheit aller Erkenntnis sowie für seine Unterscheidung von Begriff und Anschauung, wenn man die Anschauung heute als das versteht, wodurch wir das Existierende und die verschiedenen Existenzformen bestimmen. Eine der wichtigsten Unterscheidungen der heutigen Wissenschaft ist demgemäß die Unterscheidung von rein begrifflichen Konstruktionen und die der existentiellen Betrachtung.

Erkenntnisgewißheit ist für Kant immer dann in der Wissenschaft gegeben, wenn sie mit rein begrifflichen Konstruktionen umgeht, wie es in der Mathematik geschieht oder in den theoretischen Naturwissenschaften, wenn auch ihre Begriffe reine mathematische Konstruktionen sind.

10.3 Ernsthafte Kritik an Kants Erkenntnissystem im 20. und 21. Jahrhundert

Kant war bis in unsere Zeit hinein sehr viel Kritik ausgesetzt, wobei es freilich einstweilen unausgemacht ist, ob die Kritiker in ihrer bewußtseinsgenetischen Entwicklung Kants Bewußtseinsform noch nicht erreicht hatten oder sich schon in einer weiterentwickelten Bewußtseinsform befanden. Wie dies auch sei, die ernstzunehmenden Kritiker haben jedenfalls niemals seine Feststellung bestritten, daß alle empirische Erkenntnis durch Erkenntnisformen bedingt ist, die dem erkennenden Subjekt anhängen. Kritisiert wurde vielmehr Kants Behauptung, daß diese Formen selbst unbedingt, weil apriorischer Natur sind. Aufgrund einer tatsächlich weiter entwickelten Bewußtseinsform heraus konnte schon im Laufe des späten 19. Jahrhunderts gezeigt werden, daß etwa unsere Raumvorstellung nicht notwendig euklidisch ist, sondern daß wir sehr wohl in der Lage sind, nicht-euklidische Räume zu konstruieren und daß unser Wahrnehmungsraum selbst zu diesem Typ von Räumen gehört. **Kurt Hübner** (1921–2013) spricht darum vom historischen Apriori, d.h. von Voraussetzungen für das Aufstellen einer Erkenntnistheorie, die durch die historische Situation bedingt ist, in der sich der betreffende Wissenschaftler befindet.[284] Und ich denke, daß das Bewußtsein der historischen Bedingtheit unserer Erkenntnis bereits eine solche weiterentwickelte Bewußtseinsform darstellt, als sie Kant erreicht hatte; denn damit wird es für selbstverständlich gehalten, daß jeder Wissenschaftler in seiner Arbeit freilich

---

284 Kurt Hübners wissenschaftstheoretisches Hauptwerk: *Kritik der wissenschaftlichen Vernunft*, Karl Alber Verlag, Freiburg/München 1978, ⁴1993 S. 97ff. 1978, S. 87f. Oder S. 271.

unbewußt von seiner Bewußtseinsform regiert wird, die sich in ihm durch das Heranwachsen in einer ganz bestimmten Epoche gebildet hat, und dazu gehört die Einsicht, daß sich
die Bewußtseinsformen der Menschen ändern und *nicht* für alle bewußten Wesen – wie
Kant sich ausdrückte – identisch gleich sind.

Dadurch aber ist die transzendentale Begründung Kants für die Unbedingtheit seiner
Erkenntnisformen nicht durchzuhalten, und es entstand eine erneute Verunsicherung in
bezug auf die Fundierung wissenschaftlicher Erkenntnis. Aus derartigen Gründen bekam
die bereits als Operativismus beschriebene dritte erkenntnistheoretische Hauptrichtung
ihre historische Chance. **Henri Poincaré** (1853–1912) und später **Hans Reichenbach**
(1891–1953) entwickelten aus dem operativistischen Programm einen konventionalisti-
schen Konstruktivismus, d.h., der Ausgangspunkt aller Konstruktionen sei durch *Konven-*
tionen gegeben, warum diese dritte erkenntnistheoretische Hauptrichtung auch als *Kon-*
ventionalismus bezeichnet wird. So müsse man aus methodischen Gründen apriorische
Prinzipien wie etwa das Kausalprinzip voraussetzen, wohlwissend, daß diese Prinzipien
unbegründet sind. Hübner stellt die operativistische Position Reichenbachs mit folgenden
Worten dar:

> "Wenn sich die Wissenschaft das Ziel setzt, Prognosen zu machen und die Natur zu be-
> herrschen, dann muß sie voraussetzen, daß das Naturgeschehen nach konstanten Regeln und
> Gesetzen verläuft. Rein empirisch läßt sich die Existenz solcher Gesetze nicht beweisen; aber
> da es, wenn überhaupt, so nur einen methodischen Weg gibt, das Ziel der Prognose, das wir
> wollen, zu erreichen – nämlich den der Voraussetzung von Gesetzen – so müssen wir ihn be-
> schreiten, auch wenn wir nicht wissen, ob unsere Mühe vergeblich sein wird."[285]

Reichenbach gibt für seine erkenntnistheoretische Idee ein Gleichnis an, das auch Hübner
zitiert:

> "Ein Blinder, der sich im Gebirge verirrt hat, tastet mit seinem Stock einen Pfad. Er weiß
> nicht wohin ihn der Pfad führt, auch nicht, ob der Pfad ihn nicht so nah an den Abgrund
> führt, daß er hinunterstürzen wird. Und doch wird er, indem er sich mit seinem Stock von
> Schritt zu Schritt weitertastet, dem Pfade folgen und weitergehen. Denn wenn es für ihn
> überhaupt eine Möglichkeit gibt, aus der Felsenwildnis herauszukommen, dann ist es das
> Tasten entlang diesem Pfad. Als Blinde stehen wir vor der Zukunft; aber wir tasten einen
> Pfad, und wir wissen, wenn wir überhaupt einen Weg durch die Zukunft finden können, dann
> geschieht es durch Tasten entlang diesem Pfad."[286]

Dieses Bild von Hans Reichenbach ist in Bezug auf die Erkenntnis eines sicheren Weges
zur Bestimmung dessen, was sich in der Zukunft ereignen wird, ganz und gar resignativ.
Und das Gleichnis vom Abgrund, in den die Menschheit hinabstürzen könnte, ist angesichts der selbstzerstörerischen Umweltverheerungen durch den Menschen inzwischen

---

285 Vgl. Hübner 1978, S. 24.
286 Vgl. Reichenbach 1935, S. 420.

durchaus passend. Und nach Thomas Kuhns Darstellung der Unvermeidbarkeit von wissenschaftlichen Revolutionen, die womöglich das vorausgegangene wissenschaftliche Bemühen obsolet machen, scheint die Lage der Wissenschaft heute nicht weniger resignativ zu sein, als sie von Hans Reichenbach mit seinem drastischen Bild gezeichnet wurde. Darum ist es an der Zeit, die Frage zu bearbeiten, wodurch wissenschaftliche Revolutionen entstehen und ob es dennoch Möglichkeiten gibt, trotz des kaum voraussagbaren Auftretens von wissenschaftlichen Revolutionen *wissenschaftlichen Fortschritt* zu sichern.

10.4 Gründe für das Auftreten von wissenschaftlichen Revolutionen, die aber dennoch wissenschaftlichen Fortschritt ermöglichen

Das Werden der Wissenschaft, wie er im 8. Abschnitt beschrieben wurde, war möglich durch Gelehrte, die sich in einer Personalunion von Philosophen, Wissenschaftlern und Technikern befanden, so daß sich von einer Einheit oder gar von einer Ganzheit von Philosophie, Wissenschaft und Technik sprechen ließ, wozu sich zu dieser Einheit in einigen hervorragenden Persönlichkeiten auch die Religion etwa in Form von Theologie beigesellt hatte. Diese Einheit ist mit dem Auftreten der wissenschaftlichen Revolutionen nur scheinbar zerbrochen; denn die Gelehrten, welche die wissenschaftlichen Revolutionen hervorbrachten, befanden sich noch in dieser Einheit. Wie ist dies zu erklären?

Die wissenschaftlichen Revolutionen gehen inhaltlich etwa in der Quantenphysik oder in der Relativitätstheorie einher mit einer verstärkten Mathematisierung der physikalischen Beschreibung von bestimmten Erscheinungen, denen schon zu Beginn des 20. Jahrhunderts die meisten Philosophen nicht mehr folgen konnten, so daß sich sogar unter den Philosophen selbst die Meinung verbreitete, daß die Kompetenz zur Bearbeitung der Grundlagenfragen der Erkenntnis inzwischen von den Philosophen auf die theoretischen Physiker übergegangen sei. So etwa verstand Rudolf Carnap (1891–1970) unter Philosophie nur noch die logische Analyse der Wissenschaftssprache und in seinem Aufsatz *Die physikalische Sprache als Universalsprache der Wissenschaft* (1931) übergibt er die Grundlagenarbeit an der Wissenschaft den Physikern. Damit hätte tatsächlich die alte Philosophie ihre alte Grundlagenarbeitsaufgabe verloren, und die herkömmlich verstandene Philosophie verstanden als die Ansammlung von Ergebnissen des gründlichen Nachdenkens, woraus das Philosophieren besteht, hat sich bis heute nicht von diesem Tiefschlag erholt und wohl auch nicht das Wissenschaftsverständnis und insbesondere auch nicht die Physik, weil aus bislang nicht dargelegten Gründen auch in der theoretischen Physik sich nichts wesentlich Neues seit den 30-iger Jahren des vergangenen Jahrhunderts ereignet hat. Es scheint beinahe so, als ob auch die wissenschaftlichen Revolutionen der Anregung durch die Philosophie nicht entsagen können, was gewiß ebenso für die politischen Revolutionen stets gegolten hat.

Um diese Zusammenhänge genauer zu verstehen, ist auf die philosophische Diskussion einzugehen, welche durch Thomas S. Kuhns Werk *Die Struktur wissenschaftlicher Revo-*

lutionen[287] wach gerufen worden ist. In diesem Werk hat er dargestellt, daß das normale wissenschaftliche Arbeiten von einem *Paradigma* geleitet wird, das sich nicht verändert, so daß wissenschaftliche Ergebnisse vergleichbar sind und eindeutig entschieden werden kann, welches Ergebnis einen Fortschritt gegenüber einem anderen Ergebnis darstellt. Und diese paradigmatische Wissenschaft bezeichnet er auch als *Normalwissenschaft*. Eine wissenschaftliche Revolution sei durch eine Änderung des Paradigmas des wissenschaftlichen Arbeitens gegeben, so daß sich die neue Normalwissenschaft grundlegend von der alten unterscheidet. Schließlich hat Kuhn es plausibel erscheinen lassen, daß die Ergebnisse der Wissenschaften verschiedener Paradigmen inkommensurabel – zu deutsch – unvergleichbar seien[288], so daß es fraglich wäre, ob durch wissenschaftliche Revolutionen überhaupt wissenschaftlicher Fortschritt bestimmbar sein könne.

Von den normativen Wissenschaftstheoretikern vor allem vom **Logischen Positivismus** und vom **Kritischen Rationalismus**[289], ging ein Sturm der Entrüstung aus und man versuchte aber die Lage herunterzuspielen, indem behauptet wurde, daß Thomas S. Kuhn in Bezug auf das Auftreten von wissenschaftlichen Revolutionen lediglich eine Rationalitätslücke aufgezeigt habe, die es nun zu schließen gelte. Von der Seite des logischen Positivismus war es sogar **Wolfgang Stegmüller (1923–1991)**, der meinte mit Hilfe des Sneedschen strukturalistischen Ansatzes zur Beschreibung wissenschaftlicher Theorien diese Rationalitätslücke schließen zu können, indem er die ganz neue Theorie *'The Structuralist View of Theories'* entwarf[290], vor allem gezielt deshalb, um **Paul Feyerabends**

287 Vgl. Thomas S. Kuhn, *The Structure of Scientific Re*volutions, Chicago 1962 oder in der Übersetzung von Kurt Simon *Die Struktur wissenschaftlicher Revolutionen*, Suhrkamp Verlag, Frankfurt/Main 1973.

288 Vgl. ebenda Kapitel XIII. *'Fortschritt durch Revolutionen'*, und darin S. 223: „*wir müssen vielleicht – explizit oder implizit – die Vorstellung aufgeben, daß der Wechsel der Paradigmata die Wissenschaftler und die von ihnen Lernenden näher und näher an die Wahrheit heranführt*.“

289 Sie werden im Einzelnen im 3. Band der Theorie der Wissenschaft 'Kritik der normativen Wissenschaftstheorien' dargestellt undahinsichtlich ihres Anspruches, Vorschriften für korrektes wissenschaftliches Arbeiten machen zu können, kritisiert.

290 Vgl. Sneed, J.D., *The Logical Structure of Mathematical Physics*, Dordrecht 1971 und Wolfgang Stegmüller, *The Strucruralist View of Theories*, Springer-Verlag Berlin Heidelberg New York1979 und nachfolgend: Wolfgang Stegmüller, Probleme und Resultate der Wissenschaftstheorie und analytischen Philosophie Band I: *'Erklärung – Begründung – Kausalität'*, Zweite, verbesserte und erweiterte Auflage, Teil G; *'Die pragmatisch-epistemische Wende. Familien von Erklärungsbegriffen. Erklärung von Theorien: Intuitiver Vorblick auf das strukturalistische Theorienkonzept'*, Springer-Verlag, Berlin, Heidelberg, New York 1983, 6. (E) bis (J) S. 1058–1077 und Band II: *'Theorie und Erfahrung'* – Dritter Teilband, *Die Entwicklung des neuen Strukturalismus seit 1973*, Springer-Verlag, Berlin, Heidelberg, New York, Tokio 1986, insbesondere Kap. 10. S. 298–310.

(1924–1994) Meinung zu widerlegen, daß das Inkommensurabilitätsproblem, das mit wissenschaftlichen Revolutionen verbunden sei, unlösbar wäre[291].

Zweifellos hat Wolfgang Stegmüller zusammen mit **Joseph D. Sneed (1938)** und vor allem mit seinen Schülern **Carlos Ulises Moulines (1946)** und **Wolfgang Balzer (1947)** mit dem Aufbau des strukturalistischen Theorienkonzepts einen sehr wesentlichen Beitrag zur Aufhellung der Strukturen wissenschaftlicher Theorien geleistet, indem er die Kuhnschen Begriffe des Paradigmas und der Normalwissenschaft, sowie den Begriff der außerordentlichen Wissenschaft und den der Theorienverdrängung durch wissenschaftliche Revolutionen und den Begriff des Strukturkerns einer Theorie erheblich verschärft oder überhaupt erst klar dargestellt hat. Dies gelang ihm aber nur über den Umweg, aus der Wissenschaftstheorie eine eigene Wissenschaft mit einer eigenen formalen Wissenschaftssprache gemacht zu haben, womit er aber freilich im Chor der normativen Wissenschaftstheorien zusammen mit dem Kritischen Rationalismus wesentlich dazu beigetragen hat, daß es in Deutschland heute so gut wie keine Institute für Wissenschaftstheorie mehr gibt, weil das strukturalistische Theorienkonzept keine Anregungen zum Aufbau von wissenschaftlichen Theorien liefert, was aber in der gesamten wissenschaftlichen Arbeit dringend gebraucht wird.

Dies war auch die Hauptkritik des Wissenschaftstheoretikers Kurt Hübner am strukturalistischen Theorienkonzept von Sneed und Stegmüller, nämlich **das Hauptziel, eine Theoriendynamik zu sein, verfehlt zu haben**, „weil die mengentheoretische Beschreibung von Theorien bei all ihren formalen Vorteilen gerade deren Begründungsproblematik verdeckt"; denn dadurch „verdeckt sie auch deren geschichtliche Bestimmtheit,"[292] welche nach Hübner für alle menschlichen wissenschaftlichen Bemühungen unhintergehbar ist. Alle Begründungen für Veränderungen in den Wissenschaften und auch die für das Auftreten von wissenschaftlichen Revolutionen und der damit verbundenen Verdrängung von alten Theorien über die Beschreibung der physikalischen Welt durch neue sind durch die Veränderungen in den historischen Gegebenheiten zu erklären. Um dies zu verdeutlichen bestimmt Hübner den Begriff der *historischen Systemmenge*. Dies ist für Hübner stets eine Menge von Regeln, die das menschliche Verhalten bestimmen, sei es im mitmenschlichen Alltag oder in anderen menschlichen kulturellen Tätigkeiten, wie der des wissenschaftlichen Arbeitens. Die historische Systemmenge ist ein theoretisches Konstrukt Hübners, dessen Anwendbarkeit für Hübner deshalb gegeben ist, weil alle Menschen sich stets regelgesteuert verhalten, einerlei ob bewußt oder nicht bewußt. Zu jeder Zeit ist mithin die Existenz einer historischen Systemmenge anzunehmen, durch die nach Hübner eine *historische Situation* bestimmt ist.

---

291 Vgl. Paul Feyerabend, *Wider den Methodenzwang*, Suhrkamp (stw 597), Frankfurt am Main 1976, ISBN 3-518-28197-6.

292 Vgl. Kurt Hübner, *Kritik der wissenschaftlichen Vernunft*, Karl Alber Verlag Freiburg/ München, 4. Auflage 1993, Kapitel XII: *Kritik an der Sneed-Stegmüllerschen Definition theoretischer Größen* (S. 294–303) S. 302

Die Existenzgrundlage der historischen Systemmenge befindet sich in den Gedanken-
inhalten der Gehirne der in einer Zeit lebenden erwachsenen Menschen, die sich gemäß
der in ihnen ausgebildeten Bewußtseinsformen herangebildet haben. Und mit der Veränderung von Bewußtseinsformen verändert sich demgemäß auch die historische Systemmenge und es können Widersprüche in ihr auftreten, die nach einer Auflösung drängen,
weil Widerspruchsvermeidung zu den evolutionär notwendigen Überlebensprinzipien gehört. Derartige Widersprüche können auch schon auftreten, wenn Menschen herumreisen
oder wenn es gar Bewegungen von ganzen Volksgruppen sind, die dadurch in Gegenden
geraten, in denen andere Regelsysteme tradiert werden.

Nach Hübner lassen sich Widersprüche in Systemmengen auf zweierlei Weise lösen,
entweder durch Explikationen, der anerkannten bestehenden Theorien, also im Kuhnschen Sinne durch normalwissenschaftliches Arbeiten oder durch Veränderung an den
Grundlagen der geltenden Theorien, durch Mutationen – wie Hübner sie im evolutionstheoretischen Sprachgebrauch nennt. Zu einem Fortschritt kommt es immer dann, wenn
die aufgetretenen Widersprüche in der historischen Systemmenge so harmonisiert werden, daß diese schlicht verschwinden. Man könnte dann von zwei verschiedenen Arten
von Fortschritt sprechen, vom explikativen und vom mutativen, was Hübner ganz einfach als Fortschritt I und Fortschritt II kennzeichnet.[293] Da die Widerspruchsbeseitigung
in einem gedanklichen System, welches ja eine Systemmenge darstellt, stets ein Fortschritt für den bedeutet, in dem dieses gedankliche Systeme angesiedelt ist, so scheint mit
Hübners Harmonisierungsidee von historischen Systemmengen das Fortschrittsproblem,
das durch Kuhns wissenschaftliche Revolutionen und den mit ihnen verbundenen in-
kommensurablen Paradimata, aufgekommen ist, gelöst zu sein, wenn da nicht noch die
Tatsache zu berücksichtigen wäre, daß die wichtigsten wissenschaftlichen Revolutionen
durch die Weiterentwicklung der Bewußtseinsformen von den wenigen Wissenschaftlern
entfacht worden sind, welche die Quellpunkte dieser Revolutionen sind. Denn letztlich
haben wir bislang gar keine Ahnung davon, auf welche Weise sich diese Entwicklung der
Bewußtseinsformen in der Menschheit vollzieht. Die dazu nötige Wissenschaft der Bewußtseinsgenetik ist noch längst nicht bei den Gehirnphysiologen etabliert, und niemand
weiß, welche ersten Ergebnisse in dieser Wissenschaft zu Tage gefördert werden können.

Ganz sicher aber können Harmonisierungen in der historischen Systemmenge nur von
den Menschen angenommen werden, in denen sich die dazu nötigen Entwicklungen ihrer
Bewußtseinsformen bereits vollzogen haben. Um sich darüber einen irgendwie gearteten
Überblick zu verschaffen, ist nun die Lage der heutigen Wissenschaft darzustellen, wie sie
aus der Verfolgung der historischen Wirksamkeit der Prinzipien der Evolution, denen auch
die menschliche Evolution und mithin auch die geistigen Eigenschaften der Menschen
unterworfen sind, beschreibbar ist.

---

293 Vgl. ebenda Abschnitt VIII 4. und 5. S. 210–217.

Der wissenschaftliche Stand im 21. Jahrhundert 11

Wenn wir uns auf den wissenschaftlichen Standpunkt stellen, daß wir Menschen durch die biologische Evolution aus dem Tierreich hervorgegangen sind, dann könnte es möglich sein, daß unsere dabei entstandenen geistigen Fähigkeiten, welche die wissenschaftlichen Revolutionen erzeugen und die über die wissenschaftlichen Revolutionen hinweg erhalten bleiben, aus den Prinzipien ableitbar sind, nach denen die biologische Evolution überhaupt erst als möglich erscheint. Wir haben demnach ganz im Sinne Kants nach den Bedingungen der Möglichkeit der Erfahrung der biologischen Evolution zu fragen.

Mit diesen Fragen habe ich mich anfänglich auf Symposien des Internationalen Instituts für theoretische Cardiologie (IIftC) beschäftigt, um die evolutionären Bedingungen für die Optimalisierungen herauszufinden, die sich durch die Evolution am Herzen vollzogen haben.[294] Dabei wurde offenkundig, daß sich Optimalisierungen in der Evolution nur erreichen lassen, wenn in der Evolution auch teleologische Aspekte der Lebenserhaltung über einen Überlebenswillen der Lebewesen auftreten. Genau dieser Frage bin ich in der Zeit, in der die Fortschrittsproblematik diskutiert wurde, nachgegangen.[295] Und aus diesen Arbeiten entstand dann schließlich die Beschäftigung mit der hier geforderten Fragestellung nach den Bedingungen der Möglichkeit für Systeme, daß an ihnen überhaupt evolutionäre Veränderungen möglich sind: *nach den Bedingungen von Systemen, daß an ihnen eine biologische Evolution überhaupt stattfinden kann.*[296]

---

294 Vgl. dazu W. Deppert, Concepts of optimality and efficiency in biology and medicine from the viewpoint of philosophy of science, in: D. Burkhoff, J. Schaefer, K. Schaffner, D.T. Yue (Hg.), *Myocardial Optimization and Efficiency, Evolutionary Aspects and Philosophy of Science Considerations*, Steinkopf Verlag, Darmstadt 1993, S. 135–146.

295 Vgl. W. Deppert, Teleology and Goal Functions – Which are the Concepts of Optimality and Efficiency in Evolutionary Biology, in: Felix Müller und Maren Leupelt (Hrsg.), *Eco Targets, Goal Functions, and Orientors*, Springer Verlag, Berlin 1998, S. 342–354.

296 Vgl. W. Deppert, „Bedingungen der Möglichkeit von Evolution – Evolution im Widerstreit zwischen kausalem und finalem Denken" – Referat zur Tagung des Kieler IPTS vom 28. 6. bis

© Springer Fachmedien Wiesbaden GmbH, ein Teil von Springer Nature 2019
W. Deppert, *Theorie der Wissenschaft*,
https://doi.org/10.1007/978-3-658-14043-4_12

Die Konsequenz dieser Arbeiten läßt sich mit zwei Prinzipien zusammenfassen, die in einem evolutionsfähigen System wirksam sein müssen: *ein Prinzip der Selbsterhaltung* und *ein Prinzip der Gemeinschaftserhaltung*, die in der üblichen lateinischen Sprechweise als *principium individuationis* und als *principium societatis* oder in deutscher Formulierung als Vereinzelungsprinzip und als Vergemeinschaftungprinzip bezeichnet werden mögen. Diese Prinzipien sind auch in allen Menschen angelegt, wenn wir sie als Produkte der biologischen Evolution verstehen. Aufgrund der Tatsache, daß die biologische Evolution uns Menschen mit einem Gehirn ausgestattet hat, das aus einigen Billionen von Gehirnzellen besteht, von denen jede Gehirnzelle etwa noch über 20 Dendriten verfügt, durch die Verbindungen mit anderen Gehirnzellen möglich sind, kann die Funktionalität des Gehirns als eines Sicherheitsorgans des gesamten Lebewesens nur gegeben sein, wenn die biologische Evolution bereits bestimmte Ablaufpläne für die nötigen Gehirnverschaltungen hervorgebracht hat, die möglicherweise bereits im Embryonalzustand der Lebewesen mit ihrer Durchführung beginnen. Und dies gilt gewiß für alle Lebewesen, deren Gehirn bereits aus einer Fülle von verschaltungsfähigen Gehirnzellen besteht. Dies trifft besonders für alle Lebewesen zu, die eine Kindheitsphase besitzen, die erst durchlebt werden muß, bis die Lebewesen so weit entwickelt sind, daß sie ihre äußere Existenz durch eigene Aktivitäten erhalten können. Für die Menschen kommt in der Kindheit noch der Aufbau einer inneren Existenz hinzu, welcher aus der Ansammlung von sinnvollen Handlungsvorstellungen besteht, die von der menschlichen Gemeinschaft akzeptiert werden. Wie sich im Laufe der Erarbeitung der Zusammenhänge zum Werden der Wissenschaft ergeben hat, ist die Bildung der inneren Existenz der Menschen noch abhängig von der einstweilen als stufenförmig angenommen Entwicklung der Bewußtseinsformen der Menschen, so daß wir zusätzlich zur biologischen Evolution noch eine kulturelle Evolution der Menschheit anzunehmen haben, und es fragt sich nun, ob auch diese Evolution unter den Prinzipien der hier herausgearbeiteten Bedingungen der biologischen Evolution steht. Es wäre verwunderlich, wenn das nicht der Fall wäre.

Zu Anfang der neunziger Jahre waren die Philosophen und Wissenschaftstheoretiker aufgrund der Orientierungskrise umgetrieben, die sich nicht nur in der Wissenschaft ausbreitete, sondern welche die gesamte kulturelle Welt zu erfassen schien. Darum hielt ich im Wintersemester 1993/94 eine Vorlesung zu dem Thema: *„Philosophische Untersuchungen zu den Problemen unserer Zeit – Die gegenwärtige Orientierungskrise, ihre Entstehung und die Möglichkeiten ihrer Bewältigung"*[297], und das Vorlesungsmanuskript gab ich broschiert für alle Hörerinnen und Hörer heraus, das aber leider bislang noch nicht in Buchform erschienen ist. Denn darin ist mit viel historischer Mühe gezeigt, daß die gesamte Orientierungsproblematik dem begrifflichen Denken entspringt, womit nach und nach traditionelle und bislang Orientierung schaffende mythische Denkformen zerstört werden. Dieser geistige Entwicklungsprozeß, den wir heute als die Entwicklung von

---

1.7:1999 mit dem Thema: *Evolution, zu finden im Internet-Blog:* <wolfgang.deppert.de>.

[297] Vgl. das broschierte nicht druckfähige Vorlesungsmanuskript, Philosophisches Seminar der Universität Kiel 1994.

Bewußtseinsformen zu verstehen haben, vollzieht sich ganz allgemein in einer **Relativierungsbewegung** – wie ich sie gern nenne –, welche aus einer verallgemeinernden und konträr dazu einer vereinzelnden Tendenz besteht. Mit Hilfe dieser Relativierungsbewegung gelingt es, die gestuften Entwicklungsschritte der kulturellen Menschheitsgeschichte und mithin der kulturellen Evolution zu beschreiben. Und nun braucht man sich nur noch klar zu machen, daß die begrifflichen Verallgemeinerungen, aus dem auch im *Denken* der Menschen wirksamen *Evolutionsprinzip der Vergemeinschaftung* hervorgehen und die begriffliche Vereinzelungstendenz dem *Evolutionsprinzip der Vereinzelung* entspringt.

Durch die gleichzeitige Wirksamkeit dieser beiden Evolutionsprinzipien, besteht jeder Relativierungsschritt aus einer Verallgemeinerung und einer Vereinzelung; denn Relativieren bedeutet stets, einerseits einen bestimmten gedanklichen Zusammenhang von einer umfassenden Allgemeinheit abhängig zu machen und andererseits durch gegebene Einzelheiten zu erklären. Wenn *Martin Luthers* (10.11.1483–18.2.1546) reformatorischer Relativierungsschritt bedeutet, daß die Bibelinterpretation des Papstes keine größere Bedeutung besitzt als diejenige irgendeines anderen Gläubigen, dann wird die Allgemeinheit dazu begründend herbeigezogen, daß alle Menschen Kinder Gottes sind, die Gott mit einer auslegenden Vernunft begabt hat. Mit diesem Relativierungsschritt ist aber zugleich der Individualisierungsschritt verbunden, daß nun jeder einzelne Gläubige, sich selbst auf seine eigene Bibelinterpretation stützen muß. Wenn er sich darin dann aber nicht sicher ist, ob er nicht doch einem interpretativen Irrtum aufsitzt; dann wird er sich Autoritäten suchen, was Kant in seiner Aufklärungsschrift beklagt hat. Generell gilt; daß mit jedem Relativierungsschritt auch ein Entwicklungsschritt im einzelnen Menschen zu einem verstärkten Individualitätsbewußtsein führt. Und darin liegt die Quelle der zunehmenden Orientierungsproblematik. Denn mit der Relativierungsbewegung ist eine Individualisierungsbewegung verbunden. Und die Relativierungsbewegung erfährt ihren Antrieb durch das begriffliche Denken, das die Kinder heute schon im Kindergarten lernen, es wird sich darum auch nicht abbremsen lassen. Im ersten Band wurde deutlich gemacht, daß alle Begriffe von der Art sind, daß sie je nach Hinsicht etwas Einzelnes oder etwas Allgemeines bedeuten. Und wenn ein neuer Begriff auftaucht, dann fühlen sich Menschen nicht selten herausgefordert, zu diesem Begriff einen allgemeineren zu finden, und wieder macht die Relativierungsbewegung einen kleinen Schritt. Da das Werden der Wissenschaft *nur* durch das Entstehen des begrifflichen Denkens im Menschen in Gang kommen konnte, scheint sich aus dem Werden der Wissenschaft, welches ja gewiß stets mit dem Ziel verbunden ist, mehr sichere Erkenntnis über die Welt zu gewinnen, ein paradoxer Sachverhalt zu ergeben:

Im Werden der Wissenschaft ist mit dem Streben nach mehr Sicherheit über die unvermeidlichen Relativierungs- und Individualisierungsbewegungen auch die Zunahme an Orientierungsnot also die Zunahme von Unsicherheit verbunden.

Das war auch das Ergebnis der Vorlesung über die Orientierungskrise, daß sie eine Konsequenz der Verwissenschaftlichung unseres Lebens ist, denn dadurch sind die Menschen im begrifflichen Denken geübt, welches immer wieder zu Verallgemeinerungen herausfordert, womit aber auch stets Vereinzelungen verbunden sind, mit der für die einzelnen Menschen Unverbundenheiten einher gehen, die schließlich zu Orientierungsschwierigkeiten führen können. An eine solche Situation kann ich mich während meiner Lehrzeit noch gut entsinnen, von der ich kurz berichten möchte.

Meine Schlosserlehre begann ich im Frühjahr 1954. Damit verbunden war der wöchentliche Besuch der Berufsschule in der Wilhelminenstraße in Kiel. Dort traf ich mit Lehrkollegen zusammen, die sich ebenfalls in der Schlosserlehre befanden und auch keinen angenehmen Arbeitsbedingungen unterworfen waren, so daß nach einigen Jahren der Lehrzeit immer wieder die Frage auftauchte: „Warum nehmen wir denn die mit dieser Lehre verbundenen Unannehmlichkeiten überhaupt auf uns?" Die Antwort darauf war stets erstaunlich einhellig: „*Weil wir später eine Familie gründen und aufbauen wollen.*" Da gab es keine Spur von Orientierungslosigkeit! Dann fanden Anfang der sechziger Jahre in Berlin erste studentische Unruhen statt, die sich bald zu einer bundesweiten Studentenbewegung ausweiteten. Hauptgegner war das konservative Bürgertum mit seinen verschrobenen Moralvorstellungen. Die Studenten wohnten mehr und mehr in Wohngemeinschaften zusammen, weil der Begriff der Familie mit dem Begriff der Lebensgemeinschaft verallgemeinert wurde, die sich auch als Wohngemeinschaft verstehen ließ. Dadurch entstand für die einzelnen jungen Leute ein Orientierungsproblem, welches in der Beantwortung der Fragen lag: „In welcher Art von Wohngemeinschaft möchte ich leben? Soll es da sexuell sehr freizügig zugehen oder sollen es nur Paare sein, die da zusammenleben oder etwa nur Singles? Oder soll ich mich doch lieber für die Form des Zusammenlebens in einer bürgerlichen Familie entscheiden? Etc." Die mythogene Idee[298] der Familie in der die einzelne Form des Zusammenlebens mit der allgemeinen Form zusammenfällt, war nun aufgebrochen und damit war und ist ein früher besonders wichtiger Begründungsendpunkt für die eigene Familienplanung verloren gegangen oder sogar zerstört, eine Situation, die bis heute anhält.

Die heutige Lage der Wissenschaft ist dazu durchaus vergleichbar. Die mythogene Idee eines alles beherrschenden Schöpfergottes ist längst verlorengegangen, und selbst die mythogene Idee der einen Wirklichkeit zerfleddert, wenn wir uns klar machen, daß wir für

---

298 Die Einführung des Begriffs der *mythogenen Idee* findet sich im Band I der *Theorie der Wissenschaft.*

jedes System eine äußere von einer inneren Wirklichkeit zu unterscheiden haben.[299] Und auch das Kosmisierungsprogramm funktioniert nicht mehr für die Naturgesetze; wonach alle Naturgesetze zugleich auch kosmische Gesetze sein sollen; denn die biologischen Systeme werden von Systemgesetzen regiert, die wegen ihres spezifischen Anwendungsbereichs, der ja zum Gesetzesbegriff[300] notwendig gehört, keine kosmischen Gesetze sind[301]. Mit der Kritik des Kosmisierungsprogramms[302] wurde es für die Wissenschaftstheorie unumgänglich, das Problem der Bestimmung des Begriffs der *Gesetzesartigkeit von Aussagen* zu lösen, was auch von Wolfgang Stegmüller nach ungezählten Vorarbeiten, vor allem von amerikanischen Kollegen, ungelöst blieb[303].

Das Hauptproblem aber in der heutigen Lage der Wissenschaft, ist schon seit Beginn des 20. Jahrhunderts der zunehmende Verlust an Zusammenhang zwischen Wissenschaft und Philosophie, so daß die Wissenschaft den Kontakt und die lebendige Verbindung zu ihrem Ursprung verloren hat. Die Personalunion von einem Wissenschaftler und einem Philosophen wie sie noch für Newton, Darwin, Planck, Bohr, Einstein, Heisenberg, Schrödinger oder Pauli wie selbstverständlich gegeben war, gibt es schon lange nicht mehr oder tritt nur noch in Ausnahmefällen auf. Beide, die Wissenschaft wie die Philosophie, leiden heute unter dem inzwischen gänzlich verlorengegangenen sinnstiftenden Zusammenhang, mit der Folge: In der Wissenschaft scheint es keine wissenschaftlichen Revolutionen mehr zu geben, es gibt nur noch Kuhnsche Normalwissenschaft und grundsätzlich keine neuen Ideen, das gilt selbst für die Computer-Wissenschaft. Und die Philosophie leidet unter einem vorher nie dagewesenen Ansehensverlust. Die sich öffentlich gebärdende Philosophie ist zu bloßem Journalismus und zur Sprücheklopferei verkommen, ohne daß sich die wenigen erst durch die Medien bekannt gewordenen Philosophen um ihre Hauptaufgabe bemühen würden, sich den Grundlagenproblemen der eigenen Zeit mit eigenen Lösungsvorschlägen zuzuwenden, und das entsprechende gilt weitgehend für die Universitätsphilosophen, sie leben von der Philosophiegeschichte, also von den Zeiten, in denen die Philosophie einmal groß war; denn Philosophiegeschichte ist für sich allein keine Philosophie, so, wie wie Sportgeschichte kein Sport, Kunstgeschichte keine Kunst und Musikgeschichte keine Musik ist.

---

299 Vgl. ebenda, etwa die Bemerkungen zur Lösung des quantentheoretischen Problems, das mit *Schrödingers Katze* beschrieben wird.

300 Vgl. die folgende Fußnote zur Bestimmung des Gesetzesbegriffs.

301 Zu den Begriffen der Systemgesetzen und zu den speziellen Systemzeiten und Systemräumen vgl. W. Deppert, *ZEIT. Die Begründung des Zeitbegriffs, seine notwendige Spaltung und der ganzheitliche Charakter seiner Teile*, Franz Steiner Verlag, Wiesbaden GmbH, Stuttgart 1989, z.B. S. 222ff. und viele andere Stellen.

302 W. Deppert, *Kritik des Kosmisierungsprogramms*, in: Hans Lenk, *Zur Kritik der wissenschaftlichen Rationalität*, zum 65. Geburtstag von Kurt Hübner, Alber Verlag, Freiburg 1986, S. 505–512.

303 Die Lösung findet sich 1989 mit Hilfe des Begriffs der Systemgesetze in meinem Zeitbuch, vgl. dazu ebenda S. 298.

Weil der Philosoph Kurt Hübner noch im 20. Jahrhundert eine große Ausnahme darstellte, indem er zu den wenigen Philosophen gehörte, die sich mit den Grundlagenproblemen der Wissenschaft und der Gesellschaft intensiv und akribisch und dennoch kreativ beschäftigten, war es für mich eine große Ehre von der Schriftleitung der berühmten internationalen Wissenschaftstheorie-Zeitschrift des Springer Verlags dazu aufgefordert worden zu sein, für meinen Lehrer Kurt Hübner einen Nachruf zu schreiben. Diese Gelegenheit nahm ich gern wahr, um aus dem Nachruf zugleich einen Aufruf Kurt Hübners werden zu lassen, in dem die Wissenschaftler und Philosophen eindringlich dazu ermutigt werden, zum Wohl der ganzen Menschheit wieder zusammenzuarbeiten und insbesondere interdisziplinäre Forschungsaktivitäten zu entfalten.[304] Aber auch das ist inzwischen schon bald 3 Jahre her, ohne daß eine für mich zu erkennende Reaktion zu bemerken gewesen wäre. Die Lage der Wissenschaft ist in bezug auf größere Zukunftshoffnungen, die wir gern mit ihr verbinden, ziemlich trostlos.

Dennoch soll nun das *Werden der Wissenschaft in der Zukunft* das abschließende Kapitel dieses zweiten Bandes der *Theorie der Wissenschaft* sein. Schließlich sollten sich aus den Erkenntnissen über das Werden der Wissenschaft in der Vergangenheit einige Schlüsse in Bezug auf die Aufgaben der Wissenschaft in der Zukunft ziehen lassen und darauf, wie gewisse Schwierigkeiten der Erfüllung dieser Aufgabe und damit einem hoffnungsvollen Werden der Wissenschaft in der Zukunft offensichtlich entgegenstellen, überwunden werden können.

---

304 Wolfgang Deppert: *Ein großer Philosoph: Nachruf auf Kurt Hübner und Aufruf zu seinem Philosophieren*. In: *J Gen Philos Sci* (2015), *JGPS 46*: pp. 251–268, Springer, published online: 16. Nov. 2015, Springer Science+Business Media Dordrecht 2015.

Das Werden der Wissenschaft in der Zukunft   **12**

12.1   Vorbemerkungen

Die ersten Anfänge des Werdens der Wissenschaft haben allmählich in den Völkern begonnen, in denen sich die dazu nötigen Bewußtseinsformen in den einzelnen Menschen ausbildeten. Wie sich dies auf den verschiedenen Erdteilen vollzog, wird vermutlich noch sehr lange geheimnisumwittert bleiben. In Europa begann es mit den Kulturen im östlichen Mittelmeerraum. Wie sich dies vor allem im antiken Griechenland vollzog, davon ist hier berichtet worden. Wie auch immer die Fragen nach den tatsächlichen Anfängen des wissenschaftlichen Denkens beantwortet werden, so können wir gewiß doch in der Feststellung übereinstimmen, daß sich das wissenschaftliche Denken heute in den Menschen auf der ganzen Erde ausgebreitet hat. Und damit vollzieht sich überall die Relativierungsbewegung, die mit einer Verallgemeinerungs- und einer Individualisierungsbewegung verbunden ist. Diese Entwicklungen sind alles Entwicklungen von Verschaltungen in den menschlichen Gehirnen, die sich aber auf den verschiedenen Erdteilen und in ihren Völkerschaften sehr verschieden hinsichtlich ihrer Geschwindigkeiten und ihrer Bewußtseinsinhalte stark unterscheiden.

Nun haben die Wissenschaften nicht nur Erkenntnisse über die Strukturen und Ablaufgesetze in unserer Welt hervorgebracht, sondern auch Erkenntnisse über die Anfertigung von Gegenständen verschiedenster Art zur Lebensgestaltung aber auch zur Abwehr von Gefahren oder sogar zum Angriff und zur Vernichtung von behaupteten Gefahren. Was aber als Gefahr erkannt werden kann, hängt stark von den erreichten Bewußtseinsformen ab. Solange noch ein Unterwürfigkeitsbewußtsein wie in den Offenbarungsreligionen vorherrscht, in dem sich die Menschen dem angeblichen Willen eines Weltschöpfers unterwerfen, werden all die, welche das nicht tun, als Feinde angesehen, die – je nach der besonderen Ausprägung der Offenbarungsreligion – nach göttlichem Willen zu bekämpfen oder gar zu vernichten sind. Und dadurch birgt die mit dem wissenschaftlichen Fortschritt einhergegangene Entwicklung der gesamten Technik enorme Gefahren, da einzelnen

Menschen mit der Technik Vernichtungsmöglichkeiten von menschlichem Leben an die Hand gegeben sind, deren Anwendung heute als Terrorismus bezeichnet wird, in Wirklichkeit aber durch Religionsfreiheit möglich gewordene Lebensgestaltungsmöglichkeiten einzelner offenbarungsgläubiger Menschen sind.[305]

Das weitere Werden der Wissenschaft, wird auf der ganzen Welt weitgehend davon abhängen, ob es gelingen wird, mehr Frieden unter den Menschen zu schaffen, wozu es nötig sein wird, den Geist der Aufklärung in den weltweit noch immer sehr absolutistisch auftretenden Offenbarungsreligionen allmählich einziehen zu lassen, daß die Unterwürfigkeitsbewußtseinsformen mehr und mehr von selbstverantwortlichen Bewußtseinsformen abgelöst werden, was hinsichtlich der Erforschung der Möglichkeiten dazu bereits in den Aufgabenbereich der neuen Wissenschaft der *Bewußtseinsgenetik* fällt.

12.2   Die wissenschaftlichen Aufgaben der Zukunft

Erstaunlicherweise hat sich herausgestellt, daß wir in Bezug auf die Evolution des Menschen zwei verschiedene Evolutionsarten zu unterscheiden haben: Die *biologische Evolution* und die *kulturelle Evolution* und daß dennoch beide Evolutionsarten von den gleichen Prinzipien regiert werden: vom *principium individuationis* und vom *principium societatis*, nur daß wir zum besseren Verständnis in der kulturellen Evolution von Relativierung durch Vereinzelung und Verallgemeinerung sprechen, was durch die Struktur des begrifflichen Denkens bedingt ist, weil das begriffliche Denken zur genaueren begrifflichen Erfassung stets eine *Innen- und eine Außenbetrachtung eines Begriffes* ermöglicht, wobei die Außenbetrachtung zur Verallgemeinerung und die Innenbetrachtung zur Vereinzelung führt. Damit diese Prinzipien evolutionär wirksam werden können, haben die Systeme, in denen sich die Evolution vollziehen soll, die Bedingung zu erfüllen, ganzheitliche Systeme zu sein, in denen sich die Teile gegenseitig existentiell und womöglich auch begrifflich bedingen, so wie es Kant bereits in seiner *Kritik der teleologischen Urteilskraft* (die Evolutionstheorie vorwegnehmend) beschrieben hat, wo er für „organisierte Wesen" ausführt:

---

305 Wenn solche Menschen als potentielle Gefährder des menschlichen Zusammenlebens in einem Land erkannt worden sind; dann ist es unverantwortlicher Leichtsinn, sie in ihr „Heimatland abzuschieben"; denn sie werden wiederkommen, vor allem dann, wenn sie mit Gewalt und Verletzung ihrer Menschenwürde abgeschoben wurden, um durch furchtbare Greueltaten an den Ungläubigen sich eine vorzügliche Behandlung im Jenseits zu sichern. Geboten ist, diese potentiellen Gefährder in einzurichtenden „Menschlichkeitskursen" so gut zu behandeln, daß sie nicht davonlaufen und durch Erfahrungen von Menschlichkeit, ihr Unterwürfigkeitsbewußtsein allmählich verlieren und durch das Erfahren der diesseitigen Freude am menschlichen Zusammenleben zu Mitbürgern werden, von denen keine Gefahr mehr ausgeht. Dazu vgl. auch W. Deppert, „Strafen ohne zu schaden" in: Hagenmaier, Martin (Hg.), *Wieviel Strafe braucht der Mensch*, Die Neue Reihe – *Grenzen* – Band 4, Text-Bild-Ton Verlag, Sierksdorf 1999, S. 9–19.

„Zu einem Körper, der an sich und seiner innern Möglichkeit nach als Naturzweck beurteilt werden soll, wird erfordert, daß die Teile desselben einander insgesamt, ihrer Form sowohl als Verbindung nach, wechselseitig, und so ein Ganzes aus eigener Kausalität hervorbringen, dessen Begriff wiederum umgekehrt Ursache von demselben nach einem Prinzip, folglich die Verknüpfung der *wirkenden Ursachen* zugleich als *Wirkung durch Endursachen* beurteilt werden könnte.

In einem solchen Produkte der Natur wird ein jeder Teil, so, wie er nur *durch* alle übrige da ist, auch nur *um der andern* und des Ganzen *willen* existierend, d. i. als Werkzeug (Organ) gedacht: welches aber nicht genug ist (denn er könnte auch Werkzeug der Kunst sein, und so nur als Zweck überhaupt möglich vorgestellt werden; sondern als ein die andern Teile (folglich jeder den andern wechselseitig) *hervorbringendes* Organ, dergleichen kein Werkzeug der Kunst, sondern nur der allen Stoff zu Werkzeugen liefernden Natur sein kann: und nur dann und darum wird ein solches Produkt; als *organisiertes* und *sich selbst organisierendes Wesen*, ein *Naturzweck* genannt werden können."[306]

Kant sieht damit bereits sehr deutlich, daß eine Wissenschaft der Organismen, also eine Wissenschaft der Naturwesen niemals nur eine *Kausal*wissenschaft sein kann, sondern immer zugleich auch eine *Final*wissenschaft sein muß. Um diesen Zusammenhang zu verdeutlichen, läßt Kant seinem § 65 den § 66 mit der Überschrift folgen „Vom Prinzip der Beurteilung der inneren Zweckmäßigkeit in organisierten Wesen", und er schließt diesen Paragraphen mit diesem Absatz:

„Es mag immer sein, daß z.B. in einem tierischen Körper manche Teile als Konkretionen nach bloß mechanischen Gesetzen begriffen werden könnten (als Häute, Knochen, Haare). Doch muß die Ursache, welche die dazu schickliche Materie herbeischafft, diese so modifiziert, formt, und an ihren gehörigen Stellen absetzt, immer teleologisch beurteilt werden, so, daß alles in ihm als organisiert betrachtet werden muß, und alles in gewisser Beziehung auf das Ding selbst wiederum Organ ist."[307]

Man mag nun sehr erstaunt darüber sein, daß Kant diese fundamentale Einsicht über eine Wissenschaft der Naturwesen, die von einer allgemeinen Naturwissenschaft auch zu behandeln ist, schon vor 230 Jahren in aller Deutlichkeit geäußert hat und daß sie dennoch bei den Naturwissenschaftlern und insbesondere bei den medizinischen und biologischen Wissenschaftlern noch immer nicht angekommen ist; denn bei ihnen wird weitgehend die Meinung vertreten, daß finalistische Erklärungen unwissenschaftlich wären. Vor diesem Hintergrund ist wohl auch zu verstehen, warum die Erarbeitung der begrifflichen Grundlagen für die Erforschung von ganzheitlichen Strukturen in meiner Habilitationsschrift von den biologischen und medizinischen Wissenschaftlern fast vollständig ignoriert worden sind.

---

306 Vgl. Immanuel Kant, *Kritik der Urteilskraft*, §65, in: Kant, *Werke, Band 8*, WBG Darmstadt 1957, S. 485f.

307 Vgl. ebenda S. 490.

Und wenn wir uns erinnern, daß es sogar noch zehn mal so viele Jahre her ist, daß schon Aristoteles mit seinem Entelechie-Begriff für alles Existierende ein finalistisches Werdeziel eingeführt hat, so ist die wissenschaftlich verbrämte Ablehnung jeglichen finalistischen Vorgehens in der heutigen Naturwissenschaft noch unbegreiflicher und nur noch zu verstehen als eine inzwischen gänzlich ins Irrationale abgeglittene Abneigung gegenüber jedem Hinweis auf den philosophischen Ursprung aller Wissenschaften.

Die allererste und notwendigste Aufgabe der Wissenschaft in der Zukunft ist mithin die Wiederherstellung der Zusammenarbeit von Philosophie und Wissenschaft, etwa so, wie zu ihr im Nachruf für Kurt Hübner aufgerufen worden ist[308].

Ein weiterer bedeutungsvoller Aufgabenbereich ergibt sich aus den soeben dargelegten Problemstellungen für alle Wissenschaften vom Leben: *Die Erarbeitung der Möglichkeiten zur weitestgehend exakten Beschreibung und Erforschung von Ganzheiten*, wie sie schon von Kant als die gegenseitige existentielle und begriffliche Abhängigkeit der Teile des Ganzen beschrieben worden ist und wie sie in Form ganzheitlicher Begriffssysteme und ihren möglichen Veränderungen in der hier zitierten Literatur erarbeitet worden sind.[309]

Die mathematische Beschreibung ganzheitlicher Systeme endet bislang immer mit der Aufstellung nichtlinearer Differentialgleichungen, für die es immernoch keine allgemeine Lösungstheorie gibt, so daß wir auf Näherungslösungen angewiesen sind, welche stets mit der Chaos-Problematik beladen sind, die aufgrund der unstetigen Beziehungen zwischen den anzunehmenden Randbedingungen und ihren Näherungslösungen weiterhin als unlösbar erscheint. Die Nichtlinearität kommt in die Differentialgleichungen hinein durch das rückgekoppelte Verhalten der Teile eines Ganzen, wie sie von Kant bereits in ihrer wechselseitigen Abhängigkeit beschrieben worden ist.

Die möglichst exakte mathematische Beschreibung von Ganzheiten ist aber von der zukünftigen Wissenschaft zu liefern, um die großen Problem-Bereiche wissenschaftlich genauer bearbeiten zu können, die sich in der Medizin, der Biologie, der Teilchenphysik, der Regelungstechnik, der Staats- und Wirtschaftstheorie und besonders in der Ökologie[310]

---

308 Vgl. FN 301.

309 Vgl. FN 208 oder W. Deppert, Hierarchische und ganzheitliche Begriffssysteme, in: G. Meggle (Hg.), *Analyomen 2 – Perspektiven der analytischen Philosophie, Perspectives in Analytical Philosophy*, Bd. 1. *Logic, Epistemology, Philosophy of Science*, De Gruyter, Berlin 1997, S. 214–225.

310 Das große wissenschaftliche Problem der Ökologie besteht heute in der Erforschung der Ursachen für die derzeitig beobachtete globale Erwärmung des Erdklimas. Der wesentlich aus politischen Gründen behauptete Zusammenhang zwischen der vom Menschen erzeugten erdatmosphärischen Belastung mit schädlichen Gasen und anderen Schadstoffen ist definitiv wissenschaftlich nicht erweisbar, da der Erwärmungseffekt auch durch den Zustand der Zwischeneiszeit, in der wir leben, bewirkt sein könnte, was auf bestimmte planetarische Zusammenhänge zurückzuführen wäre, welche bislang auch nur mangelhaft erforschbar sind, weil auch das Sonnensystem ein ganzheitliches System wechselseitiger Abhängigkeiten darstellt, was sich in der Allgemeinen Relativitätstheorie wiederum in unlösbaren hochgradig nichtlinearen Differentialgleichungen niederschlägt.

und in den Humanwissenschaften mit der Gehirnphysiologie, der Bewußtseinsgenetik und der Kreativitätsforschung aufgetan haben.

12.3 Schwierigkeiten in der Bewältigung der Aufgaben der Wissenschaften und deren mögliche Überwindung

Um Probleme lösen und Aufgaben erledigen zu können, benötigen wir vor allem das in unserem Inneren durchaus geheimnisvoll wirkende zusammenhangstiftende Vermögen, welches uns mit schöpferischen Einfällen beschenkt und das wir auch als eine kreative Fähigkeit in uns bezeichnen. Diese schöpferischen Einfälle lassen sich aber gar nicht auf eine irgendwie erzwungene Weise hervorbringen, im Gegenteil, wir können nur hoffen, daß wir in uns durch Entspannungen die Wahrscheinlichkeit für das Auftreten von erwünschten Einfällen erhöhen. Dennoch aber gibt es Hinweise, wie durch eine bestimmte Art und Weise des Heranwachsens unserer Kinder und Jugendlichen spezifische Gehirnleistungen und insbesondere auch die Weiterentwicklung der Bewußtseinsformen gefördert werden können; denn die frühkindlichen und sogar noch vorsprachlichen Neigungen zu Tätigkeiten, die in den Rahmen der unter den Menschen ausgebildeten Künste fallen, zeigen an, daß die Gehirnentwicklung schon sehr früh auf diese Lebensbereiche bezogen ist. Und nicht von ungefähr finden sich auch die ersten Kulturleistungen in der Menschheitsgeschichte in Form von Kunstwerken, was wiederum bestätigt, daß auch die Ausbildung der Bewußtseinsformen in der Kindheit und Jugendzeit den gestuften Bewußtseinsformen der Menschheitsentwicklung entspricht. Die abstraktesten Formen in der künstlerischen Betätigung sind zweifellos die musikalischen Formen, warum auch der Spracherwerb mit einem Singsang der Kinder, dem sogenannten Lallen beginnt, das auch als Lalien und in fortgeschrittener Form als Monolalien bezeichnet wird, indem die Kinder den Klang der Erwachsenensprache solange nachahmen, bis diese ihnen ein erstes Verständnis signalisieren. Aufgrund der Abstraktheit der Musik ist es inzwischen längst erwiesen, daß das kindliche Singen und Musizieren ganz besonderen Einfluß auf die Ausbildung der abstrakten Denkfähigkeit der Heranwachsenden besitzt, wie sie sich später als mathematische oder allgemein als Fähigkeit zu abstraktem Denken und entsprechenden kreativen Problemlösungseinfällen äußert. Demnach besteht einer der wichtigsten Bedingungen für die Fähigkeit künftiger Generationen zur Bewältigung der hier beschriebenen Aufgaben in der Ausbildung der musikalischen Fähigkeiten schon im frühen Kindesalter, im Kindergarten und in der Schule durch gemeinsames Singen und Musizieren, das durch Instrumentalunterricht ermöglicht wird.

Eine der größten Schwierigkeiten, über deren Überwindung hier nachzudenken ist, besteht nun in der wahrhaft traurigen Tatsache, daß an den Schulen kaum noch oder gar nicht mehr gesungen wird und Entsprechendes gilt für das gemeinsame Musizieren. Damit ist aber zu erwarten, daß die jetzt heranwachsenden Generationen das kreative Potential nicht besitzen werden, um die hier dargestellten Aufgaben einer Wissenschaft der Zukunft in Angriff nehmen oder gar bewältigen zu können. Eine dramatische Parallele dazu hat sich wohl vor etwa 600 Jahren im Bereich der islamischen Wissenschaft abgespielt, als mit dem Verbot der Musik ziemlich abrupt etwa ab dem 14. Jahrhundert bis heute keine islamischen Wissenschaftler mehr auftraten, obwohl im 11. und 12. Jahrhundert die islamische Wissenschaft noch an der Spitze der europäischen Wissenschaft gestanden hatte.

Eine weitere Schwierigkeit dieser Art ist durch die akustischen und visuellen Medien entstanden. Sie sind zu den wichtigsten Bildungsanstalten für das ganze Volk geworden. Die Musik, die durch sie ausgestrahlt wird hat mit der POP- und Schlagermusik einen Primitivitätsgrad erreicht, welcher noch von einfachsten Kinderliedern bei weitem nicht erreicht wird. Auch von daher ist zu erwarten, daß die bisher in Europa und insbesondere in Deutschland übliche hochgradige Ausbildung der abstrakten Denkfähigkeiten durch großartig strukturreiche Musik künftig unterbleibt, zumal die zunehmende Industrialisierung der Musik auf schnelle Vermarktung ihrer Produkte drängt, wobei sich die Medien als hilfreiche Büttel erweisen, da auch sie erheblichen finanziellen Gewinn daraus ziehen, wobei ihnen die Produktionen von möglichst wenigen sogenannten Stars, die nicht durch ihr Talent, sondern durch ihre extrem hohen Sendeanteile bekannt und vermarktungsfähig werden, sehr behilflich ist. Diese tiefliegenden Zusammenhänge werden in der Öffentlichkeit weder von Politikern, noch von Medienvertretern erkannt oder auch nur diskutiert. Dafür muß es Gründe geben, die immernoch nicht ins Bewußtsein der heute geistig führenden Persönlichkeiten vorgedrungen sind. Und diese Gründe gibt es tatsächlich, sie sind schon 2014 in dem Springer Gabler Wirtschaftsethik-Lehrbuch *„Individualistische Wirtschaftsethik (IWE)"* beschrieben worden und das aus eben denselben Gründen von den Medien bislang totgeschwiegen worden ist.[311]

Diese Gründe liegen in der historischen Tatsache verborgen, daß sich in den Bewußtseinsformen der Menschen auf unserer Erde und entsprechend auch besonders in Europa und in Amerika die Außensteuerungskonzeptionen der Offenbarungsreligionen[312] seit Jahrhunderten durchgesetzt haben, und daß diese Offenbarungsreligionen aufgrund der allmählichen Weiterentwicklung der Bewußtseinsformen, die von den ursprünglichen Unterwürfigkeitsbewußtseinsformen wegführen, mehr und mehr an Überzeugungskraft verlieren und zur Handlungsorientierung nur noch die Form der Außensteuerung erhalten bleibt, welche zur Veräußerlichung der scheinbar tragenden Wertvorstellungen geführt hat und eine Orientierungsmöglichkeit durch Verinnerlichung, wie sie einst im antiken Griechenland vorherrschte, gar nicht mehr in den Blick zu kommen scheint. Die Ethik-Konzeption der *individualistischen Ethik* lebt aber wesentlich davon, daß der Mensch *nicht nur* die Problematik seiner äußeren Existenz zu lösen hat, sondern wichtiger noch die Problematik seiner inneren Existenz, durch die er erst zu Überzeugungen kommt, die

---

311 Vgl. dazu die Fußnoten 8, 24, 133, 144 und 151 und die die dazugehörigen Textteile.

312 Es handelt sich dabei um den hier im Abschnitt 1.8 *Wie das allgemeine Orientierungsproblem durch den Zerfall des Mythos entstanden ist* auf den Seiten 72 und folgende behandelten *israelitisch-christlich-islamischen Orientierungsweg,* der auch schlicht *offenbarungsgläubiger Orientierungsweg* genannt wird, der im Gegensatz zum Orientierungsweg der griechischen Antike stets mit einer Außensteuerung der Menschen verbunden ist.

seine Handlungen und schließlich auch sein ganzes Leben mit Sinn erfüllen können und wodurch es zur Ausbildung von *inneren Werten*[313] kommt. Aber gerade derartige Bestrebungen und Anregungen zur größeren Wertschätzung und Ausbildung von Verïnnerlichungen, werden von den Medien gemieden, unterdrückt oder auch totgeschwiegen, weil durch sie der Vermassung durch Veräußerlichung Einhalt geboten würde, was jedoch dem pekuniären Gewinnstreben der kapitalisierten Medien, die aus der Veräußerlichung ihren größten Gewinn erzielen, entgegensteht.

Die Handlungsorientierung durch Äußerlichkeiten aber führt auf eine Sinnkrise zweiter Art und bewirkt schließlich Orientierungsnot, weil die Menschen aufgrund ihres Glaubensverlusts sich nicht mehr an den althergebrachten, aus den Offenbarungsreligionen stammenden Verhaltensregeln ausrichten können. Zusammen mit der Sinnkrise, die durch die zunehmende Individualisierung der Menschen auftritt, sehen die Zukunftsaussichten auch für eine hoffnungsvolle Wissenschaftsentwicklung in der Zukunft sehr trübe, wenn nicht sogar aussichtslos aus; denn woher soll der Impuls kommen, daß die Medien endlich ihre volksbildende Aufgabe begreifen und die Musikpädagogen wieder ihre Bedeutung für die Gehirnentwicklung der jungen Menschen erkennen?

Dennoch aber gibt es eine große Hoffnung, wenn nur die tiefliegenden Gründe, welche die Evolution überhaupt erst ermöglichen, wieder deutlicher ins Auge gefaßt werden. So wie es in der biologischen Evolution immer wieder Fehlentwicklungen gegeben hat, die sich schließlich langfristig nicht als überlebensfähig erwiesen haben und deshalb ausgestorben sind, so werden sich diese stets zu größerer Überlebenssicherheit führenden evolutionären Entwicklungstendenzen auch *in der kulturellen Evolution* als langfristig wirksam und auf eine positive Zukunftsgestaltung ausgerichtet auszeichnen lassen. So wie die Saurier wegen ihres hypertrophierten Größenwachstums auf die Dauer nicht überlebensfähig waren, so könnten auch die Vermassungsveranstaltungen der Menschen, welche den Akteuren hypertrophe Gewinne einfahren, in einer womöglich noch fernen Zukunft aufgrund ihrer mangelhaften Sinnstiftung nicht mehr nachgefragt werden.

Tatsächlich sind bislang nur die negativen Folgen der zunehmenden Individualisierung betrachtet worden. Es gibt aber auch die ganz erheblich positiven Folgen, daß die Menschen gerade durch ihr gesteigertes Individualitätsbewußtsein, die sinnstiftenden Fähigkeiten, die in ihrem eigenen Inneren aufzufinden sind, überhaupt wieder entdecken, so wie sie vor einigen tausend Jahren von den Menschen im antiken Griechenland schon einmal entdeckt worden sind.

Diese Entdeckung in der Vereinzelung des Individualitätsbewußtseins aber ist mit starken Glücksgefühlen verbunden, welche die Vermassung nicht bieten kann; denn die Entdeckung der inneren Werte stärkt einerseits das eigene Selbstwertgefühl und bewirkt zugleich den Wunsch nach Gemeinsamkeit im kreativen Handeln, wie etwa im gemein-

---

313 In der IWE lautet die Wertdefinition auf Seite 23: *„Ein Wert ist etwas, von dem behauptet wird und womöglich nachgewiesen werden kann, daß es in bestimmter Weise und in einem bestimmten Grad zur äußeren oder inneren Existenzerhaltung eines Lebewesens beiträgt."*

samen Singen und anderen Möglichkeiten zu gemeinschaftlichem sinnstiftendem Tätig-
werden.

Als kleines Beispiel für die Entwicklung gemeinschaftlichen kreativen Handelns sei
hier erwähnt, daß die Klingberger Symphoniker e.V., das Symphonie-Orchester des Sokrates Universitäts Vereins, dazu aufgerufen haben, Sinfonien zu komponieren, in denen
musikalische Gedanken von Volksliedern verarbeitet werden, so daß in Symphonie-Kon-
zerten an bestimmten Stellen die Möglichkeit zum Mitsingen gegeben ist. Mag sein, daß
sich dadurch Anregungen zur Erfindung neuer Volkslieder ergeben, was freilich in den
Eurovision Song Contests gänzlich ausgeschlossen ist, weil diese zu den kreativitätshem-
menden bedauerlichen Vermassungsveranstaltungen gehören, in denen es nur ganz selten
einmal zu sinnstiftenden Lichtblicken kommt.

Besonders wichtige Gemeinschaftserlebnisse der Sinnstiftung können sich in den freien
Religionsgemeinschaften ereignen, etwa in denen, die, wie die Unitarier im Dachverband
freier Weltanschauungsgemeinschaften (DfW) miteinander verbunden sind und in denen
schon seit geraumer Zeit eine Reformation des Religionsbegriffs stattfindet, durch die
Religion nur noch als das Bemühen um Sinnstiftung verstanden wird, wozu insbesondere
der Glaube an einen persönlichen Schöpfergott nicht mehr vonnöten ist. Wenn es gelänge,
weltweit eine derartige zweite Reformation des Religionsverständnisses zu organisieren,
dann wäre damit die hoffnungsvolle Möglichkeit gegeben, daß die Religionsgemeinschaften, wozu besonders auch die althergebrachten Kirchen gehören, mit dem auf Sinnstiftung
ausgerichteten Religionsbegriff eine versöhnliche und Frieden stiftende Gemeinsamkeit
besitzen und diese auch zur Versöhnung nutzen werden. Die Hoffnung, daß sich der Anfang dazu noch im Lutherjahr 2017 in die Welt setzen ließe, hat sich einstweilen nicht
erfüllt.

Damit sich auch der Staat als Gemeinschaft von freien und selbstverantwortlichen Bürgerinnen und Bürgern versteht, die das freiheitliche Streben der Bürger nach Sinnstiftung
unterstützt, hat der Sokrates Universitäts Verein (SUV) e.V. beschlossen, zum 300. Geburtstag von Immanuel Kant am 22. April 2024 der Möglichkeit zur Verwirklichung von
Art. 146 GG durch die Fertigstellung einer abstimmungsfähigen dazu dienlichen deutschen und demokratischen Verfassung erheblich näher zu kommen..

Zur Bewältigung dieser großen Aufgabe werden enorme wissenschaftliche Problemstellungen zu lösen sein. Aber durch die kulturelle Evolution wird es – wie es hier freilich
nur angedeutet werden konnte – möglich werden, die hier kurz beschriebenen Schwierigkeiten in der Bewältigung der Aufgaben der Wissenschaften in der Zukunft zu überwinden, so daß ein Werden der Wissenschaft sich auch in die Zukunft hinein fortpflanzen
wird, welche als größtes Ziel auf die Lösung des Überlebensproblems der Menschheit
ausgerichtet ist.

Literatur 13

Albert, Hans, *Traktat über kritische Vernunft*, Mohr, Tübingen 1968.

Antonovsky, Aaron, *Salutogenese. Zur Entmystifizierung der Gesundheit*. Erweiterte deutsche Ausgabe von A. Franke, Tübingen 1997.

Aristoteles, *Nikomachische Ethik*, übersetzt von Franz Dirlmeier, Reclam Verlag, Stuttgart 1969.

Aristoteles, *Kategorien, Lehre vom Satz* (Organon I/II), übersetzt von Eugen Rolfes, unveränderte Neuausgabe 1958 der 2. Auflage von 1925, unveränderter Nachdruck, Hamburg 1974.

Aristoteles, Metaphysik, Bücher I(A) – VI(E), griechisch-deutsch, 1. Halbband, neubearbeitete Übersetzung von Hermann Bonitz. Mit Einleitung und Kommentar hrsgg. von Horst Seidl, Felix Meiner Verlag, Hamburg 1989.

Aristoteles, *Über die Seele*, griechisch-deutsch, übersetzt nach W. Theiler und durch Horst Seidl, Felix Meiner Verlag, Hamburg 1995.

Aristoteles, *Physikvorlesung*, übersetzt von Hans Wagner, 3. Aufl. Akademie-Verlag, Berlin 1979.

Aurel, Marc, *Selbstbetrachtungen*, Übersetzung, Einleitung und Anmerkungen von Albert Wittstock, Reclam Verlag, Stuttgart 1949/2016.

Baumgartner, Hans Michael (Hrg.), *Das Rätsel der Zeit. Philosophische Analysen*, Karl Alber Verlag, Freiburg 1993.

Bergson, Henri, *Essai sur les données immédiates de la conscience*, Paris 1889, deutsch: *Zeit und Freiheit*, Westkulturverlag Anton Hain, Meisenheim am Glan 1949.

Berkeley, George, *Prinzipien der menschlichen Erkenntnis*, nach der Übersetzung von Friedrich Überweg herausgg. von Alfred Klemmt, Felix Meiner Verlag Hamburg, 1957

Boethius, *Trost der Philosophie*, übersetzt und herausgegeben von Friedrich Klingner, Reclam Verlag Stuttgart 1971.

Bruno, Giordano, *Della causa, principio ed uno* (1584), dtsch. Übersetzung v. Kuhlenbeck, L.: G. Bruno, *Ges.Werke*, Bd. 4, Jena 1906.

Buchholtz, K.-D., *Isaac Newton als Theologe*, Luther-Verlag, Witten 1965.

Bugdahl., Volker, *Kreatives Problemlösen*, Reihe Management, Vogel Buchverlag, Würzburg 1991.

Carnap, Rudolf, Überwindung der Metaphysik durch logische Analyse der Sprache, *Erkenntnis*, Bd.2,1931, S.219–241.

Capelle, Wilhelm, *Die Vorsokratiker*, Alfred Kröner Verlag, Stuttgart 1968.

Celsus, *Gegen die Christen*, Matthes & Seitz Verlag, München 1991.

© Springer Fachmedien Wiesbaden GmbH, ein Teil von Springer Nature 2019
W. Deppert, *Theorie der Wissenschaft*,
https://doi.org/10.1007/978-3-658-14043-4

Cicero, *De natura deorum, (Vom Wesen der Götter)* II, 6, diverse Ausgaben, z.B. übers. von O. Gigon, Sammlung Tusculum, 2011.

Conermann, Stephan, *Das Mogulreich. Geschichte und Kultur des muslimischen Indien.* Beck'sche Reihe 2403, C.H. Beck Verlag, München 2006

Copleston, F. C., *Geschichte der Philosophie im Mittelalter*, aus dem Englischen übertragen von Wilhelm Blum, Originaltitel *„A History of Medieval Philosophy*, Verlag Methuen & Co Ltd., London 1972, deutsche Ausgabe bei H. Becksche Verlagsbuchhandlung, München 1976

Deppert, Wolfgang, „Remarks on a Set Theory Extension of the Concept of Time", *Epistemologia, 1*, 425–434 (1978).

Deppert, Wolfgang, „Orientierungen – eine Studie über den Zusammenhang von Religion, Philosophie und Wissenschaft", in: Freie Akademie, *Perspektiven und Grenzen der Naturwissenschaft*, hrsgg. Von Jörg Albertz, Selbstverlag der Freien Akademie, Wiesbaden 1980, S. 123f.

Deppert, Wolfgang, Vereinbarung statt Offenbarung, in: *homo humanus* – Nr.21 und *homo humanus Jahrbuch 1984*, Pinneberg 1984, S.40–43.

Deppert – Nethöfel, Dialogpredigt, gehalten am 23. Juni 1985 in der Kieler Universitätskirche, Manuskript, Kiel 1985.

Deppert, Wolfgang, „Kritik des Kosmisierungsprogramms", in: *Zur Kritik der wissenschaftlichen Rationalität.* Zum 65. Geburtstag von Kurt Hübner. Herausg. von Hans Lenk unter Mitwirkung von Wolfgang Deppert, Hans Fiebig, Helene und Gunter Gebauer, Friedrich Rapp. Verlag Karl Alber, Freiburg/München 1986, S. 505–512.

Deppert, W., K. Hübner, A. Oberschelp, V. Weidemann (Hrsg.), *Exact Sciences an their Philosophical Foundations – Exakte Wissenschaften und ihre philosophische Grundlegung, Vorträge des Internationalen Hermann-Weyl-Kongresses, Kiel 1985*, Peter Lang, Frankfurt/Main, Bern, New York, Paris 1988, S. 7.

Deppert, Wolfgang, Hermann Weyls Beitrag zu einer relativistischen Erkenntnistheorie, in: Wolfgang Deppert et al. (Hrg.), *Exakte Wissenschaften und ihr philosophische Grundlegung*, Peter Lang Verlag, Frankfurt/Main 1988, S.446ff.

Deppert, Wolfgang, *Zeit. Die Begründung des Zeitbegriffs, seine notwendige Spaltung und der ganzheitliche Charakter seiner Teile.* Steiner Verlag, Stuttgart 1989. 284 S.

Deppert, Wolfgang, Gibt es einen Erkenntnisweg Kants, der noch immer zukunftsweisend ist?, Vortrag auf dem Philosophenkongreß 1990 in Hamburg.

Deppert, Wolfgang, "Das Reduktionismusproblem und seine Überwindung", abgedruckt in: Deppert, W., H. Kliemt, B. Lohff, J. Schaefer (Hrsg.), *Wissenschaftstheorie in der Medizin. Kardiologie und Philosophie*, Berlin 1992.

Deppert, Wolfgang, Concepts of optimality and efficiency in biology and medicine from the viewpoint of philosophy of science, in: D. Burkhoff, J. Schaefer, K. Schaffner, D.T. Yue (Hg.), *Myocardial Optimization and Efficiency, Evolutionary Aspects and Philosophy of Science Considerations*, Steinkopf Verlag, Darmstadt 1993, S.135–146.

Deppert, Wolfgang, Die Alleinherrschaft der physikalischen Zeit ist abzuschaffen, um Freiraum für neue naturwissenschaftliche Forschungen zu gewinnen, in: H. M. Baumgartner (Hg.), *Das Rätsel der Zeit*, Alber Verlag, Freiburg 1993, S.111–148.

Deppert, Wolfgang, Friedensvorlesung WS 1994/95: *Das Problem des Friedens – Zum 200. Erscheinungsjahr von Kants "Zum ewigen Frieden"*, unveröffentlichtes Vorlesungsmanuskript, Kiel 1995.

Deppert, Wolfgang, Mythische Formen in der Wissenschaft: Am Beispiel der Begriffe von Zeit, Raum und Naturgesetz, in: Ilja Kassavin, Vladimir Porus, Dagmar Mironova (Hg.), *Wissenschaftliche und Außerwissenschaftliche Denkformen*, Zentrum zum Studium der Deutschen Philosophie und Soziologie, Moskau 1996, S. 274–291.

Deppert, Wolfgang, „Der Reiz der Rationalität", in: *der blaue reiter*, Dez. 1997, S. 29–32.

Deppert, Wolfgang, Hierarchische und ganzheitliche Begriffssysteme, in: G. Meggle (Hg.), *Analyomen 2 – Perspektiven der analytischen Philosophie, Perspectives in Analytical Philosophy*, Bd. 1. Logic, Epistemology, Philosophy of Science, De Gruyter, Berlin 1997a, S. 214–225.

Deppert, Wolfgang, Zur Bestimmung des erkenntnistheoretischen Ortes religiöser Inhalte, 2. deutsch-russisches Symposion des Zentrums zum Studium der deutschen Philosophie und Soziologie', 10.-16. März 1997b in Eichstätt.

Deppert, Wolfgang und Werner Theobald, Eine Wissenschaftstheorie der Interdisziplinarität. Grundlegung integrativer Umweltforschung und -bewertung, in: Daschkeit, A. u. Schröder, W. (HG.), *Umweltforschung quergedacht. Festschrift für Otto Fränzle zum 65. Geburtstag*, Springer Verlag Berlin 1998a.

Deppert, Wolfgang, Zur systemtheoretischen Verallgemeinerung des Kraftbegriffes, Beitrag zum 20. Weltkongreß, Sektion: Ontologie, Boston 1998b.

Deppert, Wolfgang, Teleology and Goal Functions – Which are the Concepts of Optimality and Efficiency in Evolutionary Biology, in: Felix Müller und Maren Leupelt (Hrsg.), *Eco Targets, Goal Functions, and Orientors*, Springer Verlag, Berlin 1998c, S. 342–354.

Deppert, Wolfgang, *Einführung in die Philosophie der Vorsokratiker. Die Entwicklung des Bewußtseins vom mythischen zum begrifflichen Denken*, Vorlesungsmanuskript, Kiel 1999, 187 S.

Deppert, Wolfgang, „Strafen ohne zu schaden", in: Hagenmaier, Martin (Hg.), *Wieviel Strafe braucht der Mensch*, Die Neue Reihe – Grenzen – Band 4, Text-Bild-Ton Verlag, Sierksdorf 1999, S. 9–19.

Deppert, Wolfgang, *Einführung in die antike griechische Philosophie. Die Entwicklung vom mythischen zum begrifflichen Denken*, Teil 2: *Sokrates*, Vorlesungsmanuskript Kiel 2000.

Deppert, Wolfgang, „Die zweite Aufklärung", in: *Unitarische Blätter*, 51. Jahrgang, Heft 1,2,4 und 5 2000), S.8–13, 86-92, 170–186, 232–245.

Deppert, Wolfgang, „Individualistische Wirtschaftsethik", in: W. Deppert, D. Mielke, W. Theobald: *Mensch und Wirtschaft. Interdisziplinäre Beiträge zur Wirtschafts- und Unternehmensethik*, Leipziger Universitätsverlag, Leipzig 2001, S. 131–196.

Deppert, Wolfgang, *Einführung in die antike griechische Philosophie. Die Entwicklung des Bewußtseins vom mythischen zum begrifflichen Denken Teil 3 Platon,* Nicht druckfertiges Vorlesungsmanuskript der Vorlesungen WS 2000/2001/ 2002/2003.

Deppert, Wolfgang, Die Evolution des Bewusstseins, in: Volker Mueller (Hg.), *Charles Darwin. Zur Bedeutung des Entwicklungsdenkens für Wissenschaft und Weltanschauung*, Angelika Lenz Verlag, Neu-Isenburg 2009, S. 85–101.

Deppert, Wolfgang, „Atheistische Religion für das dritte Jahrtausend oder die zweite Aufklärung", in: Karola Baumann und Nina Ulrich (Hg.), *Streiter im weltanschaulichen Minenfeld – zwischen Atheismus und Theismus, Glaube und Vernunft, säkularem Humanismus und theonomer Moral, Kirche und Staat, Festschrift für Professor Dr. Hubertus Mynarek*, Verlag Die blaue Eule, Essen 2009.

Deppert, Wolfgang, Vom biogenetischen zum kulturgenetischen Grundgesetz, in: *Natur & Kultur, Unitarische Blätter* 2010/2, S. 61–68.

Deppert, Wolfgang, *Individualistische Wirtschaftsethik (IWE)*, Springer Gabler Verlag Wiesbaden 2014.

Deppert, Wolfgang, Ein großer Philosoph: Nachruf auf Kurt Hübner Aufruf zu seinem Philosophieren, in: J Gen Philos Sci (2015) 46: 251–268, Springer, published online: 16. Nov. 2015, Springer Science+Business Media Dordrecht 2015.

Deppert, Wolfgang, *Die Systematik der Wissenschaft, Band I der Theorie der Wissenschaft* und *Band IV Die Verantwiortung der Wissenschaft* Springer Verlag, Berlin, Heidelberg, Wiesbaden 2018.

Descartes, *Meditationes de prima philosophia – Meditationen über die Grundlagen der Philosophie*, nach der Übersetzung von Artur Buchenau neu herausg. von Lüder Gäbe und nochmals durchgesehen von Hans Günter Zekl, Felix Meiner Verlag Hamburg 1977.

Diels, Hermann, *Die Fragmente der Vorsokratiker*, gr. U. dtsch. Von H. Diels, herausg. Von Walther Kranz, 6. Aufl., Weidmann Verlag, Zürich, 1. Band 1996, 2. Band 1996, 3. Band 1998.

Dijksterhuis, E. J., *Die Mechanisierung des Weltbildes*, Springer Verlag, Berlin, Heidelberg, New York 1983.

Dilthey, Wilhelm, Das natürliche System der Geisteswissenschaften im 17. Jahrhundert, in: Weltanschauung und Analyse des Menschen seit Renaissance und Reformation, *Gesammelte Schriften*, Bd. II, Leipzig und Berlin 1923.

Duhem, Pierre. „Un précurseur francais des Copernic: Nicole Oresme (1377)", in: *Revue générale des sciences pures et appliquées XX (1909)*, 866–873.

Einstein, Albert, *Grundzüge der Relativitätstheorie*, Wissenschaftliche Taschenbücher Bd. 58, Akademie Verlag Berlin 1969.

Eliade, Mircea, *Der Mythos der ewigen Wiederkehr*, Düsseldorf, 1953.

Epiktet, *Handbüchlein der Moral*, gr.-dtsch., übers. von Kurt Steinmann, Philipp Reclam jun. Verlag, Stuttgart 1992.

Epikur, *Briefe, Sprüche, Werkfragmente*, griechisch-deutsch, übersetzt und herausgegeben von Hans-Wolfgang Krautz, Reclam Verlag, Stuttgart1993.

Erasmus von Rotterdam, *De libero arbitrio diatribe sive collatio* (Wissenschaftliche Unterredung oder Textsammlung über den freien Willen), Basel 1524 (dtsch. 1525.)

Feyerabend, Paul, *Wider den Methodenzwang*, Suhrkamp (stw 597), Frankfurt am Main 1976.

Fiebig, Hans, *Erkenntnis und technische Erzeugung. Hobbes' operationale Philosophie der Wissenschaft*, Meisenheim am Glan 1973.

Fleck, Ludwik, *Erfahrung und Tatsache*, Suhrkamp, Frankfurt/Main 1983.

Fleet, Simon, *Uhren*, übers. d. engl. Orig.: *Clocks*, London, von Anton Lübke, Parkland Verlag, Stuttgart 1974, S.54f.

Geerlings, Wilhelm, *Augustinus*, Spektrum Meisterdenker. Herder Verlag, Freiburg im Breisgau.

Goodman Nelson, *Languages of Art. An Approach to a Theory of Symbols*, 2. Aufl., Hackett Publishing Company, Indianapolis/Cambridge 1976, deutsch: Nelson Goodman, *Sprachen der Kunst. Ein Ansatz zu einer Symboltheorie*, übers. d. 1.Aufl. von Jürgen Schläger, Suhrkamp Verlag, Frankfurt/M. 1973.

Goodman, Nelson, *Sprachen der Kunst. Entwurf einer Symboltheorie*, übers. d. 2.Aufl. von Bernd Philippi, Suhrkamp Verlag, Frankfurt/M. 1997

Groenbech, Valter, *Götter und Menschen*, Reinbek bei Hamburg 1967. Walter F. Otto, *Die Götter Griechenlands*, Frankfurt/Main 1970.

Hanslick, Eduard, *Vom Musikalisch-Schönen. Ein Beitrag zur Revision der Tonkunst*, 4. Aufl., J.A.Barth Verlag, Leipzig 1874.

Harke, Jan Dirk, *Römisches Recht*, Verlag C.H. Beck, München 2008.

Harnack, A. v., *Dogmengeschichte*, 7.Aufl., Tübingen 1931

Hegel, Georg Wilhelm Friedrich, Grundlinien der Philosophie des Rechts oder Naturrecht und Staatswissenschaft im Grundrisse, Berlin 1821.

Heidegger, Martin, *Sein und Zeit*, 15. Aufl., Max Niemeyer Verlag, Tübingen 1979.

Heiligenthal, Roman, *Der verfälschte Jesus – Eine Kritik moderner Jesusbilder*, Wissenschaftliche Buchgesellschaft, Darmstadt 1997.

Hesiod, *Theogonie. Werke und Tage*, übers. von Albert von Schirnding, Sammlung Tusculum, Artemis&Winkler Verlag, München 1991.

Hirschberg, J. und Lippert, J.: *Die Augenheilkunde des Ibn Sina*, aus dem Arabischen übersetzt, Leipzig 1902.

Hobbes, Thomas, 1655.*Elemente der Philosophie. Erste Abteilung: Der Körper*, Philosophische Bibliothek 501. 2013. Übersetzt, mit einer Einleitung und textkritischen Annotationen versehen und herausgg. von Karl Schuhmann, Meiner Verlag 1997.

Homer, *Odyssee,* übers. von Johann Heinrich Voß, Hamburg 1781.

Hoops, E. H., „Über die Sexualbiologie und -pathologie des Mannes. Eine medizinhistorische Studie über den arabischen Arzt Avicenna." Aus: >>Der Hautarzt<< 3: 420–423, Sept. 1952 und ders. in >>Der Hautarzt<< 4: 225–227, Mai 1953.

Hübner, Kurt, *Kritik der wissenschaftlichen Vernunft*, Alber Verlag, Freiburg 1978, Freiburg 1986.

Hübner, Kurt, *Die Wahrheit des Mythos*, Beck-Verlag, München 1985.

Hübner, Kurt, *Glauben und Denken – Dimensionen der Wirklichkeit*, Mohr Siebeck Verlag, Tübingen 2001.

Hüllmann, Karl Dietrich, *Urgeschichte des Staates*, Königsberg 1817.

Humboldt, Alexander von, *KOSMOS. Entwurf einer physischen Weltbeschreibung*, in: DIE ANDERE BIBLIOTHEK, herausgegeben von Hans Magnus Enzensberger, Ediert und mit einem Nachwort versehen von Ottmar Ette und Oliver Lubrich, Eichborn Verlag, Frankfurt am Main 2004.

Humboldt, Wilhelm von, *Auswahl und Einleitung: Heinrich Weinstock*, Fischer Bücherei, Frankfurt am Main 1957.

Humboldt, Wilhelm von, „Über die innere und äußere Organisation der höheren wissenschaftlichen Anstalten in Berlin" (1810).

Hume, David, *A Treatise of Human Nature: Being an Attempt to introduce the experimental Method of Reasoning into Moral Subjects*, Buch III, *Of Morals*, London 1740.

Hunke, Sigrid, *Allahs Sonne über dem Abendland – Unser arabisches Erbe*, Fischer Taschenbuchverlag GmbH, Frankfurt am Main, Stuttgart 1960.

Jaspers, Karl, *Vom Ursprung und Ziel der Geschichte*, München/Zürich 1949.

Kant, Immanuel, *Allgemeine Naturgeschichte und Theorie des Himmels*, Kindler Verlag, München 1971.

Kant, Immanuel, Beantwortung der Frage: Was ist Aufklärung, in: *Berlinische Monatsschrift* (1784), S. 481–494 oder in: Immanuel Kant, *Ausgewählte kleine Schriften*, Meiner Verlag, Hamburg 1969.

Kant, Immanuel (1784), *Ausgewählte kleine Schriften.*, Meiner, Hamburg 1914.

Kant, Immanuel, *Kritik der reinen Vernunft*, Johann Friedrich Hartknoch, Riga 1787.

Kant, *Metaphysische Anfangsgründe der Naturwissenschaft*, A IX, Wilhelm Weischedel, *I. Kant, Werke in zehn Bänden*, Bd.8, Insel Verlag Wiesbaden 1957.

Kant, Immanuel, *Kritik der Urteilskraft*, 1. Aufl. Verlag von Lagarde und Friedrich, Berlin und Libau 1790 und 2. Aufl. Verlag von F.T. Lagarde, Berlin 1793.

Kant, Immanuel, *Die Religion in den Grenzen der bloßen Vernunft*, Königsberg 1793/4.

Kepler, Johannes, *Gesammelte Werke*, hrsg. Walter von Dyck und Max Caspar, München 1937–1953.

Kersten, Holger, *Jesus lebte in Indien*, Knaur, München 1983/84.

Kirsch, Eberhard, *Avicennas Lehren von der Sexualmedizin*, Edition Avicenna, München 2005.

Koran, Der, Das heilige Buch des Islam, nach der Übertragung von Ludwig Ullmann neu bearbeitet und erläutert von W.-Winter, Wilhelm, Goldmann Verlag, München 1959.

Kuhn, Thomas S., *The Structure of Scientific Revolutions*, Chicago 1962 oder in der Übersetzung von Kurt Simon *Die Struktur wissenschaftlicher Revolutionen*, Suhrkamp Verlag, Frankfurt/ Main 1973.

Lenk, Hans et al. (Hrg.), *Zur Kritik der wissenschaftlichen Rationalität*, Karl Alber Verlag, Freiburg 1986.

Lessing, Gotthold Ephraim Lessing, *Nathan der Weise. Ein dramatisches Gedicht in fünf Aufzügen.* 1779, 3.Aufzug, 6. Auftritt, in ders. *Werke*, 2.Bd., Carl Hanser Verlag, München 1971, S.275.

Lewin, Kurt (1922), *Der Begriff der Genese in Physik, Biologie und Entwicklungsgeschichte, eine Untersuchung zur vergleichenden Wissenschaftslehre*, Berlin.

Lewin, Kurt (1923), „Die zeitliche Geneseordnung", *Zeitschr. f. Phys.*, *8*, S.62–81, auch in: In Lewin (1922, S.10ff.)

Libet, Benjamin, *Mind Time. The Temporal Factor in Conciousness*, Harvard University Press, 2004.

Libet, Benjamin, *Mind Time. Wie das Gehirn Bewußtsein produziert*, Übersetzung des engl. Originals von Jürgen Schröder,Suhrkamp, Frankfurt/Main 2005.

Löwith, Karl, *Weltgeschichte und Heilsgeschehen. Die theologischen Voraussetzungen der Geschichtsphilosophie*, 8. Aufl., Kohlhammer Verlag, Stuttgart 1990.

Lorenzen, Paul/ Lorenz, Kuno, *Dialogische Logik*, Darmstadt 1978.

Luther, Martin, *Von den guten Werken*, Wittenberg 1520, in: Neudrucke deutscher Literaturwerke d. XVI. und XVII. Jahrhunderts, hrsg. v. Nicolaus Müller, Halle 1891.

Luther, Martin, *Studienausgabe* Band 2, hrg. von Hans-Ulrich Delius, Evangelische Verlagsanstalt, Berlin 1982,

Lubieniecki, Stanislav, Theatrum Cometicum, Amsterdam, 1667/68.

Mansfeld, Jaap, *Die Vorsokratiker I und II*, Reclam Verlag, Ditzingen 1995 und 1993.

Mensching, Gustav, *Gott und Mensch*, Vieweg, Goslar 1948.

Isaac Newton, *Mathematische Prinzipien der Naturlehre*, ins Deutsche übertragen und *mit Bemerkungen und Erläuterungen* versehen von J. Ph. Wolfers, Wissenschaftliche Buchgesellschaft, Darmstadt 1963, S. 32.

Obrist, Willy, *Die Mutation des Bewußtseins, Vom archaischen zum heutigen Selbst- und Weltverständnis*, Peter Lang Verlag, 2. korr. Aufl. Bern 1988, Bewußtseinsdefinition S. 12ff.

Obrist, Willy, *Neues Bewußtsein und Religiosität, Evolution zum ganzheitlichen Menschen*, Walter Verlag, Olten 1988.

Obrist, Willy, *Das Unbewußte und das Bewußtsein*, opus magnum, Stuttgart 2013.

Ogonowski, Zbigniew, Der Sozinianismus und die Aufklärung, in: Paul Wrzecionko (Hrg.), *Reformation und Frühaufklärung in Polen. Studien über den Sozinianismus und seinen Einfluß auf das westeuropäische Denken im 17. Jahrhundert*, Vandenhoek & Ruprecht, Göttingen 1977, S.79.

Otto, Walter F., *Die Götter Griechenlands*, Frankfurt/Main 1970.

Platon, Menon, irgendeine Ausgabe.

Platons, Kriton irgendeine Ausgabe.

Platon, Phaidon, irgendeine Ausgabe.

Platon, Symposion, gr.-dtsch., übers. von Friedrich Schleiermacher ergänzt durch Übersetzungen von Franz Susemihl und anderen, Insel Verlag, Frankfurt am Main 1991.

Platon, Euthydemos aus Platons Werke, Band III, übers. von Friedrich Schleiermacher und Franz Susemihl, Insel Verlag, Frankfurt/Main 1991, 275d3–276b4 (S. 283–285).

Platon, *SÄMTLICHE WERKE V, Politeia*, Griechisch u. Deutsch, nach der Übersetzung Friedrich Schleiermachers, ergänzt durch Übersetzungen von Franz Susemihl u.a. herausgg. Von Karlheinz Hülser, Insel Verlag.

Platon, *Timaios*, 54c1-d3. deutsche Übersetzung Hieronimus Müller und Friedrich Schleiermacher in: Platon, *Werke in acht Bänden*, bearbeitet von Klaus Widdra, Wissenschaftliche Buchgesellschaft, Darmstadt 1972.

Porphyrius, Einleitung in die Kategorien, in: Aristoteles, *Kategorien – Lehre vom Satz (Organon I/II) – Porphyrius, Einleitung in die Kategorien*, übersetzt und mit einer Einleitung und erklärenden Anmerkungen versehen von Eugen Rolfes, Felix Meiner Verlag, Hamburg 1925, unveränderter Nachdruck 1974, S.11–34.

Radbruch, G. (1911), Peter Günther – Narr und Held, in: Radbruch, G., *Elegantiae juris criminalis, Sieben Studien zur Geschichte des Strafrecht*, Basel 1938.

Rahnfeld, Michael (Hg.), *Gibt es sicheres Wissen?*, Band 5 der Reihe *Grundlagenprobleme unserer Zeit*, Leipziger Universitätsverlag, Leipzig 2006.

Rapp, Christof, *Vorsokratiker*, Beck'sche Reihe *Denker*, Beck Verlag, München 1997.

Rapp, Georg, *Die Bekenntnisse des heiligen Augustinus*, aus dem Lateinischen übertragen von Georg Rapp, Verlag M. Heinsius, Bremen 1889.

Reichenbach, Hans, *Philosophie der Raum-Zeit-Lehre*, de Gruyter, Berlin 1928.

Reichenbach, Hans, *Ges. Werke*, Bd. 2, Vieweg, Braunschweig 1977.

Riemann, Bernhard, „*Über die Hypothesen, welche der Geometrie zugrunde liegen.*" Abh. Kgl. Ges. Wiss., Göttingen 1868.

Schlicksupp, Helmut, *Ideenfindung, Management Wissen*, Vogel Buchverlag, Würzburg 1989.

Schwintowski, Hans-Peter, *Juristische Methodenlehre*, Verlag Recht und Wirtschaft GmbH, Frankfurt/Main 2005.

Seidl, Horst, *Beiträge zu Aristoteles' Naturphilosophie*, Rodopi Verlag, Amsterdam 1995.

Sell, Robert, *Angewandtes Problemlösungsverhalten, Denken und Handeln in komplexen Zusammenhängen*, Springer Verlag, Berlin 19903.

Seneca, Epistulae morales ad Lucilium, Liber I, *Briefe an Lucilius über Ethik. 1.Buch*, Reclam, Stuttgart 1987.

Sneed, J.D., *The Logical Structure of Mathematical Physics*, Dordrecht 1971. und nachfolgend:, insbesondere Kap. 10. S.298–310.

Snell, Bruno (1960), Entwicklung einer wissenschaftlichen Sprache in Griechenland, in: ders., *Die alten Griechen und wir*, Göttingen 1962, S. 41–56.

Staats, Reinhart, *Das Glaubensbekenntnis von Nizäa-Konstantinopel. Historische und theologische Grundlagen*, Wissenschaftliche Buchgesellschaft, Darmstadt 1996.

Stegmüller, Wolfgang, *Probleme und Resultate der Wissenschaftstheorie und Analytischen Philosophie*, Band I: *Wissenschaftliche Erklärung und Begründung*, Kap. VIII Teleologie, Funktionalanalyse und Selbstregulation S. 518–623, Springer Verlag, Berlin Heidelberg New York 1969.

Wolfgang Stegmüller, Probleme und Resultate der Wissenschaftstheorie und analytischen Philosophie Band I: '*Erklärung – Begründung – Kausalität*', Zweite, verbesserte und erweiterte Auflage, Teil G: '*Die pragmatisch-epistemische Wende. Familien von Erklärungsbegriffen. Erklärung von Theorien: Intuitiver Vorblick auf das strukturalistische Theorienkonzept*', Springer-Verlag, Berlin, Heidelberg, New York 1983, 6. (E) bis (J) S. 1058–1077.

Wolfgang Stegmüller, Probleme und Resultate der Wissenschaftstheorie und analytischen Philosophie, Band II: '*Theorie und Erfahrung*' – Dritter Teilband, *Die Entwicklung des neuen Strukturalismus seit 1973*, Springer-Verlag, Berlin, Heidelberg, New York, Tokio 1986.

Wolfgang Stegmüller, *The Strucruralist View of Theories*, Springer-Verlag Berlin Heidelberg New York 1979.

Stirner, Max, *Der Einzige und sein Eigentum,* Leipzig 1845.

Strawson, Peter F., *Die Grenzen des Sinns*, Verlag Anton Hain, Frankfurt/Main 1992.

Strohmaier, Gotthard, *Avicenna*, becksche reihe denker, 2. Auflage, München 2006.

Theobald, Werner, *Hypolepsis. Ein erkenntnistheoretischer Grundbegriff der Philosophie des Aristoteles*, Dissertation Kiel 1994.

Theobald, Werner, *Hypolepsis. Mythische Spuren bei Aristoteles*, ACADEMIA Verlag, Sankt Augustin 1999.

Unsöld, Albrecht, *Evolution kosmischer, biologischer und geistiger Strukturen*, 2.Auflage, Wissenschaftliche Verlagsgesellschaft mbH, Stuttgart 1983.

Weber, Max, *Die protestantische Ethik*, 2 Bde., Tübingen 1920.

Weidemann, Volker, *Theatrum Cometicum – Hamburg und Kiel im Zeichen der Kometen von 1664 und 1665*, Ber. Sitz. J. Jungius-Ges. d. Wiss. e.V. Hamburg, Jg.5, 1987, Heft 3, Vandenhoeck und Ruprecht, Göttingen 1987, S. 9.

Weidinger, Erich, *Die Apokryphen. Verborgene Bücher der Bibel*, Pattloch Verlag, Augsburg 1995.

Westfall, R.S., *Never at Rest. A Biography of Isaac Newton*. Cambridge University Press, Cambridge 1984.

Wissowatius, Andreas, *Religio rationalis*, deutsche Fassung von Joh. Gottfried Zeidler: Die *Vernünftige Religion. Das ist gründlicher Beweiß, daß man das Urtheil gesunder Vernunft auch in der Theologie, und in Erörterung der Religionsfragen gebrauchen müsse*, Amsterdam (Halle) 1684, Übers. 1703, in: Wolfenbütteler Forschungen, Herausgegeben von der Herzog August Bibliothek Band 20, Wolfenbüttel 1982.

Wrzecionko, Paul (Hrg.), *Reformation und Frühaufklärung in Polen. Studien über den Sozinianismus und seinen Einfluß auf das westeuropäische Denken im 17. Jahrhundert*, Vandenhoek & Ruprecht, Göttingen 1977.

Xenophon, *Erinnerungen an Sokrates*, Übers. u. Anmrkg. von Rudolf Preiswerk, Philipp Reclam Jun., Stuttgart 1992.

Zeller, Eduard, *Grundriß der Geschichte der Philosophie*, in neuer Bearbeitung von W. Nestle, 13. Aufl. O. R. Reisland Verlag, Leipzig 1928.

Register

14

14.1 Personenregister

© Springer Fachmedien Wiesbaden GmbH, ein Teil von Springer Nature 2019

W. Deppert, *Theorie der Wissenschaft*,

https://doi.org/10.1007/978-3-658-14043-4

14.2   Sachregister

Printed in the United States
By Bookmasters